气候和人类活动对水循环的影响机理

陈　喜　石　朋　刘金涛　朱　坚
张润润　谢永玉　高　满　杨传国　著

科学出版社
北京

内 容 简 介

本书围绕全球变化下水循环演变，研究全国和典型气候区大气 CO_2 浓度和气温升高以及下垫面覆被、水库、灌溉等变化下，大气环流、降水、蒸散发和径流的演变规律。建立水文序列以及降水-径流关系非一致性变化辨识的统计分析方法，构建气候和下垫面变化对径流变化、地表-地下水转化影响辨识的水文模型方法，分析变化环境下水文模拟的不确定性。探讨流域/区域气候-景观-水文特征之间协同演化关系，量化 CO_2 浓度升高对植被动态及水文过程的影响程度。

本书可供水文学、地理学、大气科学、生态水文学等学科研究人员及高等院校相关专业的师生参考。

审图号：GS(2022)233 号

图书在版编目（CIP）数据

气候和人类活动对水循环的影响机理/陈喜等著. —北京：科学出版社，2022.9
　　ISBN 978-7-03-073203-3

　　Ⅰ. ①气… Ⅱ. ①陈… Ⅲ. ①气候变化-影响-水循环-研究②人类活动影响-水循环-研究　Ⅳ. ①P339

中国版本图书馆 CIP 数据核字（2022）第 170716 号

责任编辑：周　炜　罗　娟 / 责任校对：任苗苗
责任印制：师艳茹 / 封面设计：陈　敬

科 学 出 版 社　出版
北京东黄城根北街 16 号
邮政编码：100717
http://www.sciencep.com

北京通州皇家印刷厂 印刷
科学出版社发行　各地新华书店经销
*
2022 年 9 月第 一 版　开本：720×1000 B5
2022 年 9 月第一次印刷　印张：22，插页：8
字数：443 000
定价：198.00 元
（如有印装质量问题，我社负责调换）

前　言

　　全球变化是指人类活动导致的全球气候变化和下垫面变化,是水循环演变的驱动要素。水循环是联系大气水、地表水、地下水和生态水的纽带,其变化深刻地影响全球水资源和生态环境系统的时空分布,影响人类社会的发展和生产活动。

　　在全球变化背景下,气候变化和人类活动引起全球水循环节律发生变化,表现为洪涝、干旱等极端灾害事件频繁发生并不断加剧,水文序列呈现为非稳态或非一致性特征,现有的基于稳定环境背景径流序列一致性的前提不再成立,降水、径流序列统计特征具有时变性。变化环境下降水-径流响应发生变化,且由于水文过程的非线性特征,流域下垫面变化下水文过程的非一致性日益增强,因此根据历史观测资料得出的结果或建立的关系外推,其预测结果不确定性将放大。为应对环境变化,在科学层面上需要回答气候变化和人类活动对水循环要素变化的影响机理;在工程水文计算方面,需要回答变化环境下暴雨、洪水等水文极值的时空分布变化以及流域水文过程演变趋势。

　　本书系统分析了我国 1950 年以来大气环流、降水、蒸散发、径流等水循环要素的变化特征。根据典型流域(淮河流域、黄河流域等)观测实验资料,探讨气候变化对水循环要素演变特征、辨识方法以及极端水文事件变化的驱动机制,提出区域气候、下垫面以及降水-径流响应变化的定量分析方法。

　　本书共 6 章,第 1 章介绍全球变化与水循环基本概念,包括全球气候和人类活动的历史过程,全球变化下水文学研究面临的问题和发展途径;第 2 章介绍极端降水及旱涝演变,分析我国旱涝时空演变格局及其成因,以论证气候变化下降水系列的非一致性演变规律;第 3 章介绍河川径流变化及其影响要素,分析我国主要河流自 20 世纪 50 年代以来的年径流变化特征及其与降水、灌溉等的关系,典型流域植被变化、梯级水库、地下水开发利用对河川径流的影响程度,以论证人类活动影响下降水-径流的非一致性演变规律;第 4 章介绍流域水文要素时空异质性及变化趋势辨识,分析流域内不同站点极端降水(集中度)时变的非一致性或异质性以及其对流域平均极端降水(集中度)演变趋势辨识的影响,不同气候区潜在蒸散发变化的控制要素以及气象水文要素(如温度)非一致性统计特征和辨识方法,以论证流域尺度水文极值存在的时空非一致性及其驱动要素;第 5 章介绍变化环境下流域水文模拟与不确定性分析,针对典型流域,利用概念性水文模型和分布式水文模型区分气候和下垫面变化对径流影响的贡献率，地下水开采对地表水与地下水转化的影响程度，探讨流域水文模型不确定性和概念性水文模型参数的时变性，为评估气候变化和人类活动影响下的水文过程演变提供参考依据；第 6 章介绍气候-景观-水文演变互馈机制及定量识别，基于统计分析和 Budyko 公式，阐明泾河流域土石山区和黄土高原区气候-景观-水文演变之间互动关系的区域规律以及变化环境对径流和基流的影响程度；利用全球动态植被模型 Lund-Potsdam-Jena(LPJ)，量化 CO_2 浓度升高对植被动态及水量平衡的影响，探讨流域/区域气候-景观-水文之间的依存关系以及协同演化效应。

　　本书主要内容是基于国家自然科学基金重大项目"变化环境下工程水文计算的理论与方法"(51190090)以及第一课题"气候和人类活动对水循环的影响机理"(51190091)的研究成果。项目由本书作者陈喜教授负责，参加第一课题的主要人员有石朋教授、刘金涛教授、朱坚副教授、杨传国副教授、张润润副教授、谢永玉高工、高满讲师。参与本书撰写的还有张增信教授以及黄日超等博士研究生、硕士研究生，他们均对项目和课题研究以及本书的出版做出了贡献。本书的出版还得到了天津大学"北洋教师职业发展体系"讲席教授团队科研启动经费的支持。

　　本书研究成果得到国家自然科学基金重大项目"变化环境下工程水文计算的理论与方法"(51190090)专家组成员张建云院士、李万红教授、陈晓宏教授、刘廷玺教授的指导和帮助，并得到项目其他四个课题负责人倪广恒教授、黄强教授、熊立华教授、黄国和教授的大力支持，在此一并表示衷心的感谢。

　　由于前期研究中资料的限制以及作者水平有限，某些地区分析结果可能已经发生新的变化，某些方法和模型还处于探讨阶段，书中难免有疏漏和不妥之处，敬请读者批评指正。

陈　喜

2022 年 1 月

目　　录

彩图

第1章　全球变化与水循环

水循环是联系大气水、地表水、地下水和生态水的纽带，其变化深刻地影响着全球水资源和生态环境系统的时空分布，影响着人类社会的发展。本书中的全球变化是指人类活动导致的全球气候变化和下垫面变化，是水循环演变的驱动要素。人类活动以前所未有的速度和程度改变了全球现代地表环境(Steffen et al., 2007)，地球系统提供给人类生存环境的能力正受到人类本身活动的极大挑战。联合国政府间气候变化专门委员会(Intergovernmental Panel on Climate Change，IPCC)第五次评估报告(Fifth Assessment Report，AR5)明确指出，人类对气候系统的影响是明确的，21世纪末期及以后时期的全球平均地表变暖主要取决于累积的CO_2排放，即使停止了CO_2的排放，气候变化的许多方面仍将持续许多世纪。全球环境变化的危险性加大，各种资源短缺和环境问题日益突出。温室气体排放导致的气候变化，使得洪涝、干旱等极端灾害事件频繁发生并不断加剧。据统计，1991~2000年，全球约66.5万人死于2557起自然灾害，其中90%是与水相关的自然灾害。根据《联合国全球评估报告》，1900年以来，超过1100万人死于干旱，超过20亿人受到干旱的影响，灾害的频率和强度普遍上升。根据世界银行预估，2020~2050年，适应全球平均气温上升2℃影响的成本每年可能达到700亿~1000亿美元。因此，分析全球变化的历史是认知水循环演变规律及其对水资源、生态环境和社会经济影响的前提。

本章论述全球气候变化和人类活动对现代地表环境的影响和改变程度，以及其对水文、水资源的影响，阐述全球变化下水文学面临的挑战及发展趋势。

1.1　全球气候变化

1.1.1　气温上升

人类活动造成温室气体排放量增加是全球气候变暖的主要影响因素，化石燃料使用和土地利用变化是温室气体浓度上升的主要原因，大气中CO_2、CH_4和N_2O等温室气体浓度已上升到历史最高水平。向大气排放CO_2的长期积累是气候变暖的主要因素，但非CO_2温室气体的贡献也十分显著。2013年9月27日在瑞典首都斯德哥尔摩，IPCC第一工作组第五次评估报告"Climate Change 2013: The

Physical Science Basis" 指出，全球气候系统变暖是毋庸置疑的事实，1950 年以来，观测到气候系统的许多变化是过去几十年甚至近千年以来史无前例的。全球几乎所有地区都经历了升温过程，体现在地球表面气温和海洋温度的上升、海平面的上升、格陵兰和南极冰盖消融及冰川退缩、极端气候事件频率增加等方面。1880～2012 年全球升温在 0.65～1.06℃，平均温度已升高 0.85℃；过去 30 年，每 10 年地表温度的增加幅度高于 1850 年以来的任何时期。1951～2001 年我国平均气温上升约 1.1℃，增温从 20 世纪 80 年代开始，且有加速的趋势，90 年代是我国 20 世纪最暖的十年。

在 IPCC 第五次评估报告中，基于国际耦合模式比较计划第五阶段(The fifth phase of the Coupled Model Intercomparison Project，CMIP5)的 46 个地球系统模式给出的 21 世纪气候变化预估结果，未来全球平均地表气温将随温室气体排放而继续升高。基于 CO_2 浓度驱动的温室气体代表性浓度路径(representative concentration pathways，RCP)情景，相对于 1986～2005 年，2081～2100 年全球平均地表气温处于 CMIP5 模式结果 5%～95%的范围内，RCP2.6、RCP4.5、RCP6.0、RCP8.5 情景下全球平均地表气温分别升高 0.3～1.7℃、1.1～2.6℃、1.4～3.1℃和 2.6～4.8℃。RCP4.5、RCP6.0 和 RCP8.5 情景下预估的 2081～2100 年全球平均地表气温可能会比工业化前高 1.5℃(高信度)，RCP6.0 和 RCP8.5 情景下可能会比工业化前高 2℃(高信度)，而 RCP2.6 情景下可能不高于 2℃(中等信度)。除 RCP8.5 情景下可能在 2081～2100 年出现超过 4℃的升温情况外(中等信度)，其他所有 RCP 情景下都不可能出现这种情况(高信度)(董思言和高学杰，2014)。

1.1.2　降水变化

气温升高将导致大气中水汽含量增多，进而对降水产生影响(Trenberth et al.，2003)。全球范围的极端事件增多，全球降水将呈现"干者越干、湿者越湿"的趋势。不同区域和不同强度降水呈现不同变化趋势。例如，Gu 等(2007)研究指出，热带地区的降水增加，而北半球中纬度降水减少。1979～2000 年卫星观测资料研究及多模式集合模拟结果表明，在更为暖湿的气候下，热带地区强降水事件将会增多，而弱降水事件将会减少(Allan and Soden，2008)。Karl 和 Knight(1998)指出，美国近百年来降水量增加主要由极端降水事件增加导致。Fujibe 等(2005)研究表明，20 世纪日本强降水频率增加，弱降水频率减少。极端降水的这种变化很可能与全球变暖有关(Allan and Soden，2008；Held and Soden，2006)。Karl 和 Trenberth(2003)在全球范围内选取降水总量相同的站点，发现平均温度较高的站点会出现更多的强降水和更少的弱降水。

降水强度分布结构对全球变暖的响应可能更敏感。例如，Lau 和 Wu(2007)对热带地区降水进行研究发现，1979～2003 年该地区强降水和弱降水呈增加趋势，而中等强度降水呈减少趋势。黄晓亚等(2013)研究表明，58 年来，虽然我国贵州年降水量变化趋势不明显，但各站日降水量集中度呈现加大的趋势，且 77% 的站点增加趋势显著。连续 3 日、5 日、7 日无雨日次数以及最大日降水量都呈现增加趋势，日降水量集中度与最大日降水量相关程度高，说明该地区暴雨和干旱发生频率增加趋势明显。IPCC 第三次评估报告以及 IPCC 第四次评估报告得出结论认为，在总降水量增加的暴雨事件中，以及在总降水量减少或保持不变的区域，极端降水出现了增加的情况(Folland et al., 2001)。20 世纪暴雨事件有所增加，降水量通常比平均水平要大得多，甚至在总降水量减少的地区也是如此(Trenberth et al., 2007)。在全球变暖的背景下，极端暖事件增多，极端冷事件减少；热浪发生频率更高，时间更长；陆地区域的强降水事件增加，欧洲南部和非洲西部干旱强度更强、持续时间更长；热带气旋的强度、频率和持续时间存在长期增加趋势。

近 100 年来我国平均降水变化总体趋势不显著，但呈显著的年际和年代际振荡以及区域性变化。从降水量的季节变化来看，秋季和春季变化较显著，分别减少 27.3mm 和增加 20.6mm；从区域性变化来看，海河流域、黄河流域显著减少，长江下游、西部内陆河显著增加；同时区域性短历时暴雨强度、极端强降水日数增加(丁一汇等，2006)。

1.2　人　类　活　动

1.2.1　人口增加

自然界所受到的人类扰动与人类社会的规模和构成有关。人口是人类活动的主体，人口数量会影响(水土)资源、能源、粮食、环境等诸多方面，从而对自然环境产生直接压力。

人类真正的大发展是进入资本主义时代以后。18 世纪在欧洲爆发的工业革命激发起了第二次人口浪潮。这一次人口浪潮主要席卷了欧美各资本主义国家。从 19 世纪初至 1950 年的 150 年间，欧美等发达地区的人口增长 2.35 倍，而其他发展中地区的人口只增长 1.31 倍。18 世纪后半期，发展中国家人口占世界人口 74.6%，1900 年下降至 65.3%。这一时期全球人口从 1650 年 5.6 亿增加至 1950 年 25.2 亿。第二次世界大战后，全球出现席卷世界各国的第三次人口浪潮。除发达国家作为补偿性增长的"婴儿激增"外，战后独立的国家人口剧增。1950~1988 年世界人口就翻了一番。世界人口每增 10 亿的时间越来越短，1800 年世界人口达到 10 亿，1931 年达 20 亿，1960 年达 30 亿，1974 年达 40 亿，1987 年达 50 亿，1999 年达 60 亿。2002 年底，全球人口已接近 62 亿。根据 2018 年《世界人口状况》报告，2017 年全球人口为 75.5 亿。根据联合国人口基金会发布的报告，到 2050 年全球人口将增长 22 亿，其中 13 亿的增长可能来自撒哈拉以南的非洲。

1850 年中国人口约 4.3 亿，占世界人口的 34%。由于战乱等原因，1850 年至 1950 年中国人口增长缓慢。1949 年末，我国人口为 5.42 亿，占世界人口比例下降到 22%。到 1990 年末，我国人口已达 11.43 亿，但占世界人口比例一直保持在 22%左右。20 世纪 90 年代，随着计划生育工作的不断加强，我国的生育率下降到更替水平以下。由于人口结构的原因，我国人口总量仍在继续增长，但占世界比例逐年降低，2021 年我国人口约 14.1 亿，占世界人口的 19%。

1.2.2 土地利用/土地覆盖变化

农业、城镇化等人类活动对生态系统和土地覆盖的改变，是地球自然生态系统变化最主要的根源之一。20 世纪以来，人类活动所导致的土地覆盖变化已逐渐成为一个伴随地球系统产生的全球现象。耕地面积扩大、城镇化以及对木材、纸制品的需求等人类活动改变了 42%～68% 陆地表面(Hurtt et al., 2006)。土地利用/土地覆盖变化(land use and cover change，LUCC)对全球变化的影响已达到与自然要素对全球变化影响的同一量级，在一些区域成为生态系统变化的主要原因。

农业作为人类最主要的土地利用活动之一，目前已经涉及全球陆地地表的 1/3，已替代全球陆地地表的大部分植被。据统计，1700～1992 年，全球耕地面积整体上呈增加趋势，共增加了约 5.5 倍，欧洲是耕地扩大最快速的地区，其次是北美洲和苏联，大部分耕地增加以牺牲林地和草地为代价(Ramankutty and Foley, 1999)。通过对多源耕地数据分析，1981～1990 年全球各个大洲耕地均有增加，增加的区域主要位于亚洲的东南部、印度河流域、中东和中亚地区、美国的大平原地区，同时美国东南部和中国东部的耕地减少较为剧烈(Lepers et al., 2005)。20 世纪 90 年代以来，随着城市化水平提升、工业化推进、经济发展以及人口增长，耕地呈现减少趋势。20 世纪 90 年代初全球耕地为 1800 万 km^2(Ramankutty and Foley, 1999)，2000 年全球耕地约为 1500 万 km^2。1961～2015 年，耕地面积总量呈递减趋势的国家越来越多，人均耕地面积递减的国家所占比例达 85.71%。预测在 2000～2030 年，城市化将导致每年主要农业用地损失 160 万～330 万 hm^2。2050 年，世界人口可能过亿的 17 个国家及耕地面积排名前十的国家，大多数表现出耕地减少趋势，90%以上的国家出现人均耕地面积减少的现象(赵文武，2012)。

20 世纪初，地球上的森林面积约有 5000 万 km^2，如今已锐减到不足 4000 万 km^2。全世界的热带雨林每年破坏率达 2%，现在正以每秒 0.607hm^2 的速度自地球表面消失。我国历史上曾经是一个多林的国家，经考证分析，在 4000 年前的远古时代，森林覆盖率高达 60% 以上。但是随着历史的发展，森林资源日趋减少。到战国末期降为 46%，唐代约为 33%，明代之初为 26%，1840 年前后约降为 17%，1949 年中华人民共和国成立时降为 8.6%。到 21 世纪初上升到 18.21%，2018 年全国森林面积达到 31.2 亿亩(1 亩 = 666.7m²)，森林覆盖率达到 21.66%。东部地区森林覆盖率为 34%，中部地区为 27%，西部地区只有 13%，而占国土面积 32% 的西北 5 省(自治区)(陕西省、甘肃省、青海省、宁夏回族自治区、新疆维吾尔自治区)的森林覆盖率只有 6%。

尽管人类通过耕作活动利用土地资源满足了自身生存的需要，然而，这种土地类型的变化导致地球表面人类赖以生存的水资源变化，甚至引发气候变化，进而可导致满足人类需求能力的下降(张丽娟等，2017)。农业是最大的用水部门，其中灌溉占全球取水量的 70%，工业和生活用水分别占 20% 和 10%。不同国家存在很大差异，在全球大多数的不发达国家中，农业用水量占取水量的 90% 以上。雨养农业是世界上主要的农业生产系统，其现有生产力平均不到最优农业管理下所能实现潜力的 50%。如果不设法提高效率，预计到 2050 年全球农业用水量将增加约 20%(达到每年 8515km³)。灌溉农业占总耕地的 20%，但贡献了全球粮食总产量的 40%。50 多年来，中国的农田灌溉面积从 1500 万 hm² 发展到目前的 5600 万 hm²，灌溉面积占总耕地面积比例从 18.5% 增长到 51.8%。此外，我国城市化水平从 1980 年的 19% 跃升至 2010 年的 47%，导致我国湖泊总萎缩面积占现有湖泊面积的比例约为 18%，陆域湿地面积减少了约 28%。

1.2.3　水利工程

根据国际大坝委员会截至 2013 年底的统计，世界已建和在建的各类大坝共计 6.8 万座，其中，中国坝高 15m 以上的大坝 3.8 万座，占 55.9%。除中国之外，世界上其他国家已建和在建大坝共有 30453 座，其中坝高大于等于 15m 的大坝 26235 座，坝高 5~15m、库容大于 300 万 m³ 的大坝 4218 座。截至 2009 年，我国已建成大中小型水库 8.7 万多座，塘坝等工程 585 万座，蓄水工程总库容达 5756 亿 m³，兴利库容 3134 亿 m³；已建各类堤防 27 万余千米，开辟临时分蓄洪区约 100 处，大多数流域已形成了包括堤防、水库、分蓄洪工程及河道整治工程的防洪工程体系(鲁春霞等，2011)。

据不完全统计，中华人民共和国成立以来已建或在建的引调水工程 137 项，调水工程的取水水源主要有河流、水库和湖泊三种类型，而以河流作为取水水源的工程占大多数。工程规模上，单个调水工程调水规模由 20 世纪 50 年代最大约 20 亿 m³，增加到 80 年代的 30 亿 m³，90 年代增加到 40 亿 m³，2000 年后南水北调东中线一期工程设计年引水量分别达到 87.66 亿 m³ 和 95 亿 m³(高媛媛等，2018)。

1.3 全球变化下水文学面临的问题与挑战

水文学作为地球科学的重要分支，研究的核心是水循环规律。在全球变化的背景下，水文学研究内涵及时空尺度发生重大转变，从传统流域尺度向区域和全球尺度延伸，从自然驱动向自然和人类活动双驱动下水循环演变方向发展，从陆面以"水"为主要对象的水文过程向陆面"水-生态"等多过程以及"大气-水文"等多圈层耦合方向发展。从传统工程水文学水文测验、水文预报和水文水利计算("测、报、算")来看，全球尺度水文学研究中的观测内容不仅包括降水、蒸散发、径流等，而且向大气水分、能量、陆面生态等观测延伸；水文预测预报不仅包括中短期洪水、干旱预测预报，而且包括全球气候变化、大规模人类活动下水文过程演变预测；水文水利计算从传统的水库演算、水资源评价、频率计算向水循环通量、水资源演变、非一致性频率计算方向发展。

1.3.1 水文过程由稳态向非稳态转变

在全球变化背景下，水文学研究需要认知自然演变和人类活动影响下百年乃至更长历史时期河川径流、旱涝事件等历史演变规律，预测其未来变化趋势。目前，水文学研究主要采取两种途径：一是根据历史资料，建立水文要素与气候、下垫面等影响要素之间的统计关系；二是建立水文模型，根据历史资料进行模型参数率定和验证，分析水文过程历史演变及其影响要素，预测或外推未来演变趋势。这种基于历史观测信息模拟和预测方法的基本前提是历史资料具有足够的代表性，不仅能反映水文历史演变及其影响要素的全过程，而且根据历史数据得出的演变趋势延伸至未来也具有代表性。在自然条件下，水文学通常假设降水、气温等气候要素变化的统计特征(均值、方差)不随时间变化，下垫面稳定，水文过程的长期变化呈现为稳态(stationary)或一致性特征，因此根据历史观测资料建立的降水-径流响应统计关系或水文模型，预测或外推未来具有可行性。但在全球变化背景下，气候及下垫面变化导致水文过程的长期变化呈现为非稳态(non-stationary)或非一致性特征，需要建立新的理论和方法。

1. 陆面水文过程演变的驱动要素呈现非稳态

太阳辐射和重力作用是形成水循环的驱动力，其为水循环中水的物理状态变化和运动提供能量。降水、潜在蒸散发等是水循环的驱动要素，传统水文学将受气象要素影响的降水、潜在蒸散发等长期变化特征假设为稳态，即不呈现趋势性和跳跃性等变化。如上所述，全球升温背景下，区域性降水和极端降水事件呈现趋势性变化。由于气温升高、太阳辐射量、风速等气象要素趋势性变化的非一致性和非同步性,水循环过程趋势性出现异质性变化,如气温升高背景下潜在蒸散发应呈现增加趋势,但一些地区太阳辐射量、风速等下降导致潜在蒸散发量在20世纪下半叶呈显著下降趋势,引发“蒸发悖论”现象。

在自然条件下,陆面水流运动受重力作用,水从高处向低处流。但在大规模调水工程和地下水开发利用工程中,受人类采用油和电驱动的抽水泵等外力作用,会改变水的自然流动方向和传递速度。增加的额外能量和动力,导致水文过程或降水-径流关系呈现非平稳的变化趋势,例如,农灌区地下水大规模过量开采,导致地下水位持续下降、包气带增厚、河流流量减少甚至枯竭(图1.1)。这种人类活动导致的水文变量非平稳或非一致性变化,降低了水文过程的可预测性,如由历史某一阶段观测资料建立的降水-径流关系或确定的模型参数,应用于另一时期或未来降水-径流模拟和预测将产生系统性误差。

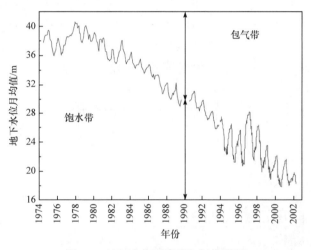

图 1.1　地下水位下降及包气带增厚

2. 调控陆面水文过程的下垫面条件呈现非稳态

人类活动包括工程措施和土地利用/土地覆盖变化,其水文效应可分为直接影响和间接影响两类(王浩等,2005)。直接影响包括兴建水库、闸坝、灌渠、跨流域调水、农业灌溉、工业生活用水、河道挖沙等使水循环要素发生时空分布变化的各项措施;间接影响通常是指人类活动通过改变陆面状况、局地气候等影响水循环过程的各种活动,如植树造林、城市化、植被退化、围垦造田等。

相对而言,跨流域引水、大型水库等水利工程措施,这类人类活动时间短、范围小,但可突然改变水循环要素,而且一旦改变,将产生长期持久的显著影响。当水库建成蓄水后,经水库调蓄,河川径流年内、年季变化变缓。而植树造林、城市化等长期的人类活动,其水文效应是渐变的,且对水文要素的影响也是逐渐加重的。如大规模植树造林，随着植被生长，蒸散发量持续增加，可导致径流量减少，径流过程变缓。

3. 非平稳水文序列演变预测

变化环境下降水、径流序列统计规律以及降水-径流响应关系具有时变性。现有基于稳定环境背景径流序列一致性前提，即统计规律在过去和未来保持不变(图 1.2)不再成立。目前，采用水文模型等方法把径流序列"还原"、"还现"到某一环境背景的一致性修正方法，受流域产汇流过程时空变化规律认识以及水文模拟方法限制，无法准确地描述变化环境下流域水文情势演变规律，"还原"、"还现"序列的可靠性受到质疑。Milly 等(2008)在 *Science* 发表文章指出，流域径流系列形成的环境背景一致性不复存在(图 1.3)，采用现有的工程水文分析方法制定的流域开发利用工程、防洪和抗旱工程的运行调度等，将面临由变化环境带来的风险。因此，正确认识变化环境下水文情势演变规律，提出适应变化环境的工程水文计算的理论与方法，对于水资源的可持续利用、防灾减灾、水利工程安全运行管理以及保证经济发展和社会稳定等具有重要的现实意义。

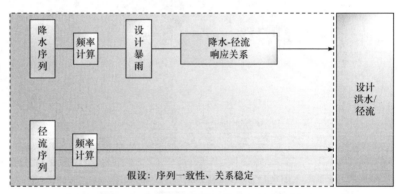

图 1.2 工程水文设计两种途径基本假设

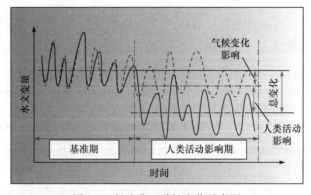

图 1.3 径流非一致性变化示意图

　　降水、径流等水文要素时间序列的非一致性或非稳定性，体现为概率分布或统计特征(均值或方差等)的时变性，并且这种时变性受物理成因控制。自从 Milly 等(2008)提出流域径流系列非稳定性以来，Koutsoyiannis 和 Montanari (2015)对此提出异议，认为目前由于水文观测序列长度较短(如我国大部分水文站点观测资料仅有 60 多年系列长度)，短时段呈现的非平稳性(图 1.4 中的过去)，在长时间序列中具有平稳性，从而认为平稳性是永恒的。因此，需要长时段水文资料分析序列的统计特征变化，并辨识其变化的物理成因，即局部时段均值的变化(图中的局部平均)是确定性的还是随机性的。如果局部时段均值的变化是由确定性成分控制的，则水文序列统计特征具有非平稳性；如果局部时段均值的变化也是随机的，则水文序列统计特征具有平稳性。

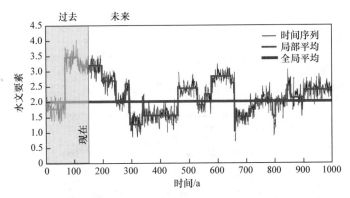

图 1.4　水文序列长期变化示意图(修改自 Koutsoyiannis 和 Montanari(2015))

1.3.2　水文演变的多过程、多要素互馈关系

　　降水、蒸散发和径流是水文过程三个最主要的环节，这三者构成的水循环途径决定着全球的水量平衡，也决定着一个地区的水资源总量。在传统水文演变研究中，将气候变化和人类活动等作为水文过程长期演变的驱动力，看作与陆面(水文)过程独立的因变量(图 1.5)。在预测未来水文过程演变时，假设未来气候变化条件已知(如采用大气环流模式(general circulation models，GCMs)预测结果)，也较少考虑未来社会经济发展对下垫面变化的影响。这种方法适用于针对特定历史时期的水文演变分析，不适用于水文过程长期演变模拟和预测。

　　在全球变化背景下，大气-陆面(水文、覆盖)-人类活动之间是相互作用的。例如，大规模森林砍伐和恢复导致的覆盖变化通过影响地表物理特征的变化，如反照率、蒸发蒸腾和地表粗糙度，改变大气和水文过程；同时，降水和水文条件的变化又会影响植被恢复程度和长期稳定性。已有研究表明，如果大面积的雨林被烧毁，相邻区域的降水量会大大减少，导致没有充足的雨水来维持森林的正常生长。如果被毁坏的森林面积相当大，邻近林区所失去的降水量也会相应加大，甚至大到足以加强周期性干旱，使得更多的树木会慢慢死去，进而进一步减少降水量，反过来又加速森林的死亡。当荫蔽大地的树冠消失后，森林地面突然变暖，排放出大量甲烷和二氧化碳，发生一种生物化学的"燃烧"现象。死亡的树干和树枝大量增加，使白蚁群激增，这也会产生大量甲烷。这种反馈过程自身放大了全球变暖的效应(彭少麟，1998)。

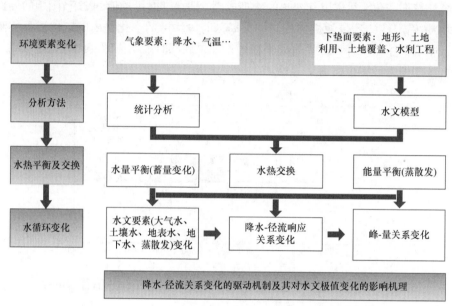

图 1.5　气候及下垫面变化对流域水文过程影响分析步骤

气候升温条件下农业用水量将呈增加趋势，农业灌溉用水量的增加又增加了大气中的水蒸气，改变了地表潜热和显热，进而改变了地表土壤湿度和作物长势，影响大气降水、土壤水、植被耗水、地下水转化过程。在城市化进程中，人为改造的下垫面或人工下垫面，形成不透水或弱透水的城市陆面、人工河岸带、立体建筑物，以及一系列取水口、排水口、城市管网等，不仅改变了城市水文过程，而且形成的城市热岛效应改变了局部气候。因此，若按照城市化前历史降水资料作为城市防洪、供水等工程规划依据，随着城市化进程推进，一些设计和规划的结果将不再适应。因此，全球变化背景下，大气-陆面(水文)-人类活动长期演变互为因果关系(图 1.6)，需要将上述过程进行耦合。

1.3.3　水文过程非线性和尺度效应

入渗、汇流、蒸散发等水文物理过程的基础是建立在微单元尺度上的基本微分方程，其求解可以定量描述流域三维空间水文过程动态变化。在实际应用时，基于较为完备的水文物理方程解析解和数值解的模型需要详细的植被、土壤、基岩破碎带、河流水系等下垫面特征资料，气象资料以及地表径流、土壤水、地下水、蒸散发等水文观测资料。受流域下垫面异质性影响，观测尺度(土壤水、地下水位等点尺度、流域出口流量的面尺度)、计算尺度(如分布式模型网格单元、子流域单元)与水文空间变异尺度(如土壤渗透能力、植被蒸散发等空间差异)通常不匹配，即便在实验流域，观测资料也难以完全满足水文物理模型中参数率定和过程描述的需求。

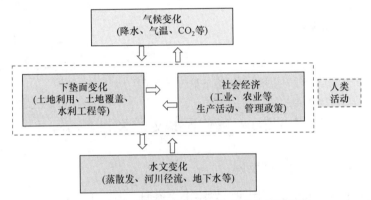

图 1.6   气候-人类活动-流域水文相互作用示意图

在流域尺度上，复杂非均质下垫面的产汇流多种路径组合(整合)是引发水文过程复杂化的主要根源(图 1.7)。目前，水文模拟和预测主要根据有限观测资料对模型进行训练(参数率定和验证)，得出反映观测期内不同下垫面类型(林地、农田、城市、水域等)产汇流过程或下垫面各种组合特征下的降水-径流响应关系。由于有限的观测资料不足以限定描述水文动态过程的参数或变量，产生异参同效、不确定等一系列问题。但在稳定下垫面条件下，根据历史观测资料训练的模型参数化方案，外推(预测)气候变化和人类活动影响下水文演变的结果，模拟和预测结果的误差放大效应可控、可预估。

非稳定下垫面通常可看成不同类型下垫面(林地、农田、城市、水域等)的组合发生变化。但由于不同下垫面水文过程的非线性，基于某一特定下垫面特征得出的模型参数或降水-径流响应关系，不能简单地外推(预测)另一种下垫面条件下的水文过程，且水文过程具有非线性特征，下垫面类型组合发生变化下的流域水文过程，不是简单地用各下垫面面积加权线性叠加的结果。因此，非稳定下垫面下流域水文过程受非线性、尺度效应影响，根据历史观测资料得出的结果或建立的关系外推，预测结果不确定性将放大。

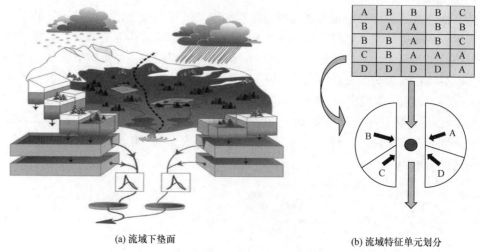

(a) 流域下垫面   (b) 流域特征单元划分

图 1.7   流域下垫面及特征单元划分

1.4   全球变化下水文学发展趋势

1.4.1   现代水文观测的多维视角

水文观测是认识水循环规律、发展水文模型、模拟历史和预测未来的重要基础。随着水文研究尺度、影响要素和过程的扩展及延伸，需要新的观测手段收集大气、陆面地形、土壤、植被、土地利用以及地下含水层等众多信息。

水文学研究长期依赖于水文和气象部门建立的传统地面站点网络，但由于观测站点有限，在一些地区空间代表性还很欠缺。遥感为全球和区域水循环研究及水资源管理提供了新的技术手段。遥感反演可获取多种水文气象要素，包括降水、蒸散发、水位、土壤湿度、地下水储量变化、流域水储量变化、积雪与冰盖等。利用地面实测数据、卫星遥感反演信息和水文模型模拟数据进行同化，可以得到更大尺度、更可靠的降水、流量、土壤含水量、蒸散发量、地面植被覆盖、积雪覆盖等数据，由此可提高水文预报精度和应用范围。随着对区域和全球尺度极端气象、水文及水资源研究的关注，形成了一系列区域和全球气象、水文观测数据网络，如全球径流数据中心、美国国家环境预报中心、欧盟水与全球变化项目及美国普林斯顿大学等多种来源的全球和区域气象水文观测或再分析数据资料，极大地推动了区域和全球尺度水文模拟和预报。随着不同学科对全球变化研究的日益关注，进一步拓展了水文观测内容和学科交叉融合，水文观测从传统的降水、潜在蒸散发、径流要素的观测，扩展到大气水分、碳通量等观测，开展了如全球能量与水文循环实验(Global Energy and Water Cycle Experiment，GEWEX)、陆地水分-能量-碳通量大型观测网络 FLUXNET、AmeriFlux、ChinaFLUX 等多种大型观测计划，为认识陆地水文循环及其与大气、生态系统变化之间的关系提供了最基础的数据支撑(杨大文等，2018)。

另一方面，基于传统自然流域观测水文循环状况和水量平衡要素已不能满足水文学科研究以及社会经济发展的需求。人类在河流上兴修水工建筑物、大面积灌溉和排水、土地利用方式的改变及都市化和工业化等活动，直接或间接地改变水文情势，产生各种水文效应。例如，改变蒸发量、降水量及其时空分布，人类活动影响下河川径流的自然形成过程，径流的年内分配，土壤水和地下水水量、水质，河流含沙量、输沙量和河水热动态等发生变化。因此，水文观测不仅需要对传统的气象、水文要素进行观测，而且要对水库、城市和农业等人类活动过程中供水、用水、耗水、排水过程进行观测，才能理清气候和人类活动对水循环的影响程度以及流域水资源平衡状态。

1.4.2　流域多过程协同演化及水文模型发展方向

水文学家通常认为流域下垫面空间特征在时间上是恒定的，在显式表达分布式水文模型参数化时，通常不考虑它们的变化及相互作用。然而，流域作为一个开放的非线性系统，它接收水、能量、碳和基岩衍生物质通量，并在物质、能量梯度驱动下释放水、能量、碳、泥沙和溶质的通量。流域内水、能量、基岩衍生物质、泥沙、碳、生态系统和人类活动等因素在时空上是相互作用的过程，正是这些相互作用使流域产生相应的变化和响应，即流域协同演化。

从流域协同演化驱动机制来看，流域的空间特征(土链、坡面形态、河网、植被分布)受能量(太阳辐射)、水(降水)、碳(光合作用)、矿物供应(基岩风化)和隆升(构造运动)的驱动而发生变化(图 1.8)。这些空间特征控制水文和生物地球化学通量

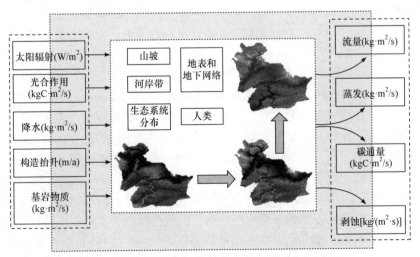

图 1.8　流域演变驱动要素、下垫面特征及水、碳通量概念图(Troch et al., 2015)

(如径流、蒸发、蒸腾、呼吸作用和剥蚀)的变化。因此,气候、地质、构造以及各种要素随时间变化是控制流域协同演化的主要因素,人类作为流域的一部分并且可以改变其演化方向。在流域演化过程中,气候、基岩风化以及构造运动形成的水量、能量呈现时变性,如短期和长期的气候变化形成的水量和能量的不同平衡状态,将影响流域水文过程和流域演化轨迹的方向(Roderick and Farquhar, 2011)。因此,水文学正处在将流域视作静态实体的理念被新范式替代的时期,在这种新范式下流域在自然和人为因素共同作用下不断演化(Wagener et al., 2010)。了解流域协同演化以及如何影响水文和生物地球化学输出通量,对提高水文预测精度具有重要作用。

理清流域协同演化不同要素及过程之间的关系存在极大的难度。难点在于流域下垫面演变存在极大的时间尺度差异,场次降水尺度上的水、溶质和泥沙的重新分布会引起年到十年时间尺度上的生态响应(Thompson et al., 2011),乃至百年到千年时间尺度上的地貌和土壤响应,而农业发展开垦土地或修建水坝几乎可以瞬间改变那些需要经过长期演化形成的景观特征。由此,需要识别流域协同演化控制要素的活跃水平,并且能建立该要素及其导致的流域特征协同变化之间的预测关系。解析这些关系有两种途径:一是由下而上耦合流域演化全要素动力学过程,如土壤形成、景观演化和生态系统动态过程;二是根据流域演化基本规律,确定某些限制要素,如基于最小化函数或最大化函数的最优性理论来预测流域协同演化。

流域协同演化研究需要多学科协作研究,水文学可以从其他学科研究成果中找出水文演变的历史印迹,如地貌学家通过实地考察流域景观推断导致当前地貌的物理、化学和生物过程的方式已有很久的历史。在很多情况下,这些地貌演化过程是流域内水流驱动的结果,因此水文学家可以运用地貌学家提出的方法来了解流域过去的水文过程。Tucker 和 Bras(1998)最早使用景观演化模型将主要产流机制(如超渗与蓄满产流)与景观特征(如坡度-集水面积关系和河网密度)联系起来。他们发现,由于主要产流机制不同,坡度-集水面积关系呈现不同的模式。Istanbulluoglu 和 Bras (2005)分析静态和动态植被对景观特征的影响,通过数值计算和解析方法证明,植被覆盖差、水流侵蚀主导的地貌景观也可能会演变为植被覆盖茂盛,沉积作用为主导的景观。这种主导沉积物输移的转变机制与径流形成机制的转变相关,并在景观特征(如坡度-集水面积关系)中留下明显的标志。

与地貌类似,植被分布可以反映整个流域的水资源分布状况。Thompson 等(2011)证明植被空间结构受流域干湿程度、河网结构、植被对可用水量的敏感程度以及降水向蒸散发和径流的分配比例控制,由此产生的植被自组织特征与流域平均水文要素、水量平衡和水源划分特征具有空间依赖性。Hwang 等(2012)探索了源头流域植被空间分布,以研究影响流域响应的生态水文过程和反馈机制。他们发现, 采用一个简单的景观植被指数(如植被水文梯度(hydrologic vegetation gradient, HVG), 定义为每增加单位地形湿度指数所引起的归一化植被指数(NDVI)的变化), 可以解释整个流域的总径流和早期水文动态变化的差异。由于 HVG 可以通过遥感和数字高程模型加以描述, 将 HVG 作为植被生长季表达当地耗水量与产水量之间转化的指标, 有助于将流域协同演化产生的景观特征转化为水文行为。

但是不同时间尺度下大气、陆面(水文)、人类活动各自的变化强度(变率)不同, 如流域长期演化受气候(产生的水和能量)、基岩风化、地质构造驱动, 这些看似独立的驱动因素之间也存在相互作用, 如气候可以影响构造, 反之亦然。但这些驱动因素相对植被动态独立性更强, 因为植被受气候、风化能力和地形的影响, 而这些又受构造和侵蚀运动的影响(再次受气候和风化能力驱动), 这些驱动因素称为流域形成要素(CFF)。

流域形成要素或因子(CFF)受气候、地质(母质)、构造和时间共同作用, 其可以表示为

$$\text{CFF} \sim \{G(t), C(t), T(t)\} \tag{1.1}$$

式中, $G(t)$ 为地质(母质)随时间变化的函数; $C(t)$ 为气候随时间变化的函数; $T(t)$ 为构造运动随时间变化的函数。气候、地质和构造作用下流域协同演化的控制程度可能会随时间而发生变化, 因此, 需要一种指标来量化这些因素的活动水平以及它们如何随时间变化。

对于流域形成因子活跃水平的特定组合, 流域演化速率可表示为

$$\text{ER} = \frac{\mathrm{d}A}{\mathrm{d}t} f(\text{CFF}) = f\big[G(t), C(t), T(t)\big] \tag{1.2}$$

式中, ER 为演化速率; A 为流域的水文年龄; $f(\cdot)$ 为一个非线性函数, 定义了流域形成因子的活跃程度对流域演化速率的影响。根据这些活跃程度可知, 流域经历缓慢或快速演化。

流域协同演化研究有助于增强陆面过程变化对水文影响的研究。目前, 国际上常用的分布式水文模型都自带可供参考的土壤、植被等下垫面参数参照值或范围, 为模型参数自动率定提供了限定范围; 分布式水文模型建立时需要描述土壤、植被、地形等下垫面空间分布。目前, 下垫面空间分布特征主要基于有限观测点信息或遥感资料加以辨识, 采用地统计学方法进行内插加以描述。受气候和人类活动影响, 长期演变中描述流域下垫面特征的土壤、植被、地形等将发生改变。例如, 在水流作用下土壤分布受地形影响, 海拔高、坡度陡的山坡土壤侵蚀, 水土物质运移的增加会填充流域的低谷区, 使得地形低洼处土壤厚度大、湿度大、缺水量小, 有利于植被生长。因此, 流域演化模型有助于增强水文模型预测能力。这需要水文学家与土壤学家、地貌学家、气候学家和生态学家开展多学科合作,

将由能量和水驱动下的土壤形成、景观演化、气候重建和生态系统动力学的认知结合起来，建立稳健的流域协同演化耦合模型，不仅能模拟和预测流域水文动态变化，而且能描述流域下垫面土壤形成和侵蚀动态过程、植被动态以及地貌景观过程，进而可以对水文模型空间参数动态变化进行显式表述，预测整个流域的演化过程。

近年来，耦合气象、植被、水文过程的陆面模型和耦合植被动态与水文过程的生态水文模型研究取得了长足进展，为预测气候变化、植被动态变化和水文效应提供了科学分析手段。一些学者(Wagener et al., 2007；McDonnell and Woods, 2004)建议建立一个健全的流域分类系统，以对越来越广泛的有关气候和下垫面对水文响应作用的知识进行组织。这个流域分类系统可以通过空间代替时间的方式来揭示可能产生的水文过程变化(Sawicz et al., 2014)。现代分析技术为确定不同要素变化程度提供可能，例如，宇宙成因放射性核素等测年技术能解释侵蚀率；古气候学和古水文学中发展的树木年轮分析法和沉积物分析法，可用于重建气候、侵蚀的历史过程。同时，水文研究需要发展新的理论和方法，如一些学者提出综合经典牛顿方法与新的达尔文方法(Harman and Troch, 2014；Sivapalan et al., 2012)发展水文学理论，有助于在山坡和流域尺度上理解复杂过程的相互作用和水文响应(Sivapalan, 2005；2003)；还有一些学者认为，研究水流和溶质运移规律时应考虑地貌的异质性，以便在不同的尺度中获取水文响应中的非线性特征。所有这些关于如何从地球科学推动水文学发展，以更好地应对当今环境变化带来挑战的观点，都可以基于流域协同演化的概念来发展新的理论框架(Blöschl et al., 2013)。此部分内容详见 Troch 等(2015)的文献。

1.4.3　非一致性水文频率计算

传统工程水文计算基于降水、径流等水文序列随机变化假设，即一致性序列统计特征(均值、方差等)不具有时变性。受全球气候变化和人类活动影响，水文序列统计特征可能呈现非一致性，序列统计特征(均值、方差等)具有时变性，如趋势性、突变等。现有基于稳定环境背景径流序列一致性前提，即概率分布或统计规律在过去和未来保持不变将不再成立。

气候变化诸因子中气温升高、降水变异性增强等对水文系统的影响最为显著(Kundzewicz, 2007)。在全球变暖的背景下，极端降水事件出现的概率可能增加，导致洪水和干旱等水文极值事件增加，原有的洪水、枯水频率曲线将发生改变，人类活动将会加剧这一风险(Milly et al., 2008)。同时，水文极端事件发生的频率、强度等将会如何变化，是近年来气候变化研究中普遍关注的问题(张建云，2010；秦大河，2007；丁一汇等，2006)。

在工程水文计算中，采用水文模型等由降水推求径流(极值)序列，超过某一

洪峰流量 Q_p 的概率在理论上可表示为

$$G(q) = 1 - \int_{\Omega} \int_{w_0} \int_{\psi} \int_{T(t)} \text{pr}[Q_p \leqslant q \,|\, \omega, w_0, \psi, \tau(t)]$$
$$\times f_{\Omega}(\omega) f_{w_0}(w_0) f_{\psi}(\psi) f_{T(t)}(\tau(t)) \mathrm{d}\omega \mathrm{d}w_0 \mathrm{d}\psi \mathrm{d}\tau(t) \tag{1.3}$$

式中，ω 为反映暴雨特征和位置的变量；w_0 为初始蓄量(与坡度、河道、土壤等有关)；ψ 为模型中的特征参数(与糙率、饱和入渗率等有关)；$\tau(t)$ 为暴雨深分布。

因此，变化环境下的频率计算，需要解析暴雨分布特征的变化、下垫面调蓄能力及其导致的降水-径流响应关系的变化，以及频率分布函数的变化。即水文频率计算需要将水文演变的物理过程与随机过程相结合，推求水文序列非一致性物理过程和随机过程的变化趋势，这极大地增加了水文频率计算的复杂性和频率计算结果的不确定性。该方面研究前沿和成果参见《非一致性水文概率分布估计理论和方法》(熊立华等，2018)，其为国家自然科学基金重大项目"变化环境下工程水文计算的理论和方法"第四课题取得的研究成果。根据洪水、枯水以及年径流的形成机制，提出基于时变统计模型与理论推导的水文概率(频率)分析方法，探讨非一致性条件下水文事件重现期与水文设计值的计算问题。

参 考 文 献

丁一汇, 任国玉, 石广玉. 2006. 气候变化国家评估报告(Ⅰ): 中国气候变化的历史和未来趋势[J]. 气候变化研究进展, 2(1): 3-8.

董思言, 高学杰. 2014. 长期气候变化: IPCC 第五次评估报告解读[J]. 气候变化研究进展, 10(1): 56-59.

高媛媛, 姚建文, 陈桂芳, 等. 2018. 我国调水工程的现状与展望[J]. 中国水利, 4: 49-51.

黄晓亚, 陈喜, 张志才, 等. 2013. 西南喀斯特地区降雨集中度及其变化特征分析——以乌江流域中上游为例[J]. 地球与环境, 41(3): 14-19.

鲁春霞, 刘铭, 曹学章, 等. 2011. 中国水利工程的生态效应与生态调度研究[J]. 资源科学, 33(8): 1418-1421.

彭少麟. 1998. 全球变化与可持续发展[J]. 生态学杂志, 2(17): 32-37.

秦大河. 2007. 全球气候变化对中国可持续发展的挑战[J]. 中国发展观察, 4: 38-39.

王浩, 贾仰文, 王建华. 2005. 人类活动影响下的黄河流域水资源演化规律初探[J]. 自然资源学报, 20(3): 157-162.

熊立华, 郭生练, 江聪. 2018. 非一致性水文概率分布估计理论和方法[M]. 北京: 科学出版社.

杨大文, 徐宗学, 李哲. 2018. 水文学研究进展与展望[J]. 地理科学进展, 37(1): 36-45.

张建云. 2010. 气候变化对水安全影响的评价[J]. 中国水利, 8: 5-6.

张丽娟, 姚子艳, 唐世浩, 等. 2017. 20 世纪 80 年代以来全球耕地变化的基本特征及空间格局[J]. 地理学报, 72(7): 1235-1247.

赵文武. 2012. 世界主要国家耕地动态变化及其影响因素[J]. 生态学报, 32(20): 6452-6462.

Allan R P, Soden B J. 2008. Atmospheric warming and the amplification of precipitation extremes[J].

Science, 321: 1481-1484.

Blöschl G, Sivapalan M, Wagener T, et al. 2013. Runoff Prediction in Ungauged Basins: Synthesis across Processes, Places and Scales[M]. Cambridge: Cambridge University Press.

Folland C K, Karl T R, Christy J R, et al. 2001. Observed climate variability and change[C]//Climate Change 2001: The Scientific Basis. Contribution of Working Group I to the Third Assessment Report of the Intergovernmental Panel on Climate Change. Cambridge: Cambridge University Press.

Fujibe K, Yamazaki N, Katsuyama M, et al. 2005. The increasing trend of intense precipitation in Japan based on four-hourly data for a hundred years[J]. Scientific Online Letters on the Atmosphere, 1: 41-44.

Gu G L, Adler R F, Huffman G J, et al. 2007. Tropical rainfall variability on interannual-to-interdecadal and longer time scales derived from the GPCP monthly product[J]. Journal of Climate, 20(15): 4033-4046.

Harman C, Troch P A. 2014. What makes Darwinian hydrology "Darwinian"? Asking a different kind of question about landscapes[J]. Hydrology and Earth System Sciences, 18(2): 417-433.

Held I M, Soden B J. 2006. Robust responses of the hydrological cycle to global warming[J]. Climate, 19(21): 5686-5699.

Hurtt G C, Frolking S, Fearon M G, et al. 2006. The underpinnings of land-use history: Three centuries of global gridded land-use transitions, wood harvest activity, and resulting secondary lands[J]. Global Change Biology, 2010, 12(7): 1208-1229.

Hwang T, Band L E, Vose J M, et al. 2012. Ecosystem processes at the watershed scale: Hydrologic vegetation gradient as an indicator for lateral hydrologic connectivity of headwater catchments[J]. Water Resources Research, 48: W06514.

Istanbulluoglu E, Bras R L. 2005. Vegetation-modulated landscape evolution: Effects of vegetation on landscape processes, drainage density, and topography[J]. Journal of Geophysical Research Earth Surface, 110: F02012.

Karl T R, Knight R W. 1998. Secular trends of precipitation amount, frequency, and intensity in the United States[J]. Bulletin of the American Meteorological Society, 79(2): 231-241.

Karl T R, Trenberth K E. 2003. Modern global climate change[J]. Science, 302: 1719-1723.

Koutsoyiannis D, Montanari A. 2015. Negligent killing of scientific concepts: The stationarity case[J]. Hydrological Science Journal, 60(7-8): 2-22.

Kundzewicz Z W. 2007. Climate change impacts on water management and adaptation needs in Europe[C]//Climate Change Impacts on Water Cycle, Resources and Quality. Luxembourg: Publications of the European Communities.

Lau K M, Wu H T. 2007. Detecting trends in tropical rainfall characteristics, 1979-2003[J]. International Journal of Climatology, 27(8): 979-988.

Lepers E, Lambin E F, Janetos A C, et al. 2005. A synthesis of information on rapid land-cover change for the period 1981-2000[J]. Bioence, 55(2): 115-124.

McDonnell J J, Woods R. 2004. On the need for catchment classification[J]. Journal of Hydrology, 299: 1-2.

Milly P C D, Julio B, Malin F, et al. 2008. Stationarity is dead: Whither water management?[J]. Science, 319(5863): 573-574.

Ramankutty N, Foley J A. 1999. Estimating historical changes in global land cover: Croplands from 1700 to 1992[J]. Global Biogeochemical Cycles, 13(4): 997-1027.

Roderick M L, Farquhar G D. 2011. A simple framework for relating variations in runoff to variations in climatic conditions and catchment properties[J]. Water Resources Research, 47(12): W00G07.

Sawicz K A, Kelleher C, Wagener T, et al. 2014. Characterizing hydrologic change through catchment classification[J]. Hydrology and Earth System Sciences, 18(1): 273-285.

Sivapalan M. 2003. Process complexity at hillslope scale, process simplicity at the watershed scale: Is there a connection[J]. Hydrological Processes, 17(5): 1037-1041.

Sivapalan M. 2005. Patterns, process and function: Elements of a unified theory of hydrology at the catchment scale[M]// Encyclopedia of Hydrological Sciences. New York: John Wiley & Sons.

Sivapalan M, Savenije H H G, Blöschl G. 2012. Socio-hydrology: A new science of people and water[J]. Hydrological Processes, 26(8): 1270-1276.

Steffen W, Crutzen P J, McNeill J R. 2007. The Anthropocene: Are humans now overwhelming the great forces of nature[J]. Ambio, 36: 614-621.

Thompson S E, Harman C J, Troch P A, et al. 2011. Spatial scale dependence of ecohydrologically mediated water balance partitioning: A synthesis framework for catchment ecohydrology[J]. Water Resources Research, 47(10): W00J03.

Trenberth K E, Dai A G, Rasmussen R M, et al. 2003. The changing character of precipitation[J]. Bulletin of the American Meteorological Society, 84: 1205-1217.

Trenberth K E, Jones P D, Ambenje P, et al. 2007. Observations: Surface and atmospheric climate change[C]//Climate Change 2007: The Physical Science Basis. Contribution of Working Group I to the Fourth Assessment Report of the Intergovernmental Panel on Climate Change. Cambridge: Cambridge University Press.

Troch P A, Lahmers T, Meira A, et al. 2015. Catchment coevolution: A useful framework for improving predictions of hydrological change[J]. Water Resources Research, 51(7): 4903-4922.

Tucker G E, Bras R L. 1998. Hillslope processes, drainage density, and landscape morphology[J]. Water Resources Research, 34(10): 2751-2764.

Wagener T, Sivapalan M, Troch P A, et al. 2007. The future of hydrology: An evolving science for a changing world[J]. Water Resources Research, 46(5): W05301.

Wagener T, Sivapalan M, Troch P A, et al. 2010. Catchment classification and hydrologic similarity[J]. Geography Compass, 1(4): 901-931.

第2章　极端降水及旱涝演变分析

水文循环过程既影响陆-气之间水分交换的变化，也影响大气的能量收支。水文循环是降水发生的基本条件之一，是研究气候变化的基本内容。水汽通量、大气含水量与常年同期相比异常偏多或偏少，可以反映降水时空变化特征，进而揭示旱涝异常成因。在全球变化背景下，全球地表温度的升高可以改变海陆热力差异，进而使大尺度环流的结构发生变化，加剧区域以及全球的水循环，进一步影响降水，特别是强降水的时空分布。如气温升高所带来的热能，会提供给空气和海洋巨大的动能，从而形成大型，甚至超大型台风、飓风、海啸等灾难。气温升高不仅会从海洋直接吸取水分，还会从陆地吸取水分，使得内陆地区干旱加剧。

气候变化具有多时间尺度特征，年代际气候变化介于长期气候变化趋势和年际气候变化之间，并为年际气候变化提供大的气候背景。我国的降水和气温具有明显的年代际变化特征，年代际变化与亚洲季风环流、冬季西伯利亚高压、500hPa 高度场上北半球中高纬度的西风环流、北大西洋涛动(North Atlantic Oscillation，NAO)以及北太平洋涛动(North Pacific Oscillation，NPO)等大气环流的年代际变化具有密切联系。我国大部分区域位于东亚季风气候区，降水受东亚夏季风的影响较为显著，绝大部分极端降水也主要集中在夏季。我国大陆雨带(代表降水量的大小和多少)的移动与夏季风进退相一致。在每年5月末和6月初，夏季风到达我国华南和长江中下游区域。在7月中旬至8月，雨带向北移动到达夏季风影响区域最北部的边界区，这个过程雨带涵盖了我国的许多区域。8月底之后，主要的雨带迅速南撤，相应的冬季风开始南侵，之后夏季风退出我国大陆(Ding，2008；Zeng and Lu，2004)。我国夏季降水明显的年代际转折，可造成南北涝中间旱(− + −)("+"表示极端干旱，"−"表示极端暴雨)的特征、中间涝南北旱(+ − +)的三极型分布、南涝北旱的偶极型分布(吕俊梅等，2014)。由于特殊的地理和气候条件，我国大部分区域极易遭受严重的洪水和干旱。事实上，我国近2/3的土地正面临着各种类型和程度的洪涝灾害，大部分地区都遭受了不同程度的干旱灾害。1990年以来，我国洪水造成的平均损失约占同期国内生产总值(GDP)的1.5%，干旱造成的平均经济损失超过 GDP 的1%。

本章首先分析我国旱涝分布及其与大气环流、降水量之间的关系，揭示我国旱涝时空演变格局及其成因；其次，分析江淮梅雨的时空变化特征以及海面温度

(sea surface temperature，SST，简称海温)对江淮梅雨的影响；最后，利用重建的近 500 年淮河和泾河流域逐年雨季平均降水量，分析洪水、干旱基本特征和演变规律。目的是分析降水长序列统计特征是否具有时变性，并揭示其变化的物理成因，为论证气候变化下降水系列的非平稳性提供科学依据。

2.1　中国 20 世纪 50 年代以来旱涝演变特征

2.1.1　研究区和数据

采用 1958～2010 年 483 个国家气象台站月降水量数据研究我国旱涝时空分布特征。为了分析我国极端旱涝与大气环流的关系，基于 1958～2010 年美国国家大气研究中心(National Center for Atmospheric Research，NCAR)和美国国家环境预测中心(National Center for Environmental Prediction，NCEP)再分析资料，分析大气水汽含量和水分通量。已有研究表明，大气水汽向上递减十分迅速，当气压较地面减少 200hPa 左右时，水汽递减至总水汽含量的一半。在我国东部平原地区，地面气压在 1000hPa 左右；至 800hPa 以上大气水汽含量为地面的 50%～55%；至 500hPa 以上水汽含量只有地面的 10% 左右(陆渝蓉和高国栋，1984)。在实际大气环境中，在大于 300hPa 的条件下水汽含量非常低。因此，本节在计算中采用 300hPa 作为上限，根据以下公式计算水汽含量(Q_{mc})和经向(水平)水汽通量(Q_v)(Zhang et al.，2016)：

$$Q_{mc} = -\frac{1}{g}\int_{p_s}^{p} q(p)\mathrm{d}p \tag{2.1}$$

$$Q_v(x,y,t) = \frac{1}{g}\int_{p_s}^{p} q(x,y,p,t)v(x,y,p,t)\mathrm{d}p \tag{2.2}$$

式中，q 为比湿度；p_s 为近地面气压；p 为大气压力；g 为重力加速度；v 为风场经向分量。

基于 NCEP 再分析资料的 850hPa 和 500hPa 位势高度和风场，分析大气环流状况，其纬度和经度空间分辨率为 2.5°。

中国气象局定义了一系列指标来量化和监测西太平洋副热带高压(the West Pacific subtropic high，WPSH)的活动，这些指标包括面积指数、强度指数、高压脊位置、西边界和北边界。本节选择面积指数和强度指数度量 WPSH。WPSH 的强度指数定义为：500hPa 高度下 H>5860gpm 所有网格点的平均值 H。该范围内 H>5860gpm 网格点的总数称为 WPSH 的面积指数。WPSH 计算范围为 10°N～40°N，110°E～180°E。洪水和干旱灾害事件来自水利部发布的资料。

基于长期降水记录，计算任一地点的干旱指数——标准化降水指数(standardized

precipitation index, SPI)(McKee et al., 1993), 采用 Lloyd-Hughes 和 Saunders(2002) 提出的方法计算 SPI。干旱程度分为四类: 轻度干旱、中度干旱、严重干旱和极端干旱。在 24 个月时间尺度下, SPI 用于定义水文干旱, 实测降水量序列的概率分布函数采用伽马分布函数。

干旱强度 D_i 可定义为

$$D_i = \frac{1}{n}\sum_{i=1}^{n}\text{SPI}(i) \qquad\qquad (2.3)$$

式中, $\text{SPI}(i)$ 为月 SPI 值; i 为干旱时间序列的连续月序号; n 为月份数。

经验正交函数(empirical orthogonal function, EOF)是气象学、地质学和地理学等领域用来分析空间和时间变化的常用方法。EOF 分析目标是减少原始数据集的维度, 将原始变量集线性转换为代表原始变量集大部分信息的不相关变量集, 转换后低维不相关变量比原始系列中高维相关变量更易于理解和处理。

2.1.2　中国极端旱涝时空分布特征

利用实测降水数据集, 采用标准化降水指数 SPI-24(24 个月 SPI), 评估过去 50 年中国极端干旱和暴雨演变特征。图 2.1 所示为采用 EOF 方法得出的中国 SPI 干湿度的时空分布, 前三个主成分(PC1、PC2、PC3)分别解释了 SPI-24 总变异的 11.2%、8.6%和 7.7%。

1958~2010 年, 我国有三种主要的极端干旱和暴雨模式, 分别是华东地区的 "+−" 模式、"−+−" 模式和 "+−+−" 模式。从第一种 EOF 模式(EOF1, 图 2.1(a)) 来看, 华南地区和西北地区正值较高, 而华北地区出现负值。华北地区的干旱和暴雨模式与华南和西北地区的变化成负相关, 说明华东地区的干旱和暴雨模式整体呈现明显的南北反对称格局。

第一个主成分(PC1)显示, 1958~2010 年全国发生的干旱和暴雨具有长期增大趋势(图 2.1(b))。在 50 年中, 可以发现华南地区(如珠江流域和闽江流域)和西北部(如塔里木河流域)暴雨发生次数明显增加; 同期北方(如黄河流域、海河流域和辽河流域)干旱发生次数明显增加。其他学者研究也指出, 1959~1966 年和 1997~2003 年, 中国发生了更多的极端干旱和暴雨事件。1959~1966 年, 华南和西北地区发生了多次干旱事件。相对于华南和西北地区, 北方发生干旱的次数更多; 1997~2003 年, 华北地区发生干旱次数增加更为显著, 而华南和西北地区出现了相反情况, 发生暴雨的次数相对较多。值得注意的是, 虽然位于干旱半干旱地区的西北地区暴雨事件有所增加, 标志着气候变湿润, 但南方气候变化导致的结果不同, 例如, 华南地区降雨事件的增加可能预示着这一时期会发生更多的洪水。因此, 1959~1966 年代表华南干旱多雨的格局, 而 1997~2003 年代表华北干旱多雨的格局。华南干旱型与华北暴雨型、华南暴雨型与华北干旱型分别简称为 DSC-PNC 型和 PSC-DNC 型。

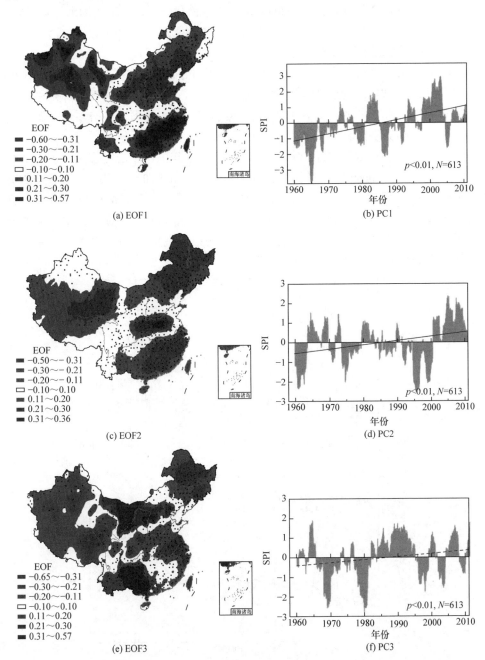

图 2.1　1958~2010 年前三个 SPI-24 的 EOF 和 SPI(见彩图)

(a)、(c)、(e)中的黑色圆点为观测站点，(b)和(d)中的实线表示大于 95%水平的显著线性趋势，(f)中的虚线表示线性趋势不显著

　　图 2.1(c)为 EOF 的第二种模式，可以发现中国东北部(如松花江—辽河流域)和东南部(如闽江流域和珠江流域)的极端干旱事件显著增加，而中部(海河流域)和西北部(塔里木河流域)的暴雨事件显著增加。结合图 2.1(d)可以推断出，这一时期中国东南部和东北地区出现了更多的干旱。

　　EOF 的第三种模式表明(图 2.1(e))，中国东北部(如松花江流域)、东部(如长江中下游流域)和西北地区(如塔里木河流域)出现极端干旱，而暴雨事件则呈现增多趋势。西南和华北地区(如黄河中上游和内陆河流域)暴雨事件增多。然而，图 2.1(f)中线性趋势不显著。

　　从中国旱涝灾区(图 2.2(a))来看，在过去的 60 年内，旱涝灾害区面积明显增大。旱涝灾害区域面积的年平均增长分别为 6.8 万 hm² 和 17.9 万 hm²。图 2.2(b)为旱涝灾害区域面积总和的长期趋势，表明中国旱涝灾害区以每年 24.7 万 hm² 的速度显著增加，这些结果与中国的 SPI 值趋势变化非常吻合。在研究中，主要分析了 EOF 和 PC1 的第一种模式，这两种指标可以呈现出近 50 年来中国极端干旱和暴雨的主要特征。

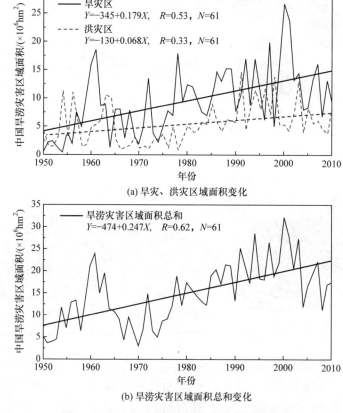

(a) 旱灾、洪灾区域面积变化

(b) 旱涝灾害区域面积总和变化

图 2.2　1950～2010 年中国旱涝灾害区域面积

2.1.3 中国旱涝分布与水汽循环的关系

图 2.3 为 DSC-PNC 和 PSC-DNC 模式下中国年均降水异常和夏季平均降水异常的对比图。从图中可以看出，1958～2010 年，华东地区降水异常呈现南北对称格局，与极端干旱和暴雨相吻合。此外可以发现，夏季降水异常在很大程度上可以代表全年降水异常，因此夏季降水可能对我国的旱涝灾害产生较大影响。Huang 等(2007)研究结果还表明，东亚季风气候系统的变化可能与长江流域、淮河流域发生的严重洪涝灾害和华北地区长期干旱有关。

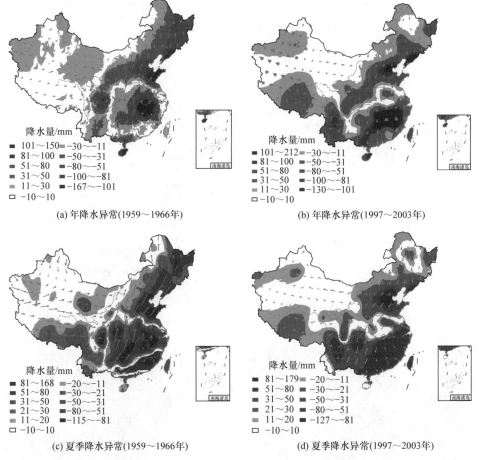

(a) 年降水异常(1959～1966年)

(b) 年降水异常(1997～2003年)

(c) 夏季降水异常(1959～1966年)

(d) 夏季降水异常(1997～2003年)

图 2.3　1959～1966 年和 1997～2003 年中国年均降水异常和夏季平均降水异常的比较(见彩图)

作为亚洲夏季风和降水的直接影响因素，西太平洋副热带高压(WPSH)每年强度和位置都会发生剧烈波动。许多研究表明，WPSH 与东亚夏季风强度和中国东部降水密切相关，即 WPSH 的强度和位置可能导致中国东部夏季降水模式的变化

(Jiang et al., 2011；Zeng et al., 2011；Zhu et al., 2011；Sun and Ying, 1999；钱代丽等，2009；Yasunari, 1990)。在我国旱涝灾害模式中，WPSH 具有重要的作用。图 2.4 显示了 1959~1966 年(DSC-PNC 模式)和 1997~2003 年(PSC-DNC 模式)夏季(JJA(June-July-August)模式)期间 WPSH 在 500hPa 位势上的强度和位置。北半球 500hPa 的位势高度对 DSC-PNC 和 PSC-DNC 图形有很大的影响。值得注意的是，当华南地区出现更多的干旱事件和华北地区出现更多的暴雨事件时，WPSH对 DSC-PNC 模式强度的影响非常弱。而在 PSC-DNC 模式上，WPSH 变得更加强烈，干旱和暴雨模式呈现相反的趋势(图 2.1)。从 500hPa 位势高异常(图 2.4(c)和(d))来看，最大的正、负异常位于中国。对于 DSC-PNC 模式，中国各地均受负位势异常控制，而 PSC-DNC 模式则出现正位势异常。

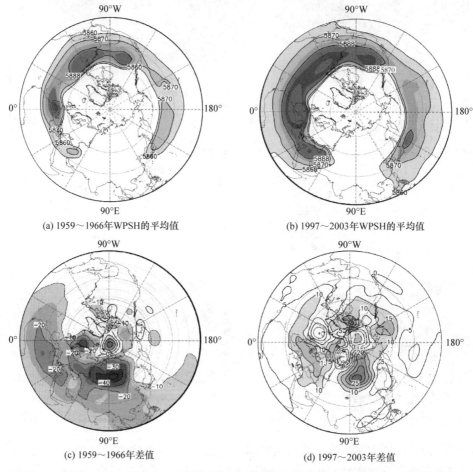

(a) 1959~1966年WPSH的平均值　　　(b) 1997~2003年WPSH的平均值

(c) 1959~1966年差值　　　(d) 1997~2003年差值

图 2.4　夏季 500hPa 处 WPSH 的平均值和差分位势高度(单位：gpm)分布(JJA，见彩图)

图 2.5(a)所示为 WPSH 强度指数、面积指数与 SPI 值的比较。其中，SPI 值是基于 PC1 的年平均 SPI 值，旱涝灾害区域面积为所有发生旱涝灾害区域面积之和。从图中可以看出，1958～2010 年，WPSH 面积指数和强度指数均显著增加，且在大多数情况下，WPSH 面积指数和强度指数与旱涝灾害区基本吻合。20 世纪 60 年代和 70 年代，SPI 值、干旱灾害区域面积、洪水灾害区域面积、旱涝灾害区域面积比平时少，面积指数和强度指数也比平时小，而在 20 世纪 90 年代和 21 世纪情况则相反。

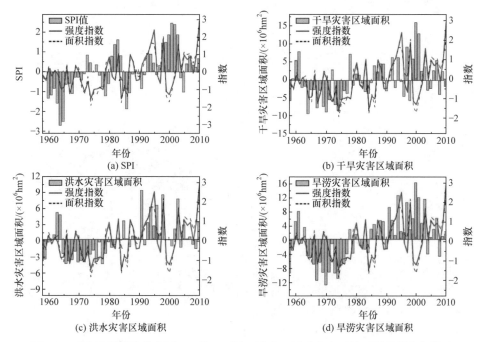

图 2.5 西太平洋副热带高压 SPI 值，干旱、洪水、旱涝灾害区域面积及强度指数、
面积指数变化

为了分析 1958～2010 年华东地区 WPSH 与极端干旱和暴雨的关系，在 105°E～120°E 计算夏季 500hPa 处位势高度、经向水汽通量、水汽含量和降水量的逐年纬度异常(图 2.6)。可以看出，20 世纪 70 年代中期之前，WPSH 异常明显为负，而在 70 年代中期出现了正异常。经向水汽通量(Q_v)的异常分布与 WPSH 相反。20 世纪 60 年代和 70 年代初、70 年代中期，从南到北的水汽通量增加，而同期华北地区的水汽通量减少。水汽含量异常与经向水汽通量分布基本吻合。1958～1975 年，华北地区的水汽含量较高，而 20 世纪 70 年代中期以来华北地区的水汽含量较低。20 世纪 60 年代和 70 年代，中国北方降水增多，南方降水减少。然而，20 世纪 90 年代和 21 世纪以来，中国北方降水偏少，南方降水偏多。可以看出，

WPSH 的相位与经向水汽通量、水汽含量、降水量的相位相反。Ding 等(2008)研究了 20 世纪 70 年代末以来东亚夏季风减弱导致华北地区降水减少的原因。Chou 等(2011)也发现我国台湾夏季降水与北太平洋高压之间存在良好关系，这与本节研究结果一致。钱代丽等(2009)发现，夏季降水与大气环流之间存在良好的关系，随着 WPSH 区域面积不断增加，东亚季风变得异常微弱。

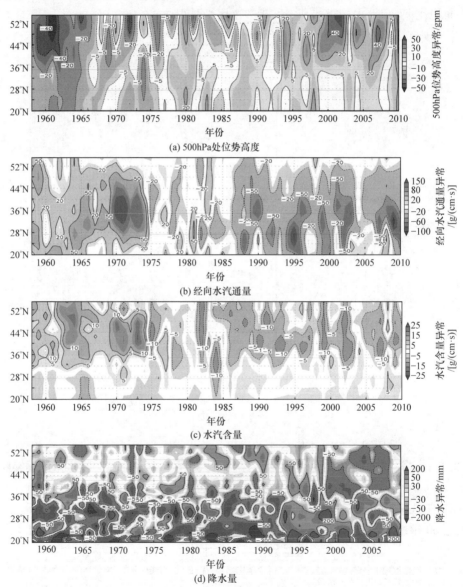

图 2.6　夏季 500hPa 处位势高度、经向水汽通量、水汽含量和降水量的逐年纬度异常

(经度范围 105°E～120°E)

2.1.4　中国极端旱涝与大气环流的关系

为了支持上述论点，图 2.7 所示为夏季 105°E～120°E 范围内经向环流单元的平均值和差值。图 2.7(a)和(b)分别是极端干旱和洪涝年经向环流单元的平均值，图 2.7(c)和(d)分别是极端干旱和洪涝年经向环流单元的差值。

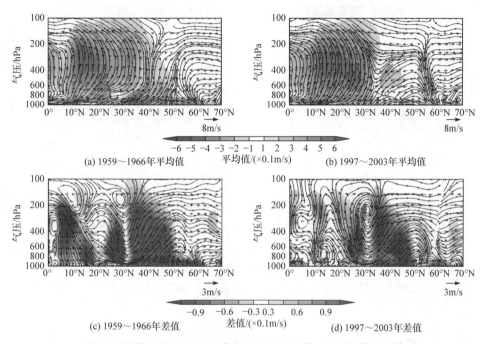

(a) 1959～1966年平均值　　　平均值/(×0.1m/s)　　　(b) 1997～2003年平均值

(c) 1959～1966年差值　　　差值/(×0.1m/s)　　　(d) 1997～2003年差值

图 2.7　夏季 105°E～120°E 范围内经向环流单元的平均值和差值

105°E～120°E 范围是东亚-西北太平洋(East Asian and the Western North Pacific，EA-WNP)夏季风的代表区域。EA-WNP 季风环流具有上升运动的特征，低空由南向北流动。1959～1966 年(DSC-PNC 模式)，来自中国南方的大量上升气流延伸到中国北方 50°N(图 2.7(a))，而 1997～2003 年(PSC-DNC 模式)，南风气流减弱，大量上升气流在 30°N 时缩小到中国南方(图 2.7(b))。从这两个时期的风异常来看，DSC-PNC 模式在华北地区存在上行风异常，华南地区存在下行风异常(图 2.7(c))。与此相反，中国南方出现了上升风异常，而中国北方的 PSC-DNC 模式出现了下降风异常(图 2.7(d))。这些结果与我国旱涝灾害发生规律很吻合。

通过分析 850hPa 和 500hPa 位势高度的平均值和差值空间分布以及风场的平均值和差值空间分布发现(图 2.8)，中国东部受南方夏季风控制，风速从华南到华北逐渐增加。在华北地区，850hPa 和 500hPa 的 DSC-PNC 模式存在明显的负位势高度异常和气旋环流。在这种模式下，中国东部的南风异常发生在 850hPa 和 500hPa，这表明东亚夏季风很强。对于 PSC-DNC 模式，位势高度异常和大气环流与 DSC-PNC 模式完全相反。北风异常伴随着正位势高度异常和中国北方 850hPa 和 500hPa 的反气旋，表明东亚夏季风弱。Huang 等(2007)指出，长江、淮河流域严重洪涝灾害的发生和华北地区长期干旱的发生分别与东亚季风(East Asian monsoon，EAM)系统的背景年际和年代际变化有关。

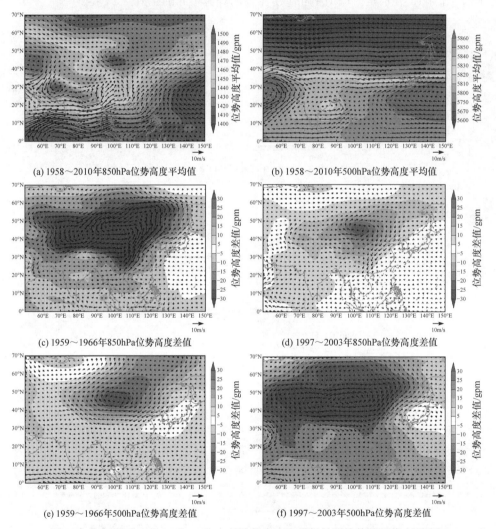

图 2.8　东亚夏季 850hPa 和 500hPa 处位势高度和风场的平均值和差值(见彩图)

2.1.5　小结

本节分析了 20 世纪 50 年代以来中国旱涝分布，得到的结论如下：

中国极端干旱和暴雨事件在 1958～2010 年整体显著增加。1958～2010 年，中国华南和西北地区暴雨事件显著增加,而中国北方则是极端干旱事件显著增加。WPSH 可能在中国的干旱和暴雨模式中发挥重要作用。在 DSC-PNC 模式期间,WPSH 的强度非常弱,在中国属于负异常,而在 PSC-DNC 模式期间它却变得非常强,在中国属于正异常。在 20 世纪 70 年代中期之前 WPSH 出现负异常,而自 20 世纪 70 年代中期以来 WPSH 出现了正异常。

Q_v、Q_{mc} 和 P 的异常分布则与 WPSH 的异常分布完全相反。大气中水汽含量异常与经向水汽通量分布相吻合。1958～1975 年,华北地区降水较多,水汽含量较高。在 DSC-PNC 模式下,来自中国南方的大量上升气流蔓延至中国北方 50°N 处,并且在中国北方产生了明显的向上风异常。中国北方出现的气旋式大气环流,以及随后 850hPa 和 500hPa 处出现的负位势高度和南风异常,都表明东亚夏季风十分强烈。至于 PSC-DNC 模式,其情况与 DSC-PNC 模式形成了鲜明对比。本节内容详见 Zhang 等(2016)的文献。

2.2　江淮地区降水特征及其成因分析

我国湖北宜昌以东、纬度在 28°N～34°N 的长江中下游及淮河流域一般称为江淮梅雨区。这一地区极端降水事件的频数和强度与地区内梅雨期降水量密切相关,因此江淮梅雨区极端降水事件成为水文气象学者关注的热点之一。20 世纪 50 年代以来,在东亚夏季风年代际变化的背景下,我国东部降水带发生多次南北之间的迁移,如 80 年代降水带主要位于长江中下游流域,而 90 年代以后,夏季雨带又出现年代际北移,表现为淮河流域夏季降水增加(韩翠等, 2018)。本节以江淮地区梅雨期降水为研究对象,分析江淮梅雨的时空变化特征以及海温对江淮梅雨的影响。

2.2.1　江淮梅雨时空变化特征及其可能影响机制

1. 江淮梅雨降水时变特征及其与海温的关系

基于江淮地区高密度气象站点资料(共 422 个站点),选取 1980～2000 年时间段,以江淮地区梅雨期降水为研究对象,分析江淮梅雨的时空变化特征,并结合 Hadley 中心的全球月平均海温资料,分析海温对江淮梅雨的影响(Zhu et al., 2013)。

经 EOF 分析(图 2.9),江淮梅雨的第一模态 PC1 和第二模态 PC2 的空间型贡献率分别为 32% 和 25%,远高于其他模态。有意思的是 PC2 中,江淮梅雨降水呈现跷跷板式的南北地理分布特征,经滑动 t 检验,表明 PC2 具有明显的年代际变换特性,其转折点出现在 1991 年。将 1980～1991 年划定为 1991 年之前时段,而 1992～2000 年划定为 1991 年之后时段，对 PC2 在这两个时段与海温进行回归分析，结果表明，1991 年之前时段的 PC2 对应的海温形势类似于 ENSO(El Niño-Southern oscillation，厄尔尼诺-南方涛动)Modoki 型(中太平洋，EM)(Ashok et al.,2007；Weng et al., 2007)，而 1991 年之后时段的 PC2 对应的海温形势则属于传统的 ENSO 型(conventional ENSO，CE)。PC2 的跷跷板式降水空间分布对应的年际变化 PC2 与传统的 ENSO 有很好的正相关关系，而与 EM 则表现出稍弱的负相关关系。同时合成分析表明(图 2.10)，在 1991 年之前时段，梅雨强年和弱年的前冬海温差异表现出比较明显的 EM 拉尼娜现象(EM La Niña)，而在 1991 年之后时段，两者差异表现为 CE 型。

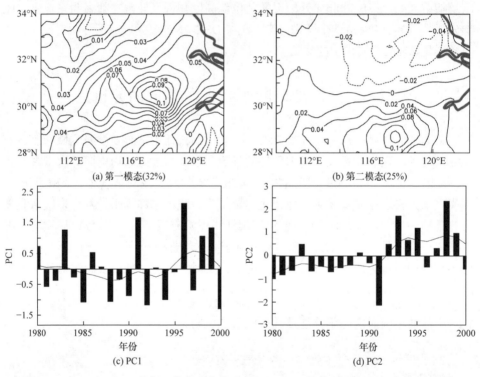

图 2.9　EOF1 和 EOF2 的归一化主成分以及 1980～2000 年的 PC1 和 PC2 变化(见彩图)

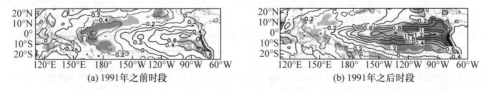

图 2.10　1991 年之前时段和 1991 年之后时段 PC2 和前冬海温回归系数分布(见彩图)

阴影表示在 95%置信度上显著

2. 前冬太平洋海温与中国夏季环流的关系

在 1991 年之前时段 EM 指数与 PC2 的相关系数达到-0.8，在 1991 年之后时段 CE 指数与 PC2 的相关系数达到 0.74。表明江淮地区梅雨期的降水变化可能与 EM 和 CE 变化有关。进一步在这两个时段中对 EM 和 CE 引起的环流形势进行分析。由于 EM 与 PC2 是负相关关系，而 CE 与 PC2 是正相关关系，在环流分析时，使用的是负 EM 指数和正 CE 指数。

首先检验局地环流。图 2.11 给出了 PC2 与 EM 和 CE 回归的整层水汽通量场 (图中方框表示江淮地区)，图 2.11(a) 表明，在 1991 年之前时段，伴随着 EM 拉尼娜现象，西太平洋上存在明显的反气旋式的水汽输送，华南地区上空以朝西南的水汽输送为主，而在 1991 年之后时段，伴随着 CE 现象，较为显著的东北朝向水汽输送占据了华南地区。这表明，对应 EM 拉尼娜现象和 CE 现象，水汽来源是不同的。同时，检验了垂向大气环流，以便理解 EM 拉尼娜和 CE 对梅雨的影响 (图 2.12)。在 1991 年之前时段(图 2.12(a)和(c))，分不同纬度进行了环流平均，结果表明，伴随 EM 拉尼娜现象的发生，江淮地区南部存在下沉气流并且水汽含量较少，而江淮地区的北部偏东地区存在上升气流并且水汽含量较大，这样的配置有利于江淮地区南少北多的降水型。在 1991 年之后时段(图 2.12(b))，垂向环流随纬向的分布同样显示出，伴随着 CE 现象的发生，南方有上升气流且伴随较强水汽，北方反之，这样的配置有利于江淮地区南多北少的降水型。

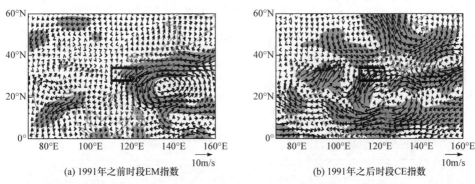

(a) 1991年之前时段EM指数　　　　　　　　(b) 1991年之后时段CE指数

图 2.11　1991 年之前时段 EM 指数和 1991 年之后时段 CE 指数做回归的整层水汽通量场

(箭矢，单位：kg/(m · s))

在大尺度环流系统上，通过对比分析 500hPa 环流场(图 2.13)发现，在 1991 年之前时段，比较明显的负异常在西太平洋副热带高压的西部，说明西太平洋副热带高压可能东退，将减少中国南部地区的降水。而在 1991 年之后时段，比较明显的正异常在西太平洋副热带高压的主体及西侧，这将加强西太平洋副热带高压，增加南部地区的水汽输送。通过对比分析 200hPa 环流场(图 2.14)发现，在 1991 年之前时段，急流轴的南北分别存在负异常和正异常，表示急流可能北移并加强，进一步增加江淮地区北部降水，而在 1991 年之后的时段，急流轴的南部有正异常，表示急流可能南移，增加了江淮地区南部降水。

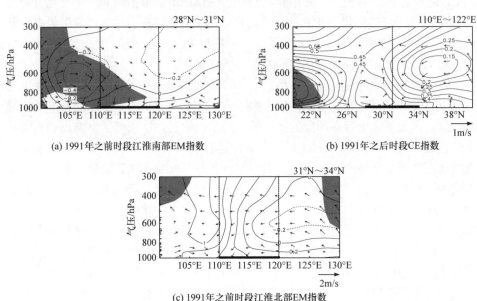

(a) 1991年之前时段江淮南部EM指数　　　　　　　(b) 1991年之后时段CE指数

(c) 1991年之前时段江淮北部EM指数

图 2.12　1991 年之前时段(江淮南部、江淮北部)EM 指数和 1991 年之后时段 CE 指数做回归的垂直风速与水汽含量

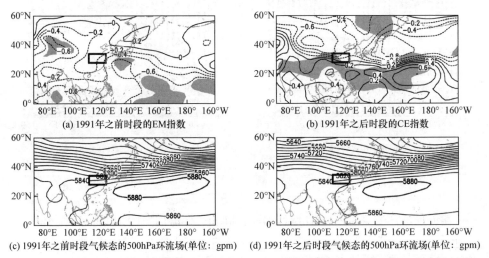

(a) 1991年之前时段的EM指数　　　　　　　(b) 1991年之后时段的CE指数

(c) 1991年之前时段气候态的500hPa环流场(单位: gpm)　　(d) 1991年之后时段气候态的500hPa环流场(单位: gpm)

图 2.13　与 1991 年之前时段的 EM 指数和 1991 年之后时段的 CE 指数做回归的 500hPa 位势高度场以及气候态的 500hPa 环流场

图中方框表示江淮地区

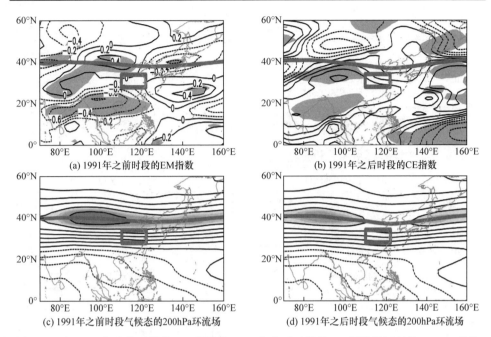

图 2.14 与 1991 年之前时段的 EM 指数和 1991 年之后时段的 CE 指数做回归的 200hPa 位势
高度场以及气候态的 200hPa 环流场

(a)~(d)中粗线为西风急流；(a)和(b)中阴影表示相关性置信度高于 95%；(c)和(d)中阴影表示风速大于 30m/s

3. 前冬海温引起江淮梅雨变化的足迹效应

上述内容分析了引起江淮梅雨变化的同期局地环流，合理解释了南北地区跷跷板式的降水分布，但前面的结论指出前冬海温对江淮梅雨有影响，那么这期间有半年的时间差，海温的变化是如何使环流发生的？针对这个问题，将海温、925hPa 风场、海平面气压场、降水场进行回归分析。在 1991 年之前时段(图 2.15)，伴随着北太平洋的海温降低，冬季北太平洋上海平面气压(sea level pressure，SLP)正异常引起反气旋，抑制降水；而在中国东海，海温热源引起气旋并增加降水，从而导致太阳辐射减少，引起中国东海地区春季降温。此时北太平洋上海平面气压负异常引起气旋，增加降水，尤其是在中国东海地区，因此海温急剧降低并且夏季会在北太平洋西部形成一个冷中心，导致反气旋并进一步导致江淮北部降水减少，而与这个反气旋相随的是中国东海的气旋，引起江淮南部降水增加，这种从前冬到今夏的海温、环流、降水的相互反馈，可形象地称为足迹(footprint)。而在 1991 年之后时段(图 2.16)，伴随着中东太平洋的明显热异常，同时印度洋有从冬到夏的热异常，主要是厄尔尼诺引起的大气遥相关作用所导致，这种印度洋的正异常有利于江淮北部降水减少而江淮南部降水增加。

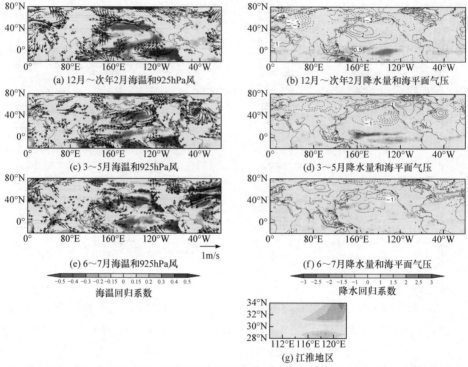

图 2.15　1991 年之前时段前冬到今夏 PC2 与海温(阴影)和 925hPa 风(箭矢)((a)、(c)、(e))以及降水量(阴影)和海平面气压(轮廓线)((b)、(d)、(f))异常的回归系数, 图(g)表示江淮地区降水异常与 PC2 的回归值; 图中风和海平面气压在 95%的置信水平上显著(t 检验)(见彩图)

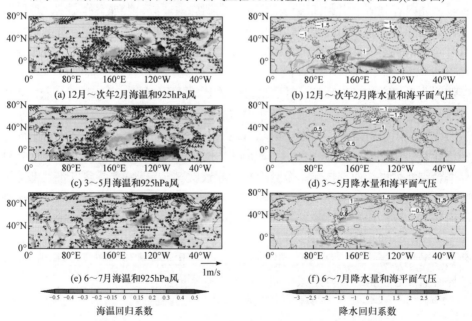

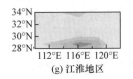

(g) 江淮地区

图 2.16　1991 年之后时段前冬到今夏不同季节 PC2 与海温(阴影)和 925hPa 风(箭矢)((a)、(c)、(e))以及降水量(阴影)和海平面气压(轮廓线)((b)、(d)、(f))异常的回归系数, 图(g)表示江淮地区降水异常与 PC2 的回归值; 图中风和海平面气压在 95%的置信水平上显著(t 检验)(见彩图)

研究表明, 江淮地区梅雨期降水与前冬海温存在比较明显的遥相关, 通过物理机制分析, 发现当前冬发生厄尔尼诺现象时, 当年梅雨降水中心偏南; 当前冬发生 EM 拉尼娜现象时, 当年梅雨降水中心偏北。那么, 当全球海温在未来发生变化时, 将可能引起中国江淮地区夏季降水中心和强度发生改变。此部分内容详见 Zhu 等(2013)的文献。

2.2.2　江淮梅雨降水空间变化及其可能影响机制

梅雨除了时间上存在较大的年际和年代际变化, 也呈现明显的区域差异, 研究表明, 江淮地区的夏季降水呈现出显著的空间非均匀性。因此, 有必要定量地评估江淮梅雨的空间非均匀性及其随时间的演变特征(朱坚等, 2016)。

张录军和钱永甫(2003)在分析我国长江流域汛期降水时, 提出时间集中度和集中区的概念, 其可以定量地表征降水量在时间场上的非均匀分布, 提取出最大降水重心对应的时段。本研究将集中度和集中期的概念引入降水的空间非均匀性分析中, 即空间集中度和集中区, 可以定量地表征降水量在空间场上的非均匀分布, 定义为

$$CN_i = \frac{\sqrt{R_{xi}^2 + R_{yi}^2}}{R_i} \tag{2.4}$$

$$D_i = \arctan\left(\frac{R_{xi}}{R_{yi}}\right) \tag{2.5}$$

式中, i 为年份; CN_i 和 D_i 分别为空间集中度和集中区; $R_{xi} = \sum_{j=1}^{N} r_{ij} \sin\theta_j$, $R_{yi} = \sum_{j=1}^{N} r_{ij} \cos\theta_j$, r_{ij} 为某典型子区域的区域平均降水强度, j 为各个子区域的区号; R_i 为所有子区域的降水强度总和(简称总强度), θ_j 为各个子区域所对应的方位角(全区域的方位角设为 360°)。如果在研究时段内, 强度集中在某一个区域内, 则合成向量的模与总强度之比为 1, 即为集中度的极大值; 若每个区域的强度均相当, 则各分量累加后为 0, 即为极小值。而集中区则是合成向量的方位角, 主要

含义为各个区域强度合成的总体效应。也就是向量合成后重心所指示的角度,代表最大强度分布在哪个区域。

1. 江淮地区夏季降水典型分区

在分析空间非均匀性时,首先需要对研究站点进行分区,选取不同典型区域,本节利用旋转经验正交函数(rotated empirical orthogonal function,REOF)分解的方法,对江淮地区 422 个站点 1960~2007 年 6~7 月平均降水量资料选取前 6 个特征向量(图 2.17),分析得到高载荷(绝对值≥0.4,图 2.17 阴影区)。可以看出典型高载荷区呈现比较规律的分布形势:28°N~34°N,南北向每间隔 2°可分为 3 大区,而东西向以 116°E 为界可分为两个区。

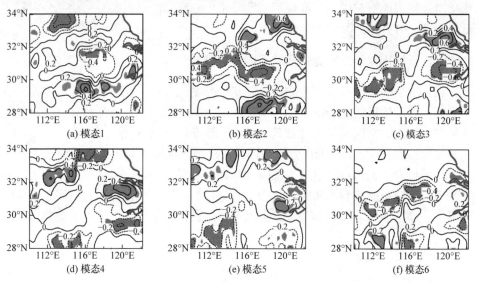

图 2.17 1960~2007 年江淮地区梅雨降水的 REOF 前 6 个旋转空间模分布(见彩图)

根据上述分析的降水主要可能集中区,大致以纬线 30°N、32°N 和经线 116°E 将江淮地区分为 6 个子区域(图 2.18),并从南到北,从西到东对江淮各个子区域按 1~6 进行编号。从图中可以看到,1 区、2 区、5 区、6 区的范围大致相等,而

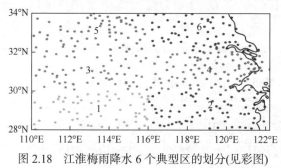

图 2.18 江淮梅雨降水 6 个典型区的划分(见彩图)

3 区偏大，4 区偏小，但江淮地区 422 个站点比较密集且分布较均匀，因此 3 区、4 区范围的偏差对本节研究区域平均降水强度影响不大。

2. 江淮地区夏季降水的空间非均匀性

基于前面选取的江淮地区 6 个子区域，分别求出每年 6 个子区域的区域平均梅雨降水强度，利用式(2.4)和式(2.5)分别计算出空间集中度和集中区。设定 6 个子区域的 θ_j，分别为 $\theta_1=0°$，$\theta_2=60°$，$\theta_3=120°$，$\theta_4=180°$，$\theta_5=240°$，$\theta_6=300°$。那么，相应的 R_{xi} 和 R_{yi} 分别为 $R_{xi}=(r_{i2}+r_{i3}-r_{i5}-r_{i6})\times\sqrt{3}/2$ 和 $R_{yi}=r_{i1}-r_{i4}+(r_{i2}-r_{i3}+r_{i6}-r_{i5})/2$，其中 r_{i1}、r_{i2}、r_{i3}、r_{i4}、r_{i5}、r_{i6} 分别对应第 i 年的 1 区～6 区的区域平均梅雨降水强度。

图 2.19 所示为江淮梅雨的空间集中区分布。可以发现，江淮梅雨大部分集中在 1 区和 2 区，5 区、6 区的年份次之，而仅有 4 年发生在 3 区、4 区，说明江淮梅雨的强降水中心主要集中在长江中下游地区，当强降水中心偏移时则往往跳过江淮中部地区直至江淮地区。从空间集中区的年际演变同样可以发现，1979 年前，江淮地区都易于出现强降水。而在 1979～1999 年，强降水的雨带主要集中在 1 区和 2 区的长江中下游地区。这与已有的研究结论一致：20 世纪 70 年代末至 80 年代初中国夏季降水出现了一次明显的年代际转型，转型后的长江中下游地区降水增加，北方地区降水减少，呈现"南涝北旱"的变化形式，并且这种趋势一直持续到 90 年代末。从图中同样可以看出，在 1999 年以后，强降水较多地发生在江淮地区。已有研究指出，2000 年后淮河流域夏季降水明显增加，尤其是 2003 年、2005 年、2007 年，这也与得到的空间集中区的年份吻合。这些都说明利用空间集中区反映的降水主要雨区的变化与实际情况一致，证明了该方法在江淮地区的适用性。另外，这种降水主要区域随时间发生变化可能与主要影响降水的大气环流系统变化有关。

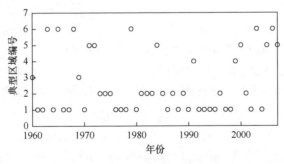

图 2.19　江淮梅雨的空间集中区分布

图 2.20 所示为 1960～2007 年江淮梅雨空间集中度的时间序列。选择 1982 年和 1983 年空间集中度进行对比分析，并进一步阐述空间集中度的物理意义。选择这两年是由于集中区分析表明，这两年区域平均降水强度最大值均处于 2 区。比

较这两年的空间集中度可以发现，1983 年的空间集中度要明显大于 1982 年，代表这两年 6 个子区域中虽然 2 区的降水强度均大于其他 5 个子区域，但 1983 年 2 区降水占全流域降水的百分比要大于 1982 年，说明 1983 年的梅雨分布较集中，而 1982 年的梅雨分布较均匀。从空间集中度的时间演变来看，50 年来呈现弱的上升趋势，表明江淮梅雨分布趋于不均，越来越集中发生于某些地区。分别比较不同年代的线性趋势发现，空间集中度在 20 世纪 60 年代和 90 年代呈现出显著的上升趋势，表明这两个年代的江淮夏季强降水发生在某区域的集中程度逐渐增加，发生洪涝的概率增加。而 2000 年以后，空间集中度有下降趋势，说明江淮梅雨全区域分布较均匀。同时，对应每年的空间集中度和集中区可以发现，集中区偏北时往往空间集中度不高，说明当主要降水雨带偏北时，江淮地区整体的降水分布较均匀，不易发生洪涝。而较高的空间集中度出现时往往集中区偏南，长江流域易发生洪涝灾害。这种现象可能与夏季中国东部水汽输送主要来自南部有关，其有待进一步研究。

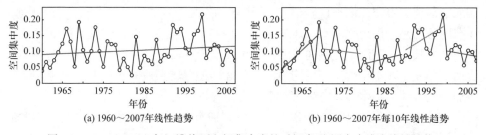

(a) 1960～2007年线性趋势　　　　　(b) 1960～2007年每10年线性趋势

图 2.20　1960～2007 年江淮梅雨空间集中度的时间序列(图中直线为线性趋势)

3. 江淮梅雨空间非均匀性与大气环流的关系

以上分析表明，在不同年代梅雨的空间非均匀程度表现不一，这很可能与影响梅雨系统的年代际演变相对应。我国降水雨带的变化与大气环流紧密联系，尤以西太平洋副热带高压和东亚副热带西风急流关系最为密切。因此，本节着重探讨这两个环流背景场与江淮梅雨空间非均匀性的关系。利用空间集中度的时间序列分别与夏季 500hPa 位势高度场和 200hPa 纬向风进行回归分析，图 2.21 给出了空间集中度与夏季 500hPa 位势高度场和 200hPa 纬向风的回归系数。由图得知，空间集中度增强时，在气候态副热带高压位置的南侧出现明显的正异常，表明副热带高压出现南移并加强的异常分布态(图 2.21(a))。图 2.21(b)给出了 200hPa 副热带西风急流的回归分析，可以看出由南到北呈现一个显著的"＋－"异常对，而夏季副热带西风急流的平均位置正好在其分界位置(40°N)附近，这将会导致急流的位置南移，表明当东亚副热带西风急流南移时，江淮梅雨的空间集中度将增强。综合考察西太平洋副热带高压和东亚副热带西风急流，当两者都出现南移的现象时有利于江淮梅雨更集中地出现在南部地区，即长江中下游地区。这也解释了上面所分析的较大空间集中度年份往往降水偏南的原因。

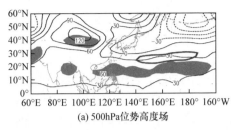
(a) 500hPa 位势高度场

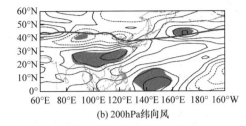
(b) 200hPa 纬向风

图 2.21 与江淮梅雨空间集中度回归的 500hPa 位势高度场(单位：gpm)和 200hPa 纬向风
(单位：m/s)(阴影区通过 95%置信度检验，见彩图)
(a)、(b)中的粗线条分别代表 1960~2007 年平均的副热带高压位置(5880 位势高度线)
和 200hPa 副热带西风急流轴位置

综上所述，利用空间集中度和集中区可以定量地表征江淮梅雨的空间非均匀性。江淮梅雨 48 年来空间非均匀性呈微弱增加的趋势，而 2000 年之后其空间非均匀性减弱，且降水雨带偏北。江淮梅雨空间非均匀性与西太平洋副热带高压和东亚副热带西风急流中心位置的位移有密切关系，当两者都出现南移的现象时有利于江淮梅雨更集中地出现在南部地区，即长江中下游地区。

2.2.3 未来江淮梅雨降水可能变化

基于日本东京大学气候系统研究中心高分辨率气候模型 MIROC 3.2_Hires 模拟的历史期(1981~2000 年)(20C3M)和未来(2081~2100 年)(A1B)气象要素数据，分析了未来江淮地区梅雨期降水的可能变化(Zhu et al., 2016)。

图 2.22 给出了观测值(OBS)、未来预测值(A1B)以及未来预测值与历史模拟值

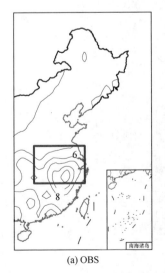
(a) OBS

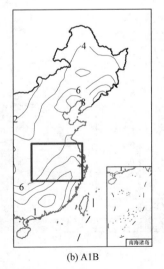
(b) A1B

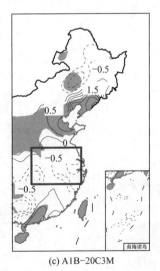
(c) A1B−20C3M

图 2.22 梅雨期降水量(单位：mm/d)分布(见彩图)

的差值(A1B-20C3M)的中国东部梅雨期降水分布,可以明显看到江淮地区夏季降水较大,通过未来预测值和历史模拟值的差值发现,未来中国东部的偏北地区降水增加较多,说明未来雨带很可能北移。

为了估算未来梅雨期降水对总降水贡献的变化,进一步分析梅雨期降水的百分比分布(图2.23)。比较历史模拟20C3M结果表明,该模型基本能较好地抓住梅雨期降水贡献率的特征。而在未来,模式预测的降水贡献有较大减少,说明尽管夏季降水总体增加,但梅雨降水的贡献在减少,这可能与江淮地区其他时期降水增多有关,表明增暖情境下未来降水在时间上的不均匀性。

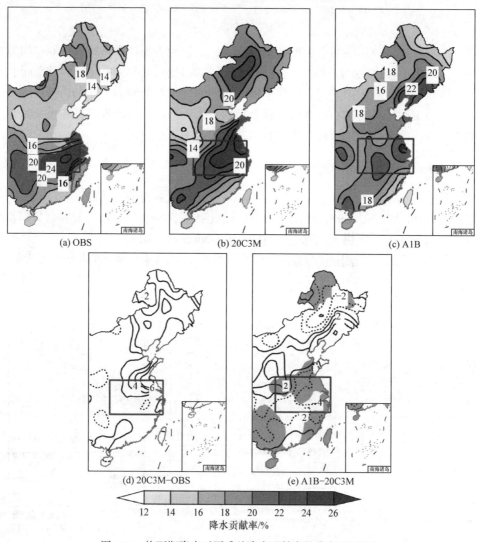

图2.23　梅雨期降水对夏季总降水贡献率的分布(见彩图)

(d)和(e)中灰色部分表示数值的置信度在90%以上

未来降水发生这样的变化，为了分析相应的环流是否有利于这种降水趋势变化，检验了梅雨期的三维环流场，850hPa 的湿位温、200hPa 纬向风和 850hPa 风场，以及环流垂直结构。图 2.24(a)～(c)是湿位温，因为梅雨锋可以用 850hPa 的强湿度以及位温湿舌梯度来表示，对比可知，本书采用的模式较好地抓住从中国西南部到日本的湿舌，同时图 2.24(c)表明，湿度增加的中心在中国北部地区，这与之前分析的降水增加趋势分布基本一致。图 2.24(d)～(f)是 200hPa 纬向风，主要检验高空急流的变化，虽然历史模拟未能完全与观测一致，但相差不大，未来预测的急流相比于历史模拟有两个较明显的异常中心，一个正中心在陆地上，另一个副中心在海洋上，均在急流轴的南方，因此陆地上急流轴将南移，而海洋上急流轴将北移。图 2.24(g)～(i)的历史模拟能较好地描述中国东南部的西南风有利于水汽输送。而从图 2.24(i)可以明显看到北方有较强的西南风异常，表明未来将会有更多的水汽输送到北部地区，从而增加降水。

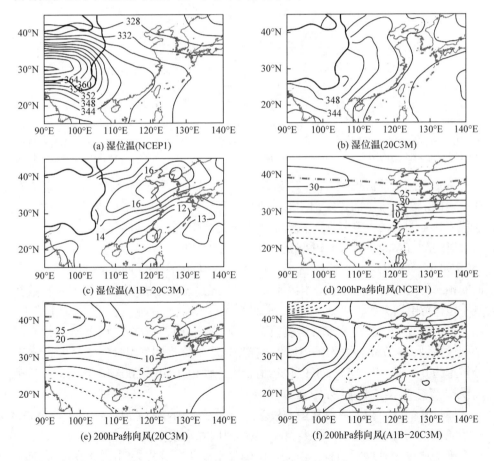

(a) 湿位温(NCEP1)

(b) 湿位温(20C3M)

(c) 湿位温(A1B−20C3M)

(d) 200hPa纬向风(NCEP1)

(e) 200hPa纬向风(20C3M)

(f) 200hPa纬向风(A1B−20C3M)

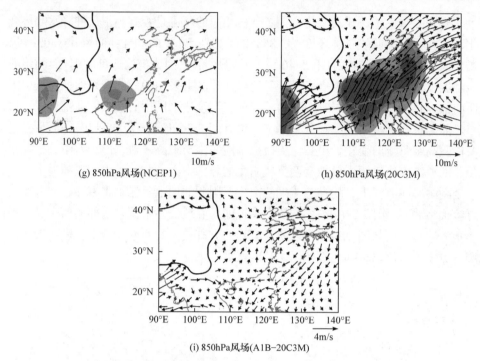

(g) 850hPa风场(NCEP1)　　　　　　　　(h) 850hPa风场(20C3M)

(i) 850hPa风场(A1B-20C3M)

图 2.24　梅雨期湿位温(单位：K)分布、200hPa 纬向风(单位：m/s)分布和

850hPa 风场(单位：m/s)分布

(a)、(d)、(g)为 NCEP1 历史再分析数据；(b)、(e)、(h)为历史模拟；(c)、(f)、(i)为未来预测值与历史模拟值的差值。
(d)～(f)中点划线表示西风急流；(g)～(h)阴影部分表示径向风速大于 5m/s；(a)～(c)和(g)～(i)实黑线区域表示青藏高源

　　从垂直剖面环流场来看(图 2.25)，江淮地区是最为明显的上升气流区，北方存在一定的下沉气流。而未来预测的垂直剖面环流中，北方的下沉支已经消失，取而代之的是明显的上升气流，从未来和历史的模拟对比中能明显看出这种转变。

　　WF 指数(Wang and Fan, 1999)是反映东亚夏季风的一个指标，定义为区域 5°N～15°N/90°E～130°E 和 22.5°N～32.5°N/110°E～140°E 的 850hPa 的纬向风差异。上面的预测均反映出江淮地区降水可能会减少。经过统计分析(图 2.26)，WF 指数在夏季包括梅雨期有比较明显的减弱，进而减少了南部地区的水汽输送，减少了降水。

　　以上是独立的高分辨率气候模型 MIROC 的分析评估结果，CMIP5 计划有多个气候模型，本节针对 CMIP5 中 19 个模型选取的降水和气温日资料(资料的水平分辨率为 0.5°×0.5°～2.5°×2.5°)，包括历史再现模拟(1960～2005 年)和未来百年预测模拟(仅选择 RCP4.5)，如图 2.27 所示。

　　通过评估空间相关系数和均方根误差(图 2.27)，CNRM-CM5、MIROC4h、MPI-ESM-LR 和 MPI-ESM-MR 模型对我国东部地区降水模拟较好，利用这四个模型的集合平均比较未来增暖情景下淮河地区的降水变化。分析表明(图 2.28)，淮河流

域降水有增加趋势，尤以北部地区最强，此结论和之前分析的快速增暖期降水偏
北基本一致。从区域平均的降水时间来看，RCP4.5 下平均降水量是增加的，并且
降水的年际变率(方差)也大于历史阶段，说明旱涝将可能加剧。

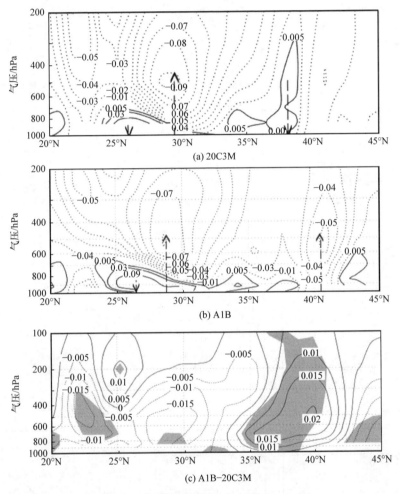

图 2.25 梅雨期垂向环流分布(单位：Pa/s)

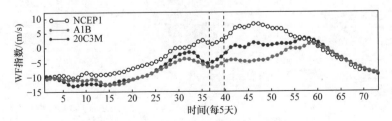

图 2.26 梅雨期 WF 指数年内变化

垂向虚线代表梅雨期；图中阴影表示在 90%的置信水平上显著

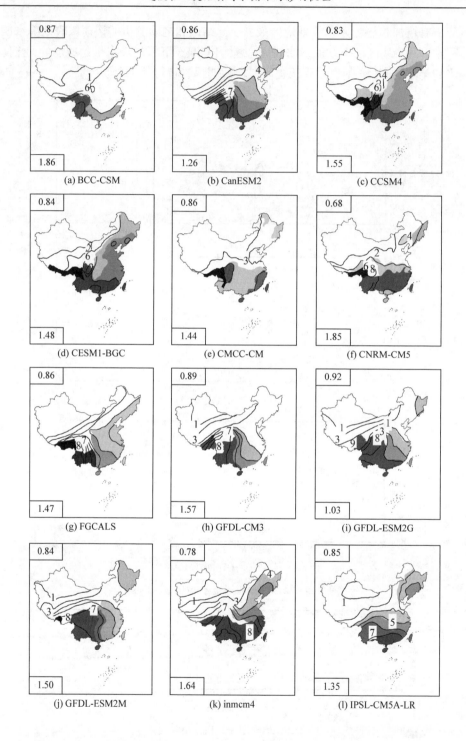

(a) BCC-CSM   (b) CanESM2   (c) CCSM4

(d) CESM1-BGC   (e) CMCC-CM   (f) CNRM-CM5

(g) FGCALS   (h) GFDL-CM3   (i) GFDL-ESM2G

(j) GFDL-ESM2M   (k) inmcm4   (l) IPSL-CM5A-LR

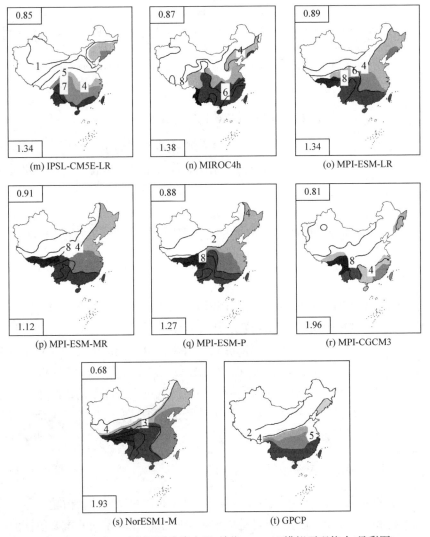

图 2.27　CMIP5 对中国夏季降水量(单位：mm/d)模拟再现能力(见彩图)

(t)为 GPCP 降水资料，代表观测降水。图中，左上角数字为空间相关系数，左下角数字为均方根误差

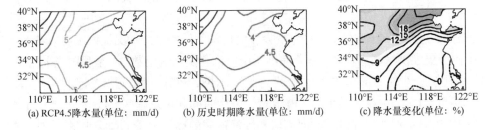

(a) RCP4.5降水量(单位：mm/d)　　(b) 历史时期降水量(单位：mm/d)　　(c) 降水量变化(单位：%)

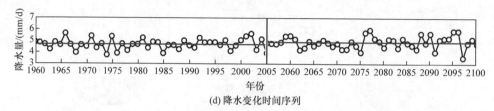

(d) 降水变化时间序列

图 2.28　RCP4.5 情景下淮河流域降水变化

多模型结果表明，未来中国东部降水的变化有着较为统一的趋势，即未来可能发生南方降水减少，北方降水增多的情况，而江淮地区同样可能是江淮北部降水增加，南部降水减少。

2.3　淮河流域和泾河流域近 500 年以来降水及旱涝灾害演变特征

本节以旱涝灾害严重的淮河流域和泾河流域为研究区，收集并对比分析实测降水资料、重建的历史雨季降水资料、历史旱涝等级资料、历史旱涝文献记录和水利部门历史调查洪水资料等多源旱涝灾害数据。以重建的历史雨季降水资料和历史旱涝等级资料为主要依据，通过滑动平均、频率计算、小波分析和 Mann-Kendall 突变检验等方法，分析淮河流域和泾河流域过去 500 年的洪水干旱基本特征和演变规律。目的是分析降水长序列统计特征是否具有时变性，论证气候变化下降水系列的非平稳性。

2.3.1　多源历史降水和旱涝数据

降水是研究洪水和干旱的主要数据。除现代的观测序列外，树轮、冰芯、岩溶、沉积物和文献记录等代用资料是构建历史降水、径流序列的重要数据源。针对淮河流域和泾河流域，本节采用的数据见表 2.1。实测降水数据用于验证其他历史气象数据的精度，并延长历史旱涝等级数据的序列长度。我国三千年来的气象灾害文献记录是《中国近五百年旱涝分布图集》的依据，也为后者的旱涝等级序列提供了进一步延长的方法，并为检验历史特定年份的旱涝状况提供了有效参考。《中国历史大洪水调查资料汇编》提供的历史调查洪水资料数据，是我国当前最系统最具权威性的一部历史大洪水调查研究成果，确定了流域调查河段历史(多在 19 世纪以后)主要大洪水的洪峰流量、发生时间和可靠程度。Feng 等(2013)重建的历史降水数据集提供了淮河流域和泾河流域的逐年雨季平均降水量，该数据集是定量描述淮河流域历史降水量的重要支撑。实测降水数据时空分辨率高，量化成果可靠，但资料系列短；历史调查数据资料时间长，但空间分辨率低，且大部分都是定性描述或等级划分；重建历史降水系列融合多源数据，为旱涝量化分析提供研究基础。淮河流域实测降水和重建历史降水的数据格点，以及历史旱涝等级站点的分布如图 2.29 所示。

表 2.1　研究历史旱涝灾害的气象、水文和文献资料

数据名称	起止年份	空间密度	表示方法	获取资料方法	资料来源
实测降水数据	1961~2010	0.5°×0.5°	月雨(mm)	实测资料插值	中国气象局国家气象信息中心(2012)
历史旱涝等级	1470~2000	7 个站点	旱涝等级(1~5)	综合史料和近代实测降水	中国气象局气象科学研究院(1981)
历史旱涝文献记录	公元前 11 世纪~1911	州县等行政区	文字记载	集成各类史料的旱涝记录	张德二(2004)
历史调查洪水资料	19 世纪以来	500 余条河道洪水记录	流量数据(m³/s)	历史洪水调查方法	骆承政(2006)
重建历史降水	1470~1999	0.5°×0.5°	雨季降水量(mm/月)	基于树轮、旱涝等级资料的正则期望最大化方法	Feng 等(2013)

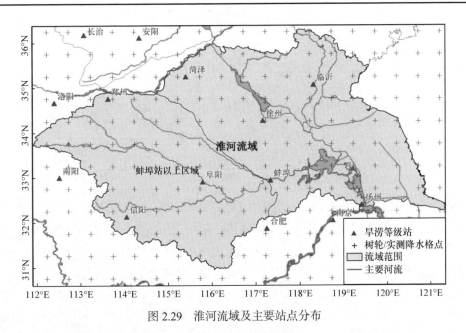

图 2.29　淮河流域及主要站点分布

2.3.2　淮河流域近 500 年降水及旱涝灾害演变特征

1. 不同旱涝资料的对比分析

选择观测降水与其他资料共同时段 1961~1999 年为研究期。对于整个淮河

流域(图 2.30(a))，重建的历史降水平均雨季降水量为 118.4mm/月，与实测值 (123.3mm/月)相比，相对误差仅为–4.0%。但重建历史降水序列的最大值偏小而最小值偏大，标准差(12.4mm/月)约为实测值序列标准差(24.1mm/月)的一半，这与重建过程中为降低总体误差噪声而舍弃了经验正交函数(EOF)的高阶模态有关(Feng et al., 2013)。两组序列的相关系数为 0.44。蚌埠水文站是淮河干流中游的重要控制站点，流域面积为 12.1 万 km²，该站以上区域的降水和径流数据是研究淮河流域旱涝灾害的主要依据。图 2.30(b)表明，重建的蚌埠站以上区域历史降水资料同样可以较好地反映蚌埠站以上区域的雨季降水，多年平均雨季降水量为 116.6mm/月，与实测值相比相对误差仅为–4.5%，相关系数达到 0.50，对最大值、最小值亦有较好的反映，标准差较整个淮河流域有所改善。

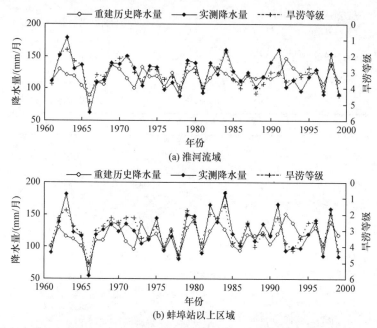

图 2.30 1961~1999 年淮河流域重建历史降水量、实测降水量和旱涝等级的比较

历史旱涝等级资料中淮河流域有 7 个站点，分别是蚌埠、阜阳、信阳、郑州、临沂、徐州和菏泽，其中蚌埠站以上区域包括了前 4 个站点。图 2.30(a)和(b)中的旱涝等级值采用这些站点的算术平均值。中华人民共和国成立以来的旱涝等级根据实测降水序列求得，其与实测降水序列保持高度一致性。可见采用旱涝等级站点的平均值序列也可以较好地反映流域总体的旱涝状况。

图 2.31 给出了淮河流域 1961~1999 年多年平均雨季(5~9 月)的实测降水量和重建历史降水量的空间分布,淮河流域共包括 106 个重建历史降水量的 0.5°×0.5° 淮河网格点。重建历史降水资料能够较好地反映流域的雨季降水空间分布, 高值

中心位于流域中上游的南部山区以及东南部沿海地区，且由东南向西北降水量逐渐递减；但与实测降水场相比，地带性特征略有散乱。对于重建历史降水资料，流域内网格点最小降水量为 89.2mm/月，与实测值相比相对误差仅为–1.7%，对南部最大降水网格点的估计误差较大，为–23.1%，即图 2.31(a)流域南部等值线密集分布处，而平均值差别不大。

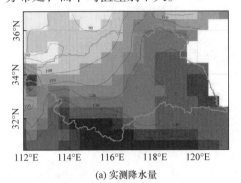 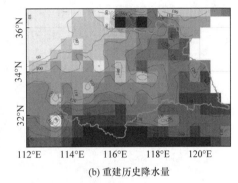

(a) 实测降水量　　　　　　　　　　　　(b) 重建历史降水量

图 2.31　淮河流域实测降水量与重建历史降水量的空间分布比较(单位：mm/月)

2. 流域典型旱涝个例分析

考虑到各种数据源的完备性，选择淮河流域历史上干旱年份 1785 年和洪涝年份 1931 年作为典型个例，分析流域旱涝的基本特征。

根据历史旱涝文献记录，1785 年江淮地区发生严重干旱，加之前一年的干旱，致使流域伴随严重的蝗灾和瘟疫，其持续少雨时间和酷旱记述为多年来所未见。光绪《重修安徽通志》记载"安徽等各府州县属自五月以后雨泽愆期，田禾未获播种齐全。""六安、霍山大旱，自三月至八月不雨。"河南临颍"自春正月不雨，至秋七月雨"，息县"大旱，四月至七月始雨"。春夏持续降水偏少使得"安徽亳州五十一州县并凤阳等九卫旱灾"，"河南永城等十二州县旱灾"。流域内 7 个旱涝等级站的记录全部为 5 级，即流域性干旱。重建历史降水距平百分率表明，整个淮河流域的雨季降水量估算值均偏小，淮河中上游地区尤为严重，降水距平百分率小于–30%，部分地区偏小 40% 以上，如图 2.32 所示。与上述旱灾记录描述和旱涝等级站指标一致。

1931 年淮河流域洪涝灾害极为严重。7 月流域内普降暴雨，河水陡涨，豫、皖两省沿淮堤防漫堤决口达 60 余处，大片地区洪水漫流。下游洪泽湖最高水位达 16.06m，运河堤溃决，下游地区一片汪洋。豫、皖、苏三省合计受灾总面积 7700 万亩，灾民近 2000 万。历史调查洪水同样证实了这次全流域性的洪涝灾害，淮河上游各断面的调查洪水多数处于历史调查洪水的前 5 位，地处上游浉河湾水库断面的该年份调查最大洪峰流量为 4920m³/s，超过 1968 年 7 月 16 日实测记录最大洪水洪峰流量 3260m³/s 的 51%。

重建历史降水距平百分率表明，该年份流域中上游地区降水量普遍偏多 20%以上，其中主要洪水来源区淮河干流上游降水量偏多 40% 以上，如图 2.33 所示。

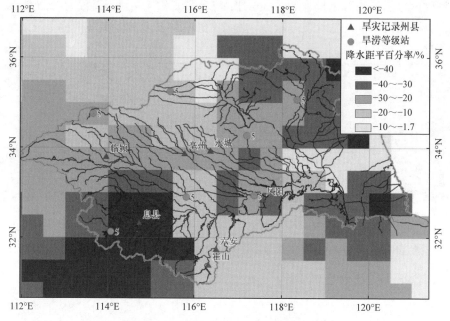

图 2.32　1785 年淮河流域干旱灾害分析

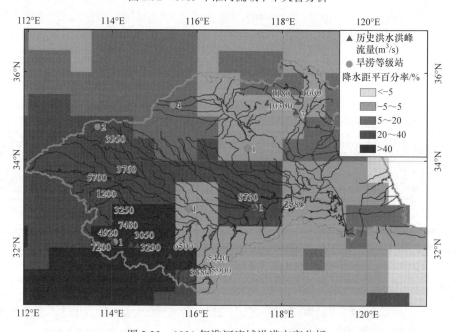

图 2.33　1931 年淮河流域洪涝灾害分析

旱涝等级站中信阳、阜阳、蚌埠、徐州为 1 级(洪涝)，郑州为 2 级(偏涝)，与重建历史降水资料一致；而菏泽为 4 级(偏旱)与重建历史降水资料反映的旱涝状况不同。沂沭河部分支流也发生了典型的历史记录洪水，虽然整个雨季降水距平百分率并未显著偏大。

3. 旱涝演变规律

上述各种历史旱涝数据源的对比分析表明，重建的历史降水数据序列连续且具有定量数值，总体上能够描述淮河流域过去 500 年来雨季降水的时空变化，从而反映流域旱涝状况；流域历史旱涝等级指标也是有效刻画流域旱涝状况的定性指标。淮河流域的洪水干旱灾害以淮河蚌埠站以上区域尤为典型，以下分析将以重建历史降水数据为主，辅以流域旱涝等级指标，研究淮河流域蚌埠站以上区域的历史旱涝特征和演变规律。

根据重建历史降水 0.5°×0.5° 网格值，并采用实测降水数据延长至 2010 年，统计淮河流域蚌埠站以上区域的逐年雨季平均降水量(图 2.34)，多数年份雨季平均降水量为 80~160mm/月。11 年滑动平均降水量结果表明，该流域旱涝年际交替特征显著；根据 40 年滑动平均降水量统计结果，流域存在 3 个主要的湿润期：1550~1590 年、1730~1780 年、1820~1920 年；3 个主要的干旱期：1470~1545 年、1615~1660 年、1935~1980 年。利用 Mann-Kendall 突变检验得到的降水序列干湿突变年份分别为 1710~1723 年和 1953 年前后，在经历 20 世纪中叶的干旱阶段后，目前东亚夏季风恢复增强，淮河流域正处在偏湿时期，这种旱涝转变与前期大尺度大气环流特征有关。

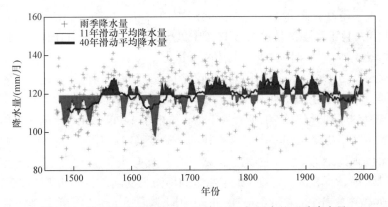

图 2.34　淮河流域蚌埠站以上区域 1470 年以来的雨季降水量

在上述降水条件下，综合蚌埠站以上区域 4 个旱涝灾害等级站(图 2.32 和图 2.33)的数据，将流域旱涝灾害划分为 7 个等级，16~20 世纪每 100 年进行频率统计分析，如图 2.35 所示。总体上，偏湿的年代为 18 世纪，偏态系数 $C_s=-0.38$；

偏干年代为 20 世纪，偏态系数 C_s=0.27，但正常年份出现概率显著偏低，呈现出非涝即旱的特点；其他 3 个世纪旱涝事件发生频率较为一致，特别是 19 世纪和 16 世纪较符合正态分布。

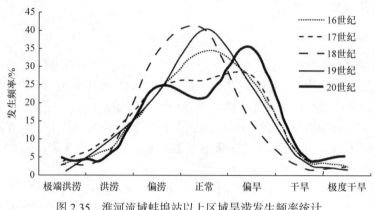

图 2.35　淮河流域蚌埠站以上区域旱涝发生频率统计

采用峰度系数定量分析频率分布曲线的尾部特征，即洪水干旱灾害的强度。在过去 500 年中，极端洪水干旱灾害最严重的是 17 世纪，峰度系数为-0.69，这 100 年中发生极端洪涝事件 3 次(1603 年、1648 年、1658 年)、洪涝事件 10 次、干旱事件 5 次、极端干旱事件 5 次(1619 年、1640 年、1661 年、1671 年、1679 年)。1658 年洪灾淮河中游"五月至八月大雨，淮、洪、潢、汝皆溢"，而 1679 年旱灾安徽、江苏"三月至八月不雨，湖水尽涸"。其次为 20 世纪，峰度系数为-0.44，一百年中发生极端洪涝事件 4 次(1921 年、1931 年、1954 年、1956 年)、洪涝事件 5 次、干旱事件 6 次、极端干旱事件 5 次(1932 年、1936 年、1942 年、1944 年、1966 年)，并且正常年份是过去 500 年中最少的一个世纪。相对而言，其他 3 个世纪的极端洪水干旱事件均少于上述两个世纪。

小波分析方法是分析时间序列周期性的有效工具，已广泛应用于气象水文极端事件研究中。利用 2000 年以来的逐月降水观测资料，将重建历史降水资料和旱涝等级资料的序列延长到 2010 年。图 2.36 给出了 1470~2010 年淮河流域蚌埠站以上区域重建历史降水和旱涝等级资料的小波变换时频分布。主周期中心与历史极端洪水调查记录(实测值)一致，如 1593 年、1648 年、1742 年、1954 年、2003 年流域洪水等。研究区域存在 40 年左右的旱涝长周期，1750 年以后该长周期有变短的现象(图 2.36)。16 世纪至 18 世纪中期，通过 90% 置信度检验的周期分别有 20 年、11~13 年、6~8 年等，旱涝等级数据的结果给出了更多的高频信号。重建历史降水数据显示的主周期中心为 20 年，而历史旱涝等级数据得到的该时期主周期中心为 15 年。19 世纪以来，先后存在两个主要周期，分别为 11 年和 5 年。流域低频周期(大于 8 年)与太阳黑子周期有显著的统计关系。近年来存在较显著的 2～3 年短周期，旱涝等级数据得到的结果尤为显著，亦证实 20 世纪淮河流域中上游地区旱涝事件交替频繁发生的特点。

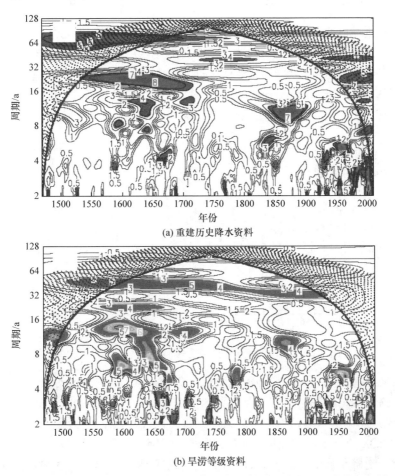

(a) 重建历史降水资料

(b) 旱涝等级资料

图 2.36 1470～2010 年淮河流域蚌埠站以上区域重建历史降水和旱涝等级资料的
小波变换时频分布

过去 500 年来淮河流域旱涝事件周期在变短，进入 21 世纪，流域旱涝灾害频繁，2～3 年的短周期振荡与近赤道太平洋地区海温的持续异常有关。图 2.36(b)显示周期发生改变的两个时段分别为 1730～1800 年和 1900～1940 年。旱涝周期的两个突变时段与第一次工业革命(18 世纪 60 年代～19 世纪 40 年代)和第二次工业革命时期(19 世纪 60 年代～20 世纪初)相对应。两次工业革命促使人类对气候系统和陆地生态系统的影响强度大幅提高，大气 CO_2 浓度(体积分数)已从第一次工业革命前的约 280×10^{-6}，增加到了 2005 年的 379×10^{-6}，工业化以来对气候要素的均值和极值影响显著。

2.3.3　泾河流域近 500 年降水及旱涝灾害演变特征

1. 不同旱涝资料对比分析

选择观测降水与其他资料共同时段 1961～1999 年为研究期。对于整个泾河流域(图 2.37),重建的历史降水平均雨季降水量为 79.1mm/月,与实测值(86.0mm/月)相比,相对误差为-8.02%。重建历史降水序列的最大值偏小,标准差(9.18mm/月)较实测值序列标准差(16.6mm/月)显著偏小,这与重建过程中为降低总体误差噪声而舍弃了经验正交函数的高阶模态有关,两组序列的相关系数为 0.44。

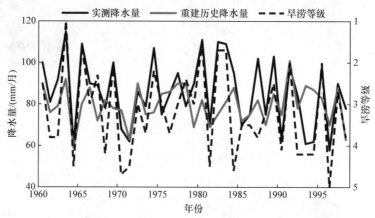

图 2.37　1961～1999 年泾河流域重建历史降水量、实测降水量和旱涝等级的比较

历史旱涝等级资料中泾河流域附近有 2 个站点,分别是平凉和西安。图 2.37 中的旱涝等级值采用了这些站点的算术平均值,其与实测降水序列保持高度一致性。可见采用旱涝等级站点的平均值序列也可以较好地反映流域总体的旱涝状况。

图 2.38 给出了泾河流域 1961～1999 年多年平均雨季(5～9 月)的实测降水量和重建历史降水量的空间分布,泾河流域共包括 18 个重建历史降水量的 0.5°×0.5° 网格点。重建历史降水资料能够较好地反映流域的雨季降水空间分布,高值中心位于流域南部,且由南向北降水量逐渐递减。但个别网格初量值有所低估。

2. 流域典型旱涝个例分析

考虑到各种数据源的完备性,选择泾河流域历史上干旱年份 1877 年和洪涝年份 1933 年作为典型个例,分析流域旱涝的基本特征。

根据历史旱涝文献记录,1877 年泾河和渭河地区发生严重干旱,加之连年干旱,最重者莫如光绪三年(1877 年),"雨泽稀少,禾苗枯萎,平原之地与南北山相同,而渭北各州县苦旱尤甚,树皮草根掘食殆尽……春至六月不雨,白崖湖竭,八月仍不雨,麦失种"。旬邑县奇旱,长武县荒旱,礼泉县"大旱,麦禾俱无",

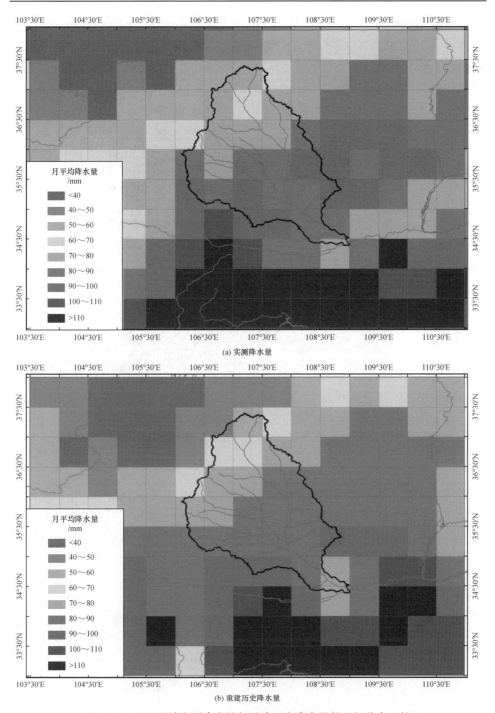

(a) 实测降水量

(b) 重建历史降水量

图 2.38 泾河流域实测降水量与重建历史降水量的空间分布比较

甘肃平凉、崇信、华亭等县均有大旱记录。平凉、西安旱涝等级站的记录均为5级，即流域性干旱(中国气象局气象科学研究院，1981)。重建历史降水距平百分率表明，整个泾河流域的雨季降水量估算值均显著偏小，泾河中上游地区尤为严重，降水距平百分率小于-30%，部分地区偏小，达-40%以上，如图2.39所示。与上述旱灾记录描述和旱涝等级站结果一致。

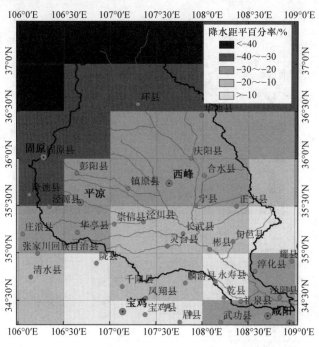

图2.39　1877年泾河流域干旱灾害分析

1933年泾河流域洪水灾害极为严重。据记载，"去夏亢汉之后，继以大雨，洛泾渭诸河来源各近千里，山溪汇注，洪流倾泻，河不能容，则水行平地，一片汪洋，其势又复猛悍异常，近河居民，至有不及奔避者……水退之后，积土达四五尺不等，继有未被冲毁之房屋，内外均积土甚深，家俱什物，悉埋土中，栖息无所，衣食俱穷，厥状尤为惨淡。"历史调查洪水同样证实了这次全流域性的洪涝灾害，泾河上游各断面的调查洪水多数处于历史调查洪水的前3位，地处上游马莲河庆阳站的该年份调查最大洪峰流量为6170m³/s，下游河段洪峰流量超过9300m³/s。重建历史降水距平百分率表明，该年份流域中上游地区降水距平百分率达8%以上，下游为3%～8%，有所低估，如图2.40所示。

3. 旱涝演变规律

上述各种历史旱涝数据源的对比分析表明，重建的历史降水数据序列连续且

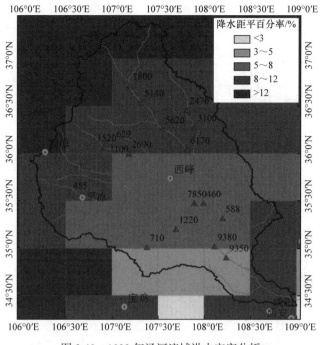

图 2.40 1933 年泾河流域洪水灾害分析

图中数字表示历史洪水洪峰流量(单位: m³/s)

具有定量数值，总体上能够描述泾河流域过去 500 年来雨季降水的时空变化，从而反映流域旱涝状况；流域历史旱涝等级指标也是有效刻画流域旱涝状况的定性指标。以下分析将以重建历史降水数据为主，辅以流域旱涝等级指标，研究泾河流域历史旱涝特征和演变规律。

根据重建历史降水 0.5°×0.5° 网格值，并采用实测降水数据延长至 2010 年，统计泾河流域的逐年雨季平均降水量(图 2.41)，多数年份雨季平均降水量为 65～95mm/月。11 年滑动平均降水量结果表明，该流域旱涝年际交替特征显著；根据 40 年滑动平均降水量统计结果，流域存在 1 个主要的湿润期：1550～1900 年；2 个主要的干旱期：1470～1540 年、1600～1650 年。

对泾河流域汛期降水从 16 世纪到 20 世纪每 100 年进行频率统计分析，如图 2.42 所示。总体上，偏湿的年代为 18 世纪，偏态系数 C_s=0.35；偏干年代为 16 世纪和 17 世纪，偏态系数 C_s 分别为–0.83 和–0.51，20 世纪泾河流域整体偏旱，C_s=–0.15，但正常年份出现概率偏低，洪水事件也较频繁。采用峰度系数定量分析频率分布曲线的尾部特征，即洪水干旱灾害的强度。在过去 500 年中，18 世纪和 19 世纪洪水事件较多，17 世纪和 20 世纪干旱灾害频繁。

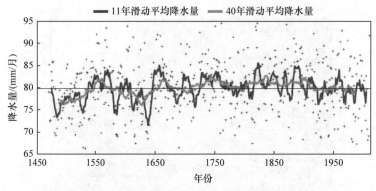

图 2.41　泾河流域 1470 年以来的雨季降水量

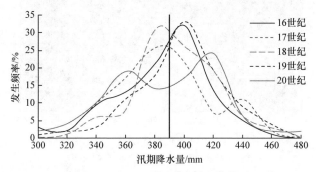

图 2.42　泾河流域旱涝发生频率统计

　　利用 2000 年以来的逐月降水观测资料,将重建历史降水资料和旱涝等级资料的序列延长到 2010 年。图 2.43 给出了 1470~2010 年泾河流域重建历史降水资料的小波变换时频分布。研究区域在 1700 年之前,短中长期均显著,存在 4 年、6 年、12 年和 24 年的不同周期;1700 年以后以 6 年和 3 年的中短周期为主,长周期不显著。整体来看 20 世纪泾河流域是旱涝灾害频繁发生的时期。

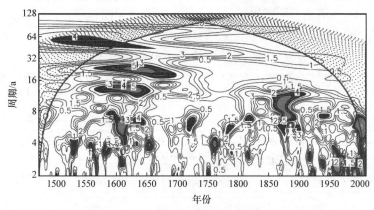

图 2.43　1470~2010 年泾河流域重建历史降水资料的小波变换时频分布

2.3.4　小结

重建历史降水量定量描述了淮河流域、泾河流域雨季降水量的时空分布，具有较高精度。重建历史降水量和旱涝等级序列的统计分析表明，近 500 年来淮河流域、泾河流域旱涝灾害交替频繁发生，不仅具有不同周期性变化，而且百年尺度统计规律也同样发生变化，呈现非平稳的概率分布特征。特别是工业化以来，高强度的人类活动通过直接改变大气的组成成分、下垫面状况等方式影响了区域以至全球气候系统。同时，气候变暖造成的水循环速度加快，洪水、干旱发生频率加大。该内容详见杨传国等(2014)的文献。

参 考 文 献

韩翠, 尹义星, 黄伊涵. 2018. 江淮梅雨区 1960—2014 年夏季极端降水变化特征及影响因素[J]. 气候变化研究进展, 14(5): 445-455.

陆渝蓉, 高国栋. 1984. 我国大气中平均水汽含量与水分平衡的特征[J]. 大气科学, 42(3): 45-54.

骆承政. 2006. 中国历史大洪水调查资料汇编[M]. 北京: 中国书店.

吕俊梅, 祝从文, 琚建华, 等. 2014. 近百年中国东部夏季降水年代际变化特征及其原因[J]. 大气科学, 38(4): 782-794.

钱代丽, 管兆勇, 王黎娟. 2009. 近 57a 夏季西太平洋副高面积的年代际振荡及其与中国降水的联系[J]. 大气科学学报, 32(5): 677-685.

杨传国, 陈喜, 张润润. 2014. 淮河流域近 500 年洪旱事件演变特征分析[J]. 水科学进展, 25(4): 503-510.

张德二. 2004. 中国三千年气象记录总集[M]. 南京: 凤凰出版社.

张录军, 钱永甫. 2003. 长江流域汛期降水集中程度和洪涝关系研究[J]. 地球物理学报, 47(4): 622-630.

中国气象局国家气象信息中心. 2012. 中国地面降水月值 0.5°×0.5°格点数据集 V2.0[R]. 北京: 中国气象局国家气象信息中心.

中国气象局气象科学研究院. 1981. 中国近五百年旱涝分布图集[M]. 北京: 地图出版社.

朱坚, 陈喜, 杨开斌. 2016. 江淮梅雨空间非均匀性的定量探讨[J]. 气象科学, 36(2): 224-229.

Ashok K, Behera S K, Rao S A. 2007. El Niño Modoki and its possible teleconnection[J]. Journal of Geophysical Research: Oceans, 112: C11007.

Chou M D, Wu C H, Kau W S. 2011. Large-scale control of summer precipitation in Taiwan[J]. Journal of Climate, 24(19): 5081-5093.

Ding Y, Wang Z, Sun Y. 2008. Inter-decadal variation of the summer precipitation in East China and its association with decreasing Asian summer monsoon. Part I: Observed evidences[J]. International Journal of Climatology, 28(9): 1139-1161.

Feng S, Hu Q, Wu Q, et al. 2013. A gridded reconstruction of warm season precipitation for Asia spaning the past half millennium[J]. Journal of Climate, 26(7): 2192-2204.

Huang R, Chen J, Huang G. 2007. Characteristics and variations of the East Asian monsoon system and its impacts on climate disasters in China[J]. Advances in Atmospheric Sciences, 24(6): 993-1023.

Jiang X, Li Y, Yang S, et al. 2011. Interannual and inter-decadal variations of the South Asian and western Pacific subtropical highs and their relationships with Asian-Pacific summer climate[J]. Meteorology and Atmospheric Physics, 113(3): 171-180.

Lloyd-Hughes B, Saunders M A. 2002. A drought climatology for Europe[J]. International Journal of Climatology, 22(13): 1571-1592.

McKee T, Doesken N, Kleist J. 1993. The relationship of drought frequency and duration to time steps[C]//Proceedings of the 8th Conference on Applied Climatology, Anaheim: 179-184.

Sun S, Ying M. 1999. Subtropical high anomalies over the Western Pacific and its relations to the Asian monsoon and SST anomaly[J]. Advances in Atmospheric Sciences, 16(4): 559-568.

Wang B, Fan Z. 1999. Choice of South Asian summer monsoon indices[J]. Bulletin of the American Meteorological Society, 80(4): 629-638.

Weng H, Ashok K, Behera S K, et al. 2007. Impacts of recent El Niño Modoki on dry/wet conditions in the Pacific rim during boreal summer[J]. Climate dynamics, 29(2): 113-129.

Yasunari T. 1990. Impact of Indian monsoon on the coupled atmosphere/ocean system in the tropical pacific[J]. Meteorology and Atmospheric Physics, 44(1): 29-41.

Zeng G, Wang W C, Sun Z, et al. 2011. Atmospheric circulation cells associated with anomalous East Asian winter monsoon[J]. Advances in Atmospheric Sciences, 28(4): 913-926.

Zeng X, Lu E. 2004. Globally unified monsoon onset and retreat indexes[J]. Journal of Climate, 17(11): 2241-2248.

Zhang Z, Jin Q, Chen X, et al. 2016. On the linkage between the extreme drought and pluvial patterns in China and the large-scale atmospheric circulation[J]. Advances in Meteorology Special, 1: 12.

Zhu C, Zhou X, Zhao P, et al. 2011. Onset of East Asian subtropical summer monsoon and rainy season in China[J]. Science China Earth Sciences, 54(12): 1845-1853.

Zhu J, Huang D Q, Yang T. 2016. Changes of Meiyu system in the future under A1B scenario simulated by MIROC_Hires model[J]. Theoretical and Applied Climatology, 123: 461-471.

Zhu J, Huang D Q, Zhang Y C, et al. 2013. Decadal changes of Meiyu rainfall around 1991 and its relationship with two types of ENSO[J]. Journal of Geophysical Research Atmospheres, 118(17): 9766-9777.

第3章 河川径流变化及其影响要素

地表径流是指降水后除直接蒸发、植物截留、渗入地下、填充洼地外，其余经流域地面汇入河槽，并沿河下泄的水流。径流量、地表和地下径流成分以及降水-径流响应关系是气候和下垫面综合作用的产物。河川径流变化除受气候变化因素影响外，同时还受社会经济发展对水的需求以及人类活动引起的流域下垫面变化的影响。人类生产活动及社会经济发展引起的径流变化可分为直接作用与间接作用两种。直接作用主要是指人口增加、社会经济发展引起的生活、生产、生态用水耗损量的增加以及从流域引出水量和分洪水量等对径流的影响。间接作用主要是指土地利用/土地覆盖变化等水文效应，包括由于下垫面条件变化产生的各种额外的蒸发(如水库的蒸发)，地下水超采引起的土壤干化，以及农林垦殖、森林砍伐、城市化、水土保持等引起的土壤植被蒸散发和降水入渗变化对径流的影响(刘春蓁等，2004)。

本章全面分析了中国九大流域主要河流自 20 世纪 50 年代以来的年径流变化特征及其与降水、灌溉等的关系。选择近年来植被变化显著的黄土高原沟壑区，对比两个植被条件不同的小流域，定量分析植被变化的生态水文效应。选择淮河流域两个梯级水库，分析水库入流、出流、蓄量动态变化及其与降水变化之间的关系，并以此为变量，分析流域下垫面和水库调蓄对水文干旱的影响程度。以地表水与地下水关系密切、水量交换频繁的淮河流域平原区为研究对象，分析地下水开发利用及其对地下水位和流域河川径流的影响程度。

3.1 中国主要流域河川径流变化

中国所有河流总长达 42 万 km，其中，流域面积超过 100km² 的河流有 5 万多条，流域面积超过 1000km² 的河流有 1500 多条。受地形和气候影响，河流在各地区分布非常不均匀。大多数河流位于湿润的东部季风气候带，直接流入大海，主要河流有辽河、淮河、海河、长江、黄河、珠江等。中国西北部降水量少，气候干旱，大片区域产流量小，只有少量河流，且大多为内陆河流。

自然河流径流深取决于降水、蒸散发和流域下垫面特征，呈现从东南向西北逐渐下降的趋势。在一些东南地区，年径流深超过 1000mm，而在一些西部地区，年径流深不到 10mm。我国北方五个主要流域(表 3.1 中松花江和辽河、海河、淮河、黄河和内陆河代表性流域,总流域面积为 227 万 km²)的河川径流总量不到全国径流总量的 20%,而南方四个流域(表 3.1 中长江、珠江、东南诸河和西南诸河代表性流域,总流域面积为 286 万 km²)的河川径流总量占全国径流总量的 80% 以上。北部地区的河川径流年内变化大,连续 4 个月(6~9 月)最高累计径流量占年径流总量的 80% 以上,而在南方地区,这一比例约为 60%。

表 3.1　中国九大流域控制水文站年径流量(1956~2000 年)

流域	河名	水文站点	纬度	经度	流域面积 /km²	年径流量 /(×10⁸m³)
松花江和辽河流域(Ⅰ)	松花江	江桥[0]	46°47′N	123°41′E	162569	644
	松花江	哈尔滨[1]	45°46′N	126°36′E	389769	1283
	辽河	铁岭[1]	42°2′N	123°5′E	120764	89
海河流域(Ⅱ)	漳卫河	观台[1]	36°2′N	114°5′E	17800	31
	永定河	石匣里[1]	40°13′N	114°37′E	23944	14
	永定河	响水堡[1]	40°31′N	115°11′E	14507	11
	潮白河	张家坟[1]	40°37′N	116°47′E	8506	16
黄河流域(Ⅲ)	黄河	吉迈[0]	33°46′N	99°39′E	45019	127
	黄河	唐乃亥[1]	35°3′N	100°9′E	121972	633
	黄河	花园口[2]	34°55′N	113°39′E	730036	1223
	黄河	利津[3]	37°49′N	118°25′E	750000	964
淮河流域(Ⅳ)	淮河	王家坝[1]	32°26′N	115°36′E	30630	294
	淮河	吴家渡[3]	32°56′N	117°23′E	121330	846
长江流域(Ⅴ)	长江	直门达[0]	33°2′N	97°13′E	137704	385
	长江	宜昌[1]	30°42′N	111°17′E	1006000	13659
	长江	汉口[2]	30°37′N	114°8′E	1488000	22314
	长江	大通[3]	30°46′N	117°4′E	1705383	28113
东南诸河(Ⅵ)	岷江	洋口[1]	26°48′N	117°55′E	12669	417
	岷江	竹岐[3]	23°51′N	112°57′E	38363	1300
珠江流域(Ⅶ)	西江	梧州[1]	23°34′N	111°18′E	327006	6383
	西江	高要[1]	22°55′N	112°28′E	351535	6932
	东江	博罗[1]	23°44′N	114°42′E	25325	745
	黔江	武宣[1]	23°34′N	109°39′E	196655	4005
西南诸河(Ⅷ)	怒江	道街坝[3]	24°59′N	98°53′E	110224	1716
	雅鲁藏布江	拉萨[1]	29°39′N	91°4′E	26225	298

续表

流域	河名	水文站点	纬度	经度	流域面积 /km^2	年径流量 /($\times 10^8$ m^3)
西南诸河 (Ⅷ)	雅鲁藏布江	奴下[2]	29°28′N	94°34′E	36652	1883
内陆河 (Ⅸ)	阿克苏河	西大桥[0]	40°7′N	80°15′E	42123	260
	叶尔羌河	卡群[0]	37°59′N	76°54′E	50248	210
	喀拉喀什河	乌鲁瓦提[0]	36°52′N	79°26′E	19983	143
	玉龙喀什河	同古孜洛克[0]	36°49′N	79°55′E	14575	—
塔里木河 (Ⅸ-a)	开都河	大山口[0]	37°59′N	76°54′E	18827	111
	塔里木河	阿拉尔[1]	40°32′N	81°19′E	—	143
	塔里木河	新渠满[2]	41°2′N	82°43′E	17580	119
	塔里木河	英巴扎[3]	41°12′N	84°47′E	435508	94
	塔里木河	恰拉[3]	41°4′N	86°35′E	—	21
西北诸河 (Ⅸ-b)	黑河	莺落峡[1]	38°48′N	100°11′E	10009	50
	黑河	正义峡[3]	39°49′N	99°28′E	35634	32
	石羊河	九条岭[1]	37°56′N	102°14′E	1077	27
	疏勒河	昌马堡[1]	39°49′N	96°51′E	10961	28

注：0、1、2 和 3 分别表示河流上游源头、上游、中游和下游。

3.1.1 数据和研究方法

1. 数据

采用 40 个水文站 1956~2005 年实测年径流序列数据，中国气象局国家气候中心发布的 160 个气象站数据。中国九大流域的主要河流和观测站位置如图 3.1 和表 3.1 所示。

2. 研究方法

使用简单的线性回归方法对实测水文系列进行线性趋势检验，线性回归趋势检验方法是一种参数化 t 检验方法，计算步骤为：将时间作为线性回归方程的自变量，水文变量(即降水量和流量)Y 作为因变量；通过 t 检验检测回归方程斜率的显著性。参数化 t 检验要求检测的数据序列符合正态分布，为此，应该首先应用 Kolmogorov-Smirnov 检验数据系列的正态性。t 检验的优势在于：①t 检验方法是一种强有力的假设检验；②当 t 检验的结果被绘制出来时，可以看到原时间序列和线性趋势的变化；③t 检验与 Mann-Kendall(MK)检验方法等相结合的交叉检查，有助于验证检验结果的合理性。

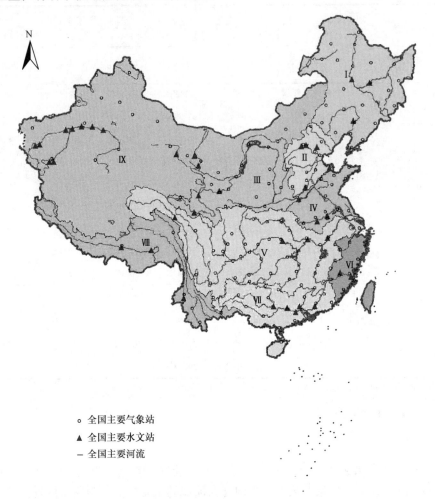

图 3.1 中国九大流域的主要河流及 40 个水文站和 160 个气象站位置
Ⅰ. 松花江和辽河流域；Ⅱ. 海河流域；Ⅲ. 黄河流域；Ⅳ. 淮河流域；Ⅴ. 长江流域；Ⅵ. 东南诸河；
Ⅶ. 珠江流域；Ⅷ. 西南诸河；Ⅸ. 内陆河

t 检验受时间序列相关性的影响，当存在序列相关性时，必须通过预白化排除，以防止错误指示趋势，该方法通过采用某种相关分析模型(通常是马尔可夫模型)从数据中去除序列相关性。

进一步利用累积曲线评估水文序列时变特征。累积曲线方法最初被 Hurst(1951)用来确定尼罗河水库的蓄水能力，本节使用模比系数差积曲线 (cumulative sum of departures of modulus coefficient, CSDMC)检测不同区域的径流量变化情况，CSDMC 由以下公式表示：

$$R_i = Q_i / \overline{Q}, \quad i = 1,2,3,\cdots,N \tag{3.1}$$

$$K_p = \sum_{i=1}^{p}(R_i - 1), \quad p = 1,2,3,\cdots,N \tag{3.2}$$

式中，i 为 N 年时间序列的第 i 年；K_p 为 $1\sim p$ 年模比系数差积；Q_i 为年径流量；$\overline{Q}$ 为多年平均径流量。当 K_p 呈现下降趋势时，K_p(负斜率)为年径流量低于平均值的区间，而当 K_p 呈现上升趋势时，K_p(正斜率)代表年径流量高于平均值的区间。年雨量累积和(cumulative sum, CUSUM)控制图也可用于气候系列中突变点的检测，CUSUM 控制图方向的上升、下降的变点处表明平均值突变，CUSUM 控制图中相对水平的直线段代表该时段平均值保持不变。

基于秩的非参数 Mann-Kendall 方法可以检测时间序列的趋势(Kendall, 1975; Mann, 1945)。Mann-Kendall 方法检测时间序列(x_k, k=1,2,$\cdots$, n)的趋势时，变量不需要满足符合正态分布或线性(Wang et al., 2008)的前提条件，因而被世界气象组织推荐，并得到广泛应用(Mitchell et al., 1966)。该方法被广泛应用于检测水文系列的趋势(Zhang et al., 2006)。检验统计量 S 的表达式如式(3.3)所示，其均值为 0，方差如式(3.4)和式(3.5)所示：

$$S = \sum_{k=1}^{n-1}\sum_{j=k+1}^{n}\mathrm{sgn}(x_j - x_k) \tag{3.3}$$

$$\mathrm{sgn}(x_j - x_k) = \begin{cases} +1, & x_j - x_k > 0 \\ 0, & x_j - x_k = 0 \\ -1, & x_j - x_k < 0 \end{cases} \tag{3.4}$$

$$\mathrm{var}(S) = \frac{n(n-1)(2n+5) - \sum\limits_{i=1}^{n}t_i i(i-1)(2i+5)}{18} \tag{3.5}$$

式中，n 为数据点的数量；t_i 为并列秩次对应的第 i 观测值。在样本数 $n>10$ 的情况下，标准化统计量(Z)的单侧检测可表示为

$$Z = \begin{cases} \dfrac{S-1}{\sqrt{\mathrm{var}(S)}}, & S > 0 \\ 0, & S = 0 \\ \dfrac{S+1}{\sqrt{\mathrm{var}(S)}}, & S < 0 \end{cases} \tag{3.6}$$

在 95% 显著性水平下，如果$|Z|$>1.96，则拒绝无趋势的零假设；在 90% 的显著性水平下，$|Z|$>1.64，则拒绝无趋势的零假设。

3.1.2 中国九大流域径流长期演变规律

从中国九大流域中选取每个流域最具代表性的水文站(表 3.1)，年径流量变化及其线性趋势如图 3.2 所示。t 检验结果表明，松花江和辽河、海河和黄河干流年径流量呈显著下降趋势(图 3.2(a)～(c))，但长江、东南诸河、珠江、西南诸河年径流量却呈上升趋势(图 3.2(d)～(h))。然而，对于塔里木河(图 3.2(i))和黑河、石羊河和疏勒河等西北诸河(图 3.2(j))，源头及上游地区年径流量呈上升趋势，而在干流下游年径流量呈现下降趋势。

中国九大流域年径流量的模比系数差积曲线如图 3.3 所示。从 CSDMC 的变化中可以发现，松花江和辽河流域的三个变化点分别为 1965 年和 1999 年左右的两个峰值，以及 1982 年左右的一个谷值(图 3.3(a))。海河流域 CSDMC 只有单一

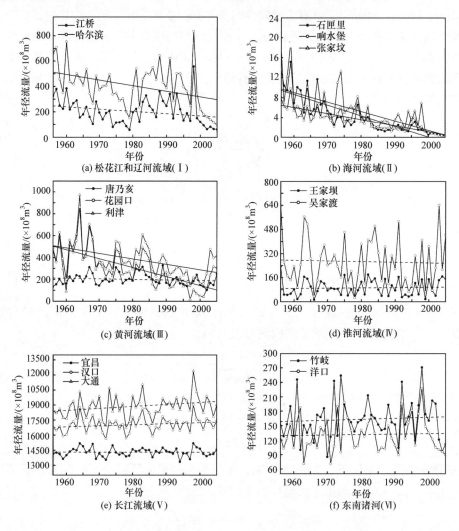

(a) 松花江和辽河流域(Ⅰ)

(b) 海河流域(Ⅱ)

(c) 黄河流域(Ⅲ)

(d) 淮河流域(Ⅳ)

(e) 长江流域(Ⅴ)

(f) 东南诸河(Ⅵ)

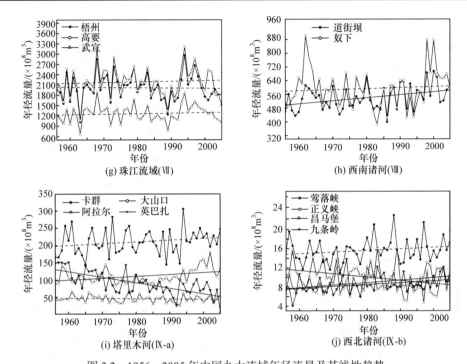

图 3.2 1956～2005 年中国九大流域年径流量及其线性趋势

每子图中所列河流的顺序是从上游到下游；实线表示具有显著线性趋势(显著性水平 α=0.05)，虚线表示非显著线性趋势

顶点，说明可以检测到其只有一个转变点(图 3.3(b))。在九大流域中，海河流域的 CSDMC 在最大 K_p 值处出现最显著变化。20 世纪 70 年代初，石匣里站 K_p 值出现了由正向负方向的变化，其他两个站出现在 70 年代末。黄河流域(图 3.3(c))下游站点偏离平均值的现象更为显著。从 20 世纪 50 年代到 60 年代末，年径流量呈现正向改变；而从 20 世纪 70 年代到 80 年代中期，花园口和利津的年径流量一直在平均值附近变化(图 3.3(c))；大约在 1985 年之后，两个站点向负的方向急剧变化。从 CSDMC 图来看，淮河流域、长江流域、东南诸河、珠江流域和西南诸河的年径流量变化不如北方河流那么强烈，但变化依旧可见(图 3.3(d)～(h))。东南

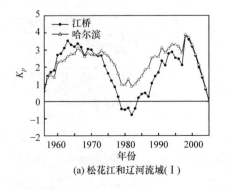

(a) 松花江和辽河流域(Ⅰ)

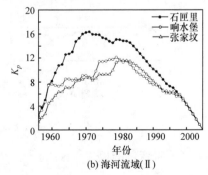

(b) 海河流域(Ⅱ)

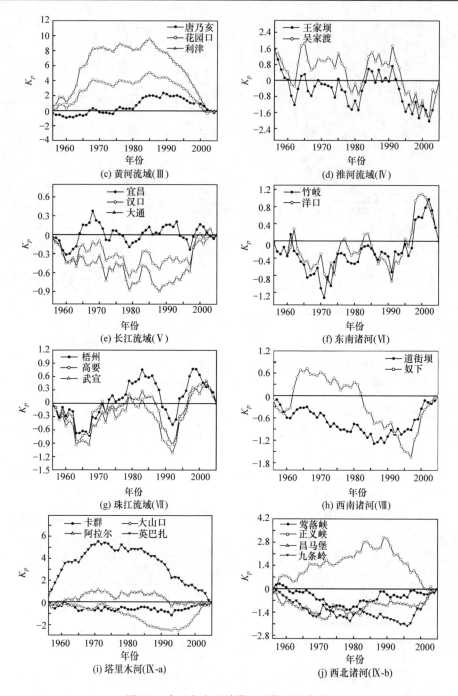

图 3.3　中国九大流域模比系数差积曲线

诸河年径流量变化的模式与珠江流域一致：年径流量在 20 世纪 70 年代和 90 年代

大,在 20 世纪 60 年代和 80 年代小。内陆河(塔里木河和西北诸河)的年径流量变化较大(图 3.3(i)和(j)),且内陆河下游的年径流量变化与上游相反。对图 3.3(j)中西北诸河而言,在研究期的前半段,年径流量出现向负方向转变,之后源头流域出现正向变化。然而,在下游直到 20 世纪 80 年代后期才出现年径流量的正向变化,此后则是呈现负的方向变化。对于图 3.3(i)中塔里木河下游,从正向到负向的变化点发生在 20 世纪 70 年代早期。

年径流量变化主要受降水、蒸散发和流域水资源利用影响。研究显示,华北地区(干旱和半干旱地区)年径流量呈显著下降趋势。20 世纪 70 年代以来,年径流量的绝对减少量和相对减少量均大于年降水量变化。

中国水资源与人口、耕地和经济分布南北差异大。北方四个流域拥有全国 46% 的人口、45% 的 GDP、65% 的农田和 59% 的灌溉农业,但只有不到全国 20% 的水资源和南部流域 1/3 的人均水资源量。黄河、淮河和海河下游平原地区生产总值和工业产值占全国的 1/3,但仅拥有全国 7.7% 的水资源,而拥有全国 21.3% 水资源的西南河流,其 GDP 和工业产值只占全国的 0.7%。

径流量减少将导致严重的生态和环境问题。由于气候变化、水资源开发和土地利用的变化,湿地和湖泊在过去几十年中大幅度收缩。20 世纪 50 年代以来,总面积为 1.3 万 km² 的大约 800 个湖泊已经消失。20 世纪 90 年代以来,华北地区河流干涸问题引起了更多的关注,并被认为是中国重要的生态问题之一。随着河流的干涸,河流栖息地被完全摧毁,与河流相关的湿地消失。例如,黄河于 1972 年首次出现断流;20 世纪 70 年代,其年均断流天数为 13 天;此后,断流偶有发生。1985 年以来,黄河每年都有部分断流。1997 年干旱年,黄河径流有 226 天没能到达大海。1990 年以前,干旱事件主要发生在初夏(5~7 月);20 世纪 90 年代以来,黄河几乎每个月都会有不同天数的断流。对此,2000 年启动的"南水北调工程"以及严格的水资源管理政策,在一定程度上缓解了严重的水资源短缺问题。2000 年以后,黄河下游断流(零径流)事件消失。但是,这并不意味着黄河流域水资源短缺问题已经得到解决,仍然迫切需要健全的水资源管理政策和措施。

通过分析 1956~2005 年中国主要河流年径流量的变化,主要结论为:在这 50 年间,中国北方和西北地区年径流量呈现显著下降趋势,如松花江和辽河流域、黄河流域、海河流域和内陆河下游地区,而内陆河上游地区、南部以及西南部地区年径流量有所上升。

3.1.3 中国九大流域年径流与年降水关系

除气候外,引水和土地开发利用等人类活动也会对径流和其他水文过程产生非常重要的影响。研究表明,在过去的几十年里,许多地区由人类活动导致的径流减少问题日益突出。

　　Ma 等(2008)研究表明，西北干旱区降水量与流量之间存在非平稳关系，且径流量的变化比降水量大。一些流域的河川径流序列统计特征显示显著的变化点，但降水序列变化不显著。对于人类活动强烈的海河流域，农业用水可能是径流量下降的主要驱动因素。例如，1980 年以来，位于海河流域的北京、河北和山西的灌溉面积分别增加了 29.35%、48.70% 和 26.42%。根据河北省水利厅(1984 年)的文件，20 世纪 80 年代初，大部分山区的农业用水量占总用水量的比例高于 90%，农田蒸散量远远高于年降水量。农田面积所占百分比与海河流域径流量的下降显著相关。Ren 等(2002)研究发现，海河流域径流量的急剧下降是由人类活动导致的，人类活动减少径流量占总径流量的 79.22%。在过去几十年里，黄河径流量同样降低。Piao 等(2010)研究表明，气候在控制径流方面占主导地位，而增加的取水量则可以解释过去半个世纪内黄河下游花园口站大约 35% 的径流减少量。

　　虽然许多研究者解释了中国局部地区径流量的变化及其可能原因，但到目前为止，全国流域径流量变化及其与降水和人类影响的关系尚需进一步分析，这对理解全国径流量时空格局及其演变具有重要的科学价值。

　　根据中国气象局国家气候中心发布的 160 个气象站的年平均降水数据、中国九大流域主要河流和观测站径流资料(表 3.1)，由算术平均法计算每个流域的平均降水量。采用 Mann-Kendall 趋势检验，结合前述线性回归趋势检验方法，检验年降水量、年径流量变化趋势的显著程度。

　　图 3.4 显示了表 3.1 中由各水文站年径流量基于 MK 检验趋势的空间分布以及 1956～2005 年中国九大流域 160 个气象站的年降水量趋势。总体上看，松花江和辽河流域、黄河流域、海河流域和长江上游降水量呈下降趋势，但长江中

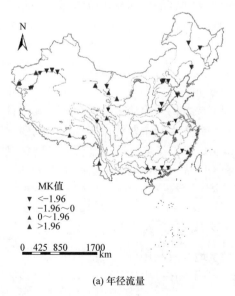

MK值
▼ <-1.96
▾ -1.96～0
▵ 0～1.96
▲ >1.96

0　425　850　　　1700
　　　　　　　　　km

(a) 年径流量

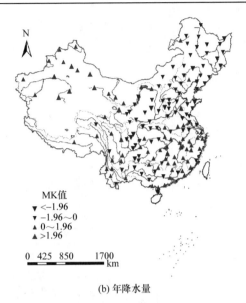

MK值
▼ <-1.96
▽ -1.96~0
△ 0~1.96
▲ >1.96

0　425　850　　　1700
　　　　　　　　　km

(b) 年降水量

图 3.4　中国九大流域年径流量和年降水量的变化趋势

下游流域、岷江、西南诸河和内陆河降水量呈上升趋势。表 3.2 显示了相同数据集在 MK 检验和 t 检验下 1956~2005 年中国九大流域 160 个气象站降水量和 40 个水文站径流量变化趋势的比较。由表 3.2 可知，这两种检验方法的结果非常相似，而表中的细微差别是因为统计数据的值接近临界值。

表 3.2　MK 检验和 t 检验对降水量和径流量变化趋势检测结果对比(1956~2005 年)

变化趋势	MK 检验		t 检验	
	降水	径流	降水	径流
上升趋势	62	12	61	12
下降趋势	77	10	80	10
显著上升趋势	11	5	10	6
显著下降趋势	10	13	9	12

注：数字代表趋势显著(显著性水平 $\alpha=0.05$)的站点数量。气象站总数为 160 个，水文站总数为 40 个。

除西部内陆河外，年径流量的变化趋势与年降水量的变化趋势基本一致。对内陆河来说，西北诸流有莺落峡站、昌马堡站和九条岭站控制的三条上游河流，以及塔里木河的卡群站和大山口站控制的两条河流源区，年径流量和年降水量均呈现增长趋势。然而，对于下游诸流，则出现了相反的趋势(年径流量减少和年降水量增加)。

图 3.5 显示，除了内陆地区(图 3.5(i)和(j))，年径流量变化趋势与该区域的年降水量变化趋势一致，但华北地区年径流量的减少幅度要大于年降水量的下降幅

度。松花江和辽河流域、海河流域和黄河流域径流量变化的斜率分别为-1.12mm/a、
-2.22mm/a 和-1.09mm/a，远比降水量变化的斜率-0.97mm/a、-2.05mm/a 和
-0.74mm/a 要大(图 3.5(a)～(c))。在极度干旱的内陆河，流域出口年径流量与年降
水量的变化趋势相反。

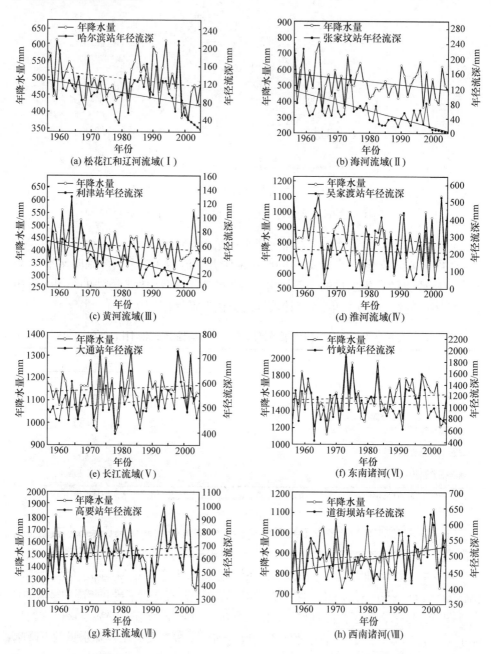

(a) 松花江和辽河流域(Ⅰ)

(b) 海河流域(Ⅱ)

(c) 黄河流域(Ⅲ)

(d) 淮河流域(Ⅳ)

(e) 长江流域(Ⅴ)

(f) 东南诸河(Ⅵ)

(g) 珠江流域(Ⅶ)

(h) 西南诸河(Ⅷ)

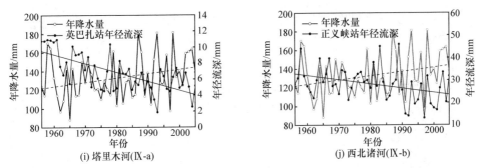

(i) 塔里木河(Ⅸ-a)　　　　　　　　(j) 西北诸河(Ⅸ-b)

图 3.5　1956～2005 年中国九大流域年径流深和年降水量变化及线性趋势

实线表示具有显著线性趋势(显著性水平 $\alpha=0.05$)，虚线表示非显著线性趋势

　　表 3.3 列出了 1956～2005 年中国九大流域控制站(河流出口)年径流量与年降水量之间的相关系数。结果表明，除内陆河外，大河流域的年径流量与年降水量之间存在良好相关关系。内陆地区年降水量与年径流量相关性差，说明年径流量的变化不受年降水量变化控制。

表 3.3　中国九大流域降水与径流的相关系数

流域	水文站	相关系数	径流系数/%
松花江和辽河流域(Ⅰ)	哈尔滨	0.66*	21
海河流域(Ⅱ)	观台	0.59*	11
黄河流域(Ⅲ)	利津	0.57*	9
淮河流域(Ⅳ)	吴家渡	0.75*	25
长江流域(Ⅴ)	大通	0.85*	45
东南诸河(Ⅵ)	竹岐	0.67*	68
珠江流域(Ⅶ)	高要	0.75*	41
西南诸河(Ⅷ)	奴下	0.39*	56
内陆河(Ⅸ)	英巴扎	0.09	5
	正义峡	0.21	22

* 代表相关性显著(显著性水平 $\alpha=0.05$)。

　　为了评估 1956～2005 年中国九大流域年径流量与年降水量的偏差，本节计算并绘制了九大流域的年降水量累积曲线和径流深累积曲线(图 3.6)。由图可以看出，九大流域的年降水量累积曲线呈现为一条直线，而北方河流(如海河、黄河、黑河、塔里木河)的径流深累积曲线与降水量累积曲线有很大差异。华北大部分地区从 20 世纪 70 年代开始径流深累积曲线斜率呈现出不同程度的放缓(图 3.6(i)和

(j)),且年径流深累积曲线偏离年降水量累积曲线,说明降水-径流关系已经发生了显著改变。

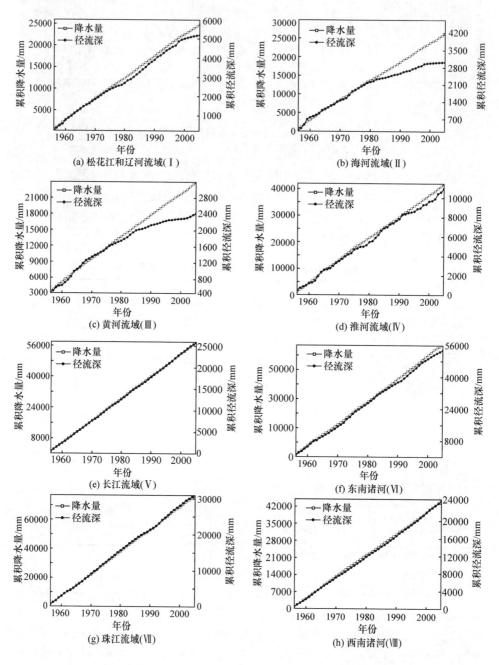

(a) 松花江和辽河流域(Ⅰ) (b) 海河流域(Ⅱ)
(c) 黄河流域(Ⅲ) (d) 淮河流域(Ⅳ)
(e) 长江流域(Ⅴ) (f) 东南诸河(Ⅵ)
(g) 珠江流域(Ⅶ) (h) 西南诸河(Ⅷ)

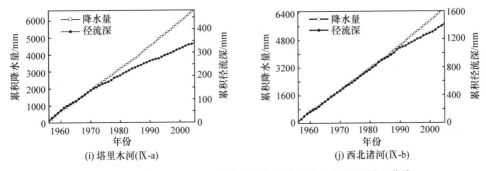

(i) 塔里木河(IX-a)　　　　　　　　(j) 西北诸河(IX-b)

图 3.6　1956～2005 年中国九大流域年降水量和年径流深累积曲线

径流系数表示单位降水量产生的年径流量，利用径流系数可以进一步分析降水-径流关系的变化。图 3.7 显示了 1956～2005 年中国九大流域年径流系数变化及线性趋势。可以看出，位于东北和华北的松花江和辽河流域、海河流域以及黄河流域(图 3.7(a))、西北诸河(黑河)和塔里木河(图 3.7(e)和(f))的径流系数呈显著下降趋势，而华南地区(图 3.7(c)和(d)中的长江和怒江)径流系数则呈增加趋势。图 3.7(b)中，淮河流域径流系数没有呈现出任何趋势。20 世纪 70 年代以后，松花江和辽河、海河和黄河三条河流的径流系数均显著低于 20 世纪 50 年代和 60 年代。20 世纪 70 年代以后，松花江和辽河、海河和黄河的径流系数平均值分别为 19.1%、8.6% 和 7.4%，而这三条河流在 20 世纪 50 年代和 60 年代的径流系数

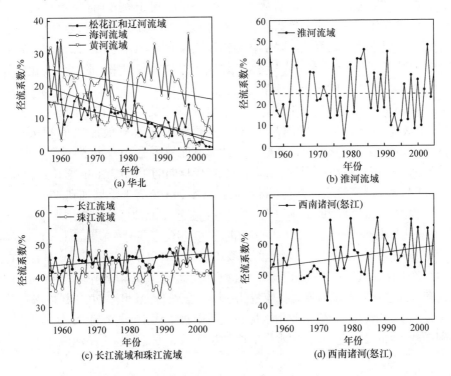

(a) 华北　　　　　　　　　　　　　(b) 淮河流域

(c) 长江流域和珠江流域　　　　　　(d) 西南诸河(怒江)

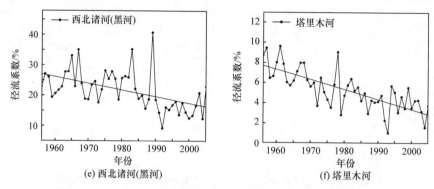

图 3.7　1956～2005 年中国九大流域年径流系数变化及线性趋势
实线表示具有显著线性趋势(显著性水平 α=0.05)，虚线表示非显著线性趋势

平均值分别为 23.6%、16.5% 和 14.2%。20 世纪 70 年代以后，海河和黄河的年径流系数为 50 年代和 60 年代的一半。

3.1.4　人类活动对中国九大流域降水-径流关系的影响

径流不仅受到降水的驱动，还受到蒸散发和人类活动(如灌溉、大坝建设、土地利用、土地覆盖变化等)的驱动。据估计，1960～2002 年，年实际蒸散发在中国 100°E 以东的大部分地区呈下降趋势，在其以西地区呈增加趋势。海河流域大部分地区的年实际蒸散发下降趋势从大约 30mm/10a 到 10mm/10a 不等。从无人类干扰的流域多年水量平衡角度来看，年实际蒸散发的减少趋势应该可以减缓径流量的减少。但华北地区累积年降水量和年径流深的差异(图 3.6)，以及年径流量减少的速度快于年降水量(图 3.5)表明，自 20 世纪 70 年代以来，除降水变化以外，剧烈的人类活动也影响了年径流量的变化。

灌溉用水量的增加是华北地区实测径流量减少的主要原因。图 3.8(a)显示了全中国以及位于海河流域的河北省典型灌溉农业区有效灌溉面积(effective irrigation area, EIA)变化。可以看到，有效灌溉面积在 1950～2005 年增长了 5 倍。就全国而言，有效灌溉面积从 20 世纪 50 年代早期的 1000 万 hm² 增长到 2005 年的 5500 万 hm²；在河北省，有效灌溉面积从不到 100 万 hm² 增加到 470 万 hm²，这一面积占了海河流域的一半以上。图 3.8(b)显示华北地区的灌溉用水量从 20 世纪 50 年代早期的 100 亿 m³ 增加到 20 世纪 70 年代中期的 550 亿 m³；在 20 世纪 70 年代中期到 90 年代中期，该地区灌溉用水量一直稳定在 550 亿 m³ 左右；在这之后，该地区灌溉用水量开始下降。该灌溉用水量(550 亿 m³)约占松花江和辽河、海河和黄河这三条大型河流总径流量的一半。虽然自 20 世纪 70 年代以来，灌溉用水量几乎没有增加，但工业用水量和生活用水量从 1980 年的 70 亿 m³ 急剧增加到 2005 年的 210 亿 m³。用水量的增加是我国北方地区这三条河流径流量下降速度大于降水量的主要原因。

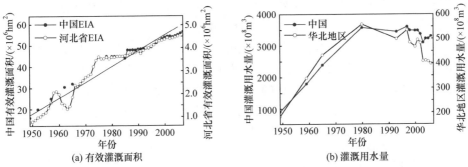

(a) 有效灌溉面积　　　　　　　　　　　(b) 灌溉用水量

图 3.8　1949~2009 年中国有效灌溉面积和灌溉用水量的变化曲线

有效灌溉面积数据来源于《中国统计年鉴》和《河北统计年鉴》；灌溉用水量数据来源于于静洁和吴凯(2009)

　　海河流域径流量显著减少可能会对灌溉用水和饮用水造成影响。20 世纪 90 年代的年灌溉用水量约为 285 亿 m³，比总径流量 216 亿 m³ 还多。灌溉用水的不足部分一是通过超采抽取地下水获得，另一部分来自其他流域的引水。

　　河北省有效灌溉面积与海河流域四个子流域径流量的关系如图 3.9 所示。由图可以看出，有效灌溉面积和径流量之间的相关性甚至高于径流量和降水量之

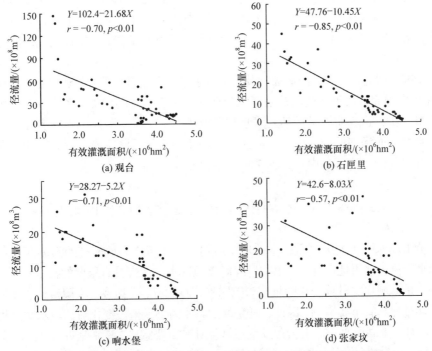

(a) 观台　　　　　　　　　　　　　　　(b) 石匣里

(c) 响水堡　　　　　　　　　　　　　　(d) 张家坟

图 3.9　海河流域四个子流域径流量与河北省有效灌溉面积的关系

r 为相关系数，p 值小于 0.01 表示在 $\alpha=0.01$ 显著性水平上显著相关

间的相关性(表 3.3)。因此，人类活动与降水量减少是中国干旱半干旱地区径流量下降的主要驱动因素(图 3.9 和表 3.3)。整个中国有效灌溉面积也出现显著增长趋势，这可能是导致过去 50 年中国其他流域径流系数下降的原因。

对于极度干旱的内陆河流域，灌溉、工业用水和生活用水的总量(超过 80%用于灌溉)超过了多年平均径流量。在塔里木河，有效灌溉面积从 20 世纪 50 年代的 35 万 hm^2 增加到 20 世纪 90 年代的 78 万 hm^2，20 世纪 90 年代灌溉用水量已达到 14.48 亿 m^3，是 20 世纪 50 年代的两倍。同时，自 1960 年以来，更多的降水和更高的温度驱动了实际蒸散发的增加。因此，尽管山区降水和融雪呈现增加趋势，水源区径流量呈增加趋势，但增加量依旧无法弥补下游地区蒸散发和灌溉用水量增加而导致的径流量减少。

3.1.5　小结

相对而言，在大多数流域中，年径流量与年降水量之间存在紧密的联系，年径流量趋势受年降水量变化的控制，但在中国北方和干旱半干旱内陆地区，年径流量的变化超过年降水量的变化。

中国九大流域的年降水量和年径流量累积曲线比较表明，1970 年以来，华北和内陆地区的河流径流量累积曲线与降水量累积曲线变化不一致，这意味着除降水外，其他因素导致了年径流量下降。在人类活动强度大的北方流域，径流系数下降显著。1956～2005 年，中国北部和内陆流域的年降水量与年径流量之间存在非平稳的联系。

全国和河北省的有效灌溉面积及灌溉用水量均有显著上升的趋势。随着 1956～2005 年中国北方海河、黄河及松花江和辽河实际蒸散发的增加，径流量比降水量减少得更快，这表明人类活动对降水与径流关系产生了重要影响。在实际蒸散发随降水增加而增加的内陆地区，河流下游的年径流量下降主要是由人类活动和气温上升引起的。这部分内容详见 Zhang 等(2011)的文献。

3.2　黄土高原沟壑区植被变化对径流的影响

黄土高原水土流失严重，生态环境脆弱，位于黄土高原南部的沟壑区是黄土高原水土流失严重地区之一，水文过程对该地区水土流失具有重要的控制作用。植被变化是流域水文过程变化的重要影响因素，对截流、蒸散发、土壤蓄量、径流等水循环过程具有重要影响。因此，研究黄土高原沟壑区植被变化对流域水文过程的影响，对黄土高原水土流失治理及生态恢复具有重要意义。特别是近年来随着黄土高原地区植被恢复，从而增加了植被蒸腾量，形成土壤干化层，降低流域产水量，可能导致社会经济发展可利用水资源的减少，引发对植被恢复措施和恢复程度的争议。

本节选取黄土高原沟壑区南小河沟流域的天然荒坡董庄沟和植被恢复显著的杨家沟两个流域进行对比，同时，根据流域中不同植被小区实测资料，定量表述植被变化的生态水文效应。

3.2.1　研究流域概况

1. 流域自然地理特征

南小河沟流域(图 3.10)位于甘肃省庆阳市西峰区后官寨乡，是泾河支流蒲河的一条支沟，地貌类型属典型的黄土高原沟壑区。流域位于东经 107°30′E～107°37′E，北纬 35°41′N～35°44′N，面积为 36.6km²，其中塬面面积 20.64km²，占56.5%。流域海拔为 1050～1423m，沟底至塬面相对高差为 150～200m。流域长13.6km，主沟平均比降为 2.8%，流域内有毛沟 183 条，沟道密度为 2.68km/km²。流域降水不均匀，据西峰气象站 40 余年的观测统计，平均年降水量为 556.5mm，其中 6～9 月降水量占全年降水量的 67.3%，最大年降水量 805.2mm，最小年降水量 319.8mm。蒸发皿(Φ20cm 型)观测的多年平均蒸发量为 1503.9mm。流域年平均气温 9.3℃，最高气温 39.6℃，最低气温–22.6℃，最大日温差 23.7℃。

图 3.10　研究区地理位置及两个实验流域景观

南小河沟流域由塬面、梁峁坡、沟谷三部分组成。塬面地形平坦，坡度在 5°以下，多为农耕地，主要为水力侵蚀，以片蚀、细沟侵蚀为主。梁峁坡为连接塬面的缓坡带，坡度一般为 10°～20°，地形破碎，多呈咀、梁、峁形，多为坡耕地，主要为水力侵蚀。在咀、梁、峁坡上部，主要为细沟侵蚀；在其下部，还常常发生陷穴、冲沟等侵蚀。梁峁坡以下为沟谷，呈"V"形。沟谷一般是 40°～60°的陡坡和大于60°的悬崖、立壁。陡坡多是牧荒地,沟坡中部多是25°~30°的坡耕地。

流域地质构造较为单一,除下游沟床内有白垩纪砂岩外,其余地面几乎全部为黄土所覆盖,厚度达250m,黄土在流域内分布极广,塬面、梁峁坡几乎全部为其覆盖,土壤干容重1.4g/cm³,质地均匀而疏松,为粉砂壤土,黏粒含量较少,粒间为钙质所胶结,钙可溶于水,并随水流失,导致黄土在水中极易分散。

2. 流域水文观测

1954~1980年,西峰水保站在南小河沟先后建立了农地、人工牧草、荒坡地、林地、道路、庭院等径流小区24余类,布设了20个雨量站、4个径流泥沙观测站和塬面、沟谷水面蒸发观测点。研究流域董庄沟(DZG)和杨家沟(YJG)是四个观测站中的两个,董庄沟和杨家沟流域观测站基本情况见表3.4。这两个小流域积累了大量降雨、产流、土壤含水量等水文资料,这些资料为研究该流域水量转化规律和分析水土保持措施、土地利用状况、生产力水平提高过程对小流域水量转化的影响及其对未来环境变化趋势的水文响应预测提供了研究基础。

表3.4　董庄沟和杨家沟流域观测站基本情况

站名	集水区面积/km²	集水区长度/km	沟道坡度/%	布设目的
杨家沟	0.87	1.5	8.46	了解植被变化的生态水文效益
董庄沟	1.15	1.6	8.93	作为天然荒坡与杨家沟进行对比

3. 流域水土保持措施

为了发展生产,防治水土流失,南小河沟流域在进行科学研究的同时进行了大范围的水土保持综合治理,其水土保持措施主要有如下几种:地梗、水平梯田、水窖、涝池、蓄水堰、水平沟、鱼鳞坑、造林、种草、修谷坊、沟头防护和淤地坝。经过20多年的综合治理,农林牧均有较大发展,蓄水减沙效益明显。据长期观测分析,年平均拦沙效益97%,蓄水效益55%,对较大暴雨的拦蓄效益也较好,塬面上达到一般暴雨不下沟。

1954年前的董庄沟流域和杨家沟流域植被相似,山坡为自然荒坡,塬面种植玉米、小麦、高粱等作物。1954年后董庄沟保持自然状态,生长自然牧草,杨家沟种植刺槐林、杏树及榆树,造林面积从1954年的5%增加到1956年的26%,1958年停止造林时已高达79%。从1958年至今,两流域的土地利用方式没有改变。

4. 流域土壤基本性质和水分物理参数

南小河沟流域表层土壤的基本性质为黄土覆盖,容重为1.25~1.45g/cm³。依据国际土壤质地分类标准，南小河沟黄土属于砂质土壤，其颗粒组成及基本性质见表 3.5。

表 3.5　南小河沟土壤主要物理性质(李玉山，1983)

粒径组成(质量分数)/%			干容重 /(g/cm³)	孔隙率	土壤饱和含水量 /(cm³/cm³)
0.02~2mm	0.002~0.02mm	<0.002mm			
76.9	23.1	0	1.25	0.53	0.46

土壤水力特征曲线及参数包括：土壤水分特征曲线 $H(\theta)$、导水率 $K(\theta)$、扩散率 $D(\theta)$，各参数的表达式如下(高荣乐，1995)：

$$H(\theta) = H_s \left(\frac{1 - \theta_r}{\theta_s - \theta_r} \right)^m \tag{3.7}$$

$$K(\theta) = K_s \left(\frac{\theta - \theta_r}{\theta_s - \theta_r} \right)^c \tag{3.8}$$

$$D(\theta) = D_s \left(\frac{\theta - \theta_r}{\theta_s - \theta_r} \right)^d \tag{3.9}$$

式中，H_s、K_s、D_s 分别为饱和水头、饱和导水率和饱和扩散率；θ、θ_s、θ_r 分别为土壤含水量、土壤饱和含水量和残留含水量；m、c、d 为拟合参数。不同容重的土壤参数拟定结果见表 3.6。

表 3.6　不同容重 γ_d 的土壤物理参数取值

γ_d/(g/cm³)	H_s/cm	m	K_s/(m/d)	c	D_s/(cm²/min)	d	θ_s	θ_r
1.30	1107.2	−2.664	0.064	3.014	1.263	2.157	0.44	0.04
1.35	1283.2	−2.728	0.0313	4.255	0.887	2.319	0.42	0.04
1.40	1570.9	−2.867	0.016	5.184	0.739	2.434	0.39	0.04

3.2.2　植被变化对流域径流影响分析

植被保持的水土效益是水土保持研究的一项重要内容。植被水土保持功能及机理的研究包括对多种水文过程和土壤特性的研究，如冠层截留、枯落物层的作用、根层抗冲效应，以及其综合作用下减流、减沙的效益等。研究表明，森林草被对防治土壤侵蚀均有明显作用。植被建设作为黄土高原水土保持的有效措施，近年来受到普遍重视。植被具有拦蓄降水、减少径流、固持土壤、防止侵蚀、改良土壤、改善生态环境的作用(蒋定生，1997)。随着人工植被建设和自然恢复的进行，流域产汇流特性发生了较大的变化。对于特定流域来讲，在无其他人类活动时，降水所产生的径流量、泥沙量大小取决于降水损失量(植被截留、下渗、填洼和蒸散发)，其主要影响因素为植被覆盖度(王国梁等，2003)。植被根系同样具有很强的抗剪防蚀作用，在其根系分布的范围内对土壤抗剪强度具有明显的增强作用。植被盖度变化作为反映植被变化的一个重要因子，对降水-径流关系、泥沙的影响越来越受到人们的关注。黄土高原因其严重的水土流失，给当地的生产和生态环境造成严重的影响。因此，分析植被变化产生的水文效应，可为有针对性地防治水土流失、实施流域管理、进行水资源利用和土地利用规划等提供科学依据。

利用南小河沟林地天然荒坡两种不同植被径流小区(杨家沟和董庄沟，表 3.7)2008 年、2009 年、2010 年三年实测水文资料进行对比分析，阐明植被变化对产流及土壤含水量的影响。每一径流小区都有一套测流设备，可在雨季进行降水量和产流量的测定，而且杨家沟和董庄沟分别有 4 个和 5 个土壤含水量观测点，观测深度为 10cm、20cm、40cm、60cm、80cm、100cm。根据测定的降水量、径流量和土壤含水量资料，对不同径流小区产流量的变化进行统计分析。

表 3.7　两种不同植被径流小区土壤水分观测站点位置及下垫面特征

编号	径流场类型	土质	坡向	坡度	面积/m²	对应雨量站
1	刺槐林	黄土	西	34°10′	184	杨家沟
2	油松林	黄土	西北	10°30′	126	杨家沟
3	雪松	黄土	南	8°51′	105	杨家沟
4	侧柏	黄土	南	8°51′	105	杨家沟
5	荒坡	黄土	西	—	1852.4	董庄沟
6	荒坡	黄土	西	—	1183	董庄沟
7	荒坡	黄土	西	—	957.1	董庄沟
8	荒坡	黄土	西	25°40′	100	董庄沟
9	荒坡	黄土	西	25°10′	100	董庄沟

1. 年降水量和径流深统计特征对比分析

杨家沟与董庄沟两流域是南小河沟上两条相邻的支沟，两流域的积水面积及其他自然条件基本相似。杨家沟通过植树造林治理，植被种类主要有刺槐、油松、侧柏和雪松；而董庄沟是未经治理的天然荒坡小流域，植被覆盖以马亚草为主。根据表 3.8 的统计结果可以看出，2008 年、2009 年、2010 年杨家沟流域降水量比董庄沟流域降水量分别大 4.26%、0.34%、8.13%，降水量差异小于 10%。但有植被恢复的杨家沟流域径流深小于董庄沟流域，2008 年、2009 年、2010 年径流深分别减少 50.89%、51.57%、10.73%。杨家沟流域三年平均降水量比董庄沟流域大

4.60%，但径流深减少了 33.21%。这说明通过植树造林治理的杨家沟小流域与未经治理的自然荒坡董庄沟小流域相比，植被增加明显减少了径流深。

表 3.8　董庄沟及杨家沟年降水量及径流深统计表

流域及特征对比		降水量 P/mm				径流深 R/mm			
		2008	2009	2010	平均值	2008	2009	2010	平均值
董庄沟		424.5	411.7	539.9	458.7	28.1	15.9	35.4	26.5
杨家沟		442.6	413.1	583.8	479.8	13.8	7.7	31.6	17.7
差值	绝对值/mm	18.1	1.4	43.9	21.1	14.3	8.2	3.8	8.8
	相对值/%	4.26	0.34	8.13	4.60	50.89	51.57	10.73	33.21

2. 次降水、径流统计特征对比分析

次降水产流量同时受到降水量、降水强度、植被覆盖度、前期土壤含水量等因素的影响，各因素对次降水产流量的影响程度不同。李淼(2006)以南小河沟小流域的农地和林地小区为例，结合汛期降水产流的资料，运用多元回归模型，定量分析了降水量、降水强度、前期土壤含水量以及植被覆盖度这四个因子对产流量的影响。研究结果表明，降水量对产流量影响最大，其次是前期土壤含水量、植被覆盖度和降水强度。

本节以有植被恢复的杨家沟小流域和自然荒坡董家沟小流域为研究对象，分别选取两个小流域 20 场次、22 场次降水以及对应的径流资料(表 3.9、表 3.10)，分析植被变化对次降水产流量的影响以及引起变化的原因。

表 3.9　董庄沟流域次降水量、径流深统计表

时间	降水量/mm	降水强度/(mm/d)	径流深/mm	时间	降水量/mm	降水强度/(mm/d)	径流深/mm
2008-07-19～2008-07-21	59.3	19.8	8.2	2009-08-01～2009-08-03	32.1	10.7	2.2
2008-08-08	41.0	41.0	3.2	2009-08-14～2009-08-16	43.7	14.6	5.4
2008-08-15～2008-08-16	15.1	7.6	0.7	2009-08-19～2009-08-21	36.5	12.2	3.0
2008-08-20	27.8	27.8	2.6	2010-05-25～2010-05-26	31.5	15.8	7.6
2008-08-28～2008-08-29	16.8	8.4	1.4	2010-07-08～2010-07-09	16.0	8.0	0.3
2008-09-08～2008-09-09	23.1	11.6	3.0	2010-07-14～2010-07-15	34.6	17.3	1.4
2008-09-24～2008-09-28	42.9	8.6	8.3	2010-07-22～2010-07-24	65.4	21.8	3.4
2009-07-06～2009-07-07	24.7	12.4	1.3	2010-08-09～2010-08-11	38.5	12.8	1.8
2009-07-15～2009-07-16	11.5	5.8	0.4	2010-08-18～2010-08-21	62.1	15.5	6.0
2009-07-20～2009-07-21	14.4	7.2	0.6	2010-09-03～2010-09-06	50.7	12.7	10.2
2009-07-24～2009-07-25	23.7	11.9	1.2	平均值	33.25	14.3	3.3
2009-07-29～2009-07-30	20.1	10.1	0.5				

　　由表 3.9、表 3.10 可以看出,董庄沟流域 22 场次降水平均降水量为 33.25mm,平均径流深为 3.3mm,场次最大降水量 2010 年 7 月 22 日～2010 年 7 月 24 日为 65.4mm、降水强度为 21.8mm/d,对应径流深 3.4mm;场次最小降水量(2009 年 7 月 15 日～2009 年 7 月 16 日)为 11.5mm、降水强度为 5.8mm/d,对应径流深 0.4mm。杨家沟小流域 20 场次降水平均降水量为 35.1mm,平均径流深为 1.5mm,场次最大降水量(2008 年 7 月 19 日～2008 年 7 月 21 日)69.2mm、降水强度为 23.1mm/d,对应径流深 3.6mm;场次最小降水量(2008 年 8 月 15 日～2008 年 8 月 16 日)为 11.5mm、降水强度为 5.8mm/d,对应径流深 0.5mm。

表 3.10　杨家沟流域次降水量、径流深统计表

时间	降水量 /mm	降水强度 /(mm/d)	径流深 /mm	时间	降水量 /mm	降水强度 /(mm/d)	径流深 /mm
2008-06-14～2008-06-15	31.2	15.6	0.4	2009-08-14～2009-08-16	37.4	12.5	1.4
2008-07-13	16.6	16.6	0.1	2009-08-19～2009-08-21	33.4	11.1	5.3
2008-07-19～2008-07-21	69.2	23.1	3.6	2010-07-14～2010-07-15	40.9	20.5	2.1
2008-08-08	39.3	39.3	3.6	2010-07-22～2010-07-24	62.1	20.7	1.1
2008-08-15～2008-08-16	11.5	5.8	0.5	2010-08-09～2010-08-11	41.7	13.9	0.5
2008-08-20	26.7	26.7	1.0	2010-08-18	23.6	23.6	0.6
2008-08-28～2008-08-29	14.1	7.1	0.2	2010-08-20～2010-08-21	40.5	20.3	3.2
2008-09-08～2008-09-09	28.2	14.1	0.4	2010-09-02～2010-09-06	51.0	10.2	2.5
2008-09-17～2008-09-27	56.0	5.1	0.5	2010-09-23～2010-09-24	19.5	9.8	1.5
2009-07-25	19.9	19.9	0.2	平均值	35.1	16.1	1.5
2009-07-29～2009-08-03	39.7	6.6	0.7				

　　点绘两流域次降水量-径流深散点图(图 3.11),可以看出:①董庄沟流域和杨家沟流域开始产流的临界降水量约为 11.5mm,降水强度为 5.8mm/d;②当次降水量为 10～20mm 时,董庄沟流域平均径流深为 0.7mm,比杨家沟流域平均径流深

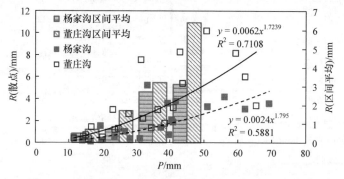

图 3.11　次降水量(P)-径流深(R)散点图以及区间平均值图

0.5mm 大 40%；当次降水量为 20～30mm 时，董庄沟流域平均径流深为 1.7mm，比杨家沟流域平均径流深 0.7mm 大 143%；当次降水量为 30～40mm 时，董庄沟流域平均径流深为 3.2mm，比杨家沟流域平均径流深 2.7mm 大 19%；当次降水量在 40mm 以上时，董庄沟流域平均径流深为 6.4mm，比杨家沟流域平均径流深 3.1mm 大 106%。

3. 暴雨径流统计特征对比分析

在 2007 年、2008 年、2009 年三年中选取 9 场典型暴雨，统计它们的洪水要素(表 3.11)和洪水流量过程线(图 3.12)。可以看出，杨家沟流域各场次降水总量和

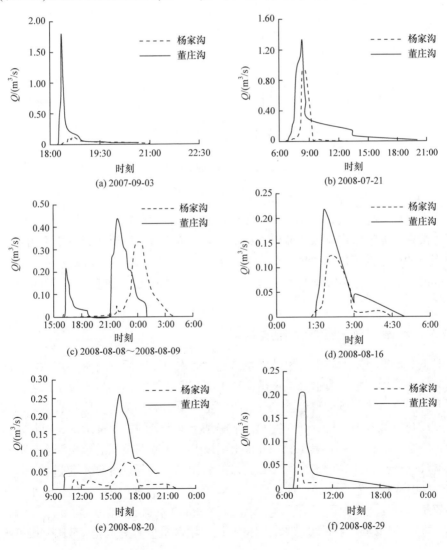

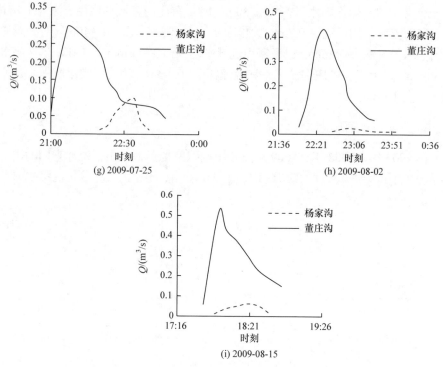

图 3.12　9 场典型洪水流量过程线

董庄沟流域差异不大，但两流域暴雨洪水总量及洪峰流量差异显著。同一场降水，有植被恢复的杨家沟流域产流较少，最大瞬时流量较小，洪水过程更平缓。有植被恢复的杨家沟流域 9 场洪水平均径流量减少 49.3%，最大场次洪水减少量达 3.6mm。总体上，有植被恢复的杨家沟流域洪水历时短，而峰现时间明显滞后于自然荒坡流域董庄沟。

3.2.3　植被变化对土壤含水量的影响

土壤水资源是干旱半干旱地区生态建设和农业生产活动的重要水源。土壤的水分条件，特别是土壤水分蓄量是支撑黄土高原植被和作物生长及生产力的基础要素，同时植被动态又对土壤水分状况产生重要影响。黄土高原具有明显的雨季(5~9 月)和旱季(10 月~次年 4 月)，雨季是土壤水分的主要补给期，每年降水补给土壤水分的深度主要在 1.5~2.0m 土层以上，在特别湿润的年份降水入渗补给深度可达 3m。黄土高原地区大多数荒坡和农田植被的耗水深度不超过 3m(黄明斌等，2001；侯庆春，2000；穆兴民等，1990)。因此，3m 以下土层受降水变化影响较小，且受浅层根系植被吸水影响较弱。3m 以下土层称为土壤深层。

本节利用杨家沟和董庄沟 0~1m 土层土壤含水量实测资料，对比分析植被重

表 3.11　典型暴雨洪水要素统计表

洪水场次	降水总量/mm			洪水总量/m³			洪峰流量/(m³/s)			峰现时间		
	董庄沟	杨家沟	差值	董庄沟	杨家沟	差值	董庄沟	杨家沟	差值	董庄沟	杨家沟	差值/min
2007-09-03	16.7	15.8	0.9	1047.12	369.96	677.16	1.800	0.119	1.681	18:21	18:35	−14
2008-07-20~2008-07-21	59.3	63.5	−4.2	7916.11	2819.15	5096.96	1.323	0.923	0.400	8:20	8:40	−20
2008-08-08~2008-08-09	41.9	40.0	1.9	3445.43	3084.74	360.69	0.432	0.324	0.108	21:50	0:30	−160
2008-08-16	15.1	11.5	3.6	804.80	453.48	351.32	0.216	0.119	0.097	1:50	2:00	−10
2008-08-20	28.0	26.8	1.2	2918.20	883.49	2034.71	0.259	0.071	0.188	16:00	16:30	−30
2008-08-28~2008-08-29	18.4	15.9	2.5	1621.41	170.28	1451.13	0.202	0.060	0.142	8:00	8:00	0
2009-07-25	23.7	28.2	−4.5	1273.09	198.43	1074.66	0.297	0.100	0.197	21:25	22:40	−75
2009-08-02	32.6	24.2	8.4	1140.36	119.31	1021.05	0.432	0.025	0.407	22:30	23:00	−30
2009-08-15	43.7	37.4	6.3	1244.52	117.58	1126.94	0.536	0.062	0.474	17:55	18:20	−25

注：差值由董庄沟减杨家沟的值得到。

建对剖面土壤含水量以及杨家沟小区中不同植被类型的纵剖面土壤含水量分布的影响。

1. 土壤含水量动态变化

图 3.13 和图 3.14 分别为董庄沟和杨家沟 0～1m 土层内不同深度土壤含水量的

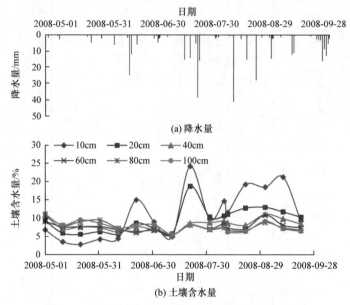

图 3.13　董庄沟流域降水及土壤含水量变化(2008 年)

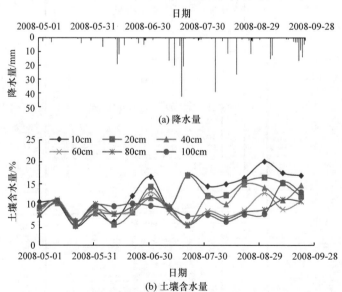

图 3.14　杨家沟流域降水及土壤含水量变化(2008 年)

动态变化。可以看出，在雨量稀少的 5 月，自然荒坡董庄沟流域土壤含水量表现为(图 3.13)：10cm 土壤含水量<20cm 土壤含水量<40cm 以下土壤含水量，40cm 以下土壤含水量变化较小。而在降水后(如 2008 年 7 月 20 日降水)，10cm、20cm 土壤含水量显著增加，40cm 以下土壤含水量变化较小。说明该流域土壤水分动态变化受气候影响显著的土层主要集中在 40cm 深度以上。

植被覆盖较好的杨家沟流域土壤含水量变化表明(图 3.14)。在降水量稀少的 5 月，土壤含水量在不同深度之间变化较小，土壤含水量最小值发生在 40cm 土壤深度。除 100cm 深度土壤含水量随时间变化较小外，其他深度土壤含水量变化较大。在降水量较大月份(如 2008 年 7~8 月)，总体表现为：10cm 土壤含水量>20cm 土壤含水量>40cm 土壤含水量>60cm 土壤含水量>80cm 土壤含水量>100cm 土壤含水量。说明该流域植被在枯季具有保水作用，雨季入渗影响深度大，土层调蓄作用显著。

2. 植被恢复对土壤含水量的影响

表 3.12 为 2008~2010 年的 5 月 1 日~9 月 21 日 45 次观测的分层土壤含水量平均值和均方差，结合图 3.15 可以看出：①0~1m 内杨家沟流域年平均土壤含水量比董庄沟流域大，三年平均值大 3.40%，在 0~1m 内年平均相当于多蓄 1.65mm 水量。在 10cm 土壤层土壤含水量差异最大，相差 4.37%，年平均相当于多蓄 0.21mm 水量。②降水量较大的 2010 年，两个流域土壤含水量差异较大，杨家沟流域比董庄沟流域多蓄 2.82mm。③从 2008~2009 年各层土壤含水量均方差来看，杨家沟流域比董庄沟流域大。但在土壤深度 20cm 内董庄沟流域土壤含水量均方差大，而森林小流域杨家沟土壤含水量均方差随土壤深度增大而减少，说明植被根系作用加大降水入渗深度，进而增大埋深大的土层内土壤水分变动。

表 3.12　2008~2010 年的 5 月 1 日~9 月 21 日 45 次观测的分层土壤含水量平均值和均方差

(单位：%)

土壤深度	2008 年		2009 年		2010 年		平均值			均方差		
	董庄沟	杨家沟	董庄沟	杨家沟	董庄沟	杨家沟	董庄沟	杨家沟	差值	董庄沟	杨家沟	差值
10cm	11.81	12.68	12.62	14.94	10.33	20.24	11.59	15.95	4.36	1.64	5.49	3.85
20cm	9.80	11.11	10.56	13.57	13.15	18.04	11.17	14.24	3.07	2.48	4.97	2.49
40cm	8.22	10.25	9.43	11.41	11.46	16.06	9.70	12.57	2.87	2.32	4.35	2.03
60cm	7.61	8.84	8.23	11.09	10.95	15.21	8.93	11.71	2.78	2.51	4.57	2.06
80cm	7.49	9.03	7.29	10.71	9.23	14.80	8.00	11.51	3.51	1.51	4.20	2.69
100cm	7.59	9.55	6.87	10.61	8.82	14.45	7.76	11.54	3.78	1.39	3.65	2.25
平均值	8.75	10.24	9.17	12.06	10.66	16.47	9.53	12.92	3.40	1.42	4.53	3.11
差值*/mm	0.72		1.40		2.82							

* 差值=土壤含水量差值×土壤孔隙度×土壤深度，其中土壤孔隙度取 50.46%。

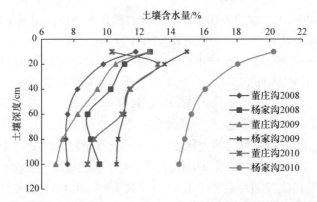

图 3.15　董家沟和杨家沟两流域 2008～2010 年 5～9 月平均土壤含水量随土壤埋深的变化曲线

3. 不同植被类型土壤含水量分布差异

根据两个流域不同植物类型下土壤含水量观测值(表 3.13)，将董庄沟 5 个观测点土壤含水量进行平均(代表荒坡情形)，比较其与杨家沟三种不同植被下三年平均土壤含水量随土壤埋深的变化(图 3.16)。可以看出：①在 0～100cm 土层，有森林覆盖的杨家沟流域土壤含水量明显高于荒坡董庄沟流域。②在 0～100cm 土层，刺槐林的土壤含水量比油松林和侧柏林的大，其中在 0～40cm 土层油松林的土壤含水量比侧柏林大，而在 40～100cm 土层油松林的土壤含水量比侧柏林小。③刺槐林和侧柏林在 0～60cm 土层土壤含水量随深度逐渐变小，而在 60～100cm 土层土壤含水量随深度几乎不变化。④油松林的土壤含水量随深度逐渐变小，40cm 以下土层几乎不变化。

表 3.13　两流域各观测点 2008～2010 年覆被、坡度及土壤含水量　　　　(单位：%)

坡度及土壤深度	董 1	董 2	董 3	董 4	董 5	杨 1	杨 2	杨 3
	荒坡	荒坡	荒坡	荒坡	荒坡	刺槐林	油松林	侧柏林
坡度	—	—	—	25°40′	25°10′	34°10′	10°30′	8°51′
10cm	11.34	11.78	11.72	11.50	11.60	17.64	15.71	14.88
20cm	10.86	11.34	11.74	10.90	10.96	15.94	13.73	13.23
40cm	10.10	9.73	10.17	8.95	9.48	14.43	11.70	11.72
60cm	9.01	9.26	9.18	8.42	8.70	13.25	11.44	10.69
80cm	7.89	7.92	8.53	7.72	7.96	12.86	11.15	10.69
100cm	8.04	7.61	8.05	7.26	7.84	13.05	11.07	10.77

注："董"表示董庄沟，"杨"表示杨家沟，下同。

表 3.14　两流域各观测点 2008～2010 年土壤含水量及平均值　　　（单位：%）

土壤深度	董1 荒坡	董2 荒坡	董3 荒坡	董4 荒坡	董5 荒坡	平均值	杨1 刺槐林	杨2 油松林	杨3 侧柏林	平均值
10cm	2.29	1.74	1.71	2.26	2.16	2.03	4.38	5.96	5.47	5.27
20cm	1.87	3.19	2.87	3.02	1.99	2.59	4.46	5.95	4.16	4.86
40cm	1.55	3.00	2.19	2.62	2.45	2.36	3.86	4.81	4.51	4.39
60cm	2.02	3.25	2.73	2.29	2.41	2.54	4.35	4.96	4.06	4.46
80cm	0.69	2.24	1.22	1.74	1.96	1.57	4.29	4.58	3.58	4.15
100cm	1.71	1.34	1.29	1.35	1.36	1.41	4.21	2.94	3.48	3.54
平均值	1.69	2.46	2.00	2.21	2.06	2.08	4.26	4.87	4.21	4.45

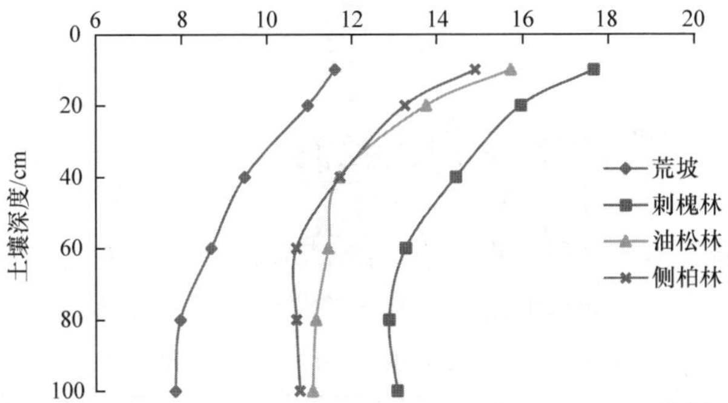

图 3.16　不同植被三年平均土壤含水量随土壤埋深的变化曲线

由于植被根系显著改变土壤特性，土壤含水量垂向变化特征与植被根系分布具有较好的对应关系。刺槐林和侧柏林在垂直方向上有效根系均主要分布在 0～60cm 土层(王进鑫等，2004)，该土层内土壤含水量变化明显；油松林大部分根系生物量集中分布在 0～40cm 土层(安慧等，2007)，因此在 0～40cm 土层土壤含水量变化趋势明显。刺槐林地的土壤密度从表层到较深层一直保持较高；与刺槐林土壤密度相比，油松林同一土层的土壤密度要小，特别是在油松细根集中分布土层的土壤密度更是如此(赵忠等，2004)。因此，在 0～1m 内油松林地土壤含水量比刺槐林要小，且随着土壤深度增加，两者土壤含水量相差更为显著。

3.2.4　小结

通过对董庄沟和杨家沟两个流域实测气象和水文资料的对比统计，定量分析了黄土高原沟壑区植被恢复对径流和土壤含水量的影响。结果表明：

2008～2010 年，杨家沟流域年平均降水量比董庄沟流域大 4.25%，但径流量少 37.64%，在枯水年径流深的减少尤为显著；两流域产流的临界降水量约为 11.5mm，降水强度为 5.8mm/d。由于森林流域土壤层调蓄能力加大，植被覆盖较好的杨家沟流域洪峰流量显著减少，峰现时间明显滞后，洪水过程更平缓。

董庄沟流域和杨家沟流域土壤水动态变化对比分析表明，荒坡董庄沟流域土壤水动态变化受气候影响显著的土层主要集中在 40cm 深度以上，植被覆盖较好的杨家沟流域雨季入渗影响深度大，土层对水分调蓄作用显著。在 0～1m 土层内杨家沟流域年平均土壤含水量比董庄沟流域大 3.40%，在 10cm 土壤层差异最大，相差 4.36%。

不同植被情况下土壤含水量随土壤深度变化与植被根系发育具有较好的对应关系，在 0～100cm 土层内，刺槐林的土壤含水量比油松林和侧柏林的大，蓄水作用更为明显；刺槐林和侧柏林在 0～60cm 土层内土壤含水量变化明显，而油松林土壤含水量变化层为 0～40cm 土层。此部分内容详见相关论文(陶敏等，2017；陶敏和陈喜，2015)。

3.3　水库拦蓄对河川径流及水文干旱的影响

水库作为最基本的水利工程设施，在调蓄流域暴雨径流、防洪和缓解干旱方面发挥重要作用。由于降水的随机性和水文情势变化，水库蓄水量变化受水库入流和闸坝控制的出流过程影响。大型水库和梯级水库对丰枯季节径流调蓄作用十分显著，改变了自然流域的降水-径流响应关系，经调蓄后水库下泄流量通常滞后于洪、旱期入库流量。降水-径流响应的滞后时间不仅取决于降水变化，而且受水库防洪调度、区域灌溉需水量、生态流量等影响。水库蓄水量与降水之间存在密切而复杂的关系，因此研究水库蓄水量对干旱的影响以及与降水的关系，对水库调度和缓解干旱具有重要意义。

干旱是由长期降水不足造成各种水文变量(包括土壤含水量、地下水储量、河流流量、水库蓄水量等)持续异常偏低的现象。根据干旱缺水影响对象不同，干旱可分为四类：气象干旱、水文干旱、农业干旱和社会经济干旱。其中，水文干旱是特定水资源管理系统中地表和地下水资源的阶段性短缺。水文干旱不仅与降水变化导致的气象干旱有关，而且受水库调蓄等影响。本节选择淮河流域上游沙河流域为典型研究区，分析水库运行对月径流变化和干旱特征的影响，特别是两个梯级水库对干旱程度的影响；分析不同时间尺度下水库的月蓄水量与区域降水/上游出流的动态联系；分析雨季末期(10 月)下游相关变量的联合统计特征；研究水库蓄水干旱与上游来水、区间径流等因变量各种可能组合之间的关系，探讨梯级水库从上游到下游对水文干旱发生和发展影响的差异。

3.3.1　水库调蓄作用下流域径流及水文干旱特征解析

1. 研究区和资料

淮河流域位于我国北方气候和南方气候过渡地带，属暖温带半湿润季风气候区。截至 2020 年，淮河流域已建成水库 6300 余座，塘坝约 40 万座，引提水工程 8.2 万处，用于防洪和供水，是流域径流情势变化的主要原因，在非汛期和干旱年份，水库对径流调蓄作用尤为显著。

本节研究区为沙河流域干流白龟山水库大坝以上区域。该区域总面积为 2740km²，其中上游昭平台水库的集水面积为 1430km²，两水库的区间面积为 1310km²。昭平台水库位于沙河干流上游，是河南省暴雨多发地区。该水库 1955 年设计，1959 年 6 月竣工，总库容 7.13 亿 m³。白龟山水库位于平顶山市区西南部沙河干流上，1954 年组织设计，1966 年 8 月竣工，总库容 9.22 亿 m³。这两个水库在流域防洪、农业灌溉、发电、供水、养殖、旅游等方面发挥了巨大作用。其中，昭平台水库向昭平台灌区供水，总控制面积约 788km²。两水库的特征见表 3.15。研究区位置及主要水库、水文、雨量站分布如图 3.17 所示。

研究区位于暖温带半湿润大陆性季风气候区，降水年内年际分布不均。超过一半的降水发生在夏季(6～8 月)，只有近 5% 的降水发生在冬季(12 月～次年 2 月)。该流域是暴雨多发地区，洪涝、干旱灾害频发、旱涝交替，给生态环境、社会经济和生产造成重大损失。图 3.18 为 1967～2010 年流域面积月平均降水量和月平均水库蓄水量，可见昭平台水库上游降水量较两水库区间降水量大，且降水主要发生在 6～10 月。两水库蓄水期主要在 7～10 月，泄水时间较蓄水时间长。

表 3.15　昭平台水库和白龟山水库的特征

特征	昭平台水库	白龟山水库
蓄水能力/($\times 10^8 \text{m}^3$)	7.13	9.22
年平均流量/($\times 10^8 \text{m}^3$)	5.63	8.58
年平均降水量/mm	955	903
坝高/m	35.5	23.6
集水面积/km²	1430	2740
开始运行时间(年-月)	1959-06	1966-08
水库集水区雨量站数	11	20
水库集水区水文站数	1	2

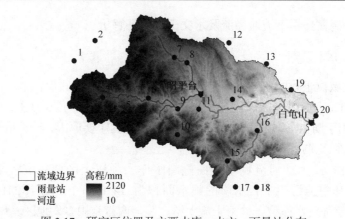

图 3.17　研究区位置及主要水库、水文、雨量站分布

1.两河口；2.付店；3.二郎庙；4.百草坪；5.坪沟；6.中汤；7.瓦屋；8.下孤山；9.下汤；10.鸡冢；11.昭平台；
12.大营；13.宝丰；14.鲁山；15.达店；16.澎河；17.四里店；18.拐河；19.漫阳；20.白龟山

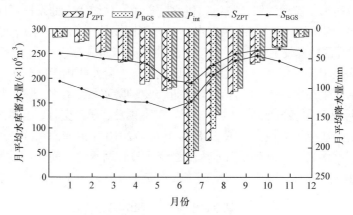

图 3.18　1967～2010 年流域月平均降水量和月平均水库蓄水量

P_{ZPT}、P_{BGS}、P_{int} 分别表示昭平台、白龟山两个水库集水区内以及两水库区间流域内月平均降水量；
S_{ZPT} 和 S_{BGS} 分别表示昭平台水库和白龟山水库的蓄水量

2. 数据资料

数据资料包括 20 个雨量站的日平均降水量序列、两个水库(昭平台(ZPT)和白龟山(BGS))的出库流量过程及水库蓄水量变化过程。依据 1967～2010 年 20 个雨量站的日雨量过程，采用 Thiessen 多边形加权平均法计算研究区日平均降水量，之后计算月平均降水量。

根据水库出流量和库容的原始记录，采用以下水量平衡方程反推水库入库流量：

$$\begin{cases} (\overline{\mathrm{IQ}}_{t,t+\Delta t} - \overline{\mathrm{OQ}}_{t,t+\Delta t}) \times \Delta t = W_{t,t+\Delta t} - W_t = \Delta \overline{W}_{t+\Delta t} \\ \overline{\mathrm{IQ}}_{t,t+\Delta t} = \dfrac{\mathrm{IQ}_t - \mathrm{IQ}_{t,t+\Delta t}}{2} \\ \overline{\mathrm{OQ}}_{t,t+\Delta t} = \dfrac{\mathrm{OQ}_t - \mathrm{OQ}_{t,t+\Delta t}}{2} \end{cases} \tag{3.10}$$

式中，IQ_t 和 $\mathrm{IQ}_{t+\Delta t}$ 分别为水库在 t 和 $t+\Delta t$ 两个时刻的入流量；OQ_t 和 $\mathrm{OQ}_{t+\Delta t}$ 分别为水库在 t 和 $t+\Delta t$ 两个时刻的出库流量；$\overline{\mathrm{IQ}}_{t,t+\Delta t}$ 和 $\overline{\mathrm{OQ}}_{t,t+\Delta t}$ 分别为水库在 $t\sim t+\Delta t$ 时段内的平均入流量和平均出流量。由于记录的水库库容和出流量的时间间隔 Δt 是变化的(从几分钟到几天不等)，首先利用线性插值将不同时段的水库蓄水记录和出流记录全部转换为在 0.5h 间隔，之后再累积至日、月尺度，根据月尺度过程，推导相应的入库流量过程和水文干旱指数。

研究区年平均水面蒸发量为 1008mm，年平均降水量为 902mm。昭平台水库和白龟山水库的最大水面面积分别为 24km² 和 70km²。水库库面的年蒸发损失和降水补给分别是年平均蓄水量的 0.11% 和 0.26%，是昭平台水库和白龟山水库出流量的 0.85% 和 0.65%，因此在水库入流的推算过程中忽略水库库面的蒸发损失和降水补给。

3.3.2　水文干旱事件识别及评价

1. 干旱指标计算

本节采用标准化降水指数(standardized precipitation index，SPI)评价气象变化，采用水库流入、流出流量的标准化径流指数(standardized streamflow index，SSI)和标准化水库蓄水指数(standardized reservoir storage index，SRSI)作为水文干旱评价因子。

标准化降水指数(SPI)、标准化径流指数(SSI)和标准化水库蓄水指数(SRSI)分别根据降水量、径流量和水库蓄水量序列计算获得，且指标值受到变量的分布函数类型和样本序列长度的影响。目前常用的计算 SPI/SSI 的分布函数包括伽马(gamma)分布，对数正态(lognormal)分布或皮尔逊(Pearson) III 型分布。这里选择 gamma 分布作为计算 SPI 和 SSI 的分布类型。在 SRSI 计算中，采用 Box-Cox 变换对水库蓄量序列进行归一化处理，得到标准化序列(Box and Cox，1964)。采用分析变量的不同窗口宽度滑动平均，得到不同时间尺度标准化序列。

(1) 标准化降水指数(SPI)和标准化径流指数(SSI)的计算步骤如下。

① 用 gamma 分布函数拟合特定站点的降水/流量的频率分布。对每个特定的时间尺度和一年中的每个月，使用极大似然法(Thom，1966)估计 gamma 分布函数的参数。

② 利用最优参数求出降水/径流在给定月份相应时间尺度的累积概率。$x=0$ 不包含在 gamma 函数的定义域，因此对于降水或流量为 0 时，累积概率为

$$H(x) = q + (1-q)G(x) \tag{3.11}$$

式中，q 是变量(降水或流量)为 0 的概率。假设 n_0 是降水或流量序列中零值的个数，则 $q = n_0/n$。

③ 利用 Abramowitz 和 Stegun(1964)提出的方法，通过逆计算得到 SPI/SSI。

(2) 标准化水库蓄水指数(SRSI)的计算步骤如下。

采用如下 Box-Cox 转换的形式：

$$Y = \begin{cases} \dfrac{X^\lambda - 1}{\lambda}, & \lambda \neq 0 \\ \ln \lambda, & \lambda = 0 \end{cases} \tag{3.12}$$

式中，X 为水库蓄水量的原始时间序列值；Y 为转换后的时间序列值；λ 为转换参数。

通过以下方法对方程(3.12)的转换值进行标准化：

$$Z = \frac{Y - \bar{Y}}{\sigma_Y} \tag{3.13}$$

式中，Z 为标准化时间序列值；$\bar{Y}$ 为转换后时间序列的平均值；σ_Y 为转换后时间序列的标准差。对每个月的水库蓄水量均进行 Box-Cox 转化和标准化，利用极大似然方法估计 Box-Cox 变换的最优参数 λ(Press, 2007)。

2. 干旱事件分析

按照轮次理论，干旱被定义为干旱指数低于某一阈值的时期(Yevjevich et al., 1969)。每个干旱事件特征包括干旱持续时间、干旱程度、干旱发生时间和干旱空间范围。干旱持续时间(游程)是指干旱指数低于截断水平的时间；干旱程度是该时期内低于截断水平的累积偏差；干旱发生时间被定义为干旱发生和终止日期的均值；干旱空间范围是受干旱事件影响的地区。对于以流量为指标的水文干旱，Zelenhasić 和 Salvai(1987)将截断水平定义为流量历时曲线的某个百分位数，如5%、10% 或 20%。McKee 等(1993)将 SPI 等于 0 作为引发干旱的阈值。

本研究关注干旱的两个主要特征(干旱持续时间和干旱程度)。基于 McKee 等(1995)定义的三种干旱状态，表 3.16 列出每个气象/水文干旱类别的阈值和相应的累积概率。

与气象干旱的剧烈波动变化相比，水文干旱的特征，特别是水库调蓄后，表现出持续时间长而平稳的特征。持续时间较短、变幅较低的气象干旱对水文干旱影响不大，但可能会干扰干旱事件的辨识(Fleig et al., 2006)。因此，选择 6 个月的

SSI 和 SRSI 进行干旱事件检测。6 个月尺度的流量和水库蓄量变化，可以很好地反映流域的季节性变化特征，同时消除短期和小干旱事件带来的干扰。

表 3.16 降水量、径流量、水库蓄水量干旱、湿润状态及水平程度判断相应的指标阈值

状态及等级	SPI、SSI、SRSI 阈值	累积概率
湿润	≥1.0	[0.841, 1)
正常	(−1.0, 1.0)	(0.159, 0.841)
中度干旱	(−1.5, −1.0]	(0.067, 0.159]
重度干旱	(−2.0, −1.5]	(0.023, 0.067]
极端干旱	≤−2.0	(0, 0.023]

3.3.3 水库调度对月平均流量变化的影响

沙河流域水库的主要功能之一是防洪，因此，水库会减少水文动态的季节性变化，从而减少汛期高流量，增加枯水期流量。

图 3.19 显示了 1967~2010 年沙河流域的月平均降水量，以及昭平台水库和白龟山水库的月平均入流量、出流量和蓄水量。整体而言，出流量的季节变化与入流量变化模式相似，但由于水库调节，洪水季节出流量明显减小。7~9 月，上游昭平台水库(图 3.19(b))的多年平均月入流量超过了出流量，水库蓄水量从 6 月底的 $137.8 \times 10^6 \, \mathrm{m}^3$ 增加到 10 月的 $246.1 \times 10^6 \, \mathrm{m}^3$。在 11 月~次年 6 月的旱期及雨季前期，由于灌溉、工业和生态用水以及防洪方面的需要，出流量超过入流量，导致水库蓄水量减少。

白龟山水库(图 3.19(c))的管理模式与昭平台水库相似，但入流与出流的差异较小，特别是在 7~9 月的汛期。白龟山水库蓄水量从 7 月份的 $191.6 \times 10^6 \, \mathrm{m}^3$ 增加到 11 月的 $260.5 \times 10^6 \, \mathrm{m}^3$，蓄量增加了 $68.9 \times 10^6 \, \mathrm{m}^3$；蓄水量在 12 月~次年 6 月释

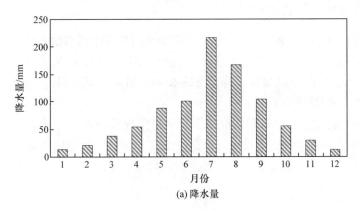

(a) 降水量

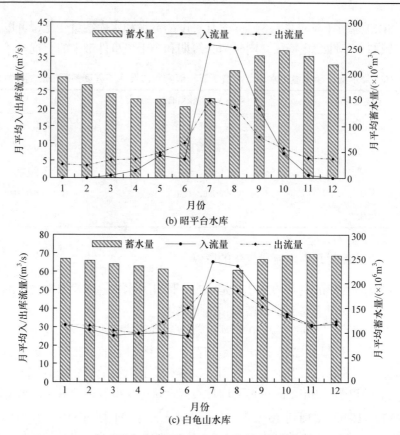

图 3.19 1967～2010 年昭平台水库和白龟山水库的月平均蓄水量、入流量、出流量

放(图 3.19(c))。平均来看，白龟山水库的蓄水高峰出现在 11 月，比昭平台水库推迟了 1 个月。除 6 月外，昭平台水库的蓄水量变化大于白龟山水库的蓄水量变化，表明上游昭平台水库对降低季节性变化的作用大于下游白龟山水库。

3.3.4 水文异常对气象变化的响应

标准化降水指数(SPI)、标准化径流指数(SSI)和水库蓄水量指数(SRSI)可用于任何时间尺度上气象、水文异常的量化。月径流量和水库蓄水量通常与前期多个月的降水有关，因此本节对某一特定月的 SSI/SRSI 和不同尺度(1～36 个月)的 SPI 进行相关性分析(图 3.20)。

图 3.20 显示了月径流和水库蓄水量对可能导致长期水文异常的多个月气象条件的依赖关系。这种长期效应可以通过水文异常对气象变化响应的滞后程度加以识别，即图 3.20 中相关系数 r 最大的时间尺度。可以看出，与位于上游的昭平

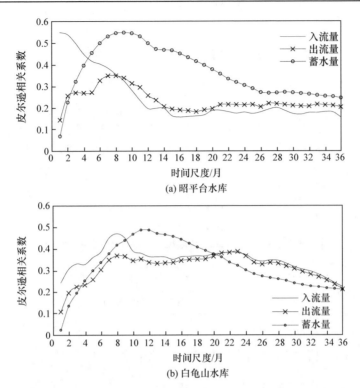

图 3.20　昭平台水库和白龟山水库相关的水文变量(6 个月为尺度的入流量、出流量及蓄水量标准化序列)与不同尺度(6～36 个月)降水标准化序列之间的相关系数

台水库相比,下游白龟山水库入流量、出流量和蓄水量序列的滞后时间一般会变长(图 3.20(a)、(b))。研究发现,与入流滞时(图 3.20 中的入流和出流)相比,水库调节延长了出流滞时。对于上游昭平台水库,入库流量在 1 个月短时间尺度上相关系数最大(r=0.55),水库出流在 7～8 月较长时间尺度上,相关系数最大为 0.35(图 3.20(a))。由于昭平台水库对水流变化具有显著坦化作用,出流滞后于入流(在 6～7 月),它增加了干旱期的低流量,降低了湿润期的高流量(图 3.20(b))。然而,这种坦化效应对下游白龟山水库的影响并不显著,其月流入和流出(SSI)分别与 8 个月和 8～9 个月的降水高度相关(图 3.20(b))。入流和出流的相关系数的相似模式表明,由于白龟山的入流很大一部分来自上游昭平台水库调节后的出流,下游白龟山水库调节对入流变化影响不大(图 3.19(c))。

　　SRSI 对 SPI 的响应滞后时间与入流和出流序列相比是最长的。昭平台和白龟山蓄水量对降水变化响应的滞后时间分别为 8～10 个月和 11～12 个月(图 3.20(b))。这一滞时与图 3.19 中月降水和月库容的分布有关,例如,昭平台水库 11 月～次年 6 月的库存量减少与降水量减少有关,白龟山水库月降水量分布与库容变化趋势相反。

3.3.5　水库调控对径流及水文干旱的影响

以上分析表明,径流的变化依赖于多个月内降水的变化。1967～2010 年,SPI、SSI、SRSI 以 6 个月为分析尺度的逐月滑动平均连续序列变化如图 3.21 所示。结果表明,SPI 变化最强烈,SRSI 变化最平缓。此外,入流 SSI 比出流 SSI 变化更频繁。与上游昭平台相比,下游白龟山入流、出流 SSI 和 SRSI 的变化更为平缓。

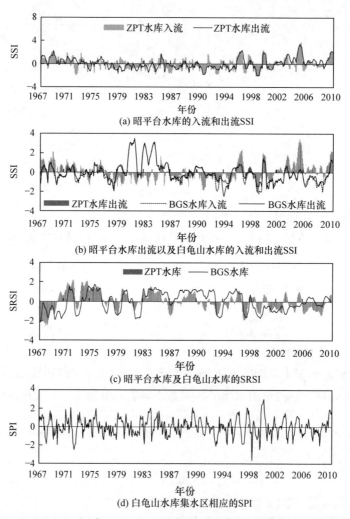

图 3.21　1967～2010 年 SPI、SSI 和 SRSI 6 个月尺度标准化序列演变过程

为了量化水库调节对水文干旱指数演变的影响,对入流和出流序列进行相关

性分析(图 3.22)。两个水库的出流序列代表水库调节后的流量。上游昭平台水库的入流序列代表昭平台水库上游的天然流量过程，下游白龟山水库的入流代表了上游水库和两水库之间区间调节作用后的流量。利用皮尔逊相关系数分析标准化水库入流序列与出流序列之间的关系。逐月标准化入流和出流序列之间的相关系数反映水库运行的平均影响程度，每个月入流、出流序列之间的相关系数反映不同月份的调节程度。高度相关(接近 1)表明坝址下游水流与水库入流处非常相似。这意味着水库运行对水文情势影响较小。相反，相关性较低(接近 0)表明，水库流出量发生了重大变化。负相关系数表示水库下游出流量与上游入流量呈现相反的变化，反映水库对河流季节性自然变化的逆转(Batalla et al., 2004)。由于径流变化与气候变化有关，将标准化降水序列与标准化入流、出流序列联系起来，以评估水文变量对气象条件变化的响应。

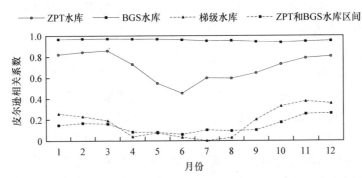

图 3.22　基于 6 个月尺度的标准化径流指标序列(1967～2010 年)计算获得的昭平台水库、白龟山水库、梯级水库、昭平台和白龟山水库区间四个单元的入流-出流之间的相关系数

对上游昭平台水库而言，1967～2010 年连续入流、出流序列(SSI)的皮尔逊相关系数均值为 0.70(图 3.22 中的 ZPT 水库线)。5～9 月，由洪水前期到洪水期(图 3.22)，昭平台水库水位较低(图 3.19)。对于下游白龟山水库，1967～2010 年入流和出流 SSI 非常一致(图 3.21(b))。入流和出流 SSI 序列之间的皮尔逊相关系数高达 0.95，各月之间变化相对稳定(图 3.22 中 BGS 水库线)。研究表明，白龟山水库运行对入库过程和干旱演变的影响较小。然而，位于两个水库之间的区间，昭平台水库出流 SSI 与白龟山水库入流 SSI 之间差异明显(图 3.21(b))，特别是在 1979～1987 年连续干旱期和 2000～2010 年连续湿润期。昭平台月平均出流与白龟山入流 SSI 的皮尔逊相关系数为 0.14，12 月最高值仅为 0.26(图 3.22 中 ZPT 和 BGS 水库区间线)。这意味着昭平台水库上游流量在进入两水库区间时发生了巨大变化，这可能是由众多小水坝和水闸以及灌溉用水造成的。

3.3.6 水库调节对干旱持续时间和程度的影响

按照表 3.16 所示的干旱状态及等级标准,干旱事件可通过小于-1.0 的 SSI 和 SRSI 阈值(包括中度干旱、重度干旱和极端干旱)来判断。表 3.17 列出了 1967~2010 年干旱指数的统计特征:干旱频率、干旱总历时(干旱事件持续的时间)、干旱平均历时(干旱总历时除以频率)、最大干旱历时(干旱事件的最大持续时间)、总干旱强度(指标值低于-1.0 的累积量)、平均干旱强度(总干旱强度除以干旱总历时)、最大干旱强度(干旱事件的最大规模)。

表 3.17 统计结果显示了降水、入流、出流和蓄水量等干旱要素的特征。由于流域调节对降水-径流变化的坦化效应和水库调节对径流的影响,昭平台和白龟山降水、水库入流和出流以及蓄水量(表 3.17)的干旱频率越来越低(图 3.21)。然而,由于水库长时间保持在低流量状态,这大大扩展了干旱平均历时和最大干旱历时(图 3.21)。从干旱总历时和总干旱强度来看,气象干旱比入流、出流干旱持续时间长、强度大,但比水库蓄水干旱时间短、强度小。

对上游昭平台水库而言,水库调节后干旱明显减轻,干旱频率降低,干旱总历时和最大干旱历时缩短,总出流量、平均出流量和最大出流量较入流量相应的特征值要小。然而,通过对下游白龟山入流和出流干旱事件的比较,白龟山水库干旱特征与上游昭平台水库相比,其调控影响不同(表 3.17)。尽管经白龟山水库调节后,入流和出流之间的变化不明显,出流的发生频率略有降低,但与白龟山入流的干旱统计特征相比,出流干旱历时仍然延长,干旱程度加重。随着水库入流转化为出流,干旱总历时由 59 个月延长到 68 个月,干旱平均历时由 3.47 个月延长到 4.53 个月,最大干旱历时从 11 个月延长到 14 个月。同时,总干旱强度绝对值从 82.00 增加到 93.51,平均干旱强度从 4.82 增加到 6.23,最大干旱强度从 20.51 增加到 23.60。

表 3.17　1967~2010 年气象、水文干旱事件统计特征

干旱要素	干旱频次/次	干旱总历时/月	干旱平均历时/月	最大干旱历时/月	总干旱强度	平均干旱强度	最大干旱强度
降水	34	71	2.09	7	108.78	3.20	12.29
昭平台水库入流	23	60	2.61	9	87.81	3.82	16.21
昭平台水库出流	18	48	2.67	7	65.17	3.62	12.97
白龟山水库入流	17	59	3.47	11	82.00	4.82	20.51
白龟山水库出流	15	68	4.53	14	93.51	6.23	23.60

续表

干旱要素	干旱频次/次	干旱总历时/月	干旱平均历时/月	最大干旱历时/月	总干旱强度	平均干旱强度	最大干旱强度
昭平台水库蓄水量	13	80	6.15	20	119.50	9.19	42.50
白龟山水库蓄水量	13	110	8.46	21	155.66	11.97	29.09

　　两个水库入流到出流干旱演变特征的差异表明，水库减轻或扩大干旱取决于水库调节低流量变化的程度，例如，上游昭平台水库显著提高了枯期低流量(图 3.19(b))，因此它减轻了干旱程度；下游白龟山水库仅略微增加了枯期低流量，导致干旱程度加大(图 3.19(c))。

　　通过比较昭平台出流和白龟山入流(表 3.17)的干旱指数，估算了两个梯级水库之间的区间面积对干旱事件的调节作用。结果表明，由于区间面积的调控作用，延长了干旱持续时间，增大了干旱强度，干旱变得严重。干旱的加重对应了高流量的减少，特别是在 1990 年之后(图 3.21(b))，原因是区间面积有很强的调节作用，其中很大一部分被耕地占用，并修建了大量的水坝用于灌溉。

　　表 3.17 同时分别总结了上游昭平台水库和下游白龟山水库蓄水量的干旱事件特征。在选定的研究期，这两个水库具有相同的干旱频率(13 次)，但白龟山水库的干旱程度更严重，表现为干旱持续时间更长，干旱程度更大。

　　按照表 3.16 分类，表 3.18 中列出了重度干旱和极端干旱历时及占比。表 3.17 中气象和水文要素干旱总历时不一致，因此表 3.18 显示了各要素每类干旱时间占干旱总历时的比例(括号中的数值)存在差异。

表 3.18　1967～2010 年各干旱要素不同程度干旱时间及相应于干旱总历时的占比

干旱要素	干旱类型/月(占比/%)		
	中度干旱	重度干旱	极端干旱
降水	40 (56)	24 (34)	7 (10)
昭平台水库入流	45 (62)	23 (31)	5 (7)
昭平台水库出流	34 (45)	29 (39)	12 (16)
白龟山水库入流	63 (81)	12 (15)	3 (4)
白龟山水库出流	57 (70)	15 (19)	9 (11)
昭平台水库蓄水量	54 (68)	10 (12)	16 (20)
白龟山水库蓄水量	65 (59)	42 (38)	3 (3)

　　流域和水库对降水量的调节改变了干旱特征。与气象干旱相比，水文干旱(径

流)的重度干旱和极端干旱(两个水库的入流和出流)事件减少，持续时间较短，占总持续时间的比例较小。与入流干旱历时相比，水库调蓄后出流重度干旱和极端干旱缩短，中度干旱延长。此外，上游昭平台水库对减少重度干旱的调节作用远大于下游白龟山水库。对于干旱指标，上游水库的极端干旱程度最高，而下游水库的干旱程度最低。上游水库蓄水量干旱集中在中度干旱和极端干旱，下游水库蓄水量干旱集中在中度干旱和重度干旱。

3.3.7　小结

水库对径流过程的坦化作用明显降低了干旱频率。然而，上游水库和下游水库对径流的改变程度不同，在缓解或加重干旱方面表现也有差异。在上游水库调节下，径流干旱严重程度明显降低，且频率较低，持续时间较短，出流量较少。与此形成对比的是，下游水库流量的总体干旱程度增加，表现为持续时间的延长和强度的增加。此外，两个水库之间的区间会显著地增加干旱程度，这表现在相对于上游昭平台水库的出流，下游水库入流干旱历时延长和强度增加。内容详见相关论文(Zhang et al., 2015)。

3.4　地下水位变化对河川径流的影响

地下水是陆地水文循环中重要的组成部分，地下水和地表水在一定地形、地质和气候状态下存在相互作用和转化。地表水和地下水相互作用的程度受地下水动态影响显著，地下水位动态变化影响降水入渗补给、潜水蒸发以及土壤蓄水量，进而影响产流量及河川径流量。在平原区，特别是地下水埋深浅地区，地下水位变化对地表径流、蒸散发等水文要素的影响较为显著。

淮河流域平原区地表水与地下水关系密切，水量交换频繁，地下水开发利用及其水位变化对流域河川径流具有重要影响。由于地下水动态变化造成流域降水-径流关系发生变化，影响了流域监测断面径流系列的一致性，从而使水文频率计算产生偏差，影响设计径流成果的可靠性。

本节针对淮河流域气象、水文及不同地下水埋深条件下，研究河川径流与降水和地下水位(埋深)之间的关系，为评估农业灌溉等导致的地下水位下降和河川径流减少研究提供基础。

3.4.1　研究区概况及资料条件

1. 研究区概况

颍河是淮河的最大支流，地处河南省腹地，发源于河南省嵩县伏牛山脉摩天岭(又名没大岭)东麓, 东南流经鲁山、平顶山、叶县、漯河、周口、项城、沈丘等县市, 至界首市城关镇附近进入安徽省, 往下经太和、阜阳, 于颍上县沫河口入淮河。全长 619km, 流域面积近 4 万 km², 其中山区面积 9070km², 丘陵区面积 5370km², 平原面积 20000km², 干流长 418km。较大的支流有北汝河、澧河、颍河、贾鲁河、新运河、汾泉河和黑茨河等 8 条。流域内有耕地 3180 万亩, 人口 2400 万, 有丰富的煤炭资源, 是我国重要的能源基地, 工农业生产发展前景广阔。阜阳闸水文站为颍河中下游的闸坝控制站。

颍河流域呈大陆性季风气候, 为南北气候的过渡地带。在汛期(6~9 月), 由于东南暖湿气流内移, 加之西部地形影响, 极易形成暴雨, 为河南省暴雨中心地区之一。年平均降水量西部山区为 800~1000mm, 东部平原为 700~900mm, 降水量一般集中在汛期, 占年降水量的 60% 以上。降水量年际变化很大, 最大值和最小值可达 5 倍。因此, 流域主要是雨洪径流, 在多雨年份, 汛期降水量集中, 洪水暴涨暴落, 极易造成灾害。

涡河为淮河第二大支流, 位于淮北平原区。发源于河南省尉氏县, 东南流经河南省的开封、通许、扶沟、太康、鹿邑和安徽省的亳州、涡阳、蒙城, 于怀远县城附近注入淮河。长 380km, 流域面积 1.59 万 km²。涡河流域属温暖带半湿润大陆性季风气候区。冬春干旱少雨, 夏秋季太平洋副热带高压增强, 降水集中, 易造成洪涝。非汛期(10 月~次年 6 月)月平均最大径流量 9.1m³/s, 汛期(7~9 月)月平均最大径流量为 149m³/s, 年最大径流总量为 8.25 亿 m³。多年平均降水量 600~900mm, 6~9 月降水量占全年降水量的 70%。多年平均气温 14.5℃, 月平均气温 1 月最低, 7 月最高。涡河流域内地势由西北向东南倾斜, 地面高程为 40~55m, 地面坡降 1/4500, 河床宽一般为 40~100m, 局部较窄, 水深一般为 1~3m, 河床坡度为 1/9000~1/6000。

研究选取颍河阜阳闸以上流域和涡河玄武闸以上流域, 将阜阳闸以上颍河流域划分为 12 个子流域(区间), 加上涡河玄武闸以上子流域共计 13 个子流域(图 3.23), 研究地下水动态变化及其对降水-径流过程响应的影响。

2. 资料情况

本研究采用 1997~2011 年逐日气象、水文资料, 以及 5 日地下水位观测资料(1997~2010 年)。部分站点资料存在缺失现象, 主要用临近站点插补。研究区内各流域站点信息见表 3.19。

颍涡研究区 13 个子流域共有雨量站 142 个、蒸发站 4 个、水文站 12 个, 其空间分布如图 3.23 和图 3.24 所示。研究区共有 175 个地下水观测井, 站点分布如图 3.24 所示。另选择具有全要素观测资料的国家气象站点 6 个(郑州、西华、许昌、开封、亳州和阜阳), 用于估算作物需水量以及灌溉需水量。

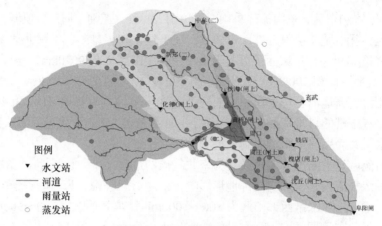

图 3.23　淮河流域颍涡研究区

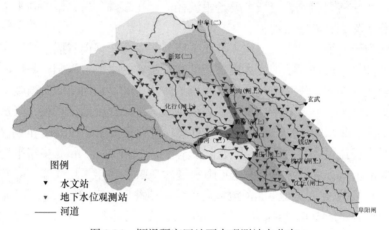

图 3.24　颍涡研究区地下水观测站点分布

表 3.19　颍涡研究区各流域观测站点信息

子流域	面积/km²	雨量站个数	蒸发站	地下水位观测站个数	降水量/(mm/a)	潜在蒸散发/(mm/a)	径流量 Q/(m³/s)	地下水埋深 D/m 空间变化 多年面平均值	时间变化 最小埋深 D_{min}	时间变化 最大埋深 D_{max}
新郑	1079	8	新郑(二)	—	694.7	811.7	1.54	—	—	—
中牟	2106	8	新郑(二)	—	651.2	811.7	13.47	—	—	—
化行	1912	13	化行	18	660.8	733.6	3.24	7.67	4.88	10.58
黄桥	4895	15	扶沟、化行	40	683.2	717.5	16.37	4.73	1.93	9.75
扶沟	2525	14	扶沟	7	669.7	701.4	15.16	8.04	6.92	9.45

续表

子流域	面积 /km²	雨量站 个数	蒸发站	地下水位 观测站 个数	降水量 /(mm/a)	潜在 蒸散发 /(mm/a)	径流量 Q /(m³/s)	地下水埋深 D/m		
								空间变化	时间变化	
								多年面 平均值	最小埋 深 D_{min}	最大埋 深 D_{max}
漯河	12530	10	化行	—	798.4	733.6	63.95	—	—	—
周口	733	4	扶沟、 闸上	11	798.9	715.4	92.88	3.91	1.70	5.84
槐店	3049	16	扶沟、 闸上	13	801.1	715.4	99.53	3.80	1.04	4.90
钱店	472	5	闸上	—	791.6	729.4	0.76	—	—	—
玄武	4014	16	扶沟	23	729.0	701.4	4.34	3.07	0.76	5.81
周庄	1320	8	扶沟、 闸上	10	787.3	715.4	3.73	3.72	1.56	5.69
沈丘	1774	13	闸上	10	801.6	729.4	14.89	3.19	0.49	4.73
阜阳	6618	12	闸上	43	876.8	729.4	134.61	3.17	0.91	5.48

3.4.2　河川径流与降水、地下水动态相关分析

以颍涡研究区降水量、径流量及地下水位实测数据为基础,通过统计学方法,分析降水量、地下水位与河川径流/基流关系,建立径流量与降水量、地下水埋深的多元回归模型,为定量研究地下水动态对河川径流影响奠定基础。

1. 流域降雨、径流变化特征

选用颍涡研究区 8 个有流量站控制的流域,并根据各流域内雨量站点计算流域面平均雨量,各流域多年平均降水量见表 3.20。研究区多年平均降水量为676.55mm,其中阜阳流域多年平均降水量最大值为885.2mm,玄武流域多年平均降水量最小值为603.8mm。研究区域降水量年际变化大,以阜阳、玄武两个流域为例,2003 年水量较丰沛,1997 年和 2001 年全年降水量较少。1997～2003 年降水量波动较大,2003 年之后年降水量变化相对平稳(图 3.25)。

表 3.20　颍涡研究区各流量站多年平均降水量

站名	化行	黄桥	槐店	扶沟	沈丘	玄武	阜阳	周口
多年平均降水量 /mm	660.8	683.2	801.1	669.7	801.6	729.0	876.8	798.9

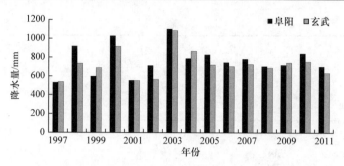

图 3.25　阜阳和玄武降水量年际变化柱状图

根据实测径流资料，计算各站年平均径流深，并分析其年际变化(图 3.26)。除沈丘外，其余流域年径流深总体变化特征与降水相近，即 1997～2003 年相对波动较大，2003 年之后趋于平缓。

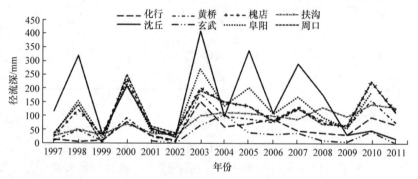

图 3.26　颍涡研究区流域径流深年际变化曲线

2. 年降水量与河川径流关系分析

颍涡研究区的降水-径流关系受气候、地形、下垫面以及地下水位等条件的影响，降水产生的径流有很大差别。1997～2011 年颍涡研究区各子流域径流量与降水量相关关系如图 3.27 所示。统计结果表明，各子流域的降水量与径流量相关系数(r)为 0.5～0.9，其中除扶沟子流域降水-径流相关性较低外，其余各站的降水-径流相关系数均在 0.74 以上，表现出较强的相关性(表 3.21)。因此，地表径流在很大程度上受降水的影响，降水量越大，地表径流就越大；同时，降水强度越大，短时间内形成洪峰流量的可能性越大。

表 3.21　颍涡研究区各子流域的降水-径流相关性

系数	扶沟	化行	阜阳	周口	黄桥	槐店	沈丘	玄武
R^2	0.261	0.578	0.687	0.746	0.554	0.690	0.785	0.637
r	0.511	0.760	0.829	0.864	0.744	0.831	0.886	0.798

3. 河川径流与地下水埋深关系分析

地下水与地表水之间的水量交换作用普遍存在于自然界。在枯水季节，一些河流主要依靠地下水补给。同时，河川径流量也受降水特征影响。因此，选取研究区 8 个流域，计算面平均地下水埋深，选取不同降水量级下每月地下水埋深平

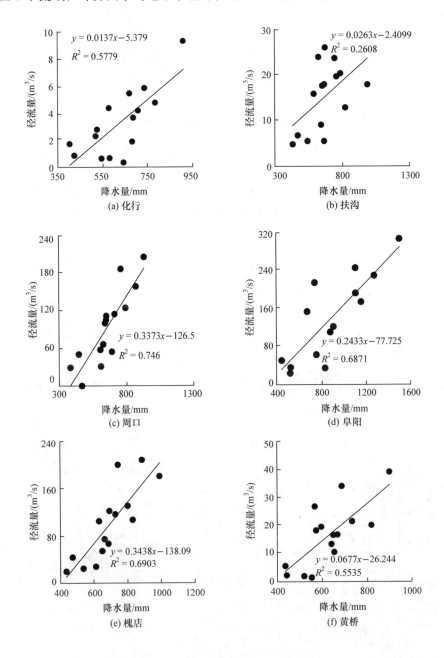

(a) 化行

(b) 扶沟

(c) 周口

(d) 阜阳

(e) 槐店

(f) 黄桥

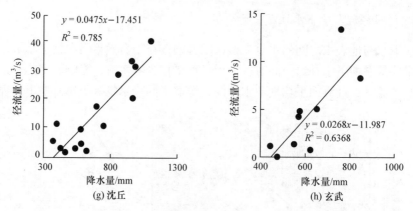

图 3.27　1997~2011 年颍涡研究区各子流域径流量与降水量相关关系

均值与对应的月平均径流量，分析不同降水量级下河川径流量与地下水埋深之间的关系(图 3.28)。

不同降水量级下河川径流量与地下水埋深呈负相关关系，各站统计 R^2 的平均值为 0.27(表 3.22)，其中沈丘在降水量级为 50mm$<P\leqslant$100mm 时，R^2 最大，为 0.71；平均地下水埋深较大的扶沟 R^2 较小，表明其地下水埋深与径流量相关性较差。

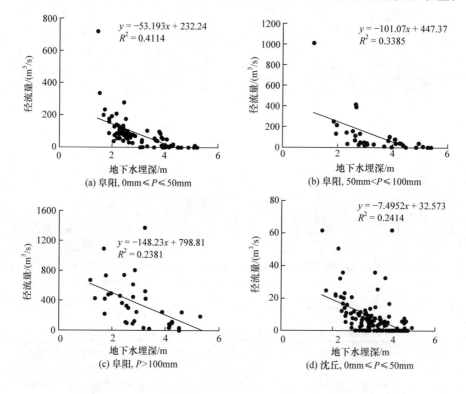

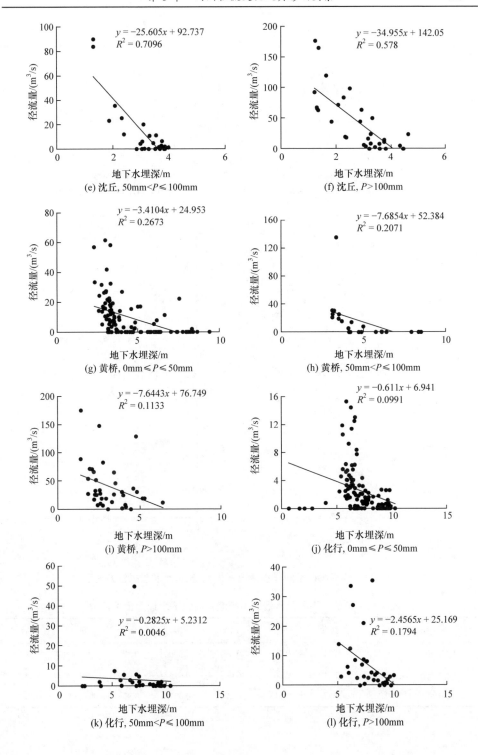

(e) 沈丘, 50mm<P≤100mm

(f) 沈丘, P>100mm

(g) 黄桥, 0mm≤P≤50mm

(h) 黄桥, 50mm<P≤100mm

(i) 黄桥, P>100mm

(j) 化行, 0mm≤P≤50mm

(k) 化行, 50mm<P≤100mm

(l) 化行, P>100mm

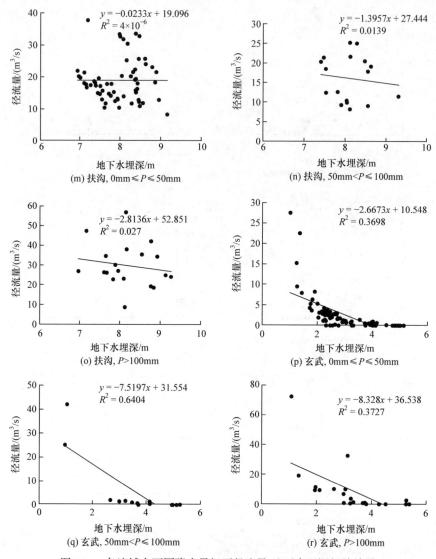

图 3.28　各流域在不同降水量级下径流量-地下水埋深相关关系

表 3.22　各站在不同降水量级下径流量与地下水埋深相关性(R^2)

降水量 P/mm	阜阳	沈丘	黄桥	化行	扶沟	玄武	周口	槐店
$0<P\leqslant50$	0.411	0.241	0.267	0.099	0.000	0.370	0.336	0.391
$50<P\leqslant100$	0.339	0.710	0.207	0.005	0.014	0.640	0.189	0.453
$P>100$	0.238	0.578	0.113	0.179	0.027	0.373	0.154	0.145

由于枯水季节(10 月~次年 4 月)地下水对河道的补给强度较大,点绘各流域枯水季节每月平均径流量与地下水埋深关系图(图 3.29),并采用对数函数拟合,各站 R^2 值见表 3.23。由图 3.29 可以看出,除地下水埋深较大的扶沟、化行两流域外,其余各流域枯水季节径流量与地下水埋深呈负相关关系,R^2 平均值为 0.4,阜阳流域相关性较好,R^2 为 0.5483;枯水季节径流量与地下水埋深的相关性明显高于全年两者之间的相关性,可见枯水季节地下水位变化对河川径流的影响更大。

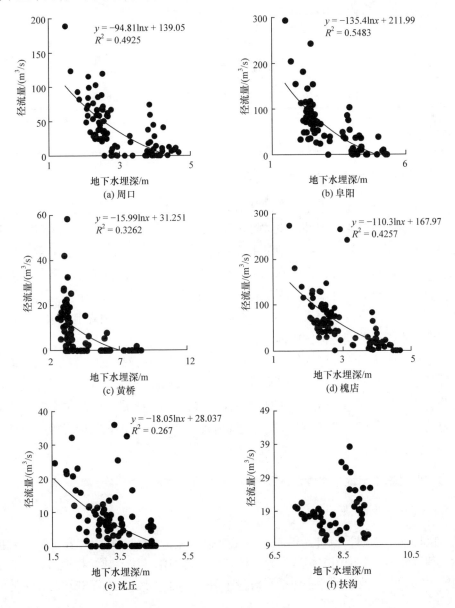

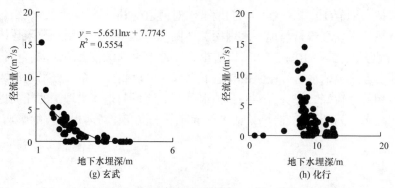

图 3.29　颖涡研究区各流域枯水季节地下水埋深-径流量相关关系

表 3.23　颖涡研究区各站枯水季节地下水埋深与径流量相关性

站名	周口	阜阳	黄桥	槐店	沈丘	扶沟	玄武	化行
R^2	0.49	0.55	0.33	0.43	0.27	0.027	0.56	0.13

4. 不同地下水埋深下降水入渗补给量

降水入渗补给是地下水主要的补给来源,对地下水位动态变化具有重要作用。利用降水量乘以降水入渗补给系数推求降水入渗补给量是地下水模型及地下水资源评价中常用的方法。然而,地下水埋深的变化对降水入渗补给量影响较大。因此,考虑不同地下水埋深下降水入渗补给量对准确估算地下水资源量具有重要意义。利用颖涡研究区地下水埋深与降水量实测资料,采用统计分析方法建立不同地下水埋深条件下的降水入渗补给量与降水量的关系式,为估算地下水资源量、模拟地下水位动态变化提供依据。

分别选取颖涡研究区内的鲁台、石像、魏湾闸和鹿邑地下水位观测站及周边相应雨量站实测数据,利用次降水后地下水位上升高度推求降水入渗补给量,进而分析不同地下水埋深条件下的降水入渗补给量与降水量之间的关系,并建立相应的回归方程(图 3.30)。结果显示,随着地下水埋深增加,相同降水量条件下降水入渗补给量减少。

3.4.3　河川基流与地下水埋深关系

1. 基流分割方法

反映地下水对河流补给的基流量是维持河流基本流量和生态安全的重要指标。基流分割通常采用图解法、数字模拟法、物理化学法、数学物理法、水文模型法等。其中,数字模拟法包括平滑最小值法、时间步长法(HYSEP)与数字滤波法。数字滤波法为近年来国际上应用最为广泛的基流分割方法，该方法较为简单，易于采用计算机自动实现。

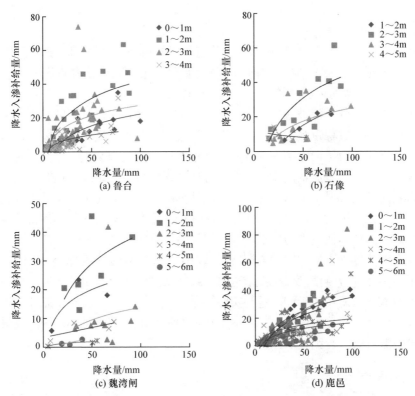

图 3.30　颖涡研究区各流域不同地下水埋深下降水入渗补给量与降水量的关系

数字滤波法是数字信号分析领域中将高频信号从低频信号中分离出来的一种方法。在进行基流分割时，基流受降水等影响较少，流量相对稳定，因此可将基流看作低频信号，将除去基流后的地面径流看作高频信号。线性递归滤波的一般形式为

$$y_k = \sum_{j=0}^{J} c_j x_{k-j} + \sum_{m=1}^{M} d_m y_{k-m} \tag{3.14}$$

式中，x_{k-j} 为模拟信号采样；d_m 为滤波系数；J 和 M 分别为 c_j 和 d_m 的个数总和。

Lyne 和 Hollick(1979)提出了下列数字滤波分割基流方程：

$$Q_f(t) = f Q_f(t-1) + \frac{1+f}{2} [Q(t) - Q(t-1)] \tag{3.15}$$

$$Q_b(t) = Q(t) - Q_f(t) \tag{3.16}$$

式中，Q 为实测河流的总径流量($\mathrm{m^3/s}$)；Q_f 为 t 时段过滤后的快速响应，即地表径

流量(m³/s)；f为参数，Nathan 和 McMahon(1990)经过对澳大利亚东南部 186 个流域进行研究后认为该值取 0.9～0.95 拟合效果最好；Q_b 为 t 时刻的基流(未通过过滤的)(m³/s)。

计算步骤如下：

(1) 根据式(3.15)和式(3.16)，按照从前往后的顺序计算每一时段的基流值。

(2) 用同样的方法以从后往前的顺序计算每一个时间步长内的基流量。

(3) 最后按从前往后的顺序计算基流过程。

由此可见，数字滤波法主要是利用式(3.15)和式(3.16)按照不同的顺序来计算基流过程。基流过程重复计算的次数对基流过程线的平滑度影响显著。由后向前重新计算基流是为了消除第一次计算过程中所产生的失真数据。一般来说，每重新计算一次得到的基流量占总流量的百分比会逐渐减少。第二次计算的结果比第一次得到的基流量要少 17% 左右，第三次计算的结果又会比第二次计算得到的基流量减少 10%。因此，可以根据实际情况来选择重复计算的次数，使得计算的基流过程与实测枯期径流更为接近。结合实际情况，本节选用三次滤波方法。

在次洪流量过程的初期和末期,流量较小,地下径流占主要部分,应用式(3.15)可发现，$Q(t)$ 和 $Q(t-1)$ 都较为接近；这将导致在次洪流量过程中的初期和末期所过滤出来的地下径流相当于 0。这与实际情况不符；因此，需对数字滤波法进行改动。即应用公式计算流量后，控制地下径流的最小值，若流量小于最小流量值，则取最小流量值；否则，取原值。

2. 基流分割结果

在基流应用过程中，一般以基流量以及基流量占总径流量的比例(即基流指数，base flow index，BFI)来量化，通过对基流量分割数据进行整理分析，得到研究区各站多年平均基流量变化。各站基流分割结果见表 3.24。

表 3.24　颖涡研究区各站基流分割结果

站名	多年平均径流量/(m³/s)	多年平均基流量/(m³/s)	BFI
化行	3.24	0.75	0.23
黄桥	16.38	5.75	0.35
槐店	99.53	40.01	0.40
中牟	14.20	10.97	0.77
扶沟	15.16	9.75	0.64
钱店	0.76	0.08	0.11
沈丘	14.89	4.50	0.30

续表

站名	多年平均径流量/(m³/s)	多年平均基流量/(m³/s)	BFI
周庄	3.73	0.88	0.24
周口	92.37	39.40	0.43
阜阳	137.64	52.35	0.38
玄武	4.08	1.43	0.35

从表 3.24 可以看出，研究区河川基流量约占径流量的 40%。其中，阜阳站多年平均基流量最大，达到 52.35m³/s，钱店站多年平均基流量最小，为 0.08m³/s。

涡河水系 BFI 值为 0.38。颍河水系各站 BFI 值差别较大，其中中牟站 BFI 值最大(0.77)；扶沟站次之(0.64)；钱店站 BFI 值最小(0.11)。

3. 基流量与地下水埋深相关关系

基流来源于地下水，基流与地下水埋深的动态变化关系十分密切。选取研究区地下水资料较完整的 8 个流量站控制的流域，用泰森多边形法计算面平均地下水埋深。由于地下水埋深资料为 5 日资料，将日基流量资料每 5 日取平均值与面平均地下水埋深进行相关性分析。

1) 地下水埋深与基流量的动态变化过程

为初步分析基流量与地下水埋深动态变化的相关性，绘制基流量与地下水埋深随时间变化曲线，各站每 5 日平均基流量与面平均地下水埋深动态关系如图 3.31 所示。

由图 3.31 可以看出，各流量站基流量与地下水埋深负相关关系明显，即地下水埋深越大基流量越小。该地区 1997～2003 年各站地下水埋深相对较大，导致地下水对河道补给量减小，基流量多接近于 0；2003～2011 年，各站地下水埋深减小，并且逐年变化平稳，地下水对河道补给相对稳定，基流量与地下水埋深的负相关关系更为显著。

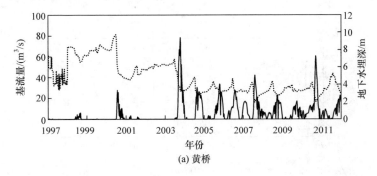

(a) 黄桥

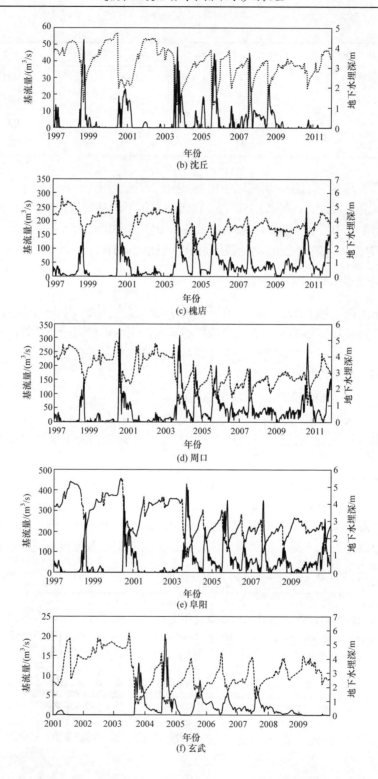

(b) 沈丘

(c) 槐店

(d) 周口

(e) 阜阳

(f) 玄武

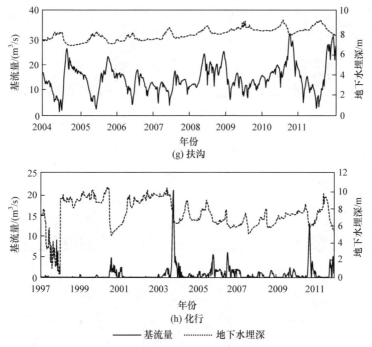

图 3.31　颖涡研究区各站基流量与面平均地下水埋深动态关系

2) 地下水埋深与基流量相关关系分析

点绘各站基流量与面平均地下水埋深关系图(图 3.32),可以看出,除扶沟、化行地下水埋深大的两个流域外,其他流域基流量与地下水埋深之间的关系可表示为如下两段形式:

$$Q_b = \begin{cases} K(D_0 - D), & D_0 > D \\ 0, & D_0 \leqslant D \end{cases} \tag{3.17}$$

式中, D 为面平均地下水埋深(m); D_0 为河道底部深度(m); K 为系数(m^2/s)。

当 $D_0 > D$ 时,各站 Q_b 与 D 之间存在线性相关,由线性拟合,求得系数 K、D_0 以及 R^2 值,见表 3.25。

表 3.25　各流域 K、D_0、R^2 值

变量	阜阳	槐店	黄桥	沈丘	玄武	周口	扶沟	化行
D/m	3.2	3.0	4.7	3.2	3.1	3.8	8.0	7.4
$K/(\text{m}^2/\text{s})$	199.6	167.3	39.1	13.8	5.9	77.7	—	—
D_0/m	2.4	2.2	2.9	3.2	2.6	3.6	—	—
R^2	0.584	0.456	0.541	0.573	0.697	0.361	—	—

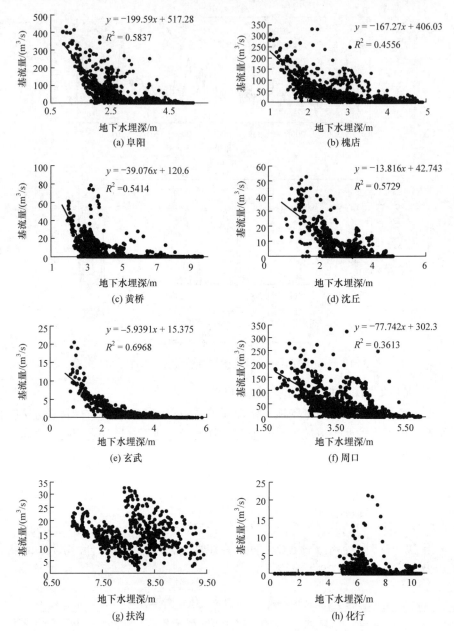

图 3.32　颖涡研究区各流域基流量与面平均地下水埋深关系

由图 3.32 可得，除化行、扶沟两流域，其他各流域基流量与地下水埋深的关系可表述为：当 $D_0 > D$ 时，基流量与地下水埋深呈负线性相关关系，其中阜阳站 K 值最大，达到 199.6m²/s；玄武站 K 值最小，为 5.9m²/s。各站基流量与地下水埋深之间的 R^2 值在 0.50 左右，相关性较好，其中，玄武 R^2 最高，达到 0.70；周

口 R^2 最小，为 0.3613。当 $D_0 \leqslant D$ 时，地下水对河道的补给微弱或停止，基流量基本趋近于 0。各流域 D_0 平均值为 2.8m，其中，槐店 D_0 值最低，为 2.2m；周口 D_0 值最大，为 3.6m。

化行站地下水埋深多分布在 5～11m，扶沟站地下水埋深多分布在 7～9m，而其他具有上述关系的流域地下水埋深分布在 1～5m。可见化行、扶沟流域两站地下水水位过低，导致地下水不对河道进行补给，是该区域基流量与地下水埋深失去关联的原因。

3.4.4　小结

颖涡研究区各子流域的降水量与径流量表现出较强的相关性，相关系数为 0.5～0.9，其中，除扶沟子流域降水-径流相关性较低外，其余各站的降水-径流相关系数均在 0.74 以上。表明河川径流在很大程度上受降水的影响，降水量越大，河川径流就越大。

地下水埋深加大会降低河川径流量。在雨季，不同降水量级下河川径流量与地下水埋深总体呈负相关关系；在浅埋深地区，河川径流量与地下水埋深相关程度高；随着地下水埋深加大，地下水埋深与径流量相关性减弱。枯水期河川径流受地下水影响更为显著，枯水季节径流量与地下水埋深负相关程度高。

流域基流量与地下水埋深之间的关系可表示为两段形式，当地下水埋深小于某一临界埋深时，基流量与地下水埋深呈负线性相关关系，但当地下水埋深大于等于此临界埋深时，地下水对河道的补给微弱或停止，基流量基本趋近于 0。

参 考 文 献

安慧, 韦兰英, 刘勇. 2007. 黄土丘陵区油松林人工林和白桦天然林细根垂直分布及其土壤养分的关系[J]. 植物营养与肥料学报, 13(4): 611-619.

高荣乐. 1995. 黄土高原地区的水土保持与区域经济发展[J]. 水土保持通报, 15(5): 1-5.

侯庆春. 2000. 黄土丘陵典型地区植被建设中有关问题的研究[J]. 水土保持研究, 7(2): 102-110.

黄明斌, 李玉山, 杨新民. 2001. 井—黄土区渭北旱原苹果基地对区域水循环的影响[J]. 地理学报, 56(1): 7-13.

蒋定生. 1997. 黄土高原水土流失与治理模式[M]. 北京: 中国水利水电出版社.

李森. 2006. 植被变化对南小河沟流域水文要素的影响[D]. 西安: 西安理工大学.

李玉山. 1983. 黄土区土壤水分循环及其对陆地水文循环的影响[J]. 生态学报, 3(2): 91-101.

刘春蓁, 刘志雨, 谢正辉. 2004. 近 50 年海河流域径流的变化趋势研究[J]. 应用气象学报, 15(4): 385-393.

穆兴民, 陈国良, 赵克学. 1990. 黄土区旱地春小麦农田水分生态特征与改善途径[J]. 水土保持研究, 1990(1): 55-63.

陶敏, 陈喜. 2015. 黄土高塬沟壑区覆被变化生态水文效益分析[J]. 人民黄河, 37(3): 96-99.

陶敏, 陈喜, 张志才, 等. 2017. 黄土高原区不同地貌类型下入渗水深度研究——以南小河沟为例[J].

中国农村水利水电, (6): 87-96.

王国梁, 刘国彬, 刘芳, 等. 2003. 黄土沟壑区植被恢复过程中植物群落组成及结构变化[J]. 生态学报, (12): 2550-2557.

王进鑫, 王海迪, 刘广全. 2004. 刺槐和侧柏人工林有效根系密度分布规律研究[J]. 西北植物学报, 24(12): 2208-2214.

于静洁, 吴凯. 2009. 华北地区农业用水的发展历程与展望[J]. 资源科学, (9): 1493-1497.

赵忠, 李鹏, 薛文鹏. 2004. 渭北主要造林树种细根生长及分布与土壤密度关系[J]. 林业科学, 40(5): 51-55.

Abramowitz M, Stegun I A. 1964. Handbook of mathematical functions with formulas, graphs, and mathematical tables[J]. Journal of the American Statistical Association, 59(308): 1324.

Batalla R J, Gomez C M, Kondolf G M. 2004. Reservoir-induced hydrological changes in the Ebro River basin (NE Spain)[J]. Journal of Hydrology, 290(1): 117-136.

Box G E, Cox D R. 1964. An analysis of transformations[J]. Journal of the Royal Statistical Society, (Methodol): 211-252.

Fleig A K, Tallaksen L M, Hisdal H, et al. 2006. A global evaluation of streamflow drought characteristics[J]. Hydrology and Earth System Sciences, 10(4): 535-552.

Hurst H E. 1951. Long-term storage capacity of reservoirs[J]. Transactions of the American Society of Civil Engineers, 116(1): 770-799.

Kendall M G. 1975. Rank Correlation Methods[M]. London: Charles Grifin.

Lyne V, Hollick M. 1979. Stochastic time-variable rainfall-runoff modelling[C]//In Institute of Engineers Australia National Conference, Barton.

Ma Z, Kang S, Zhang L, et al. 2008. Analysis of impacts of climate variability and human activity on streamflow for a river basin in arid region of northwest China[J]. Journal of Hydrology, 352(3-4): 239-249.

Mann H B. 1945. Nonparametric tests against trend[J]. Econometrica, 13: 245-259.

McKee T B, Doesken N J, Kleist J. 1993. The relationship of drought frequency and duration to time scales[C]//Proceedings of the 8th Conference on Applied Climatology, Boston.

McKee T B, Doesken N J, Kleist J. 1995. Drought monitoring with multiple time scales[C]//Preprints, 9th Conference on Applied Climatology, Dallas.

Mitchell J M, Dzerdzeevskii B, Flohn H, et al. 1966. Climate change[R]. Geneva: World Meteorological Organization.

Nathan R J, McMahon T A. 1990. Evaluation of automated techniques for base flow and recession analyses[J]. Water resources research, 26(7): 1465-1473.

Piao S L, Ciais P, Huang Y, et al. 2010. The impacts of climate change on water resources and agriculture in China[J]. Nature, 467(2): 43-51.

Press W H. 2007. Numerical Recipes: The Art of Scientific Computing[M]. New York: Cambridge University Press.

Ren L L, Wang M R, Li C H, et al. 2002. Impacts of human activity on river runoff in the northern area of China[J]. Journal of Hydrology, 261(1-4): 204-217.

Thom H C S. 1966. Some methods of climatological analysis[R]. Geneva: World Meteorological

Organization.

Wang W, Chen X, Shi P, et al. 2008. Detecting changes in extreme precipitation and extreme streamflow in the Dongjiang River basin in southern China[J]. Hydrology and Earth System Sciences, 12: 207-221.

Yevjevich V, Ingenieur J, Ingénieur Y, et al. 1969. An objective approach to definitions and investigations of continental hydrologic droughts[J]. Journal of Hydrology, 7(3): 353.

Zelenhasić E, Salvai A. 1987. A method of streamflow drought analysis[J]. Water Resources Research, 23(1): 156-168.

Zhang Q, Liu C L, Xu C Y, et al. 2006. Observed trends of annual maximum water level and streamflow during past 130 years in the Yangtze River basin, China[J]. Journal of Hydrology, 324: 255-265.

Zhang R R, Chen X, Zhang Z C, et al. 2015. Evolution of hydrological drought under the regulation of two reservoirs in the headwater basin of the Huaihe River, China[J]. Stochastic Environmental Research and Risk Assessment, 29(2): 487-499.

Zhang Z X, Chen X, Xu C Y, et al. 2011. Evaluating the non-stationary relationship between precipitation and streamflow in nine major basins of China during the past 50 years[J]. Journal of Hydrology, 409(1-2): 81-93.

第4章　流域水文要素时空异质性及变化趋势辨识

流域是水文过程模拟、水平衡计算和水资源管理的基本单元。受气候和下垫面特征空间分布不均匀性影响，降水、蒸散发、径流等水文要素在流域内时空分布呈现不均匀特征，即异质性。在全球增温背景下，降水非均质性的变化可能导致不同程度洪水、干旱和水土流失的发生，是当前水文研究的热点问题之一。另外，不同气候区气象和下垫面条件存在显著差异，在全球变化背景下气象、水文过程演变特征和影响因素也不同。

降水、蒸散发、径流等水文要素异质性通常采用逐月、季水量占年水量的百分比和距平百分率等加以表述，其随时间变化包括某一时段内总量变化和不同时段内量的分配"结构"变化。流域内气象水文分析要素"结构"变化包括不同站点实测降水、蒸散发、径流等"结构"变化，也包括这些水文要素的统计特征(如平均值、最大值和最小值等)"结构"变化。在站点尺度上，可以通过分析每一站点水文要素及其统计特征随时间的变化，以各站点水文序列的非一致性反映流域面上的"结构"变化规律。对于流域水资源管理和流域防洪等，需要推求水文变量演变及统计特征(如最大降水量和最小降水量、降水集中度、干旱指标)的流域尺度"平均"状态，通常采用站点的几何平均或加权平均等方法加以计算。但受各站点水文、气象要素时间序列非一致性的影响，采用简单的站点水文、气象要素平均值序列，计算的流域水文变量某一统计特征值序列，可能均化流域极端气象、水文事件发生的量级和频次，导致流域尺度气象水文特征值序列趋势性检验结果失真，因此需要分析气象要素统计特征值在站点之间的空间异质性以及随时间的变异性，提出流域尺度水文、气象要素统计特征值变化趋势的检测方法。

气象、水文要素变化趋势受多种要素影响，其中潜在蒸散发变化受气温、辐射、湿度、风速等气象要素的综合影响，增温可导致潜在蒸散发增大，但辐射、风速等下降可降低潜在蒸散发，不同地区影响潜在蒸散发变化的主要控制因子存在差异。因此，辨识潜在蒸散发变化趋势及其影响要素，可为阐明蒸发悖论产生原因提供参考。

本章针对降水、蒸散发两大水文要素，分析站点降水集中度时空演变规律；通过分析站点之间降水集中度时间变化的异质性，提出流域平均降水集中度演变趋势辨识方法。选择我国中温带半湿润地区、高原温带半干旱地区、北亚热带湿润地区和南亚热带湿润地区四个气候区代表性站点，分析不同气候区潜在蒸散发的影响要素，揭示气温升高对潜在蒸散发变化影响的程度。

4.1　降水集中度时空变化特征及趋势分析

以淮河上游支流颍河为研究对象，基于日降水和月降水资料数据系列研究：①降水集中度指数(CI(concentration index)和 PCI(precipitation concentration index))的时空变化规律；②采用 Mann-Kendall 趋势检验法，分析降水集中度指数的变化趋势；③探讨日降水和月降水集中度指数之间的关系，以及年内日降水量分布与最多雨天贡献率之间的关系。

4.1.1　区域概况

颍河是淮河上游支流，漯河站(LH)以上集水面积为 12150km^2，其中山丘区占 75%。流域地形从西北向东南倾斜(图 4.1)，流域西部为山地和丘陵，东部为平原。流域属于大陆性季风气候。在雨季，孟加拉湾上空的印度夏季风增强，32°N~35°N 以南的亚热带西南季风增强，温暖的西南季风和寒冷的北风汇合引起局部或大面积降水。在干旱年份，18°N 以北的印度夏季风、西南亚热带季风和北方冷流减弱，导致淮河流域受到异常发散的气流控制，夏季降水减少(Wang H and Wang Q, 2002)。这种地理和气候特征导致年度和季节性降水分布极不均匀。年平均降水量为 650~1400mm，南部最大、北部最小。年降水量主要集中在 6~9 月的汛期，近 42% 降水发生在 6 月和 8 月。研究表明，流域内暴雨是由 7 月初到 7 月中旬期间梅雨锋造成的(江志红等，2006；Matsumoto，1989)，台风主要发生在 7~10 月(Ding, 1994)。江淮梅雨是东亚夏季风北移过程中形成的特殊雨季。持续的梅雨锋面产生广泛、持久的强降水，此外，还有台风带来的高强度降水。

采用研究区 38 个雨量站逐日观测降水数据，分析降水时空变化格局(表 4.1)，雨量站位置如图 4.1 所示。38 个站点降水序列最长为 60 年(1951~2010 年)，最短为 45 年(1966~2010 年)。缺失降水数据通过其相邻测站的平均值进行插补，从而所有站点都具有 1951~2010 年降水序列资料。研究区三个水库(昭平台水库、白龟山水库、孤石滩水库)控制面积分别为 1430km^2、1310km^2 和 286km^2。年均最大降水量在 1000mm 以上，集中在沙河上游或昭平台水库的入流区域，例如，坪沟(PG) 为 1360mm、鸡冢(JZ) 为 1055mm、中汤(ZT) 为 1020mm、下汤(XT) 为 1010mm(表 4.1 和图 4.1)。区域年均最小降水量小于 700mm，分布在区域内北部或北汝河中部，例如，汝州(RZ) 为 635mm、临汝镇(LRZ) 为 638mm、韩店(HD) 为 659mm、紫罗山(ZLS) 为 675mm(图 4.1 和表 4.1)。

图 4.1　研究区地形、水系特征、降水站点及年平均降水量分布

表 4.1　颍河流域站点基本情况

站点	经度	纬度	年降水量/mm	平均降水日数/d	数据系列(年份)
白草坪(BCP)	112.48°E	33.82°N	900	97	1954~2010
白龟山(BGS)	113.23°E	33.70°N	759	87	1951~2010
宝丰(BF)	113.03°E	33.87°N	753	87	1951~2010
保和(BH)	113.52°E	33.45°N	855	85	1961~2010
达店(DD)	112.88°E	33.55°N	937	89	1953~2010
大营(DY)	112.88°E	33.93°N	741	79	1957~2008
独树(DS)	113.15°E	33.33°N	868	90	1953~2010
二郎庙(ELM)	112.38°E	33.75°N	965	100	1951~2008
府店(FD)	112.35°E	33.93°N	781	88	1953~2010
拐河(GH)	113.00°E	33.47°N	968	98	1955~2010
官寨(GZ)	113.32°E	33.38°N	889	95	1954~2008
韩店(HD)	113.05°E	34.03°N	659	72	1957~2010
何口(HK)	113.73°E	33.52°N	812	90	1955~2010
黄庄(HZ)	112.27°E	34.08°N	721	86	1953~2010
鸡冢(JZ)	112.68°E	33.63°N	1055	97	1957~2008
寄料街(JLJ)	112.63°E	34.05°N	725	83	1957~2010
郏县(JX)	113.32°E	33.92°N	740	73	1951~2010
金汤寨(JTZ)	113.01°E	33.27°N	875	89	1954~2010

站点	经度	纬度	年降水量/mm	平均降水日数/d	数据系列(年份)
两河口(LHK)	112.27°E	33.87°N	722	91	1951~2010
临汝镇(LRZ)	112.06°E	34.27°N	638	81	1953~2010
簸子沟(LZG)	112.35°E	34.01°N	713	90	1954~2010
鲁山(LS)	112.90°E	33.75°N	832	88	1951~2010
漯河(LH)	114.03°E	33.58°N	783	89	1950~2010
澎河(PH)	113.00°E	33.65°N	883	83	1966~2010
坪沟(PG)	112.47°E	33.70°N	1360	114	1962~2008
汝州(RZ)	112.83°E	34.17°N	635	80	1951~2010
神后(SH)	113.22°E	34.12°N	735	78	1953~2010
四里店(SLD)	112.92°E	33.47°N	924	91	1955~2010
瓦屋(WW)	112.67°E	33.88°N	819	89	1953~2010
下孤山(XGS)	112.72°E	33.87°N	801	93	1961~2010
下汤(XT)	112.68°E	33.72°N	1010	97	1951~2010
小史店(XSD)	113.32°E	33.15°N	930	87	1951~2010
襄城(XC)	113.47°E	33.85°N	764	82	1951~2010
昭平台(ZPT)	112.77°E	33.72°N	940	95	1951~2010
治平(ZP)	113.28°E	33.25°N	798	77	1966~2010
滍阳(ZY)	113.13°E	33.78°N	752	82	1953~2008
中汤(ZT)	112.57°E	33.75°N	1020	100	1961~2010
紫罗山(ZLS)	112.52°E	34.17°N	675	89	1962~2010

4.1.2　研究方法

Oliver 等(1980)提出月降水集中度指数系列及其变异系数,分析月降水的不均匀性。de Luis 等对此进行了修正,改进后月降水集中度指数(PCI)表示为

$$\text{PCI} = 100 \times \frac{\sum\limits_{i=1}^{12} P_i^2}{\left(\sum\limits_{i=1}^{12} P_i\right)^2} \tag{4.1}$$

式中, P_i 为第 i 个月的降水量,计算研究区每个站点逐年降水量的 PCI 值。Oliver 指出, 若 PCI 值低于 10, 表明年内月平均降水量分布均匀; PCI 值为 11~20, 表示降水量分布具有季节性; PCI 值大于 20 表示降水存在显著季节性。

Martin-Vide(2004)提出另一种集中度指数(CI)，用以确定不同日降水量级之间的相对影响，如最大降水量对日降水量的非均匀性影响(Coscarelli and Caloiero, 2012；Li et al., 2010)。在给定的时期和地点，日小降水的概率高于日大降水的概率。换言之，如果从最低日降水量开始，每日降水的绝对频率将呈指数下降(Martin-Vide, 2004；Brooks and Carruthers, 1953)。

基于 Riehl(1949)、Olascoaga(1950)、Martin-Vide(2004)、Coscarelli 和 Caloiero(2012)的研究，采用以下步骤分析在降水发生期间由累积降水日百分比(N_i)贡献的降水量累积百分比(P_i)：①对降水等级进行分类(如采用 1mm 级间隔)；②计算降水范围落入每个等级间隔(i=1, 2,…, N)，并计算相关的降水量天数；③计算步骤②中的输出项目累计总和；④基于步骤③，计算累积降水日百分比和对应的降水量。

如果将累积降水日百分比(N_i)与降水量累积百分比(P_i)作图，则得到表示 N_i 与 P_i 的指数曲线(Martin-Vide, 2004)：

$$\sum_{i=1}^{n} P_i = a \sum_{i=1}^{n} N_i \exp\left(b \sum_{i=1}^{n} N_i \right) \tag{4.2}$$

式中，a 和 b 为回归系数。

方程(4.2)称为集中程度曲线或洛伦兹曲线(Lorenz curve)，其广泛应用于很多领域(Shaw and Wheeler, 1994)。值得注意的是，绘制的洛伦兹曲线两个轴的变化范围从 0% 到 100%，总绘图区域为 10000。因此，可采用 Gini 指数(2S/10000)量化集中程度，其中 S 是由象限的分割线和洛伦兹曲线所包围的面积。指数曲线(式(4.2))在 0~100 的定积分是曲线下部面积 A'：

$$A' = \left[\frac{a}{b} e^{b \sum_{i=1}^{n} N_i} \left(\sum_{i=1}^{n} N_i - \frac{1}{b} \right) \right]_0^{100} \tag{4.3}$$

基于 A'，由洛伦兹曲线、等分布线 N_i 围绕的面积 S'(5000 与 A' 的值之差)，采用最小二乘法可以估计式(4.3)中的系数 a 和 b，则日降水集中度指数(CI)类似于 Gini 指数，可以定义为

$$CI = \frac{S'}{5000} = \frac{5000 - A'}{5000} \tag{4.4}$$

因此，CI 值由等值线划定的下三角面积与 S' 的差值求得(Martin-Vide, 2004)。CI 表示某一特定持续时间(如几天)内发生的极端降水对特定时间段(如 1 年)总降水量的贡献。由于降水极值与洪水事件密切相关，研究 CI 对于更好地了解研究区发生的洪水事件具有重要的科学意义和实用价值。

基于秩的非参数 Mann-Kendall 方法，可以检测两个指标(PCI 和 CI)时间序列

的趋势,计算方法参见 3.1.1 节的 Mann-Kendall 方法。分别计算每一站点逐年日、月降水量序列的 CI 和 PCI 值,使用 Kriging 方法进行插值(Isaaks and Srivastava, 1989),得出其空间变化;利用线性相关分析,得出 PCI、CI、降水量与多雨天降水量占比之间的关系。

4.1.3 结果与分析

1. PCI 的时空变化

表 4.2 列出了 1951~2010 年颍河流域各站点研究期多年平均 PCI 值,其空间分布如图 4.2 所示。所有站点多年平均 PCI 值变化范围为 17.1~20.5(最小值为临汝镇站,最大值为治平站)。由 Oliver(1980)提出的分类标准可知,研究区各站点降水量都存在季节性变化特性。其中,位于山地到平原的过渡地带澧河和沙河上游以及北汝河中游,降水季节性变化非常明显(图 4.2)。

各个站点 PCI 值和由 Mann-Kendall 方法(式(3.6))得到的 PCI 的标准化统计值 Z_{PCI} 见表 4.2。表中 Z_{PCI} 的绝对值均小于 1.67,这意味着在 90% 的显著性水平下,任意一站点的趋势都是不显著的。但值得注意的是,除了郏县站和襄城站,其他站点都呈增加趋势。表明 20 世纪 50 年代以来,年降水量越来越集中于多雨(夏季)季节。

表 4.2 1951~2010 年颍河流域内 38 个观测站点的日降水、月降水集中度指数及其标准化统计变量的计算结果

站名	a	b	R^2	CI	Z_{CI}	PCI	Z_{PCI}	$P(15\%)$ /%	$P(25\%)$ /%
白草坪 (BCP)	0.0105	0.0504	0.9896	0.6958	1.37	19.5	0.53	59.47	74.93
白龟山 (BGS)	0.0073	0.0552	0.9917	0.7138	0.44	18.4	0.45	61.64	77.12
宝丰 (BF)	0.0107	0.0503	0.9911	0.6937	0.95	18.7	0.09	59.59	75.18
保和 (BH)	0.0137	0.0473	0.9921	0.6779	−0.88	17.8	0.74	58.03	73.56
达店 (DD)	0.0113	0.0496	0.9912	0.6938	2.91***	19.4	0.60	59.50	75.05
大营 (DY)	0.0204	0.0434	0.9914	0.6603	3.27***	17.8	0.71	56.38	71.90
独树 (DS)	0.0077	0.0565	0.9892	0.7150	2.43**	19.8	1.55	62.08	76.91
二郎庙 (ELM)	0.0112	0.0511	0.9906	0.6969	1.42	18.9	0.40	59.62	74.99
府店 (FD)	0.0285	0.0406	0.9922	0.6364	3.12***	17.3	0.33	53.74	69.53
拐河 (GH)	0.0074	0.0553	0.9908	0.7151	−0.75	18.7	0.53	62.02	77.19

站名	a	b	R^2	CI	Z_{CI}	PCI	Z_{PCI}	$P(15\%)$/%	$P(25\%)$/%
官寨 (GZ)	0.0091	0.0544	0.9912	0.7033	−0.96	18.1	1.67	60.32	75.90
韩店 (HD)	0.0184	0.0438	0.9923	0.6615	3.29***	19.7	0.66	56.33	71.95
何口 (HK)	0.0095	0.0510	0.9918	0.6963	−0.89	18.0	1.12	59.86	75.53
黄庄 (HZ)	0.0226	0.0424	0.9934	0.6433	2.25**	17.2	0.79	54.40	69.63
鸡冢 (JZ)	0.0080	0.0529	0.9900	0.7100	1.48	19.2	0.30	61.27	76.61
寄料街 (JLJ)	0.0201	0.0433	0.9939	0.6553	1.06	18.0	0.67	55.81	71.66
郏县 (JX)	0.0216	0.0416	0.9921	0.6525	−0.49	19.5	−0.30	55.52	70.88
金汤寨 (JTZ)	0.0080	0.0550	0.9899	0.7122	0.67	19.3	1.45	61.56	76.30
两河口 (LHK)	0.0228	0.0424	0.9934	0.6475	2.10**	17.7	0.58	54.96	70.93
临汝镇 (LRZ)	0.0198	0.0429	0.9944	0.6523	2.79***	17.1	0.46	55.13	71.48
篓子沟 (LZG)	0.0153	0.0453	0.9945	0.6657	0.89	17.4	0.11	56.52	73.15
鲁山 (LS)	0.0103	0.0517	0.9912	0.7025	0.71	19.1	0.48	60.82	75.82
漯河 (LH)	0.0100	0.0508	0.9919	0.6974	0.38	18.2	0.93	60.16	75.53
澎河 (PH)	0.0132	0.0486	0.9917	0.6847	2.64***	18.4	0.31	58.50	73.81
坪沟 (PG)	0.0100	0.0535	0.9908	0.7073	2.51**	17.9	0.25	61.39	76.42
汝州 (RZ)	0.0217	0.0428	0.9948	0.6495	3.04***	17.2	0.63	54.79	71.21
神后 (SH)	0.0148	0.0454	0.9923	0.6744	−0.65	18.7	0.56	57.44	73.26
四里店 (SLD)	0.0099	0.0519	0.9902	0.7010	2.16**	19.2	0.80	60.32	75.48
瓦屋 (WW)	0.0108	0.0500	0.9908	0.6941	1.70*	19.6	0.48	59.27	74.55
下孤山 (XGS)	0.0084	0.0524	0.9904	0.7065	0.59	19.2	0.14	61.09	76.28
下汤 (XT)	0.0082	0.0529	0.9908	0.7101	2.69***	19.7	0.85	61.46	76.49
小史店 (XSD)	0.0119	0.0502	0.9890	0.6915	2.22**	18.5	1.56	59.04	74.19

续表

站名	a	b	R^2	CI	Z_{CI}	PCI	Z_{PCI}	$P(15\%)$ /%	$P(25\%)$ /%
襄城 (XC)	0.0119	0.0489	0.9932	0.6866	−0.60	19.1	−0.51	58.75	74.43
昭平台 (ZPT)	0.0077	0.0546	0.9919	0.7138	1.67*	18.7	0.17	61.82	77.09
治平 (ZP)	0.0111	0.0495	0.9919	0.6938	1.58	20.5	0.13	59.41	75.01
潶阳 (ZY)	0.0138	0.0492	0.9917	0.6871	2.53**	19.2	0.85	58.93	74.26
中汤 (ZT)	0.0064	0.0543	0.9903	0.7162	0.85	19.0	0.13	61.99	77.33
紫罗山 (ZLS)	0.0119	0.0468	0.9937	0.6781	0.82	17.2	0.60	57.94	73.99

*、**和***分别表示 Z_{CI} 在显著性水平 $\alpha=0.1$、$\alpha=0.05$ 和 $\alpha=0.01$ 下显著。

2. CI 的时空变化

由各站点日降水洛伦兹曲线，根据式(4.2)和式(4.3)计算回归系数 a 和 b，估计 38 个站点的 CI 值(表 4.2)。以大营站 CI 值为例，模拟值和观测值的拟合十分一致(图 4.3)。统计分析表明，所有站点模拟值与观测值之间的确定系数 R^2 高达 0.96。从表 4.2 可知，所有站点多年平均 CI 值变化范围为 0.6364～0.7162(最小值和最大值站点分别为府店站和中汤站)。CI 值为 0 表示降水分布完全均匀，CI 值为 1 表示所有降水均集中于某一时间。本节得到的 CI 值变化范围为 0～1，说明研究区日降水年内分布不均匀。

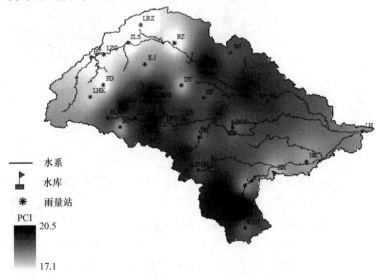

图 4.2　研究区 PCI 值变化趋势空间分布

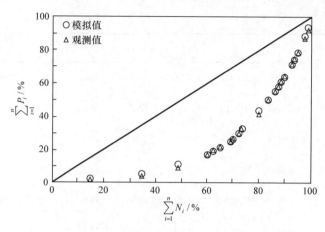

图 4.3　大营站日降水洛伦兹曲线

$\sum_{i=1}^{n} P_i$ 表示降水量 P_i 日累积百分比($i=1, \cdots, n$)，$\sum_{i=1}^{n} N_i$ 表示雨天数 N_i 日累积百分比($i=1, \cdots, n$)

图 4.4 所示为研究区多年平均 CI 值的空间分布，CI 值大的区域大部分位于研究流域南部和海拔较低位置，特别是多集中于昭平台水库、白龟山水库和孤石滩水库三个水库控制区。

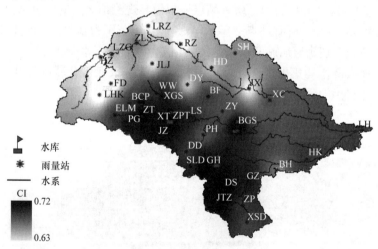

图 4.4　研究区多年平均 CI 值的空间分布

图 4.5 所示为研究区内 38 个站点在 1951～2010 年逐年 CI 值的变化趋势。31 个站点的 CI 值呈增加趋势，7 个站点呈减少趋势。CI 值上升趋势站点集中于西部和中部，而下降趋势站点集中于流域下游的东部。在 38 个站点中，17 个降水系列在 90% 显著性水平下呈现显著变化趋势，而 15 个系列在 95% 显著性水平下呈现显著变化趋势。在北汝河和沙河流域上游和中游，CI 值的增加趋势显著。在昭平台、白龟山和孤石滩三个水库区 CI 值增加趋势尤为显著。在这三个水库区域，

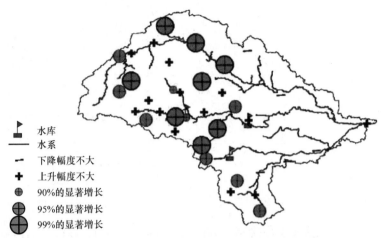

图 4.5　1951～2010 年研究区逐年 CI 值的变化趋势

降水集中度高意味着一年中大部分降水集中在短时间内，说明发生洪水的可能性大大增加，可加重水土流失，故应加强这三个区域工程调控措施，做好相应的防洪准备和水资源利用策略。

3. 短期和长期降水变化格局之间的关系

从图 4.3 可知，由特定降水天数占比可以推求相应的降水量占比。在图 4.6 中，

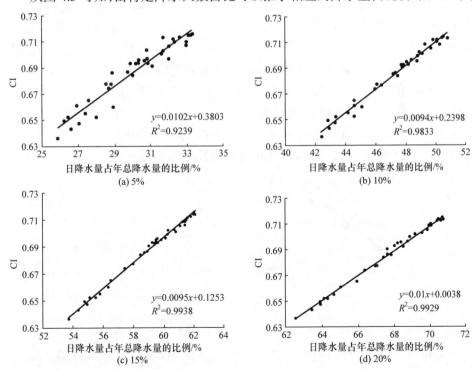

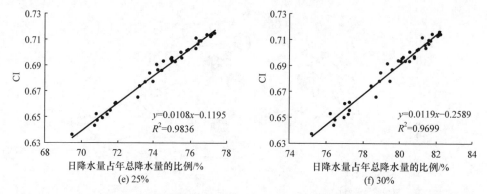

图 4.6　38 个站点多年平均 CI 值与特定比例下日降水量占年总降水量比例之间的关系

横坐标表示 38 个站点依次取降水天数占比为 5%～30% 时，日降水量占年总降水量的比例。由图 4.6 可以看出，降水天数占比为 5% 时，日降水量占年总降水量的比例为 26%～35%，降水天数占比为 10% 时，比例为 42%～51%，降水天数占比为 25% 时，比例为 69%～78%，降水天数占比为 30% 时，比例为 75%～82%。降水天数占比为 15% 和 25% 时，日降水量占年总降水量的比例见表 4.2。其中，府店站 CI 值最小，其降水天数占比为 15% 的日降水量占年总降水量比例最小；中汤站 CI 值最大，降水天数占比 25% 的日降水量占年总降水量的比例最大。

　　为了分析一年中日降水分布的不均匀性是否主要由强降水事件控制，换言之，日降水的不均匀性在多大程度上是由某些强降水造成的。本节点绘多年平均 CI 值与站点降水序列中位于前 5%～30% 的日降水量占年总降水量的比例之间关系，如图 4.6 所示。站点强降水占比越高，则该站的 CI 值就越大。由图 4.6 可知，5%～30% 的日降水量占年总降水量的比例与 CI 之间关系的确定系数 R^2 大于 0.92。通过进一步分析可知，1951～2010 年，CI 值与 15%、25% 的日降水量占年总降水量的比例呈正相关关系(图 4.7)，尤其是大营站，1951～2010 年 CI 值与 15%、25% 的日降水量占年总降水量比例的相关性最高(图 4.7)。

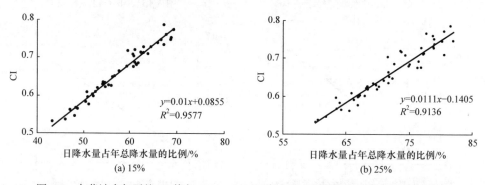

图 4.7　大营站多年平均 CI 值与 15%、25% 日降水量占年总降水量比例之间的关系

　　上述结果表明，日降水的不均匀性主要由强降水事件控制。在不同比例中，15%日降水量占年总降水量比例与 CI 值之间相关关系的确定系数 R^2 最大，为 0.9938(图 4.6(c))。因此，研究区内降水天数占比 15%的日降水量占年总降水量的比例能很好地诠释一年内日降水分布的不均匀性。

　　由于研究区位于北亚热带和暖温带气候之间的过渡带，降水量年内变化与其地理条件一致。图 4.8 表明，日降水量空间分布的不均匀性与年降水量高度相关。年降水量越多，日降水量不均匀性越高，即年降水多的地区，降水发生时间更加集中，几天的高强度降水能改变年总降水量和干湿状况。由年降水量和降水天数可估算最大日降水量和相应天数(表 4.1)，以降水不均匀性最低的府店站为例，该站连续 4 天、13 天和 22 天的降水量(降水天数占总降水天数的比例分别为 5%、15%和 25%)分别为 203mm、420mm 和 543mm，其分别占总降水量的 26%、53.7%和 69.53%。在日降水不均匀性最高的中汤站，连续 5 天、15 天和 25 天的降水量(降水天数占总降水天数的比例分别为 5%、15%和 25%)分别为 357mm、632mm 和 789mm，其分别占总降水量的 35%、61.99%和 77.33%。

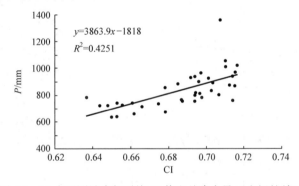

图 4.8　38 个观测站多年平均 CI 值和总降水量 P 之间的关系

　　另一个值得关注的问题是研究区年内月降水分布的不均匀性能否通过日降水分布的不均匀性来解释。图 4.9 表明，38 个站点多年平均 CI 值和 PCI 值呈正相

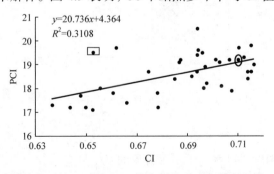

图 4.9　38 个观测站多年平均 CI 值和 PCI 值之间关系(方框是郏县站，椭圆是鸡冢站)

关关系,表明降水季节性变化可以由日降水分布不均匀性来解释。研究区很大比例的降水集中在汛期6~9月,在此期间易发生较强的日降水。

如图4.9所示,根据确定系数R^2,38个观测站CI-PCI的线性关系可以解释两者之间31%的变化。进一步分析鸡冢站(靠近回归线)和郏县站(远离回归线)1951~2010年年均CI值与PCI值之间的关系表明,两种指标之间存在正相关性,但确定系数较低(图4.10)。郏县站1951~2010年的年均CI值与PCI值系列之间的关系不显著,这表明年内的月降水变化仅能部分地由年内日降水分布不均匀性来解释。

图4.11表明PCI与年降水量之间呈正相关关系,但确定系数值小,说明两者相关性并不显著。月降水变化大的地点可出现在总降水量较大的区域(如沙河流域上游),也可能出现在总降水量较小的区域(如北汝河中游地区)。

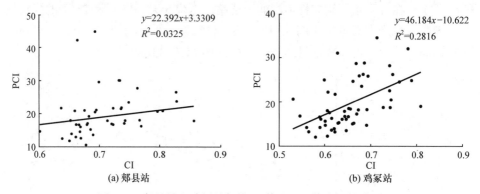

图4.10　郏县站和鸡冢站年均CI值和PCI值之间的关系

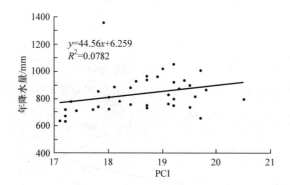

图4.11　38个观测站年降水量和PCI的关系

4.1.4　小结

分析降水集中度对洪水、干旱等现象的发生具有重要意义。本节分析淮河流域上游颍河流域日尺度和月尺度的降水分布不均匀性。采用月降水集中度指数

(PCI)评估降水分布的季节性变化，采用日降水集中度指数(CI)评估最大的日降水事件在总降水中所占的权重。

PCI 结果表明，流域降水季节性变化显著。PCI 和 CI 的高值主要位于流域的南部，尤其集中在昭平台、白龟山和孤石滩这三座水库区域。过去 60 年 CI 值变化的趋势表明，在北汝河和沙河的上游区日降水分布的不均匀性增强，但是在该流域的下游则变弱。尤其是在这三座水库附近，降水季节变化、日降水分布的不均匀性及其增强的趋势都表明降水分布不均匀可能会导致水库防洪和水资源利用难度加大。

不同气候条件下日降水集中度指数 CI 值存在差异。颍河流域日降水集中度指数 CI 值为 0.64～0.72，该值大于意大利南部 Calabria 的 0.43～0.63(Coscarelli and Caloiero, 2012)，小于珠江流域的 0.74～0.8。颍河流域位于北亚热带和暖温带气候之间的过渡带，相比之下，意大利南部 Calabria 是地中海式气候，夏季受亚速尔群岛反气旋控制，其他季节受地中海气旋控制。这种中尺度环流影响降水量及其区域分布，使得不同级别的日降水分布相对均匀(低 CI 值)。而珠江流域受季风气候影响，降水时空分布极不均匀，经常受到持续时间超过一天或数天的台风期极强降水事件的影响，导致 CI 值高。

研究结果也表明，雨季降水的很大比例是由最高四分位数雨天决定的，研究区内降水天数占比15%时的日降水量占年降水量的比例能很好地诠释日降水异质性。由于站点 CI 与 PCI 大部分成正比，说明降水季节性变化较大区域，很大程度是洪水季强降水贡献的。内容详见相关论文(Shi et al., 2014)。

4.2　降水空间异质性对区域降水集中度趋势检验的影响

在全球变暖背景下，气候特征时空分布的异质性和非平稳变化日益显著，是区域气候变化的主要特征。降水非均质性的变化可能导致不同程度的洪水、干旱和水土流失等灾害发生。反映季节变化的月降水集中度指数(PCI)、最大日降水量对总量贡献的日降水集中度指数(CI)是描述降水年内非均质性的重要指标。本节将以淮河源头流域——沙河流域为研究对象，检验 1962～2011 年降水集中度指数全流域变化趋势，主要研究：①流域日降水集中度指数的空间变化特征；②对比考虑和不考虑空间异质性情况下流域范围内降水异质性指数的变化趋势；③各站点降水空间异质性的变化及其对区域尺度降水异质性指数变化趋势的影响。

4.2.1　研究区概况

研究区位于淮河主要支流沙河上游流域(图 3.17)，研究区概况见 3.3.1 节。本研究利用 1962～2011 年 20 个雨量站点的日降水资料，雨量站点的空间分布如图 3.17所示。

4.2.2 研究方法

1. 降水年内变化异质性指标

采用 Martin-Vide(2004)提出的日降水集中度指数(CI)，确定不同类型日降水量的相对变化，并评价最大日降水事件在总降水量中的权重。CI 表示一定时间(如几天)的极端降水对所确定时间间隔(如 1 年)总降水量的贡献。较高的 CI 值表明降水较集中在几个雨天，即最大的日均事件在年降水量中所占的百分比大。为了比较分析降水年内变化的异质性，本研究还选择另一个反映降水年内分布不均匀性的指标，即日降水量≥0.1mm 所确定的湿日数(number of wet days，NW)，同时还计算了年降水总量(annual total amount of precipitation，ATA)。

2. 降水年内变化指标的流域面平均计算方法

1) 站点降水年内变化指标表示方法

流域内 m 个站点逐日降水观测系列，组成矩阵 XX：

$$XX = \begin{bmatrix} X_1^i & X_2^i & \cdots & X_m^i \end{bmatrix} = \begin{bmatrix} x_{11}^i & x_{12}^i & \cdots & x_{1m}^i \\ x_{21}^i & x_{22}^i & \cdots & x_{2m}^i \\ \vdots & \vdots & & \vdots \\ x_{d1}^i & x_{d2}^i & \cdots & x_{dm}^i \end{bmatrix} \tag{4.5}$$

式中，X_m^i 为站点 m 第 i 年的逐日降水观测序列，其中第 i 年共有 d 天，$m=20$。

X_m^i 的年内变化表示为 $X_k^i = \begin{bmatrix} x_{1k}^i \\ x_{2k}^i \\ \vdots \\ x_{dk}^i \end{bmatrix}$，即对应于第 k 站点第 i 年的逐日降水观测值，

其中，d 为第 d 天，$k=1,2,\cdots,m$。

利用 $X_k^i (k=1,2,\cdots,m)$ 计算第 k 站点第 i 年的指标值 I_k^i，具体包括 CI、NW 和 ATA。对于第 i 年第 k 站点的任一指标值(CI、ATA 或 NW)，由 X_k^i 推求的站点各指标值 I_k^i 表示为

$$X_k^i \xrightarrow{k=1,\cdots,m} I_k^i, \quad 即 \begin{bmatrix} X_1^i \to I_1^i \\ X_2^i \to I_2^i \\ \vdots \\ X_m^i \to I_m^i \end{bmatrix} \tag{4.6}$$

式中，$i=1,\cdots,n(n=50)$，对应于 1962～2011 年。

2) 基于流域平均降水序列推求年内变化指标计算方法

基于 20 个雨量站点的逐日记录(图 3.17)，采用 Thiessen 多边形法计算流域内加权降水平均值序列，即逐日面平均降水量(daily areal average precipitation，DAAP)(Otieno et al.，2014；Thiessen，1911)。如各站点面积权重为 $w_k(k=1,2,\cdots,m)$，对每个站点的逐日观测值 x_{jk} 进行加权求和，得到第 i 年的 DAAP 序列 Y^i 如下：

$$Y^i = \begin{bmatrix} w_1x_{11}^i + w_2x_{12}^i + \cdots + w_mx_{1m}^i \\ w_1x_{21}^i + w_2x_{22}^i + \cdots + w_mx_{2m}^i \\ \vdots \\ w_1x_{d1}^i + w_2x_{d2}^i + \cdots + w_mx_{dm}^i \end{bmatrix} = \begin{bmatrix} \sum_{k=1}^{m} w_kx_{1k}^i \\ \sum_{k=1}^{m} w_kx_{2k}^i \\ \vdots \\ \sum_{k=1}^{m} w_kx_{dk}^i \end{bmatrix} = \begin{bmatrix} y_1^i \\ y_2^i \\ \vdots \\ y_d^i \end{bmatrix} \tag{4.7}$$

式中，w_k 为第 k 站点的面积权重；$y_1^i,\cdots,y_d^i$ 为第 i 年第 d 天的流域 DAAP 值。

基于 DAAP 系列计算的年指数(CI、ATA 或 NW)序列，称为 DAAP 衍生的流域尺度 CI、ATA 或 NW 指数序列，使用 RI^i 表示如下：

$$Y^i \to RI^i \tag{4.8}$$

3) 基于站点降水序列推求降水年内变化指数的计算方法

根据式(4.5)，由每个站点的逐日降水序列，推求年内降水变化异质性指标 CI、NW 和 ATA 的指标值 I_k^i($X_k^i \xrightarrow{k=1,\cdots,m} I_k^i$)，再对各站点各个指标值进行聚集或加权，得到基于站点的流域年内降水变化异质性指标 CI、NW 和 ATA 指数序列：

$$SA^i = \sum_{k=1}^{m} w_k I_k^i / m \text{。}$$

该方法看作由测站或网格数据(如数值预报产品)导出的流域指数序列，具有较高的空间分辨率，能够准确地描述空间异质性。由 DAAP 导出的流域平均指数序列，可视为在低分辨率数据(如 GCM 模型中大网格尺度下涵盖整个流域)下的流域指标序列，不能准确地描述空间异质性或不考虑空间异质性。

由于站点间日降水发生时间和强度的不均匀性，即年内降水变化的异质性，基于站点的流域年内降水变化指数序列 SA^i 可能不等于 DAAP 导出的流域指数序列 RI^i。例如，如果一年中所有站点的 NW 等于 100d，则站点导出的流域 NW 显然是 100d。然而，在整个流域尺度上，各站点降水事件的发生大部分是不同步的，因此由 DAAP 序列导出的 NW 值应大于 100d。如果各站点的上述指数具有较强的空间异质性，则由站点降水和 DAAP 导出的这些指数序列差异将更加显著。

3. 修正的 Mann-Kendall 趋势检验法(MMK 检验)

Mann-Kendall 趋势检验法广泛应用于识别时间序列的变化趋势。对于时间序列 $U=\{u_1,u_2,\cdots,u_n\}$，趋势检验统计量为 S，见式(3.3)，其均值为 0，方差见式(3.5)。Kendall(1975)指出，随着观测次数的增加，S 的分布趋于正态。Mann-Kendall 检验标准化统计量 Z 按标准正态分布计算见式(3.6)。

在各站点序列存在自相关性时，由于 S 的期望值仍在 0 左右对称(Hamed and Rao, 1998)，应该采取对序列相关过程进行修正的 Mann-Kendall 检验，修正的 Mann-Kendall 检验估计 Mann-Kendall 趋势检验统计量 S 的方差。针对自相关序列的有效样本大小(ESS)，给出了如下 S 的修正方差(Douglas et al., 2000；Hamed and Rao et al., 1998)：

$$\mathrm{var}^*(S) = \frac{n}{n^*}\mathrm{var}(S) = \eta\,\mathrm{var}(S) \tag{4.9}$$

式中，n 为样本的大小(在本研究中 n=50)；n^* 为 ESS 的估计；η 为序列相关性因子；$\mathrm{var}(S)$由式(3.5)推求。继 Hamed 和 Rao(1998)提出一阶马尔可夫过程修正后，根据一阶秩次相关系数(ρ_1^R)，提出了相关因子 η 的估计式：

$$\eta = 1 + \frac{2(n-3)}{n}\rho_1^R \tag{4.10}$$

本节对于具有显著自相关关系的序列(序列长度 n=50，显著性水平 0.05 时显著自相关的临界值为 0.28)(Natrella, 2010)，采用修正的 Mann-Kendall 检验，替代方程中的 $\mathrm{var}(S)$，即用 $\mathrm{var}^*(S)$表示方程(3.5)。

4. 流域平均序列的趋势检验

1) 站点标准化指标序列的对齐秩检验

根据 Farrell(1980)以及 Belle 和 Hughes(1984)建议，采用对齐秩法对流域内存在站点变化或年内具有季节性变化的数据进行趋势检验。对齐秩法在对每个基准序列中删除块效应(每个站点的平均值或每个月的平均值)后，然后对所有站点或每个月数据进行排序，根据对齐秩等级创建统计数据，进行趋势显著性统计检验(Belle and Hughes, 1984)。对齐秩法是对整个数据进行排序，而不考虑站点或季节之间的差异，即假设各块之间的差异是一致的。

利用 t 统计量(Fisher, 1925)，对各站点的指标序列进行标准化处理，克服了站点间均值和方差波动的影响。计算步骤如下。

(1) 在站点 k，利用 t 统计量(Fisher, 1925)对 1962～2011 年(n = 50)的指数序

列 I_k^i $(i=1,2,\cdots,n)$ 进行如下变换：

$$t_k^i = \frac{I_k^i - \overline{I}_k}{s_k} \tag{4.11}$$

式中，$\overline{I}_k$ 为研究期 k 站点特定指标的平均值；s_k 为 k 站点研究期该指标的标准差

估计值，即 $s_k = \sqrt{\dfrac{1}{n-1}\displaystyle\sum_{i=1}^{n}(I_k^i - \overline{I}_k)^2}$。标准化指标值的矩阵如下：

$$\begin{bmatrix} t_1^1 & t_2^1 & \cdots & t_m^1 \\ t_1^2 & t_2^2 & \cdots & t_m^2 \\ \vdots & \vdots & & \vdots \\ t_1^n & t_2^n & \cdots & t_m^n \end{bmatrix}$$

因此，t_k^i 为第 i 年 k 站点任何指标的标准化值。

(2) 基于站点值(t_k^i)平均，得到区域/流域平均标准化序列(RA$_i$)，即

$$\mathrm{RA}_i = \sum_{k=1}^{m} w_k t_k^i \tag{4.12}$$

式中，w_k 为 k 站点 Thiessen 多边形法面积权重(Otieno et al., 2014；Thiessen, 1911)，

且 $\displaystyle\sum_{k=1}^{m} w_k = 1$。

(3) 根据区域/流域平均归一化序列 RA 的序列相关性水平，选择 Mann-Kendall 或修正的 Mann-Kendall 进行趋势性检验。在本研究中，所有趋势检验的显著性水平设定为 0.05。

2) 基于块内方法的流域平均序列趋势检验

就块内方法而言，首先计算每个站点统计量，如肯德尔 τ，然后求和，形成一个统计量(Belle and Hughes, 1984；Hirsch et al., 1982)。Douglas 等(2000)基于时间序列的自相关和互相关，提出的区域平均 Mann-Kendall 检验(RAMK 检验)是一种典型的块内方法。考虑站点的面积权重，区域平均 Mann-Kendall 检验流程如下。

(1) 对于研究时段内($i=1,\cdots,n$)站点 k 特定的指标序列 I_k^i，在不考虑序列相关性的情况下(在假设独立情形下)，分别按照式(3.3)和式(4.9)计算 Mann-Kendall 检验的相应统计量 S_k 及其方差 var(S_k)。

(2) 考虑序列自相关及序列之间的互相关，各站点加权的平均统计量($\overline{S}$)与考虑了序列自相关及互相关影响的方差 var($\overline{S}_c$)的计算公式如下：

$$\overline{S} = \sum_{k=1}^{m} w_k S_k \tag{4.13}$$

$$\begin{aligned}
\operatorname{var}(\overline{S}_c) &= \sum_{k=1}^{m} w_k^2 \eta_k \operatorname{var}(S_k) + 2\sum_{k=1}^{m-1}\sum_{l=k+1}^{m} w_k w_l \operatorname{cov}(S_k, S_l)\\
&= \sum_{k=1}^{m} w_k^2 \eta_k \operatorname{var}(S_k) + 2\sum_{k=1}^{m-1}\sum_{l=k+1}^{m} w_k w_l \sqrt{\eta_k \eta_l \operatorname{var}(S_k)\operatorname{var}(S_l)}\,\rho_S^{k,l}
\end{aligned} \tag{4.14}$$

式中，w_k 为站点 k 的面积权重；η_k 和 η_l 分别为 k 站点和 l 站点之间的序列相关因子；$\operatorname{var}(S_k)$ 和 $\operatorname{var}(S_l)$ 分别为站点 k 和站点 l 的方差；$\rho_S^{k,l}$ 为站点 k 与站点 l 之间的 Spearman 相关系数；m 为测试站点的总数($m=20$)。本节研究中，只统计显著的互相关序列，即对于序列长度 $n=50$，显著性检验大于 0.05 的临界值(0.28)序列(Choi, 1977；Kendall, 1975；Fieller et al., 1957)，计算其 $\operatorname{var}(\overline{S}_c)$。

(3) 区域平均 Mann-Kendall 检验的标准统计量估计如下：

$$\overline{Z} = \begin{cases} \dfrac{\overline{S}-1}{\sqrt{\operatorname{var}(\overline{S}_c)}}, & \overline{S} > 0 \\[2mm] 0, & \overline{S} = 0 \\[2mm] \dfrac{\overline{S}+1}{\sqrt{\operatorname{var}(\overline{S}_c)}}, & \overline{S} < 0 \end{cases} \tag{4.15}$$

3) 基于 Bootstraping 算法的区域趋势显著性检验

基于 N 个站点的显著性检验，可以判断区域趋势是否显著(Douglas et al., 2000；Livezey and Chen, 1983)。对于在 p 显著性水平上(如 $p=0.05$)的 N 个序列检验，如果被拒绝的测试数目 M 超过临界值(M_0)，即 $M \geqslant M_0$，则区域趋势是显著的；否则它是不显著的。如果 N 个显著性水平为 p 的检验是独立的，则被拒绝的检验数目(M)可以用二项分布(Livezey and Chen, 1983)来表示，并且可以得到任意意义的临界值。在 Douglas 等(2000)进行的显著性检验中，假设样本均值服从经验分布的自举法(Efron, 1992)与抽样样本模拟一致。因此，采用该方法检验对齐秩法和块内法得出的区域趋势显著性检验结果。

对于基于各站点指标序列 $(I_1^i, I_2^i, \cdots, I_m^i)$ 标准化值的对齐秩 Mann-Kendall 检验，式(4.12)计算区域指标序列 RA_i，抽样 10000 次，并对每组样本重复这样的过程。在 10000×20 抽样样本基础上，按式(4.13)计算区域指标 RA 的统计量 S，得到统计量 S 的经验累积分布函数(CDF)，然后采用经验累积分布函数，确定与 S 相关的站点显著性，即

$$p(S \leqslant s) = \frac{r}{n_B + 1} \tag{4.16}$$

式中，r 为模拟序列 S 的秩(按升序排列)；n_B 为重复抽样的次数(10000 次)。基于经验累积分布函数，从历史序列中获得相应的 S_h，并分析站点显著性，即 $p(S \leqslant S_h)$。

对于块内法的 RAMK 检验，基于站点得出的区域指标序列 $(I_1^i, I_2^i, \cdots, I_m^i)$，计算

每个站点的 S 值，并在 10000×20 模拟样本的基础上，得到 20 个站点的 RAMK 统计量($\overline{S}$)。然后，得到各指标的 RAMK 统计量($\overline{S}$)经验累积分布函数。在计算了 20 个站点各历史降水指数的 RAMK 值后($\overline{S}_h$)，可以估计相应的 p 值，即 $p(\overline{S} \leqslant \overline{S}_h)$。

为了将 Mann-Kendall 检验和 RAMK 检验进行比较，使用标准正态分布逆函数($\varPhi^{-1}(\cdot)$)，将 $p(S \leqslant S_h)$ 和 $p(\overline{S} \leqslant \overline{S}_h)$ 转换为标准值(Z_B 和 $\overline{Z}_B$)，即

$$Z_B = \varPhi^{-1}\left[p(S \leqslant S_h) \right] \tag{4.17}$$

$$\overline{Z}_B = \varPhi^{-1}\left[p(\overline{S} \leqslant \overline{S}_h) \right] \tag{4.18}$$

在显著性水平 0.05 上，Z_B 和 $\overline{Z}_B$ 的接受区间为 $(-1.96, 1.96)$。趋势检验值在区间范围内，则表明历史数据趋势变化不显著。

5. 空间异质性的变化趋势

为了明确地表达流域内时段降水不均匀性指标的空间异质性，即不同站点之间的空间差异，计算这些指标在各站点之间的标准差 t_k^i，定量描述空间异质性，即

$$\mathrm{SD}_i = \sqrt{\frac{1}{1+\sum\limits_{k=1}^{m} w_k^2} \frac{1}{m} \sum_{k=1}^{m} w_k (t_k^i - \overline{t^i})^2} \tag{4.19}$$

式中，SD_i 为标准化指标值在第 i 年 m 个站点的加权标准差；t_k^i 为第 i 年中在站点 k 处的标准化指标值；$\overline{t^i}$ 为所有监测站点 t_k^i 的面积加权平均值；w_k 为站点 k 的面积权重，且 $\sum\limits_{k=1}^{m} w_k = 1$；$m=20$；$i=1,2,\cdots,n(n=50)$。

序列 SD_i 代表站点空间异质性的时间演变过程。在特定的第 i 年，若 SD_i 接近 0，则各站点 $t_k^i(k=1,2,\cdots,m)$ 等于空间平均值 $\overline{t^i}$；否则，各站点之间的标准化指标值 t_k^i 不同。对于每个指标，根据指标序列 SD_i 自相关的显著性水平，使用 Mann-Kendall 检验或修正的 Mann-Kendall 检验方法检测空间异质性随时间的变化趋势。

6. 时空异质性变化对 DAAP 导出的区域指标的影响

如果根据大空间尺度上站点降水量平均序列计算区域异质性指标，如本节中根据区域/流域日平均降水量(DAAP)计算 RI_i，或者根据大尺度网格数据(如不考虑网格内空间变化的 GCM 输出)计算区域异质性指标，则该区域异质性指标随时间的变化趋势可能不同于基于站点的区域指标序列 RA_i 的变化趋势。这里研究各站点异质性指标的时空变化 SD_i 如何影响区域尺度异质性指标的趋势。本节采用反映广义位置、尺度和形状的可加(generalized additive models for location, scale and shape, GAMLSS)

模型，对 RI_i 进行标准化之后获得的 NRI_i，并分析其与 RA_i 和 SD_i 的关系。

GAMLSS模型假设观测值 $O_i(i=1,2,\cdots,n)$ 的分布函数为 $F_o(O_i\,|\,\theta_i)$，其中 $\theta_i=(\theta_1^i,\theta_2^i,\cdots,\theta_p^i)$ 是描述随机变量分布函数位置、尺度和形状特征的 p 个参数向量。在水文领域，通常情况下 $p\leqslant4$(Villarini et al.，2009；Stasinopoulos and Rigby，2007；Rigby and Stasinopoulos，2005)。其分布参数与协变量的关系用单调关联函数 $g_l(\cdot)$ $(l=1,2,\cdots,p)$ 表示。

在大多数情况下，t 统计量渐近正态分布。然而，在某些模型中，t 统计量的分布不同于正态分布，而具有明显的偏度。因此，除正态分布外，还选择了两个分布函数：Gumbel 分布和第一型极值分布，用于 t 统计量存在偏度的候选分布函数，见表 4.3。区域异质性指标(NRI)与 RA 和 SD 的关系为

$$g_l(\theta_l) = \Phi_l\beta_l \tag{4.20}$$

式中，θ_l 为函数 $g_l(\theta_l)$ 的估计参数；Φ_l 为解释变量(即协变量 RA 和 SD)的矩阵；β_l 为函数 $g_l(\theta_l)$ 的系数向量。这种关系可以是线性的，也可以平滑拟合获得。本节中利用三次样条函数获得平滑函数。

利用赤池信息准则(Akaike information criterion，AIC)(Bozdogan，2000；Akaike，1974)，将 AIC 值最小的函数类型作为变量的分布函数。为了避免模型过度拟合，在所有情况下，三次样条中的自由度都不大于 $\ln n$(López-Moreno et al.，2013)。为了保证所选择的模型能够充分描述系统结构，检验残差的前四阶统计矩、概率相关图、Filliben 相关系数(Filliben，1975)。绘制残差 worm 图(van Buuren and Fredriks，2001)作为残差的图形检查。所有计算都是基于 R 语言的 GAMLSS 包。详细信息可参考 Rigby 和 Stasinopoulos(2005)、Stasinopoulos 和 Rigby(2007)的相关文献。

表 4.3　异质性指标序列建模采用的概率密度函数及关联函数

分布函数	概率密度函数	关联函数 $g(\cdot)$	
		μ	σ
正态分布	$f_y(y\,\|\,\mu,\sigma)=\dfrac{1}{\sqrt{2\pi\sigma^2}}\exp\left[-\dfrac{(y-\mu)^2}{2\sigma^2}\right]$ $-\infty<y<+\infty,\ \ \sigma>0$	保持不变(identity$(\cdot)$)	$\ln(\cdot)$
Gumbel 分布	$f_y(y\,\|\,\mu,\sigma)=\dfrac{1}{\sigma}\exp\left[\left(\dfrac{y-\mu}{\sigma}\right)-\exp\left(\dfrac{y-\mu}{\sigma}\right)\right]$ $-\infty<y<+\infty,\ \ -\infty<\mu<+\infty,\ \ \sigma>0$	保持不变(identity$(\cdot)$)	$\ln(\cdot)$
第一型极值分布	$f_y(y\,\|\,\mu,\sigma)=\dfrac{1}{\sigma}\exp\left[-\left(\dfrac{y-\mu}{\sigma}\right)-\exp\left(\dfrac{y-\mu}{\sigma}\right)\right]$ $-\infty<y<+\infty,\ \ -\infty<\mu<+\infty,\ \ \sigma>0$	保持不变(identity$(\cdot)$)	$\ln(\cdot)$

4.2.3　结果与分析

1. 降水指标的时空变化特征

根据 1962~2011 年 20 个站点的观测数据，采用反距离加权(inverse distance weighted，IDW)方法(Watson and Philip, 1985)对每个指标的时段平均值进行空间插值(图 4.12)。湿日数(NW)和年降水总量(ATA)的平均值表现出类似的空间模式(图 4.12(a)和(b))。在空间分布上，湿日数与年降水总量成正比，如西南偏高，东部偏低。相比之下，图 4.12(c)中的 CI 在空间模式上表现出明显的差异。表 4.4 总结了研究期内反映时空变化特征的各项指标的统计数据。根据所有站点年平均值的最大值和最小值($\max M$ 和 $\min M$)，区域平均 ATA 比 CI、NW 呈现出更显著的年内变异。根据站点间差异的最大值和最小值($\max D$ 和 $\min D$)，各站点之间的空间变化非常显著。CI 和 ATA 最大值比最小值大四倍多。

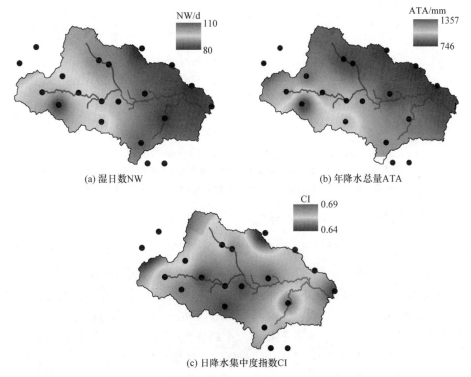

(a) 湿日数NW　　　　　　　　　(b) 年降水总量ATA

(c) 日降水集中度指数CI

图 4.12　1962~2011 年各异质性指标多年平均值空间分布(见彩图)

20 个站点每个指标序列的自相关及互相关系数如图 4.13 和表 4.4 所示。湿日数(NW)、年降水总量(ATA)和降水集中度(CI)分别有 1 个站点(占总位点的 5%)、4 个站点(20%)、8 个站点(40%)的指标序列呈现显著自相关(表 4.4 中的 PSS)。所有站

点指标序列的整体空间相关性(互相关)用下列区域平均互相关系数($\bar{\rho}_S^{xx}$)估计:

$$\bar{\rho}_S^{xx} = \frac{2\sum_{k=1}^{m-1}\sum_{l=k+1}^{m}\rho_S^{k,l}}{m(m-1)} \tag{4.21}$$

式中，$\rho_S^{k,l}$ 为站点 k 和站点 l 观测值之间的互相关系数；$m=20$。表 4.4 给出了 $\bar{\rho}_S^{xx}$ 的估计值，以及其中互相关显著的序列对数占总序列对数($m(m-1)/2=190$)的百分比(percentage of significantly cross-correlation，PSC)。较大的 $\bar{\rho}_S^{xx}$ 和 PSC 值表明，这 20 个位点的指标序列间具有很高的相关性。

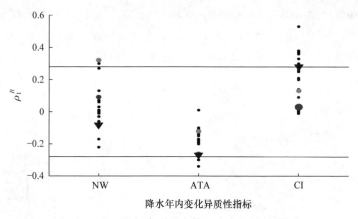

图 4.13　基于指标序列秩次的一阶自相关系数 ρ_1^R

每个站点( )、基于单站的区域平均(RA)(▼)、标准化日均降水量衍生的区域指数(NRI)(●)和空间异质性(SD)(●)

上、下两条横线为 50 个样本数随机序列的一阶秩次相关系数 ρ_1^R 的 2.5 和 97.5 百分位数

2. 各站点降水指标的变化趋势

对每个异质性指标的第 k 站点($k=1,2,\cdots,20$)年序列 I_k^i ($i=1,2,\cdots,50$)进行趋势检测，称为单站指标序列趋势检验。如果 I_k^i 序列自相关性显著，则假设序列符合一阶马尔可夫过程，并用修正的 Mann-Kendall 检验方法检测其随时间变化的趋势，否则采用 Mann-Kendall 检验。图 4.14 显示了 1962～2011 年在这 20 个站点检测的指标序列变化趋势。从 20 个测试站点中趋势检验统计量的正值百分比来看(表 4.4 中的 PPT 值)，在过去 50 年中，该流域三个异质性指标的趋势都以上升为主。对于 NW，65%站点(13 个站点)趋势统计量为正值，但只有 2 个站点的趋势性显著，趋势统计量正值的站点在整个区域内分布不规则(图 4.14(a))。对于 ATA，80%站点(16 个)显示为增加趋势，而位于上游区域的 4 个站点表现为减少趋势(图 4.14(b))，这些站点的 ATA 变化趋势都不显著。对于 CI，只有 1 个站点为减少趋势，其余 19 个站点呈上升趋势。在呈增加趋势的站点中，分布在流域中部的 6

个站点趋势显著(图 4.14(c))。

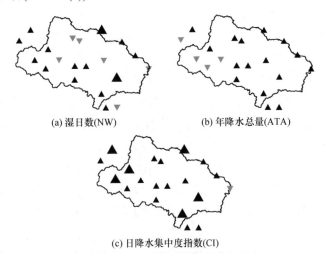

(a) 湿日数(NW)   (b) 年降水总量(ATA)

(c) 日降水集中度指数(CI)

图 4.14   1962~2011 年各站点异质性指标变化趋势

在 0.05 的显著性水平上，▽表示下降，▲表示上升，▲表示显著上升

表 4.4   1962~2011 年 20 个站点降水指标系列的统计参数

指标	maxM	minM	maxD	minD	$\bar{\rho}_s^{xx}$	PSC/%	PSS/%	PPT/%
NW	129.6d	70.9d	79d	20d	0.73	100	5	65
ATA	1557.5mm	513.2mm	1425.4mm	344mm	0.73	100	20	80
CI	0.75	0.59	0.37	0.08	0.49	91	40	95

注：maxM 和 minM 分别为每个指标在同一时期内所有测试站年平均值的最大值和最小值，

$\mathrm{max}M = \max\limits_{i=1}^{n}\left(\dfrac{1}{m}\sum\limits_{k=1}^{m}I_k^i\right)$，$\mathrm{min}M = \min\limits_{i=1}^{n}\left(\dfrac{1}{m}\sum\limits_{k=1}^{m}I_k^i\right)$。maxD 和 minD 为各指标年内最大偏差的最大值和最小值，即

$\mathrm{max}D = \max\limits_{i=1}^{n}\left[\max\limits_{k=1}^{m}(I_k^i) - \min\limits_{k=1}^{m}(I_k^i)\right]$，$\mathrm{min}D = \min\limits_{i=1}^{n}\left[\max\limits_{k=1}^{m}(I_k^i) - \min\limits_{k=1}^{m}(I_k^i)\right]$。NW 和 ATA 的 maxM 和 minM、maxD 和 minD 的单位分别是日数或 mm。CI 无量纲。$\bar{\rho}_s^{xx}$ 为每个指标的区域平均互相关系数。PSC 和 PSS 分别为在所有检测到的站点中交叉相关和系列相关显著的对数的百分比。PPT 为每个指标在 20 个站点中正趋势的百分比。

3. 流域尺度指标序列的变化趋势

虽然大多数站点的异质性指标序列呈增加趋势，但只有部分站点趋势性显著。对全流域而言，这些指标变化趋势如何？为此，分别利用基于站点推求的区域异质性指标序列(RA，图 4.15 所示的品红色粗线)和基于单站指标序列统计量，分别使用对齐秩法和块内法检测流域范围的趋势。为便于比较，采用自举法进行显著性检验。此外，还根据 NRI$_i$($i=1,\cdots,50$)(图 4.15 中的黑色粗线)检验 DAAP 派生的区域指数序列的趋势。

由表 4.5 可以看出，对齐秩法和块内法的标准化统计量分别为 Z 和 $\bar{Z}$；相应地,两种方法用于显著性检验的统计量分别为 Z_B 和 $\bar{Z}_B$。根据序列相关性(图 4.13),使用 Mann-Kendall 或修正的 Mann-Kendall 检验序列 NRI 的趋势,相应的标准化统计量用 Z^* 表示。表 4.5 表明:①NW、ATA 和 CI 的区域平均序列(RA)呈现增加趋势,在 0.05 的显著性水平下($p<0.05$),只有 CI 趋势性显著。②依据 RAMK 检验,三项指标均呈上升趋势。此外,站点显著性检验支持了 CI 的显著增加趋势。③依据 NRI 系列的检验结果,ATA 呈现增加趋势(Z^*正值),而 NW 和 CI 呈现下降趋势(Z^*负值)。在 0.05 显著性水平下,NW 下降趋势显著。

根据 Mann-Kendall 或修正的 Mann-Kendall 检验对区域 RA_i 序列的趋势性检验,推断其与站点指标序列 I_k^i 的 RAMK 检验一致,这与大多数站点该指标的上升趋势相吻合。结果表明,区域检验方法能够很好地捕捉流域范围内各站点随时间的变化特征。但 NRI 系列的检验结果呈相反的趋势,即 NW 和 CI 序列呈下降趋势。

表 4.5　1962～2011 年各指标的区域趋势统计

指标	RA_i 和 Bootstraping 的 MK 检验		I_k^i 和 Bootstraping 的 RAMK 检验		NRI 的 MK 检验	SD_i 的 MK 检验
	Z	Z_B	$\bar{Z}$	$\bar{Z}_B$	Z^*	Z^D
NW	0.59	0.59	0.56	0.58	**−2.37**	**−2.21**
ATA	0.40	0.41	0.50	0.49	0.42	−0.35
CI	**2.09**	**2.12**	1.88	**2.14**	−0.65	**−3.11**

注:Z 为流域平均标准化指数(RA)的 MK 或 MMK 检验的统计量;$\bar{Z}$ 为基于各单站指标序列的 RAMK 检验的统计量;$\bar{Z}_B$ 和 Z_B 分别为对齐秩法和块内法所对应的 Bootstraping 法进行站点显著性分析的统计量;Z^* 和 Z^D 分别为由流域日平均降水量(DAAP)衍生的标准化指数(NRI)和加权标准差(SD)的 MK 或 MMK 检验的统计量。趋势检验在 0.05 显著性水平下对应的统计量的值用粗体显示($|Z|>1.96$)。

4. 各指标加权标准差 SD 对 NRI 的影响

如图 4.15 所示,所有指标在不同站点的标准化序列 t_k^i(细线)显示出明显的时空不一致。依据 SD 可知,站点向 NW 和 CI 的空间异质性(图 4.15 中的红色粗线)呈现明显下降趋势(表 4.5 中 Z^D 为负值)。表明近 50 年来站点异质性指标在空间上趋于均一。此外,NW 和 CI 空间异质性的 SD 值随时间变化时,RA(图 4.15 中品红色粗线)和 NRI(图 4.15 中黑色粗线)之间的差距减少(图 4.15(a)和(c))。如图 4.15 所示,20 世纪 70 年代以前,当 NW 和 CI 的空间异质性(SD)很强时,RA 和 NRI 指标之间的差异特别明显;70 年代以后,这种差异不明显。因此,NW 和 CI 指标的 RA 和 NRI 趋势差异是由 NW 和 CI 的空间异质性变化导致的。相比之下,由于区域 ATA 系列不受各站点空间异质性影响,基于站点的区域指标 RA 值等于 DAAP 导出的区域指标值(图 4.15(b))。

采用 GAMLSS 模型进行参数化建模,确定均值(μ)与外部协变量 RA 和 SD 的关系。表 4.6 总结了 NW 和 CI 相应的 NRI 分布类型和分布参数(μ)与对应的外部协变量(RA 和 SD)之间的关系、拟合的残差特征(均值、方差、偏度、峰度和 Filliben 系数)。结果表明，NW 和 CI 的 NRI 指标分别服从第一型极值分布和正态分布。残差特征表明，拟合后的模型能够捕捉到数据的变化特征。图 4.16 显示对 NW 和 CI 的拟合效果，数据点聚集在 95% 置信区间内，显示出第一型极值分布和正态分布具有很好的拟合精度。

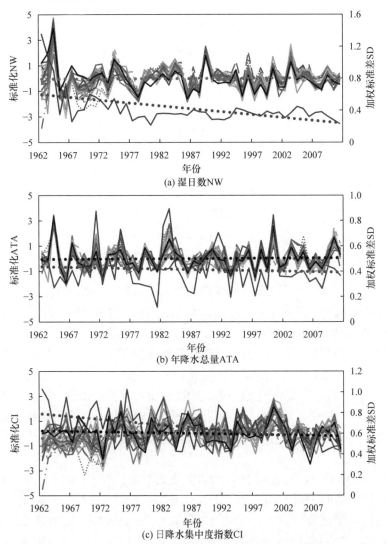

图 4.15　20 个站点的各个降水异质性指标的归一化指数(细线)、相应的流域平均标准化指数(RA，品红色粗线)及其标准差(SD，红色粗线)和由流域日平均降水量(DAAP)衍生的标准化指数(NRI，黑色粗线)的时变过程(见彩图)

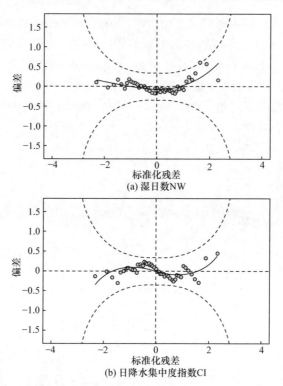

图 4.16　由流域日平均降水量(DAAP)衍生的标准化指数的模型残差图

图 4.17 显示了 NW 和 CI 的 NRI 指数随 RA 和 SD 变化的拟合结果。对于 NW 和 CI，NRI 指数随 RA 和 SD 呈正向线性变化。然而，NRI 的变化趋势是否与 RA 的变化趋势相同，取决于 SD 的变化($\Delta NRI=a\Delta RA+b\Delta SD$，由表 4.6 中方程和 NRI 梯度与 RA 和 SD 梯度导出)。如果 SD 保持稳定或变化不明显，NRI 的变化趋势应与 RA 保持不变。否则，如果 SD 变化很大，NRI 变化趋势可能与 RA 变化趋势不同。从 CI 和 NW 的变化趋势看，NRI 与 RA 在流域范围内的差异主要由流域 SD 的变化趋势明显减弱所致。因此，基于大尺度网格的平均数据，由于其忽略了可能存在的空间异质性时变性，直接利用它分析年内异质性变化将导致区域趋势性的误判。

此外，NW 的 SD 变化对 NRI 的影响更为显著，对 CI 来说，其 SD 的变化对 NRI 的影响稍弱(图 4.17(a)对图 4.17(b))。例如，当空间异质性较弱时(如 SD<1)，NRI 的均值 μ 变化值约为 2.0，单位 SD 导致 CI 的变化大于 1.41(表 4.6 中 SD 系数)。当 NW 的空间异质性较强(SD>1)时，SD 变化对 NW 的 NRI 影响急剧减小。另外，RA 对 NRI、CI 的影响强于 NW，因为 CI 的相关系数大于 NW 的系数(表 4.6 中 CI 和 NW 的系数分别为 1 和 0.89)。表 4.5 中趋势统计量解释了 SD

和 RA 的联合效应。对于 NW，SD 显著降低，而 SD 不显著增加，导致 NW 的 NRI 显著降低。而对 CI 而言，SD 的显著降低和 RA 的显著增加，导致 CI 的 NRI 不显著降低($p>0.05$)。

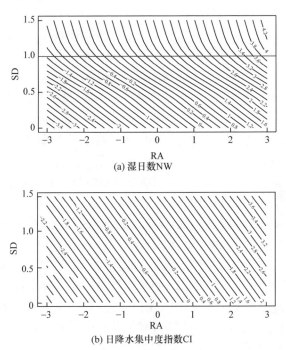

图 4.17　由流域日平均降水量(DAAP)衍生的标准化指数(NRI)与流域平均标准化指数(RA)、空间异质性(SD)的拟合关系等值线图

表 4.6　NW 和 CI 相应的 NRI 分布和分布参数(μ)与对应的外部协变量(RA 和 SD)拟合关系及其残差特征

指标	分布	μ	σ	模型残差统计				
				均值	方差	偏度	峰度	Filliben 系数
NW	第一型极值分布	$-1.09+0.89\mathrm{RA}$ $+2.2\mathrm{cs(SD,2)}$	0.25	0.0062	1.10	0.44	3.01	0.99
CI	正态分布	$-0.92+\mathrm{RA}$ $+1.41\mathrm{SD}$	0.62	0	1.02	0.066	3.44	0.99

注：cs($\cdot$)表明变量间的依赖关系是通过具有指定自由度的三次样条拟合函数来实现的，没有 cs($\cdot$)则为线性关系。

4.2.4　小结

区域尺度内气候和水文变化的总体趋势性分析，对水资源利用、防洪和环境保护规划具有重要意义。以淮河源头流域 20 个站点的日降水量为基础，利用 CI 和 NW 分析了年内降水非均质性的时空变化，特别是对基于站点逐日降水和区域平均降水量各异质性指标序列的区域趋势性进行了综合检验，揭示了站点空间异质性的时变性对区域趋势性检验的影响。主要结论如下：

对站点指标序列采用 Mann-Kendall 或修正的 Mann-Kendall 检验，区域趋势检验采用块内法和对齐秩法，并用 Bootstraping 方法进行站点显著性检验，结果表明，1961~2011 年研究区年内降水异质性显著增加。对于 CI 和 NW，虽然在过去 50 年中只有小部分站点增加趋势显著，但它导致了流域范围的降水量异质性指标显著或不显著增加(在 0.05 显著性水平下 CI 增加显著、NW 增加不显著)。

站点空间异质性随时间的变化影响区域尺度上异质性指标序列的趋势推断。在研究区，由于 NW 和 CI 指标序列的空间异质性显著降低，若不考虑站点之间的这些指标序列变化的差异性，仅利用站点异质性指标平均值系列(如根据 DAAP 衍生的 NRI 序列)推断流域范围的趋势性，与从各站点和基于站点 RA 序列(考虑站点指标之间的差异)推断的区域趋势显著不同。因此，忽略大区域空间异质性的变化可能会导致对区域趋势性的错误推断。

利用 GAMLSS 模型对空间变异性标准差标准化指标 SD、NRI 和 RA 之间的差异进行量化。证明了由 NRI 和 RA 推断的区域趋势差异来自空间异质性的时变性。当 SD 保持稳定或变化不大时，NRI 的变化趋势与 RA 的保持一致或差异不大。否则，NRI 的变化趋势可能与 RA 的变化显著不同。此外，NRI 变化的显著性取决于 SD 和 SA 的联合效应。在研究区，对 NW 而言，SD 显著下降，RA 显著增加，导致 NRI 显著下降；对于 CI，RA 显著增加而 SD 显著降低，导致 NRI 不显著下降。内容详见相关论文(Zhang et al., 2017)。

4.3　不同气候区潜在蒸散发影响要素辨识

蒸散发过程作为水文循环的重要组成部分，是影响区域和全球水热平衡计算的重要因素，也是全球变化对水文、水资源影响评估的重要内容。潜在蒸散发也称为蒸发能力，是指在充分供水条件下水分从蒸发面转化成水蒸气进入大气的所有过程总和，主要取决于气温、风速、湿度、太阳辐射等气象要素，潜在蒸散发对气象要素的敏感性分析对深入理解气候变化下水文循环响应具有重要意义。

根据气象要素估算潜在蒸散发的方法有很多，其中 Penman-Monteith 法能够全面考虑气象因素。在气象要素观测资料不完备的区域，需要通过敏感性分析寻求对潜在蒸散发影响显著的气象因子，忽略不重要的气象要素，采用合适的简化方法估算潜在蒸散发。另外，以气温上升为背景的全球气候变化，导致所谓的蒸发悖论，需要探究气温升高以及其他气象要素变化对潜在蒸散发变化的贡献。因此，研究不同气象因子对潜在蒸散发的影响程度具有重要意义(秦年秀等，2010)。

潜在蒸散发 ET_p 变化率与气象因子变化率之比定义为潜在蒸散发气候敏感系数，目前大部分采用局部敏感性分析方法分析潜在蒸散发对气象因子的敏感性，但是局部敏感性分析方法存在很大的局限性(李睿，2003)，如假设输入与输出是线性关系，输入因子在中间值处变化不大(一般不超过中间值的10%)，所有输入因素变动范围相同。而从 Penman-Monteith 公式来看，ET_p 与气象因子之间大都是非线性关系，同时各气象因子在不同时空尺度上存在较大的变化，不满足局部敏感性分析方法的前提条件。与局部敏感性分析方法相比，全局敏感性方法可以分析非线性、非单调和非叠加模型输入、输出敏感性，且考虑输入因素在不同范围内变化以及不同输入因子之间相关性的影响。因此，近年来全局敏感性分析方法在因变量与自变量之间关系以及水文模型参数敏感性分析中得到重视。

本节选取我国四个气候区 12 个基本气象站观测资料，利用 Penman-Monteith 公式，采用 Sobol'法和傅里叶幅值敏感性检验(Fourier amplitude sensitivity test, FAST)，分别在日、季节、年尺度上分析影响 ET_p 的气象因子敏感性及其在不同气候区的差异性，并与局部敏感性分析方法进行对比，阐明全局敏感性分析方法和局部敏感性分析方法计算结果的差异以及局部敏感性分析方法的局限性。

4.3.1　研究区站点及资料选择

在我国中温带半湿润地区、高原温带半干旱区、北亚热带湿润地区和南亚热带湿润地区四个气候区，选择气象数据连续性和一致性较好的 12 个国家标准气象站点，采用国家气象局发布的站点 6 个常规气象因子(最高气温、最低气温、平均相对湿度、10m 处的平均风速、日照时数、平均气压)逐日观测数据。对于数据存在缺测的个别时期和站点，应用线性内插方法对缺测数据进行资料插补。四个气候区内气象站点基本情况见表 4.7。

表 4.7　我国四个气候区 12 个气象站点基本情况

气候区	气象站点	省份	经度	纬度	海拔/m	数据系列(年份)
中温带半湿润地区	哈尔滨	黑龙江	126°46′E	45°45′N	142	1955~2009
	齐齐哈尔	黑龙江	123°55′E	47°23′N	147	1951~2009
	长春	吉林	125°13′E	43°54′N	237	1951~2009
高原温带半干旱区	西宁	青海	101°45′E	36°43′N	2295	1955~2009
	门源	青海	101°37′E	37°23′N	7850	1958~2009
	都兰	青海	98°06′E	36°18′N	3191	1955~2009

气候区	气象站点	省份	经度	纬度	海拔/m	数据系列(年份)
北亚热带湿润地区	杭州	浙江	120°10′E	30°14′N	41	1955～2009
	武汉	湖北	114°08′E	30°37′N	23	1951～2009
	南京	江苏	118°48′E	32°00′N	7	1951～2009
南亚热带湿润地区	南宁	广西	108°13′E	22°38′N	122	1955～2009
	百色	广西	106°36′E	23°54′N	173	1953～2009
	广州	广东	113°20′E	23°10′N	41	1952～2009

注：气候区划分参见郑景云等(2010)的文献。

4.3.2　研究方法

1. 潜在蒸散发计算公式

潜在蒸散发主要取决于气温、风速、湿度、太阳辐射等气象要素，根据气象要素估算潜在蒸散发量的简化方法有很多：气温相关法(如 Thornthwaite、Blaney-Criddle 和 Hargreaves 公式)、辐射相关法(如 Makkink、Jensen-Haise 和 Priestley-Taylor 公式)、空气动力学法(如 Dalton 公式)等。Penman-Monteith 法考虑所有气象因素对 ET_p 的影响，计算的潜在蒸散发量较为准确，且适用于不同气候类型区潜在蒸散发计算以及气候变化情景下水文水资源响应研究。本节采用联合国粮食及农业组织(Food and Agriculture Organization of the United Nations，FAO)推荐的修正 Penman-Monteith 公式(Allen et al., 1998)：

$$ET_p = \frac{0.408\Delta(R_n - G) + \dfrac{900}{T+273}\gamma u_2(e_s - e_a)}{\Delta + \gamma(1 + 0.34u_2)} \tag{4.22}$$

修正 Penman-Monteith 公式中各变量的含义及计算方法见表 4.8。

表 4.8　修正 Penman-Monteith 公式中各变量的含义

变量	计算公式	单位
饱和水汽压	$e^0(T) = 0.6108\exp\left(\dfrac{17.27T}{T+237.3}\right)$	kPa
实际水汽压	$e_a = \dfrac{RH}{100}e^0(T)$	kPa
平均饱和水汽压	$e_s = \dfrac{e^0(T_{max}) + e^0(T_{min})}{2}$	kPa
平均饱和水汽压-温度曲线斜率	$\Delta = \dfrac{4098e_s}{(T+237.3)^2}$	kPa/℃

续表

变量	计算公式	单位
湿度计常数	$\gamma = 1.63\dfrac{P_{\mathrm{a}}}{\lambda}$	kPa/℃
汽化潜热	$\lambda = 2501 - 2.361T$	J/g
2m 处风速	$u_2 = \dfrac{4.87}{\ln(67.8z - 5.42)}u_z$	m/s
净辐射	$R_{\mathrm{n}} = R_{\mathrm{ns}} - R_{\mathrm{nl}}$	MJ/(m² · d)
短波净辐射	$R_{\mathrm{ns}} = 0.77\times(0.25 + 0.5\dfrac{n}{N})R_{\mathrm{a}}$	MJ/(m² · d)
长波净辐射	$R_{\mathrm{nl}} = 4.903\times10^{-9}(0.1 + 0.9\dfrac{n}{N})(0.34 - 0.14\sqrt{e_{\mathrm{a}}})\left(\dfrac{T_{\mathrm{km}}^4 + T_{\mathrm{kn}}^4}{2}\right)$	MJ/(m² · d)
碧空总辐射	$R_{\mathrm{a}} = 37.59d_{\mathrm{r}}(w_{\mathrm{s}}\sin\varphi\sin\delta + \cos\varphi\cos\delta\sin w_{\mathrm{s}})$	MJ/(m² · d)
日地相对距离	$d_{\mathrm{r}} = 1 + 0.033\cos\left(\dfrac{2\pi}{365}J\right)$	—
太阳磁偏角	$\delta = 0.409\sin\left(\dfrac{2\pi}{365}J - 1.39\right)$	rad
日落时角度	$w_{\mathrm{s}} = \arccos(-\tan\varphi\tan\delta)$	rad
天文日照时数	$N = \dfrac{24}{\pi}w_{\mathrm{s}}$	h
地表热通量	$G \approx 0$，对于日尺度	MJ/(m² · d)

注：T 为平均气温(℃)；RH 为相对湿度(%)；$T_{\max}$ 为最高气温(℃)；$T_{\min}$ 为最低气温(℃)；P_{a} 为气压(kPa)；u_z 为高度 z 处的风速(m/s)；z 为风速测量高度(m)；n 为每天的日照时数(h)；N 为最大天文日照时数(h)；J 为在年内的天数；T_{km} 为最高绝对气温($T_{\mathrm{km}} = T_{\max}+273.15$)(K)；$T_{\mathrm{kn}}$ 为最低绝对气温($T_{\mathrm{kn}} = T_{\min}+273.15$)(K)。

为提高气象要素敏感性分析效率,同时考虑影响潜在蒸散发的主要气象因素,最终确定敏感性分析的关键气象要素为最高气温、最低气温、相对湿度、风速和日照时数 5 个因子。

2. 敏感性分析方法

敏感性分析常用于分析模型输出受模型输入因素的影响程度、气象因子对潜在蒸散发的影响程度。敏感性分析方法分为全局敏感性分析方法和局部敏感性分析方法。

1) 全局敏感性分析方法

(1) Sobol'法。

Sobol'法(1993)是 Sobol'于 1993 年提出的一种基于方差的分析方法，该方法能够描述单个变量以及变量之间的相关性对公式或模型中参变量敏感性的影响，在分析因子之间非线性和稳健性方面，明显优于传统的敏感性分析方法。

Sobol'法的主要思想是在 n 维空间 $\Omega^n = \left\{ X \middle| 0 \leqslant x_i \leqslant 1; i = 1, 2, \cdots, n \right\}$ 将某一函数 $f(X)$ 分解为下列不同维数的子项之和：

$$f(X) = f_0 + \sum_{i=1}^{n} f_i(x_i) + \sum_{i<j} f_{ij}(x_i, x_j) + \cdots + f_{1,2,\cdots,n}(x_1, x_2, \cdots, x_n) \tag{4.23}$$

式中，$X = (x_1, x_2, \cdots, x_n)$ 为自变量或参数向量；n 为自变量或参数的个数，f_0 为常量。并且式(4.23)中各子项对其所包含的任一因素积分为 0，可表示为

$$\int_0^1 f_{i_1, i_2, \cdots, i_s}(x_{i_1}, x_{i_2}, \cdots, x_{i_s}) \mathrm{d}x_{i_k} = 0, \quad 1 \leqslant k \leqslant s \tag{4.24}$$

式(4.23)中各子项是相互正交的，即

$$\int_{\Omega^n} f_{i_1, i_2, \cdots, i_s} \cdot f_{j_1, j_2, \cdots, j_l} \mathrm{d}X = 0, \quad i_1, i_2, \cdots, i_s \neq j_1, j_2, \cdots, j_l \tag{4.25}$$

则模型函数 $f(X)$ 总方差 $D(y)$ 可定义为

$$D(y) = \int_{\Omega^n} f^2(X) \, \mathrm{d}X - f_0^2 \tag{4.26}$$

式(4.23)中每一项的偏方差为

$$D_{i_1, i_2, \cdots, i_s} = \int_0^1 \cdots \int_0^1 f^2_{i_1, i_2, \cdots, i_s}(x_{i_1}, x_{i_2}, \cdots, x_{i_s}) \mathrm{d}x_{i_1} \mathrm{d}x_{i_2} \cdots \mathrm{d}x_{i_s} \tag{4.27}$$

对式(4.23)先平方后积分，模型因变量的总方差为

$$D(y) = \sum_{i=1}^{n} D_i + \sum_{i<j} D_{ij} + \cdots + D_{1,2,\cdots,n} \tag{4.28}$$

Sobol'(2001)定义敏感系数为方差的比率：

$$S_{i_1, i_2, \cdots, i_s} = \frac{D_{i_1, i_2, \cdots, i_s}}{D(y)} \tag{4.29}$$

则一阶敏感系数为 $S_i = D_i / D(y)$；二阶敏感系数为 $S_{ij} = D_{ij} / D(y)$；以此类推。

由式(4.28)和式(4.29)可得，各阶敏感系数之和为 1：

$$\sum_{i=1}^{n} S_i + \sum_{i<j} S_{ij} + \cdots + S_{1,2,\cdots,n} = 1 \tag{4.30}$$

参变量总敏感系数为参数各阶敏感系数之和：

$$S_{Ti} = S_i + \sum_{j \neq i} S_{ij} + \cdots + S_{1,2,\cdots,n} \tag{4.31}$$

以上各式中方差可以用蒙特卡罗数值积分近似得到(Sobol', 2001)。

(2) FAST 法。

FAST 法最早是在 20 世纪 70 年代由 Cukier 等(1973)提出的, 它也被视为一种最好的全局敏感性分析方法。该方法的核心是在参数多维空间内利用一个搜索曲线进行搜索, 进而将多维积分转化为一维积分, 对模型中每个参数引入具有共同独立参数(s)的函数, 并给每个参数一整数频率, 然后利用傅里叶变换分析不同频率参数的傅里叶幅度, 用幅度大小指示参数的敏感性, 幅度越大, 表明模型对该参数越敏感, 反之亦然。它可以估计输出的期望值和方差以及单个输入变量对方差的影响。

对于 m 个输入参数的函数或模型 $y=g(X)=g(x_1, x_2, \cdots, x_m)$, 通过变换函数 $(x_i=G_i[\sin(w_i s)], i=1,2,\cdots,m)$ 将参数向量 X 的 m 维积分转化到标量变量 s 的一维积分, 其中, x_i 为模型参数, w_i 为给定的模型参数整数频率, s 为引入的独立参数, G_i 为搜索曲线函数。

对于 x_i 的分布函数 F_i(如正态分布), Lu 和 Mohanty(2001)提出下列搜索函数:

$$x_i = F_i^{-1}\left\{c + \arcsin\left[\sin(w_i s)\right] / \pi\right\} \tag{4.32}$$

式中, F_i^{-1} 为 x_i 分布函数的反函数; c 为常数。

y 期望值可表示为

$$E(y) = \frac{1}{2\pi}\int_{-\pi}^{\pi} f(s)\mathrm{d}s \tag{4.33}$$

式中, $f(s)=f\{G_1[\sin(w_1 s)], G_2[\sin(w_2 s)], \cdots, G_m[\sin(w_m s)]\}$。

根据傅里叶级数分析, y 的方差可定义为

$$\begin{aligned}
D(y) &= \frac{1}{2\pi}\int_{-\pi}^{\pi} f^2(s)\,\mathrm{d}s - E^2(y) \\
&\approx \sum_{j=-\infty}^{+\infty} (A_j^2 + B_j^2) - (A_0^2 + B_0^2) \tag{4.34} \\
&\approx 2\sum_{j=1}^{+\infty} (A_j^2 + B_j^2)
\end{aligned}$$

式中, A_j 和 B_j 为傅里叶系数:

$$A_j = \frac{1}{2\pi}\int_{-\pi}^{\pi} f(s)\cos(js)\mathrm{d}s \tag{4.35}$$

$$B_j = \frac{1}{2\pi}\int_{-\pi}^{\pi} f(s)\sin(js)\mathrm{d}s \tag{4.36}$$

第 j 个参数变化引起的输出方差为

$$D_j = 2\sum_{r=1}^{+\infty}(A_{rw_j}^2 + B_{rw_j}^2) \tag{4.37}$$

式中，r 为对应于频率为 w_j 的第 r 个谐波。

FAST 法的敏感系数为

$$S_{\mathrm{FAST}} = D_j / D(y) \tag{4.38}$$

2) 局部敏感性分析方法

局部敏感性分析方法采用下列公式计算潜在蒸散发气候敏感系数：

$$S_i = \lim \frac{\Delta \mathrm{EP_p} / \mathrm{EP_p}}{\Delta x_i / x_i} = \frac{\partial \mathrm{EP_p}}{\partial x_i} \cdot \frac{x_i}{\mathrm{EP_p}} \tag{4.39}$$

式中，S_i 为潜在蒸散发 $\mathrm{ET_p}$ 对气象因子 x_i 的敏感系数。敏感系数为正值时，表示 $\mathrm{ET_p}$ 随气象因子 x_i 的增加而增加，反之亦然；其绝对值越大，表明气象因子 x_i 对潜在蒸散发 $\mathrm{ET_p}$ 的影响就越大。

4.3.3 结果与分析

1. 潜在蒸散发对气象因子的全局敏感性分析

采用中温带半湿润地区、高原温带半干旱区、北亚热带湿润地区、南亚热带湿润地区四个气候区内 12 个气象站点逐日气象数据，运用 Sobol'法和 FAST 法计算逐日潜在蒸散发对气象因子的敏感系数 S_i。

图 4.18 为中温带半湿润地区潜在蒸散发对气象因子逐日全局敏感系数变化曲线。可以看出，两种全局敏感性分析方法计算的气象因子对潜在蒸散发影响结果基本相同；最低气温敏感系数的变幅很小，在 0.04 之内变动，因此，最低气温对潜在蒸散发的影响最小；日照时数敏感系数曲线呈现单峰型，敏感系数的峰值在 0.75 左右，且 6～8 月日照时数对潜在蒸散发的影响最大，10 月～次年 3 月敏感系数很小；最高气温、风速、相对湿度的敏感系数曲线呈多峰型，各气象站敏感性排位稍有差异，例如，对于最高气温而言，哈尔滨站在 12 月～次年 4 月、齐齐哈尔站在 2～4 月、长春站在 11 月～次年 4 月潜在蒸散发对其最敏感。

图 4.19 为高原温带半干旱区潜在蒸散发对气象因子逐日全局敏感系数变化曲线。可以看出，潜在蒸散发对最低气温的敏感性最小；对日照时数的敏感系数曲线仍呈单峰型，敏感系数峰值可高达 0.9，且日照时数影响时间长，5～9 月对潜在蒸散发的影响最大，11 月～次年 2 月敏感性很小；潜在蒸散发对最高气温的敏感系数曲线呈多峰型；对相对湿度的敏感系数曲线较平稳，敏感系数较小；风速敏感系数曲线呈"U"型；且在 10 月～次年 1 月风速对潜在蒸散发影响程度最大，其次为最高气温、相对湿度。

图 4.20 为北亚热带湿润地区潜在蒸散发对气象因子逐日全局敏感系数变化曲线。结果表明，潜在蒸散发对最低气温的敏感性仍然为最小；对日照时数的敏

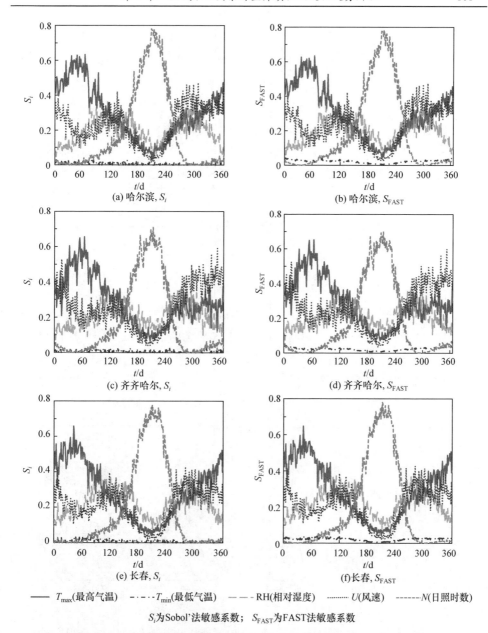

(a) 哈尔滨, S_i　　　　(b) 哈尔滨, S_{FAST}

(c) 齐齐哈尔, S_i　　　　(d) 齐齐哈尔, S_{FAST}

(e) 长春, S_i　　　　(f) 长春, S_{FAST}

—— T_{max}(最高气温)　-·-·-T_{min}(最低气温)　— — RH(相对湿度)　········U(风速)　— — — N(日照时数)

S_i为Sobol'法敏感系数；　S_{FAST}为FAST法敏感系数

图 4.18　中温带半湿润地区潜在蒸散发对气象因子逐日全局敏感系数变化曲线

感系数曲线呈单峰型，且日照时数对潜在蒸散发的影响时间较高原温带半干旱区进一步增长，3～10 月对潜在蒸散发的影响最大；最高气温、相对湿度、风速敏感系数曲线变化趋势一致，但对于潜在蒸散发影响程度有所差异，例如，杭州站

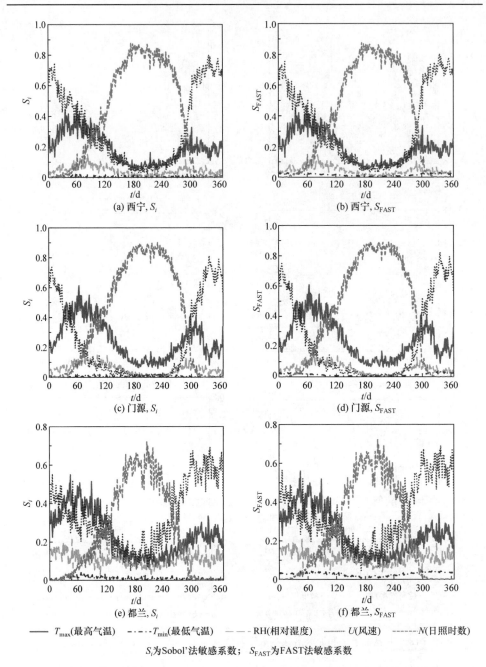

(a) 西宁, S_i

(b) 西宁, S_{FAST}

(c) 门源, S_i

(d) 门源, S_{FAST}

(e) 都兰, S_i

(f) 都兰, S_{FAST}

—— T_{max}(最高气温) —·—·— T_{min}(最低气温) — — — RH(相对湿度) ········· U(风速) — — — N(日照时数)

S_i为Sobol'法敏感系数; S_{FAST}为FAST法敏感系数

图 4.19 高原温带半干旱区潜在蒸散发对气象因子逐日全局敏感系数变化曲线

在 11 月~次年 2 月相对湿度对潜在蒸散发的影响程度最大, 武汉站和南京站在 1 月潜在蒸散发对相对湿度最敏感。

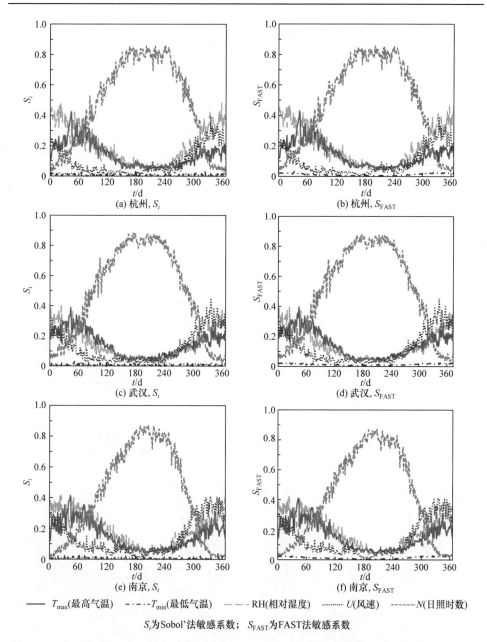

(a) 杭州, S_i (b) 杭州, S_{FAST}

(c) 武汉, S_i (d) 武汉, S_{FAST}

(e) 南京, S_i (f) 南京, S_{FAST}

—— T_{max}(最高气温) ——·— T_{min}(最低气温) ——— RH(相对湿度) ········· U(风速) ----- N(日照时数)

S_i为Sobol'法敏感系数; S_{FAST}为FAST法敏感系数

图 4.20 北亚热带湿润地区潜在蒸散发对气象因子逐日全局敏感系数变化曲线

图 4.21 为南亚热带湿润地区潜在蒸散发对气象因子逐日全局敏感系数变化曲线。可以看出,潜在蒸散发对最低气温的敏感性依然为最小;除广州站在 11 月~

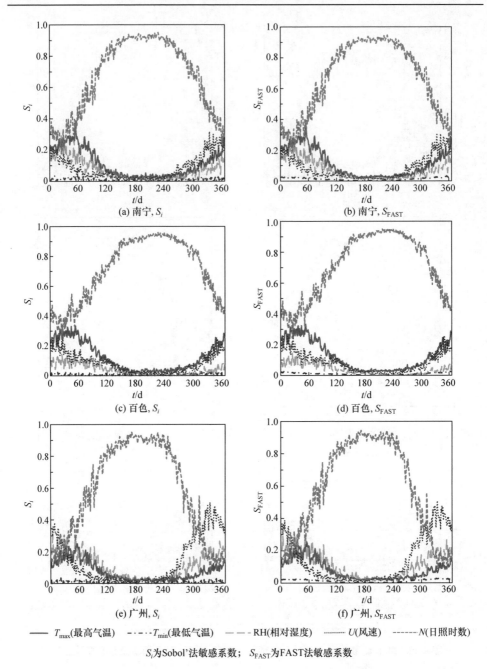

S_i为Sobol'法敏感系数；　S_{FAST}为FAST法敏感系数

图 4.21　南亚热带湿润地区潜在蒸散发对气象因子逐日全局敏感系数变化曲线

次年 1 月潜在蒸散发对日照时数的敏感系数稍小于对风速和相对湿度的敏感系数，其余两站日照时数在全年内对潜在蒸散发的影响最大；潜在蒸散发对最高气温、相对湿度、风速的敏感系数变化趋势较一致。

综合图 4.18~图 4.21，分析四个气候区 12 个气象站点潜在蒸散发对气象因子逐日敏感系数结果表明：①两种全局敏感性分析方法计算的气象因子对潜在蒸散发的影响结果基本相同。②各气象站潜在蒸散发对最低气温的敏感系数变幅很小，均在 0.04 以内；对日照时数的敏感系数曲线均呈单峰型，波动最大；对其他气象因子的敏感系数波动程度介于对最低气温和日照时数的敏感系数之间，但在不同气候区差异较大。③夏季日照时数对潜在蒸散发影响最大，且从中温带半湿润地区→高原温带半干旱区→北亚热带湿润地区→南亚热带湿润地区，日照时数对潜在蒸散发的影响逐渐增强；最低气温对潜在蒸散发影响最小，其他气象因子在不同气候区和不同时期对潜在蒸散发影响程度存在较大差异。

统计季尺度和年尺度潜在蒸散发对气象因子的全局敏感性及其排位，由表 4.9 可以看出：①在同一气候区，各站潜在蒸散发对气象因子的敏感性排位总体较为一致，但不同气候区气象因子敏感性排位存在较大差异。②在季尺度上，中温带半湿润地区，春、冬两季潜在蒸散发对最高气温最敏感，夏季对日照时数最敏感，秋季对风速最敏感。高原温带半干旱区，夏季潜在蒸散发对日照时数最敏感，冬季对风速最敏感，春秋两季各站点气象因子敏感性排位存在差异，如春季都兰站对最高气温最敏感，其他两站对日照时数最敏感；秋季门源站对日照时数最敏感，其他两站对风速最敏感。北亚热带湿润地区，冬季潜在蒸散发对相对湿度最敏感，对最高气温敏感性次之；春、夏、秋三季对日照时数最敏感，春、夏季对最高气温或相对湿度敏感性次之，秋季对风速或相对湿度敏感性更次之。南亚热带湿润地区，日照时数对潜在蒸散发的影响在四季最大(除广州站对冬季风速最敏感)，南宁站和百色站敏感性排位基本一致，即日照时数>最高气温>风速>相对湿度>最低气温。③在年尺度上，中温带半湿润地区的潜在蒸散发对最高气温最敏感，对其他因子敏感性排位依次为风速、相对湿度、日照时数、最低气温。在其他三个气候区，除都兰站外，均是潜在蒸散发对日照时数最敏感，对最低气温最不敏感，其他因子敏感性排位介于两者之间，在这三个气候区排位存在差异。

表 4.9 潜在蒸散发对气象因子的全局敏感性排位

气候区	气象站点	春	夏	秋	冬	年
中温带半湿润地区	哈尔滨	T_{max}>RH≈U>N>T_{min}	N>RH>T_{max}≈U>T_{min}	U>T_{max}≈RH>N>T_{min}	T_{max}>U>RH>N≈T_{min}	T_{max}>U>RH≈N>T_{min}
	齐齐哈尔	T_{max}>RH≈U>N>T_{min}	N>RH>T_{max}≈U>T_{min}	U>RH≈T_{max}>N>T_{min}	T_{max}>U>RH>N≈T_{min}	T_{max}>U>RH>N>T_{min}
	长春	T_{max}>RH≈U>N>T_{min}	N>RH>T_{max}≈U>T_{min}	U>T_{max}≈RH>N>T_{min}	T_{max}>U>RH>T_{min}>N	T_{max}>RH≈U>N>T_{min}

续表

气候区	气象站点	春	夏	秋	冬	年
高原温带半干旱区	西宁	$N>T_{max}≈U>RH>T_{min}$	$N>T_{max}≈U>RH≈T_{min}$	$U>N>T_{max}>RH>T_{min}$	$U>T_{max}>RH>N≈T_{min}$	$N>U>T_{max}>RH>T_{min}$
	门源	$N>T_{max}>RH≈U>T_{min}$	$N>T_{max}>RH>U≈T_{min}$	$N>U>T_{max}>RH>T_{min}$	$U>T_{max}>RH>N≈T_{min}$	$N>T_{max}>U>RH>T_{min}$
	都兰	$T_{max}>U≈N>RH>T_{min}$	$N>U>T_{max}>RH>T_{min}$	$U>T_{max}>N>RH>T_{min}$	$U>T_{max}>RH>N≈T_{min}$	$U>N≈T_{max}>RH>T_{min}$
北亚热带湿润地区	杭州	$N>RH≈T_{max}>U>T_{min}$	$N>RH≈T_{max}>U>T_{min}$	$N>RH>U>T_{max}>T_{min}$	$RH>T_{max}>U>N>T_{min}$	$N>RH>T_{max}>U>T_{min}$
	武汉	$N>T_{max}>RH≈U>T_{min}$	$N>T_{max}>RH≈U>T_{min}$	$N>U>RH>T_{max}>T_{min}$	$RH>T_{max}>U>N>T_{min}$	$N>T_{max}≈RH>U>T_{min}$
	南京	$N>RH>T_{max}>U>T_{min}$	$N>RH≈T_{max}>U>T_{min}$	$N>U>T_{max}>RH>T_{min}$	$RH>T_{max}>U>N>T_{min}$	$N>RH>T_{max}>U>T_{min}$
南亚热带湿润地区	南宁	$N>T_{max}>RH>U>T_{min}$	$N>T_{max}>U≈RH≈T_{min}$	$U>T_{max}>N>RH>T_{min}$	$N>T_{max}>U≈RH>T_{min}$	$N>T_{max}>U≈RH>T_{min}$
	百色	$N>T_{max}>U>RH>T_{min}$	$N>T_{max}≈U≈RH≈T_{min}$	$N>T_{max}>U>RH≈T_{min}$	$N>T_{max}>U>RH>T_{min}$	$N>T_{max}>U>RH>T_{min}$
	广州	$N>RH≈T_{max}>U>T_{min}$	$N>T_{max}≈RH≈U≈T_{min}$	$N>U>RH>T_{max}>T_{min}$	$U>N≈RH>T_{max}>T_{min}$	$N>U≈RH>T_{max}>T_{min}$

注：≈表示敏感性排位基本相同。

2. 全局敏感性与局部敏感性对比分析

在上述四个气候区 12 个气象站，采用局部敏感性分析方法计算潜在蒸散发对气象因子的敏感性，逐日敏感性系数变化曲线如图 4.22 所示，四个气候区各气象站点季尺度、年尺度局部敏感性排位见表 4.10。

对比表 4.9 与表 4.10 中气象因子敏感性排位，局部敏感性分析方法与全局敏感性分析方法所得结果存在明显差异。局部敏感性分析方法在季尺度上，中温带半湿润地区除齐齐哈尔站夏季潜在蒸散发对最高气温最敏感外，其余全部都是相对湿度最敏感。高原温带半干旱区，夏季潜在蒸散发对最高气温最敏感，冬季风速最敏感，春秋季各站点气象因子敏感性排位存在差异，如春季门源站相对湿度最敏感，其他两站最高气温最敏感；秋季西宁站最高气温最敏感，门源站相对湿度最敏感，都兰站风速最敏感。北亚热带湿润地区，春、秋、冬三季对相对湿度最敏感，夏季各站点有差异，如南京站相对湿度最敏感，其余两站最高气温最敏感。南亚热带湿润地区，夏秋两季潜在蒸散发对最高气温最敏感，冬季相对湿度最敏感，春季各站存在差异，如百色站最高气温最敏感，其他两站相对湿度最敏感。在年尺度上，局部敏感性方法分析得到中温带半湿润地区各站、北亚热带湿润地区各站、南亚热带湿润地区的南宁站、广州站以及高原温带半干旱区门源站潜在蒸散发对相对湿度最敏感，西宁站及百色站最敏感的气象因子是最高气温，都兰站最敏感的是风速。

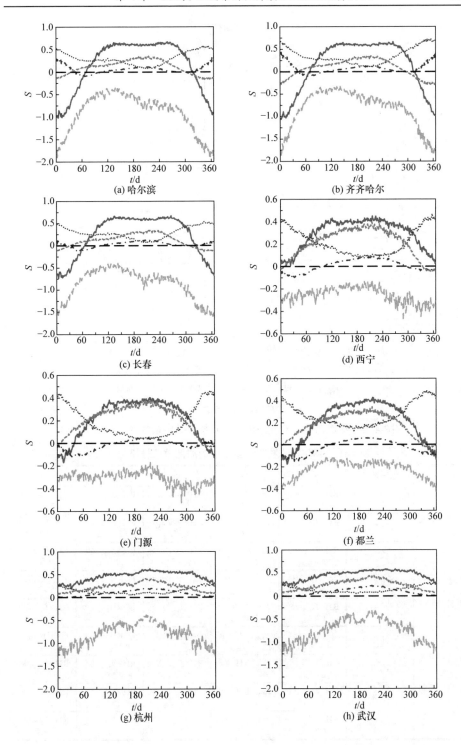

(a) 哈尔滨

(b) 齐齐哈尔

(c) 长春

(d) 西宁

(e) 门源

(f) 都兰

(g) 杭州

(h) 武汉

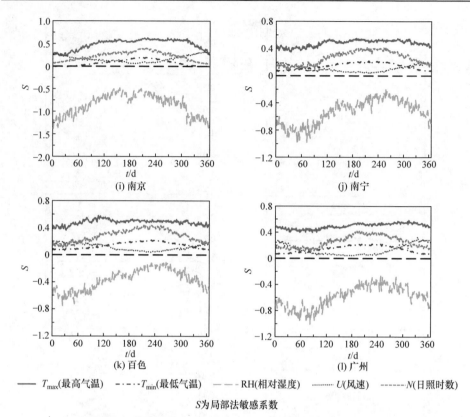

S为局部法敏感系数

图 4.22　潜在蒸散发对气象因子逐日局部敏感系数变化曲线

表 4.10　潜在蒸散发对气象因子的局部敏感性排位

气候区	气象站台	春	夏	秋	冬	年
中温带半湿润地区	哈尔滨	RH>T_{max}>U>N>T_{min}	RH≈T_{max}>N>U>T_{min}	RH>U≈T_{max}>N>T_{min}	RH>T_{max}>U>T_{min}>N	RH>U>T_{max}>N>T_{min}
	齐齐哈尔	RH>T_{max}>U>N>T_{min}	T_{max}≈RH>N>U>T_{min}	RH>U>T_{max}>N>T_{min}	RH>T_{max}>U>T_{min}≈N	RH>U>T_{max}>N≈T_{min}
	长春	RH>T_{max}>U>N>T_{min}	RH>T_{max}>N>U≈T_{min}	RH>T_{max}>U>N>T_{min}	RH>T_{max}>U>N≈T_{min}	RH>U>T_{max}>N>T_{min}
高原温带半干旱区	西宁	T_{max}>N>RH>U>T_{min}	T_{max}>N>RH>U≈T_{min}	T_{max}≈RH>U>N>T_{min}	U>RH>T_{max}>T_{min}>N	T_{max}>RH>U≈N>T_{min}
	门源	RH≈T_{max}≈N>U>T_{min}	T_{max}>N>RH>U≈T_{min}	RH>T_{max}>N≈U>T_{min}	U>RH>T_{min}>N≈T_{max}	RH>T_{max}≈N>U>T_{min}
	都兰	T_{max}>N≈U>RH>T_{min}	T_{max}>N>RH≈U>T_{min}	U>T_{max}≈RH>N>T_{min}	U>RH>T_{max}>T_{min}>N	U>RH≈T_{max}>N>T_{min}
北亚热带湿润地区	杭州	RH>T_{max}>N>U≈T_{min}	T_{max}≈RH>N>T_{min}>U	RH>T_{max}>N>U>T_{min}	RH>T_{max}>U>N>T_{min}	RH>T_{max}>N>U>T_{min}
	武汉	RH>T_{max}>N>T_{min}≈U	T_{max}>RH>N>T_{min}>U	RH>T_{max}>N>U>T_{min}	RH>T_{max}>U>N>T_{min}	RH>T_{max}>N>U>T_{min}
	南京	RH>T_{max}>N>U>T_{min}	RH>T_{max}>N>T_{min}>U	RH>T_{max}>N>U>T_{min}	RH>T_{max}>U>N>T_{min}	RH>T_{max}>N>U>T_{min}

续表

气候区	气象站台	春	夏	秋	冬	年
南亚热带湿润地区	南宁	$RH>T_{max}>N>$ $T_{min}>U$	$T_{max}>RH>N>$ $T_{min}>U$	$T_{max}>RH>N>$ $T_{min}>U$	$RH>T_{max}>U≈$ $N>T_{min}$	$RH>T_{max}>N>$ $T_{min}>U$
	百色	$T_{max}>RH>N>$ $U≈T_{min}$	$T_{max}>N>RH>$ $T_{min}>U$	$T_{max}>N>RH>$ $T_{min}>U$	$RH>T_{max}>N≈$ $U>T_{min}$	$T_{max}>RH>N>$ $T_{min}>U$
	广州	$RH>T_{max}>N>$ $T_{min}>U$	$T_{max}>RH>N>$ $T_{min}>U$	$T_{max}>RH>N>$ $U≈T_{min}$	$RH>T_{max}>U≈$ $N>T_{min}$	$RH>T_{max}>N>$ $T_{min}≈U$

4.3.4　局部敏感性分析方法局限性分析

以哈尔滨站 1955～2009 年 7 月 1 日实测数据为例,分析局部敏感性方法的局限性。各气象因子的均值、变化范围以及变幅见表 4.11,可以看出,各气象因子的变幅很大,其中风速和日照时数变幅超过 10% 的年数占总年数的比例分别为 87.3% 和 90.9%,显然不满足局部敏感性分析方法对于自变量变幅在 10% 以内的要求。

表 4.11　哈尔滨站 1955～2009 年 7 月 1 日各气象因子均值及变幅

项目	T_{max}	T_{min}	RH	U	N
均值	27.3℃	16.8℃	71.3%	3.4m/s	8.2h
变化范围	19.7～33.6℃	11.7～20.6℃	45%～92%	1～7.3m/s	0～14.3h
变幅<10%占比	63.6%	49.1%	52.7%	12.7%	9.1%
变幅>10%占比	36.4%	50.9%	47.3%	87.3%	90.9%

为了分析气象因子的不同取值对局部敏感性分析结果的影响,计算各气象因子(相对湿度、最高气温、日照时数、风速)在不同取值下潜在蒸散发及其局部敏感系数差值。首先在相对湿度变化范围内分别取值 50%、70%、90%,分析潜在蒸散发的变化及敏感系数随最高气温和日照时数的变化(其中最低气温和风速取表 4.11 中的均值),如图 4.23 和图 4.24 所示。在图 4.24 中,$S_{T_{max}}-S_N$ 表示当最高气温、日照时数在不同取值下潜在蒸散发对最高气温的敏感系数 $S_{T_{max}}$ 与潜在蒸散发对日照时数的敏感系数 S_N 之间的差值。显然当 $S_{T_{max}}-S_N$ 为正值时,即最高气温对潜在蒸散发的影响比日照时数对潜在蒸散发的影响程度大;反之,日照时数对潜在蒸散发的影响比最高气温对潜在蒸散发的影响程度大。图 4.23 和图 4.24 表明,在三种相对湿度不同取值下,潜在蒸散发均随着最高气温、日照时数的增加而增大;但最高气温、日照时数在不同取值下,$S_{T_{max}}-S_N$ 有正有负,则表明最高气温、日照时数的敏感性排位与这两个气象因子取值有关。同样,对于三种风速的不同取值(分别为 1m/s、3m/s、5m/s),对应于最高气温、日照时数不同取值,敏感系数 $S_{T_{max}}$ 与 S_N 之间的差值($S_{T_{max}}-S_N$)也有正有负,即最高气温、日照时数敏感性排位也与其取值有关(图 4.25 和图 4.26)。总之,潜在蒸散发对气象因子的局部敏感性与气象因子取值有关。

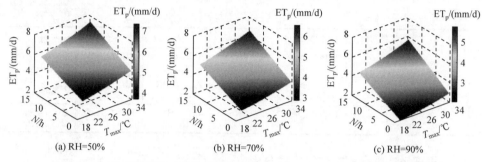

图 4.23　三种相对湿度下潜在蒸散发与最高气温、日照时数的关系(见彩图)

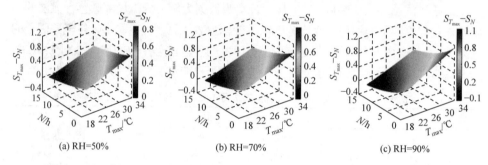

图 4.24　三种相对湿度下最高气温与日照时数敏感系数差值($S_{T_{max}} - S_N$)(见彩图)

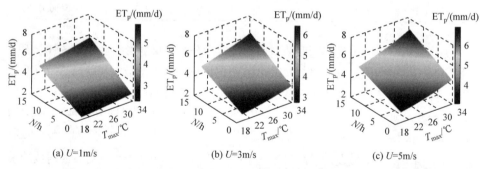

图 4.25　三种风速下潜在蒸散发与最高气温、日照时数的关系(见彩图)

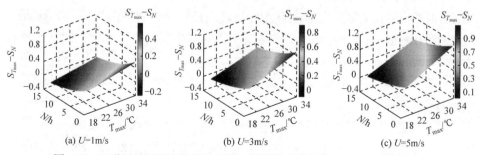

图 4.26　三种风速下最高气温与日照时数敏感系数差值($S_{T_{max}} - S_N$)(见彩图)

4.3.5 小结

利用位于中温带半湿润地区、高原温带半干旱区、北亚热带湿润地区和南亚热带湿润地区四个气候区的 12 个国家标准气象站点的气象要素观测资料,基于 Penman-Monteith 公式,运用全局敏感性分析方法(Sobol'法和 FAST 法)和局部敏感性分析方法,分析了日尺度、季尺度、年尺度上潜在蒸散发对气象因子的敏感性,并且对两种敏感性分析方法的计算结果进行比较,阐述了局部敏感性分析方法的局限性,得出以下主要结论:

全局敏感性分析结果表明,各气象因子对潜在蒸散发影响的敏感性排位在不同气候区、不同季节存在明显差异。

从全局敏感系数年内变化来看,夏季日照时数对潜在蒸散发的影响最大,冬季最高气温、相对湿度和风速对潜在蒸散发影响较大,潜在蒸散发对最低气温在全年内均不敏感。

空间上,从中温带半湿润地区→高原温带半干旱区→北亚热带湿润地区→南亚热带湿润地区,日照时数对潜在蒸散发的影响逐渐增强;风速对潜在蒸散发的影响程度自北向南递减。

局部敏感性分析方法与全局敏感性分析方法敏感系数计算结果差异很大,气象因子的局部敏感性排位与气象因子取值有关。

由此可以推测,虽然全球升温可导致潜在蒸散发增加,但反映潜在蒸散发变化的蒸发皿实测蒸散发呈下降趋势,可能是日照时数、风速等气象因子下降导致的。该部分内容详见相关论文(张永生等,2017a)。

4.4 水文序列变异特征识别——以气温为例

年气温等序列的变异不仅呈现总体升高的趋势,而且呈现不同时段内上升速率的差异以及变化幅度的差异,例如,Lovejoy(2014)发现 1998 年以来全球增温出现停滞现象。因此,气温变异识别涉及变化特征差异发生的时间点(变点)识别以及趋势性和变幅的识别。从统计学角度,可归纳为序列的均值、方差和趋势变化的显著性识别。目前,对于气温变异识别多集中于突变点检验,即随机时间序列的变点位置检验和变点个数估计。检测方法有最大似然估计法、贝叶斯方法、滑动 t 检验法、Cramer 法、Mann-Kendall 突变检验、Pettitt 检验法等。已有研究结果表明,我国北方地区气温突变时间大部分出现在 20 世纪 90 年代,如祁连山春季、夏季气温在 1997 年发生突变(贾文雄等,2008);河西走廊地区年平均气温和最高气温暖突变均出现在 90 年代中后期,最低气温暖突变出现在 1994 年(高振荣等,2010);海河流域气温突变主要发生在 90 年代,并且 2 月、3 月发生突变的范围最广(徐丽梅等，2011)；渭河流域大部分气象站点气温突变出现在 90 年代(占车生等，2012)；甘肃省年平均气温出现突变的时间在 1994 年前后(邢轶兰等，2015)。

在突变点识别基础上，需要进一步定量描述突变前后气温升高趋势和变幅的差异。为此，本节基于 Schwarz 信息准则(Schwarz information criterion，SIC)突变检验法(Schwarz，1978)，以泾河流域环县、平凉、西峰镇和长武 4 个基本气象站气温观测资料为例，不仅检测年最高气温、最低气温及平均气温时序突变点发生的时间，而且选择突变点前后气温时序变异特征最适合的数学模型。在与 Mann-Kendall 突变点识别结果对比分析的基础上，论证基于 Schwarz 信息准则时序变异识别的可靠性及可行性。

4.4.1　研究区站点及资料选择

泾河流域位于黄土高原腹地(106°20′E～108°48′E，34°24′N～37°20′N)，处于六盘山和子午岭之间，流域绝大部分属于陇东黄土高原，位于黄河中上游地区，是渭河的一级支流，黄河的二级支流。流域面积为 45373km²，是典型的温带大陆性气候，为暖温带—温带、半湿润—半干旱的过渡地带，受大陆季风影响，降水量由南向北递减，年际变化大。

以泾河流域环县、平凉、西峰镇、长武 4 个基本气象站作为研究对象(表 4.12)，采用国家气象局发布的最高气温、最低气温和平均气温逐日数据，进行年气温时序变异识别。

表 4.12　泾河流域气象站基本情况

气象站点	经度	纬度	最高气温/℃	最低气温/℃	平均气温/℃	数据系列(年份)
环县	107°15′E	36°35′N	15.7	3.2	8.8	1958～2009
平凉	106°40′E	35°33′N	15.4	3.9	9.0	1956～2009
西峰镇	107°38′E	35°44′N	14.0	4.6	8.8	1953～2009
长武	107°48′E	35°12′N	15.2	4.2	9.3	1957～2009

4.4.2　突变分析方法

1. 突变类型及定量分析模型

某一变量 y_t 时间序列模型可以表述为

$$y_t = F(t) + \varepsilon_t, \quad t = 1, 2, \cdots, n \tag{4.40}$$

式中，$F(t)$ 为确定性项；ε_t 为随机项。

序列 y_t 在某一时间 k 发生统计意义上变异具有下列几种情形：确定性项 $F(t)$

发生变化，包括序列均值变化、趋势性变化、周期性变化；随机项发生变化，即 ε_t 的方差变化。Chen 和 Gupta(2012)在考虑序列均值 μ、趋势项线性变化($\lambda+\beta t$)以及 ε_t 的方差变化，提出了下列突变模型(表 4.13)以及对应的时间序列(图 4.27)。

表 4.13　突变模型类型及描述

突变模型类型	突变模型描述	公式
i	均值、方差均不变	$y_t = \mu + \varepsilon_t,\quad \varepsilon_t \sim N(0,\sigma^2),\quad t=1,\cdots,n$
ii	均值突变	$y_t = \begin{cases} \mu_1 + \varepsilon_t, & \varepsilon_t \sim N(0,\sigma^2), \quad t=1,\cdots,k \\ \mu_2 + \varepsilon_t, & \varepsilon_t \sim N(0,\sigma^2), \quad t=k+1,\cdots,n \end{cases}$
iii	方差突变	$y_t = \begin{cases} \mu + \varepsilon_t, & \varepsilon_t \sim N(0,\sigma_1^2), \quad t=1,\cdots,k \\ \mu + \varepsilon_t, & \varepsilon_t \sim N(0,\sigma_2^2), \quad t=k+1,\cdots,n \end{cases}$
iv	均值、方差均突变	$y_t = \begin{cases} \mu_1 + \varepsilon_t, & \varepsilon_t \sim N(0,\sigma_1^2), \quad t=1,\cdots,k \\ \mu_2 + \varepsilon_t, & \varepsilon_t \sim N(0,\sigma_2^2), \quad t=k+1,\cdots,n \end{cases}$
v	截距、趋势均不变	$y_t = \lambda + \beta t + \varepsilon_t,\quad \varepsilon_t \sim N(0,\sigma^2),\quad t=1,\cdots,n$
vi	截距突变	$y_t = \begin{cases} \lambda_1 + \beta t + \varepsilon_t, & \varepsilon_t \sim N(0,\sigma^2), \quad t=1,\cdots,k \\ \lambda_2 + \beta t + \varepsilon_t, & \varepsilon_t \sim N(0,\sigma^2), \quad t=k+1,\cdots,n \end{cases}$
vii	截距、趋势均突变	$y_t = \begin{cases} \lambda_1 + \beta_1 t + \varepsilon_t, & \varepsilon_t \sim N(0,\sigma^2), \quad t=1,\cdots,k \\ \lambda_2 + \beta_2 t + \varepsilon_t, & \varepsilon_t \sim N(0,\sigma^2), \quad t=k+1,\cdots,n \end{cases}$

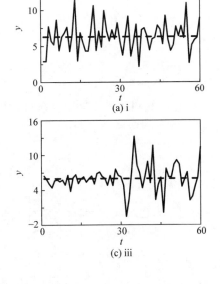

(a) i

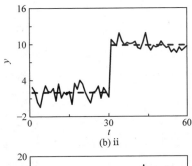

(b) ii

(c) iii

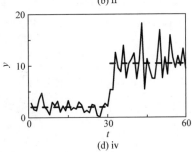

(d) iv

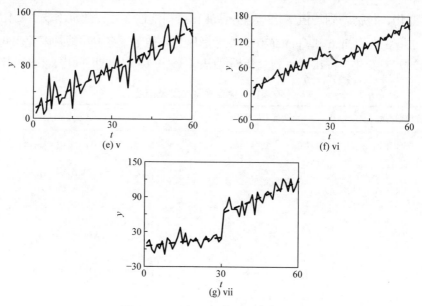

图 4.27　不同突变模型的时间序列

2. 变点识别准则

Schwarz 在赤池信息量准则基础上提出 SIC，它可以寻找出突变点的位置以及选择最合适的突变模型(Beaulieu et al., 2012a)，SIC 一般形式表示如下：

$$\text{SIC}_j = -2\log L(\hat{\Theta}_j) + c_j \log n, \quad j = 1, 2, \cdots, M \tag{4.41}$$

式中，SIC_j 为模型 j 的 SIC 值；$L(\hat{\Theta}_j)$ 为模型的最大似然函数；c_j 为模型中需要估计的参数个数；n 为样本数。最可能的突变点位置处 SIC 值最小，因此，SIC 值最小的模型是描述突变点前后序列变化最合适的模型。

3. 统计检验

对于独立随机正态变量序列 $Y=(y_1, y_2, \cdots, y_n)$，其对应的不同时段统计参数为 $(\mu_1, \sigma_1^2), (\mu_2, \sigma_2^2), \cdots, (\mu_n, \sigma_n^2)$，均值 μ 和方差 σ^2 不变的统计检验假设：

$$\begin{aligned} H_0: \quad & \mu_1 = \mu_2 = \cdots = \mu_n = \mu \\ & \sigma_1^2 = \sigma_2^2 = \cdots = \sigma_n^2 = \sigma^2 \end{aligned} \tag{4.42}$$

对于统计假设 H_0：μ 和 σ^2 的最大似然估计为 $\hat{\mu} = \bar{y} = \dfrac{1}{n}\sum_{i=1}^{n} y_i$，$\hat{\sigma}^2 = \dfrac{1}{n}\sum_{i=1}^{n}(y_i - \bar{y})^2$。

相应的 SIC 计算公式为

$$\text{SIC}(n) = n\log(2\pi) + n\log\hat{\sigma}^2 + n + 2\log n \tag{4.43}$$

均值 μ 和方差 σ^2 均发生变化的统计检验假设：

$$H_1: \quad \mu_1 = \cdots = \mu_k \neq \mu_{k+1} = \cdots = u_n \\ \sigma_1^2 = \cdots = \sigma_k^2 \neq \sigma_{k+1}^2 = \cdots = \sigma_n^2 \tag{4.44}$$

对于统计假设 H_1：μ_1、μ_n、σ_1^2、σ_n^2 采用最大似然法进行估计，即 $\hat{\mu}_1 = \overline{y}_k = \dfrac{1}{k}\sum\limits_{i=1}^{k} y_i$，

$\hat{\mu}_n = \overline{y}_{n-k} = \dfrac{1}{n-k}\sum\limits_{i=k+1}^{n} y_i$；$\hat{\sigma}_1^2 = \dfrac{1}{k}\sum\limits_{i=1}^{k}(y_i - \overline{y}_k)^2$，$\hat{\sigma}_n^2 = \dfrac{1}{n-k}\sum\limits_{i=k+1}^{n}(y_i - \overline{y}_{n-k})^2$。相应的

SIC 计算公式为

$$\text{SIC}(k) = n\log(2\pi) + k\log\hat{\sigma}_1^2 + (n-k)\log\hat{\sigma}_n^2 + n + 4\log n, \quad 2 \leqslant k \leqslant n-2 \tag{4.45}$$

选择接受 H_0 取决于最小信息标准的原则，即当 $\text{SIC}(n) \leqslant \min\limits_{2\leqslant k\leqslant n-2}\{\text{SIC}(k)\}$ 时，

接受原假设 H_0；当 $\text{SIC}(\hat{k}) = \min\limits_{2\leqslant k\leqslant n-2}\{\text{SIC}(k)\} < \text{SIC}(n)$，接受备选假设 H_1，突变点最

可能出现在 $\hat{k}$ 处。但当 $\min\limits_{2\leqslant k\leqslant n-2}\{\text{SIC}(k)\}$ 与 $\text{SIC}(n)$ 非常接近时，可能是由于数据扰动

引起的，不存在突变点。基于此，引入显著性水平以及与之相联系的临界

值 C_α(Chen and Gupta, 1999)，且 $C_\alpha \geqslant 0$。若

$$\min\limits_{2\leqslant k\leqslant n-2}\{\text{SIC}(k)\} + C_\alpha < \text{SIC}(n) \tag{4.46}$$

则接受 H_1，认为系列 $Y=(y_1, y_2, \cdots, y_n)$。

上述阐述均值和方差均变化的情况，其他突变模型 SIC 的计算公式见表 4.14。

表 4.14 突变模型 SIC 的计算公式

突变模型类型	突变模型描述	公式
i	均值、方差均不变	$\text{SIC} = n\log(\text{RSS}) + n[1+\log(2\pi)] + (2-n)\log n$ 其中，$\text{RSS} = \sum\limits_{t=1}^{n}(y_t - \overline{y})^2$
ii	均值突变	$\text{SIC}(k) = n\log(\text{RSS}) + n[1+\log(2\pi)] + (3-n)\log n$ 其中，$\text{RSS} = \sum\limits_{t=1}^{k}(y_t - \overline{y}_k)^2 + \sum\limits_{t=k+1}^{n}(y_t - \overline{y}_{n-k})^2$
iii	方差突变	$\text{SIC}(k) = n\log(2\pi) + k\log\hat{\sigma}_1^2 + (n-k)\log\hat{\sigma}_n^2 + n + 3\log n$
iv	均值、方差均突变	$\text{SIC}(k) = n\log(2\pi) + k\log\hat{\sigma}_1^2 + (n-k)\log\hat{\sigma}_n^2 + n + 4\log n$

续表

突变模型类型	突变模型描述	公式
v	截距、趋势均不变	$\mathrm{SIC} = n\log(\mathrm{RSS}) + n[1 + \log(2\pi)] + (3-n)\log n$ 其中，$\mathrm{RSS} = \sum_{t=1}^{n}(y_t - \hat{\lambda} - \hat{\beta}t)^2$
vi	截距突变	$\mathrm{SIC}(k) = n\log(\mathrm{RSS}) + n[1 + \log(2\pi)] + (4-n)\log n$ 其中，$\mathrm{RSS} = \sum_{t=1}^{k}(y_t - \hat{\lambda}_1 - \hat{\beta}t)^2 + \sum_{t=k+1}^{n}(y_t - \hat{\lambda}_2 - \hat{\beta}t)^2$
vii	截距、趋势均突变	$\mathrm{SIC}(k) = n\log(\mathrm{RSS}) + n[1 + \log(2\pi)] + (5-n)\log n$ 其中，$\mathrm{RSS} = \sum_{t=1}^{k}(y_t - \hat{\lambda}_1 - \hat{\beta}_1 t)^2 + \sum_{t=k+1}^{n}(y_t - \hat{\lambda}_2 - \hat{\beta}_2 t)^2$

4. Mann-Kendall 突变检验

为了进行对比，采用 Mann-Kendall 方法进行突变点检验。对于具有 n 个样本量的时间序列 x，构造一个秩序列：

$$S_k = \sum_{i=1}^{k} r_i, \quad k = 2,3,\cdots,n \tag{4.47}$$

式中

$$r_i = \begin{cases} 1, & x_i > x_j \\ 0, & x_i \leqslant x_j \end{cases}, \quad j = 1,2,\cdots,i \tag{4.48}$$

由式(4.47)可见，秩序列 S_k 是第 i 时刻数值大于第 j 时刻数值个数的累计值。

构造统计量 UF_k：

$$\mathrm{UF}_k = \frac{S_k - E(S_k)}{\sqrt{\mathrm{var}(S_k)}}, \quad k = 1,2,\cdots,n \tag{4.49}$$

式中，$E(S_k)$ 和 $\mathrm{var}(S_k)$ 分别为 S_k 的期望和方差，它们可分别由式(4.50)和式(4.51)计算得到：

$$E(S_k) = \frac{k(k-1)}{4} \tag{4.50}$$

$$\mathrm{var}(S_k) = \frac{k(k-1)(2k+5)}{72} \tag{4.51}$$

逆序排列时间序列 x，再重复上述过程，同时令 $\mathrm{UB}_k = -\mathrm{UF}_k$。当 $\mathrm{UF}_k > 0$ 时，表明序列呈上升趋势；当 $\mathrm{UF}_k < 0$ 时，表明序列呈下降趋势。当超过临界直线时表明上升或下降趋势显著。如果 UF_k 和 UB_k 两条曲线出现交点，且交点在临界线之间，那么交点对应的时刻就是突变时刻。

4.4.3 结果与分析

1. 基于 Schwarz 信息准则突变点识别

对于逐年最高气温序列，根据统计检验假设识别各种突变类型，定量分析最高气温序列模型的突变点可能出现时间及 SIC 值(表 4.15)，选择 SIC 最小对应的变动时间和模型如表 4.15 和图 4.28 所示。总体来看，4 个站最高气温都有升高的趋势，但变化类型存在差异。根据 SIC 最小准则，环县最高气温最适合截距、趋势均突变的线性回归模型(vii)，突变最可能出现的时间是 1967 年，突变前后截距(λ_1、λ_2)相差 1.05℃，1967 年前后最高气温呈现相反趋势；平凉和西峰镇最高气温都属于均值、方差均突变的模型(iv)，突变时间均发生在 1996 年，突变点前后两站均值 μ 分别升高 1.36℃、1.34℃，方差 σ^2 分别减少 0.32、0.35；长武最高气温最适于均值突变模型(ii)，突变点出现在 1993 年，均值 μ 增加 1.26℃。

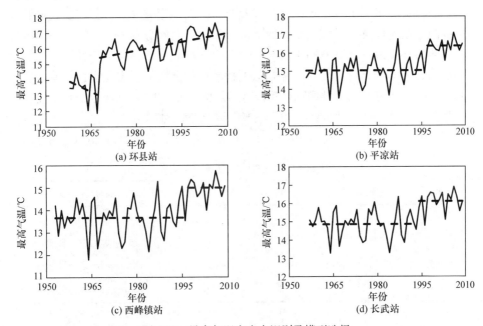

图 4.28　最高气温突变点识别及模型选择

表 4.15　最高气温突变点识别结果

气象站点	模型	年份	SIC	参数估计
环县	i, ii, iii, iv, v, vi, **vii**	—, 1967, 1967, 1967, —, 1968, **1967**	185.37, 135.65, 171.64, 139.55, 145.12, 140.94, **127.12**	λ_1=13.99,　β_1= −0.09 λ_2=15.04,　β_2=0.04

续表

气象站点	模型	年份	SIC	参数估计
平凉	i, ii, iii, **iv**, v, vi, vii	—, 1996, 1963, **1996**, —, 1996, 1996	144.18, 114.97, 143.66, **112.76**, 125.52, 117.40, 121.39	μ_1=15.02, σ_1^2 =0.69 μ_2=16.38, σ_2^2 =0.37
西峰镇	i, ii, iii, **iv**, v, vi, vii	—, 1993, 1963, **1996**, —, 1993, 1993	157.93, 132.81, 156.54, **131.92**, 145.98, 136.91, 140.02	μ_1=13.66, σ_1^2 =0.77 μ_2=15.00, σ_2^2 =0.42
长武	i, **ii**, iii, iv, v, vi, vii	—, **1993**, 1962, 1996, —, 1993, 1993	146.24, **121.45**, 143.35, 123.24, 134.60, 125.42, 129.06	μ_1=14.85, μ_2=16.11 σ^2=0.89

注：—表示无突变点，粗体代表选定的模型、突变时间及相应的 SIC 值。

各站最低气温及平均气温识别方法与表 4.15 类似，分别见表 4.16 和表 4.17。最低气温与最高气温突变出现的时间以及类型存在一定差异，环县和长武最低气温最可能适用均值突变模型(ii)，突变最可能出现的时间分别为 1997 年、1996 年，突变点前后环县最低气温升高 1.01℃、长武仅升高 0.35℃，且由于长武突变点前后 SIC 值相差不大，此突变点可能是数据扰动原因造成的伪突变点；平凉最适合于截距、趋势均突变的线性回归模型(vii)，突变时间发生在 1966 年，突变前后截距 λ 相差 1.14℃，趋势性 β 变化 0.04℃/a；西峰镇属于截距突变、趋势不变的线性回归模型(vi)，突变时间发生在 1997 年，突变点前后截距 λ 分别为 3.61℃ 和 2.17℃。

表 4.16　最低气温突变点识别结果

气象站点	模型	变异时间(年)	SIC 最小值	参数估计
环县	ii	1997	73.71	μ_1=3.00, μ_2=4.01, σ^2=0.42
平凉	vii	1966	54.46	λ_1=3.55, β_1=0.01, λ_2=2.41, β_2=0.05
西峰镇	vi	1997	76.02	λ_1=3.61, β_1=0.03, λ_2=2.17, β_2=0.08
长武	ii	1996	52.19	μ_1=4.12, μ_2=4.47, σ^2=0.38

平均气温的突变点识别和模型选择结果与最低气温在突变点前后变化模型选择较一致，但突变点出现时间不一致(表 4.17)。环县和长武平均气温最可能适用均值突变模型(ii)，环县突变最可能出现的时间为 1986 年，突变后气温升高 1.12℃，而长武突变出现的时间为 1993 年，突变后均值升高 0.65℃；平凉、西峰镇平均气温均属于截距突变、趋势不变的线性回归模型(vi)，突变均发生在 1996 年，突变点前后截距分别相差 0.04℃ 和 0.08℃。

表 4.17　平均气温突变点识别结果

气象站点	模型	变异时间(年)	SIC 最小值	参数估计
环县	ii	1986	101.54	μ_1=8.32, μ_2=9.44, σ^2=0.57
平凉	vi	1996	63.31	λ_1=8.47, β_1=0.01, λ_2=8.43, β_2=0.03
西峰镇	vi	1996	87.37	λ_1=8.11, β_1=0.01, λ_2=8.03, β_2=0.04
长武	ii	1993	68.58	μ_1=9.11, μ_2=9.76, σ^2=0.41

2. 对比分析

采用 Mann-Kendall 突变检验法分别对最高气温、最低气温、平均气温序列进行突变点识别，并与基于 Schwarz 信息准则的突变检验法结果相比，检验的各站气温突变点发生时间见表 4.18。可以看出：①基于 Schwarz 信息准则的突变检验结果表明，除长武最低气温没有通过 α=0.05 的显著性检验，其他站点时间序列突变点均通过统计检验。②虽然 Mann-Kendall 方法得到环县最高气温、平均气温和平凉、西峰镇最低气温的突变检验统计曲线 UF_k 和 UB_k 都有一个显著的交汇点，但交点超出了显著性水平临界线，因此，不能认定它是否存在突变点(符淙斌和王强，1992)，或 Mann-Kendall 突变检验方法检验的这些序列突变点可能是伪突变点。得出的突变点时间与基于 Schwarz 信息准则的突变检验结果大都不一致(如环县最高气温突变点，平凉、西峰镇最低气温突变点)。③对于通过显著性检验的突变点，两种突变检验方法所得到的突变时间基本一致，突变点出现时间除环县最高气温、平均气温和平凉最低气温分别在 1967 年、1986 年和 1966 年外，其余突变发生时间均为 20 世纪 90 年代中期。

表 4.18　泾河流域气温序列突变点发生时间(年)识别结果

气象站点	分析方法	最高气温	最低气温	平均气温
环县	SIC	1967(vii)	1997(ii)	1986(ii)
	Mann-Kendall	1977*	1998	1986*
平凉	SIC	1996(iv)	1966(vii)	1996(vi)
	Mann-Kendall	1995	1996*	1996
西峰镇	SIC	1996(iv)	1997(vi)	1996(vi)
	Mann-Kendall	1996	1993*	1995
长武	SIC	1996(ii)	1996**(ii)	1993(ii)
	Mann-Kendall	1994	1997	1997

*表示 UF_k 和 UB_k 统计量在 α = 0.05 水平下显著。

**表示没有通过 α = 0.05 显著性检验。

4.4.4　小结

采用基于 Schwarz 信息准则的突变检验法和 Mann-Kendall 突变检验法对泾河流域 4 个气象站点的年最高气温、最低气温和平均气温进行突变检验，得到以下结论：

各站最高气温、最低气温、平均气温呈现上升趋势，但在突变点前后各站最高气温、最低气温、平均气温变化类型(模型)存在差异。

两种突变点检验法所得到的结果基本一致，突变点发生时间大部分在 20 世纪 90 年代中期。但对于未通过统计检验的突变点识别，两种方法得出的结果差异大。

相对于 Mann-Kendall 突变检验法，基于 Schwarz 信息准则不仅可以检验出突变点出现时间，而且可以定量描述突变点前后气温变化特征。内容详见相关论文(张永生等，2017b)。

参 考 文 献

符淙斌，王强. 1992. 气候突变的定义和检测方法[J]. 大气科学, 16(4): 482-493.

高振荣，田庆明，刘晓云. 2010. 近 58 年河西走廊地区气温变化及突变分析[J]. 干旱区研究, 27(2): 194-203.

贾文雄，何元庆，李宗省. 2008. 祁连山区气候变化的区域差异特征及突变分析[J]. 地理学报, 63(3): 257-269.

江志红，何金海，李建平，等. 2006. 东亚夏季风推进过程的气候特征及其年代际变化[J]. 地理学报, (7): 675-686.

李睿. 2003. Sobol'灵敏度分析方法在结构动态特性分析中的应用研究[D]. 长沙: 湖南大学.

秦年秀，陈喜，薛显武. 2010. 潜在蒸散发量计算公式在贵州省适用性分析[J]. 水科学进展, 21(3): 357-363.

邢轶兰，邸利，何毅. 2015. 1960—2013 年甘肃省气温、降水变化特征分析[J]. 中国农学通报, 31(23): 175-181.

徐丽梅，郭英，刘敏. 2011. 1957 年至 2008 年海河流域气温变化趋势和突变分析[J]. 资源科学, 33(5): 995-1001.

占车生，乔晨，徐宗学. 2012. 渭河流域近 50 年来气候变化趋势及突变分析[J]. 北京师范大学学报(自然科学版), 48(4): 399-405.

张永生，陈喜，高满，等. 2017a. 不同气候区潜在蒸散发全局敏感性分析[J]. 河海大学学报, 45(2): 137-144.

张永生，陈喜，高满，等. 2017b. 泾河流域气温时序变异特征识别水资源研究[J]. 水资源研究, (6): 33-41.

郑景云，尹云鹤，李炳元. 2010. 中国气候区划新方案[J]. 地理学报, 65(1): 3-12.

Adamowski K, Bougadis J. 2003. Detection of trends in annual extreme rainfall[J]. Hydrological Processes, 17: 3547-3560.

Akaike H. 1974. A new look at the statistical model identification[J]. IEEE Transactions on Automatic Control, 19: 716-723.

Allen R G, Pereira L S, Rase D, et al. 1998. Crop evapotranspiration-guidelines for computing crop water requirements——FAO irrigation and drainage paper 56[R]. Rome: FAO.

Beaulieu C, Chen J, Sarmiento J L. 2012a. Change-point analysis as a tool to detect abrupt climate variations[J]. Philosophical Transactions of the Royal Society A: Mathematical, Physical and Engineering Sciences, 370(1962): 1228-1249.

Beaulieu C, Sarmiento J L, Mikaloff Fletcher S E, et al. 2012b. Identification and characterization of abrupt changes in the land uptake of carbon[J]. Global Biogeochemical Cycles, 26(1): 1-14.

Belle G, Hughes J P. 1984. Nonparametric tests for trend in water quality[J]. Water Resources Research, 20(1): 127-136.

Bozdogan H. 2000. Akaike's information criterion and recent developments in information complexity[J]. Journal of Mathematical Psychology, 44: 62-91.

Brooks C E P, Carruthers N. 1953. Handbooks of statistical methods in meteorology[R]. London: Meteorological Office.

Chen J, Gupta A K. 1999. Change point analysis of a Gaussian model[J]. Statistical Papers, 40(3): 323-333.

Chen J, Gupta A K. 2012. Parametric Statistical Change Point Analysis: With Applications to Genetics Medicine, and Finance[M]. Boston: Birkhäuser Boston.

Choi S. 1977. Tests of equality of dependent correlation coefficients[J]. Biometrika, 64: 645-647.

Coscarelli R, Caloiero T. 2012. Analysis of daily and monthly rainfall concentration in Southern Italy[J]. Journal of Hydrology, 416-417: 145-156.

Cukier R I, Fortuin C M, Shuler K E, et al. 1973. Study of the sensitivity of coupled reaction systems to uncertainties in rate coefficients. I Theory[J]. Journal of Chemical Physics, 59(8): 3873-3878.

Ding Y. 1994. Monsoons over China[J]. Advances in Atmospheric Sciences, 11(2): 252.

Douglas E, Vogel R, Kroll C. 2000. Trends in floods and low flows in the United States: Impact of spatial correlation[J]. Journal of Hydrology, 240(1-2): 90-105.

Efron B. 1992. Bootstrap methods: Another look at the jackknife[M]//Breakthroughs in Statistics. Springer Series in Statistics (Perspectives in Statistics). New York: Springer.

Farrell R. 1980. Methods for classifying changes in environmental conditions[M]. Ann Arbor: Vector Research.

Fieller E C, Hartley H O, Pearson E S. 1957. Tests for rank correlation coefficients[J]. Biometrika, 44: 470-481.

Filliben J J. 1975. The probability plot correlation coefficient test for normality[J]. Technometrics, 17: 111-117.

Fisher R A. 1925. Applications of "Student's" distribution[J]. University Library Special Collections, 5(3): 90-104.

Hamed K H, Rao A R. 1998. A modified Mann-Kendall trend test for autocorrelated data[J]. Journal of Hydrology, 204(1-4): 182-196.

Hirsch R M, Slack J R, Smith R A. 1982. Techniques of trend analysis for monthly water quality data[J]. Water Resources Research, 18: 107-121.

Isaaks E, Srivastava R. 1989. Applied Geostatistics[M]. Oxford: Oxford University Press.

Kendall M G. 1975. Rank Correlation Methods[M]. London: Charles Grifin.

Li X, Jiang F, Li L, et al. 2010. Spatial and temporal variability of precipitation concentration index, concentration degree and concentration period in Xinjiang, China[J]. International Journal of Climatology, 31(11): 1679-1693.

Livezey R E, Chen W. 1983. Statistical field significance and its determination by Monte Carlo techniques[J]. Monthly Weather Review, 111: 46-59.

López-Moreno J I, Vicente-Serrano S M, Zabalza J, et al. 2013. Hydrological response to climate variability at different time scales: A study in the Ebro basin[J]. Journal of Hydrology, 477: 175-188.

Lovejoy S. 2014. Return periods of global climate fluctuations and the pause[J]. Geophysical Research Letters, 41(13): 4704-4710.

Lu Y, Mohanty S. 2001. Sensitivity analysis of a complex, proposed geologic waste disposal system using the Fourier amplitude sensitivity test method[J]. Reliability Engineering & System Safety, 72(3): 275-291.

Martin-Vide J. 2004. Spatial distribution of a daily precipitation concentration index in peninsular Spain[J]. International Journal of Climatology, 24(8): 959-971.

Matsumoto J. 1989. Heavy rainfalls over East Asia[J]. International Journal of Climatology, 9(4): 407-423.

Natrella M. 2010-10-01. NIST/SEMATECH e-handbook of statistical methods[EB/OL]. https://doi.org/10.18434/M32189.

Olascoaga M J. 1950. Some aspects of Argentine rainfall[J]. Tellus, 2: 312-318.

Oliver J E. 1980. Monthly precipitation distribution: A comparative index[J]. The Professional Geographer, 32: 300-309.

Otieno H, Yang J X, Liu W W, et al. 2014. Influence of rain gauge density on interpolation method selection[J]. Journal of Hydrologic Engineering, 19(11): 04014024.

Riehl H. 1949. Some aspects of Hawaiian rainfall[J]. Bulletin of the American Meteorological Society, 3: 176-187.

Rigby R A, Stasinopoulos D M. 2005. Generalized additive models for location, scale and shape[J]. Journal of the Royal Statistical Society: Series C (Applied Statistics), 54: 507-554.

Schwarz G. 1978. Estimating the dimension of a model[J]. The Annals of Statistics, 6(2): 461-464.

Shaw G, Wheeler D. 1994. Statistical Techniques in Geographical Analysis[M]. New York: Halsted Press.

Shi P, Qiao X, Chen X, et al. 2014. Spatial distribution and temporal trends in daily and monthly precipitation concentration indices in the upper reaches of the Huai River, China[J]. Stochastic Environmental Research and Risk Assessment, 28: 201-212.

Sobol' I M. 1993. Sensitivity estimates for nonlinear mathematical models[J]. Mathematical Modeling and Computational Experiments, 1(4): 407-414.

Sobol' I M. 2001. Global sensitivity indices for nonlinear mathematical models and their Monte Carlo estimates[J]. Mathematics and Computers in Simulation, 55(1-3): 271-280.

Stasinopoulos D M, Rigby R A. 2007. Generalized additive models for location scale and shape

(GAMLSS) in R[J]. Journal of Statistical Software, 23: 1-46.

Thiessen A H. 1911. Precipitation averages for large areas[J]. Monthly Weather Review, 39(7): 1082-1084.

van Buuren S, Fredriks M. 2001. Worm plot: A simple diagnostic device for modelling growth reference curves[J]. Statistics in Medicine, 20: 1259-1277.

Villarini G, Serinaldi F, Smith J A, et al. 2009. On the stationarity of annual flood peaks in the continental United States during the 20th century[J]. Water Resources Research, 45(8): W08417.

Wang H, Wang Q. 2002. Precipitation anomalies and the features of atmospheric circulation in the Huaihe River basin[J]. Journal of the Meteorological Sciences, 22(2): 149-158.

Watson D F, Philip G M. 1985. A refinement of inverse distance weighted interpolation[J]. Geo-processing, 2(4): 315-327.

Zhang Q, Xu C Y, Zhang Z X, et al. 2007. Spatial and temporal variability of extreme precipitation during 1960-2005 in the Yangtze River basin and possible association with large scale circulation[J]. Journal of Hydrology, 35(3-4): 215-227.

Zhang R R, Chen X, Wang H M, et al. 2017. Temporal change of spatial heterogeneity and its effect on regional trend of annual precipitation heterogeneity indices[J]. Hydrological Processes, 31(18): 3178-3190.

第 5 章 变化环境下流域水文模拟与不确定性分析

流域水文模型是定量描述水文过程动态，预测、预报水文过程演变的重要手段。近年来，水文模型广泛应用于辨识气候和下垫面变化以及取用水等人类活动对水文过程的影响程度。研究方法多采用分时段气候和下垫面特征组合情景下径流变化过程的对比分析(图 5.1)，即假设流域在两个不同时段(时段 1、时段 2)，气候和下垫面变化对水文变量的影响程度不同，或对水文序列进行统计检验，利用突变点识别将序列资料分为不同时段，通过对比两个(或多个)时段气候条件(模型输入)或下垫面特征(模型参数)的差异，分解气候和下垫面变化以及人类活动对水文过程的影响程度。

基本假设：下垫面变化(LU/LC)和人类活动强度与气候变化无关(独立)

图 5.1 气候和下垫面变化及人类活动对水文过程影响的模型辨识方法示意图

该方法基本假设是气候、下垫面/人类活动强度、水文过程相互独立，忽略下垫面植被动态、农业灌溉等人类活动强度与气候干湿变化之间的动态关系。另外，受模型结构和输入变量的不确定性、参数率定中异参同效性影响，水文模型应用于气候和下垫面变化/人类活动对水文过程影响的辨识结果还存在很大的不确定性。

本章首先针对淮河流域，利用概念性水文模型、分布式水文模型区分气候和下垫面变化对径流影响的贡献率；构建灌区水文模型，分析地下水开采对地表水与地下水转化的影响程度；探讨流域水文模型不确定性、概念性水文模型参数的时变性，为评估气候变化和人类活动影响下水文过程演变提供参考。

5.1 流域水文模型进展概述

流域水文模型一直都是水文学研究的核心问题。随着信息采集技术(遥感、地理信息系统(geographic information system, GIS))、计算方法的发展，以及大气科学、生态环境科学等不同领域需求的驱动，流域水文模型得到快速发展。流域水文模型的数学和物理基础不断完善，从黑箱模型、概念性模型向物理模型发展；描述水文过程空间变化的能力得到长足进步，从集总式水文模型向分布式水文模型发展。但由于流域内各种自然因素错综复杂、相互交织，受到研究对象和研究区观测资料完备性限制，而且研究目的(如短期洪水预报、长期水文情势预测、水资源评价等)不同，集总式概念性水文模型和分布式水文物理模型长期共存，在不同研究领域都得到广泛应用。

　　概念性水文模型是以物理成因为基础，对水文现象和物理过程进行合理的假设、概化。其特点是模型结构较简单，参数较少，具有一定的物理成因机制，易于推广应用。具有代表性的概念性水文模型有 Stanford 模型(Crawford and Linsley, 1966)、Sacramento 模型(Model, 1994)、Tank 模型(Sugawara, 1995)、ARNO 模型(Todini, 1996)和 HBV 模型(Bergström and Singh, 1995)、新安江模型(Zhao et al., 1995；Zhao, 1992)等。这些模型构建初期主要是集总式，其最基本的特征是将流域作为一个整体来模拟降水-径流过程，不具备显式表述流域降水和下垫面条件空间分布，以及流域不同空间位置降水-径流过程的功能。近年来，这类模型大都向(半)分布式发展，例如，采用子流域或网格化表述降水、下垫面特征分布不均匀的影响，建立模型参数与下垫面特征之间的关系，拓展了这类模型的应用领域以及对水文过程时空变化的模拟、预测能力，同时保留模型结构简单、参数少的优点。

　　水文物理模型基于水流运动的物理或力学基本定律描述饱和、非饱和带水分、水流运动过程，同时基于热力学定律等来描述蒸散发过程。其特点是对水文现象产生的物理机制表述具有物理严密性，在理论上具有较好的通用性。水文物理模型在特定的水文过程模拟中已得到广泛应用，如地下水动态过程通常采用地下水数值模型(MODFLOW(Harbaugh, 2005)、FEFLOW(Trefry and Muffels, 2007)等)、河流动力过程常采用河道洪水演算数值模型(基于圣维南方程求解的河道洪水演算模型)(芮孝芳，2004；董文军，2002)。在观测资料相对较完备的实验流域，基于数学物理方程耦合求解的水文物理模型，如 MIKE-SHE(Abbott et al., 1986)也得以快速发展和应用。

　　水文物理基础完备的分布式水文模型，从数学上大都采用有限差分法、有限元法等离散化方法求解水流运动微分方程。因此，需要将流域划分成一系列网格单元，按流域下垫面(土壤、植被、土地利用等)类型进行参数化表述，并同时考虑降水等输入变量的空间分布。这类模型结构复杂，数学上存在非线性数学方程求解以及初值、边界条件估计的难题，同时在模型率定中容易存在过参数化问题(图 5.2)。

　　另一类分布式水文模型是对水文物理方程进行简化(如忽略水流运动中扩散波等)，并基于主要下垫面因素(如地形)对水文过程空间变化表述进行概化，结合流域下垫面代表单元进行参数化表述。此类代表性的分布式水文模型有 TOPMODEL

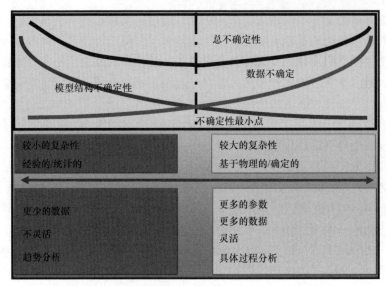

图 5.2　模型复杂程度与模型结构、资料的不确定性

(Beven et al., 1995；Beven and Kirkby, 1979)、SWAT 模型(Neitsch et al., 2005；Arnold et al., 1998)等。

　　就描述水文过程而言，反映下垫面特征的复杂水文模型更有利于研究气候变化、人类活动等对水文过程的影响，但同时也会面临更多的困难，如大量参数估计和率定等。Perrin 等(2001)指出，复杂模型缺乏稳定性的主要原因在于模型结构与提取的水文时间序列有用信息不匹配，因而某些参数较少的模型虽然不能全面描述所有水文过程的时空变化特征，但就某些特定的水文过程模拟和预测也能取得与多参数模型同样好的效果。Linden 和 Woo(2003)也认为模型并非越复杂越好，模型的复杂程度应该与可用的观测资料以及流域的时空尺度相匹配。因此，各类水文模型的应用都存在不确定性。针对采用何种类型的流域水文模型问题，需要在模型复杂性、观测资料的完备性、解决问题的针对性等方面加以抉择。

5.2　土地利用变化对径流影响模拟

　　新安江模型是赵人俊等于 1973 年提出来的流域概念性水文模型,该模型适用于湿润与半湿润地区，其最主要的特点是采用蓄满产流模型，即以蓄水容量曲线计算流域的产流量。最早的新安江模型只划分了两种水源：地面径流和地下径流。到 20 世纪 80 年代中期，根据山坡水文学和国内外产流理论的研究，在原有二水源新安江模型的基础上做了改进，提出三水源新安江模型。

　　三水源新安江模型的蒸散发计算采用三层蒸发模型；产流计算采用蓄水容量

曲线；基于自由水蓄水库，水源划分为地面径流、壤中流和地下径流；汇流计算则分别采用线性水库计算坡面汇流，采用 Muskingum 法计算河道汇流。

基于概念性水文模型(新安江模型)识别土地利用变化导致的水文过程变化，可采用下列三种方法。

方法 1：通过模型参数的对比来反映下垫面变化对水文过程变化的影响。将观测的资料系列不同时期(如每 10 年作为一个时期)，分别采用每个时期资料进行参数率定，最后通过不同时期参数的对比来反应下垫面变化。基本假设是水文模型参数具有物理意义，其参数值的改变反映下垫面变化的影响。

方法 2：利用率定和验证的模型，模拟不同时期水文过程(如径流)，对比不同时期模拟径流的剩余误差。基本假定：如果流域系统自然条件在一个较长的时间系列里保持一致，没有受到显著的人类活动影响，那么模拟误差正负值为随机事件，误差大小可以控制在系统模拟精度的识别域以内，误差系列服从正态分布。如果流域下垫面受人类活动影响较大，将表现为误差的系统变化或趋势变化。

方法 3：采用不同时期率定的最优参数，对同一时期的水文事件进行模拟，然后对模拟结果进行比较。

本节将上述三种方法应用于淮河流域上游息县以上大坡岭子流域(图 5.3)，收集 20 世纪 80 年代、90 年代以及 21 世纪初三个时期息县流域土地利用变化数据(表 5.1)。

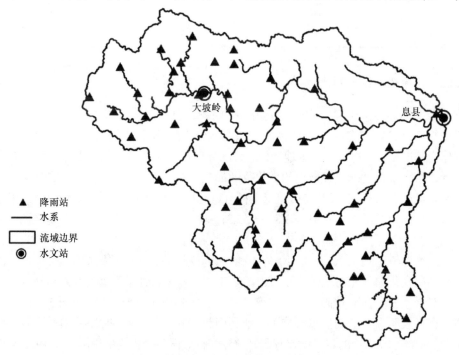

图 5.3　淮河流域息县以上站点分布

5.2.1　土地利用变化分析

由表 5.1 可知，息县流域的主要土地利用类型为旱地、水田与林地。其中，旱地与林地所占比例在 20 世纪 80 年代分别为 41.85% 与 38.55%，90 年代分别为 30.38% 与 40.69%，21 世纪初分别为 41.81% 与 38.06%。20 世纪 80 年代、90 年代与 21 世纪初，土地利用的变化主要表现在水田与旱地之间的互相转换。与 20 世纪 80 年代相比，90 年代的水田从 17.02% 增长至 27.23%，旱地从 41.85% 减少至 30.38%；与 20 世纪 90 年代相比，21 世纪初的水田从 27.23% 减少至 17.15%，旱地从 30.38% 增长至 41.81%，21 世纪初土地利用情况与 20 世纪 80 年代较为相似。其他土地利用方式并没有发生显著变化。

表 5.1　三个时期息县流域土地利用变化数据

土地利用类型	百分比/%		
	20 世纪 80 年代	20 世纪 90 年代	21 世纪初
水域	0.90	0.78	1.32
城镇	0.63	0.51	0.88
林地	38.55	40.69	38.06
水田	17.02	27.23	17.15
旱地	41.85	30.38	41.81
草地	0.57	0.06	0.54

5.2.2　径流模拟结果对比

根据实测径流资料，将研究分为 4 个时段，基于新安江模型分别对每一个时段进行模型参数率定(表 5.2)和径流模拟误差分析(表 5.3、图 5.4)。以 1964～1975 年作为基准期，表述特定的土地利用，大部分年径流量模拟的相对误差分布在 0 值附近，除一个点之外，其他点的变化范围都在 20% 以内(图 5.4)。从不同时期年径流量相对误差来看，1964～1975 年年径流量总体相对误差为 0，1976～1985 年年径流量总体相对误差绝对值为 3.8%(表 5.3)，均小于 5%；然而，相对于基准期，土地利用发生显著变化之后(1986～2005 年)情况却并非如此。1986～1995 年的总相对误差绝对值达到 13%，超过 10%；1996～2005 年的相对误差绝对值是 25.6%，比土地利用变化前的相对误差大了 20%(表 5.3)。尽管土地利用变化后大部分年径流量相对误差分布在 0 值附近，但是有一些点已经超过了 20% 的范围(图 5.4)；异常值的存在表明人类活动显著影响了土地利用制度的变化。这一时期的相对误差与率定期(1964～1975 年)的相对误差有明显差异。相对误差分析结果显示，从 1986 年以后年径流量明显减小；这表明土地利用变化(如果园或茶园增加)消耗了更多的水量。

表 5.2　不同时期模型参数率定对比

参数	参数意义	1964~1975 年	1976~1985 年	1986~1995 年	1996~2005 年
K	蒸散发能力折算系数	0.64	0.66	0.70	0.94
UM	上层张力水容量/mm	20	20	20	20
LM	下层张力水容量/mm	80	80	80	80
C	深层蒸散发扩散系数	0.16	0.16	0.16	0.16
WM	流域平均蓄水容量/mm	150	150	150	150
B	蓄水容量曲线指数	0.3	0.3	0.3	0.3
SM	自由水蓄水容量/mm	15	15	15	15
EX	自由水蓄水容量曲线指数	1.5	1.5	1.5	1.5
KG	地下水出流系数	0.35	0.30	0.30	0.28
KI	壤中流出流系数	0.35	0.40	0.40	0.42
CS	地面径流消退系数	0.45	0.45	0.45	0.45
CI	壤中流消退系数	0.88	0.88	0.88	0.88
CG	地下水消退系数	0.995	0.995	0.995	0.995
KE	Muskingum 法演算参数/h	1	1	1	1
XE	Muskingum 法演算参数	0.38	0.38	0.38	0.38

表 5.3　不同时期模型计算结果统计

时期	实测径流深/mm	计算径流深/mm	径流深相对误差/%
1964~1975 年	4877	4870	0
1976~1985 年	3847	3994	−3.8
1986~1995 年	2979	3366	−13.0
1996~2005 年	4037	5071	−25.6

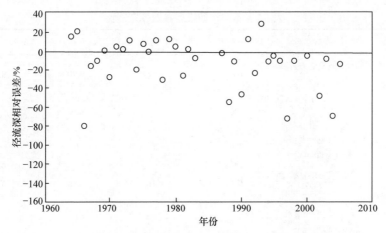

图 5.4　不同时期径流深相对误差对比

每个点代表一年，基准期采用 1964~1975 年，其他时期为 1976~2005 年

　　通过分析流域不同时期降水-径流关系曲线，可以得到相同的结论(图 5.5)。土地利用变化之后降水-径流关系曲线的斜率减小，意味着相同的气象输入(降水量和蒸发量)只能得到更少的输出(径流量)。由于缺少逐时数据，模拟值为日径流过程。在进一步研究中，可以通过不同时段洪峰响应的比较来反映汇流过程的变化。

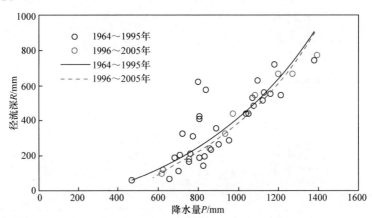

图 5.5　大坡岭子流域年降水-径流关系曲线

5.2.3　参数变化检测

　　新安江水文模型的每一个参数都具有一定的物理意义(表 5.2)。例如，参数 K 表示潜在蒸发量与水面蒸发量之比。如果 K 增大，说明蒸发增加，会导致径流量减少。不同时期径流序列率定的参数结果表明，参数变化呈现不同规律。最重要的是 K 值变化，4 个时段内 K 从 20 世纪 60 年代的 0.64 明显增加到 21 世纪初期

的 0.94(表 5.2)。在湿热、半湿润地区，潜在蒸发量与水面蒸发量的比例(K)越高意味着流域蒸散发越大，这将导致径流量减小。尽管地下径流出流系数 KG 和壤中流出流系数 KI 之和为常数，但是这两个参数值都各自发生了变化。KI 变大(壤中流增加)，KG 却从 0.35 下降到了 0.28(表 5.2)，这意味着同样气象条件下，近年来峰值变大而退水速度变快。

5.2.4　交叉模拟结果对比

在不同时期内输入同一气象资料(如降水、潜在蒸散发)，模拟不同时期率定参数下模型的模拟结果，评价土地利用变化对水文过程的影响。如果不同参数下模拟的水文过程差异大，说明流域内发生了较大的土地利用变化，反之则未发生显著的土地利用变化。本节分别采用 1964～1975 年、1996～2005 年的数据，率定得到两套模型参数，模拟流量过程，计算结果发现，采用 1996～2005 年参数模拟出的流量明显低于 1964～1975 年参数的模拟值，这说明流域下垫面朝着径流减少的方向发生较大变化。由表 5.4 可知，采用第一个十年(1976～1985 年)率定的模型参数，相比采用 1964～1975 年率定的参数，模拟的径流量变化几乎可以忽略不计；但采用 1986～1995 年率定的模型参数，相比采用 1964～1975 年率定的模型参数，模拟的径流量变化超过 10%；采用最后一个十年 1996～2005 年率定的模型参数，相比采用 1964～1975 年率定的模型参数，模拟的径流量变化超过 20%。这说明在 1986 年后土地利用发生了变化，并且在 1995 年后变得更加显著。这种变化对洪水管理与环境评价影响重大，在流域建设水利工程时必须要考虑土地利用变化带来的径流量减少问题。

表 5.4　采用不同时期参数模拟结果对比(用一时期参数模拟另一时期径流量的相对变化)

用于选择第一组参数集的时期	用于选择第二组参数集的时期			
	1964～1975 年	1976～1985 年	1986～1995 年	1996～2005 年
1964～1975 年	0	0.029	0.117	0.224
1976～1985 年	—	0	0.034	0.203
1986～1995 年	—	—	0	0.175
1996～2005 年	—	—	—	0

5.3　气候和土地利用变化对水文影响的模拟辨识

以息县流域为研究对象，采用分布式流域水文模型，定量识别气候变化与下垫面变化对流域径流的影响。资料包括 1980 年和 1995 年的土地利用图(比例尺 1∶210000)、土壤分布图(比例尺 1∶100000),其中土壤的土层分布特性(如质地、密度、饱和含水量、渗透率、有机物含量等)主要通过河南省土壤分布手册获得(1997 年),其他资料通过实地勘测获取;径流资料为息县水文站逐日径流资料;气象资料包括 1964~2005 年信阳站和营山站逐日最高气温、最低气温、风速、太阳辐射和相对湿度以及 41 个雨量站资料。

5.3.1　SWAT 模型简介

20 世纪 90 年代中后期,美国农业部农业研究中心推出一种分布式流域水文模型——SWAT(soil and water assessment tool)模型(Arnold et al., 1998)。它是在汇集 CREAMS、GLEAMS、EPIC、SWRRB 等模型优势的基础上,综合 SWRRB 模型和 ROTO 模型而成的。SWAT 模型具有很强的物理基础,可以进行以年、月、日为时间步长的连续多年模拟计算,适用于复杂的大流域并能在资料缺乏的地区建模应用。从 SWAT 模型结构上看,它属于分布式流域水文模型,首先利用传统概念性模型推求水文响应单元(hydrological response unit, HRU)上的净雨,进而汇总到子流域上进行汇流演算,最后通过汇流演算将子流域上的流量汇总到出口断面,求得出口断面的流量。SWAT 模型可移植性较强、空间分异性好、适宜进行情景分析、污染物模拟能力较强,已广泛应用于流域水文过程模拟以及在不同气候、土地利用条件下流域水文响应研究中,并且可以用于评价人类活动等对流域生态环境的影响,也可以应用于区域水资源规划、管理等方面。

在利用 SWAT 模型进行径流模拟时,为了辨认气候因素和下垫面时空变异对模拟结果的影响,通常首先要将流域离散为若干个小的单元。流域离散的方法有自然子流域、山坡和网格单元三种。由于流域单元内存在不同的土地利用方式和土壤类型,需要将其细分为若干个 HRU。每个 HRU 内单独计算径流过程,进而得到流域的总径流过程。SWAT 模型对水文过程的模拟分为两个部分:水文循环的陆地阶段(产流和坡面汇流部分)和河网阶段(河道和蓄水体汇流部分)。第一部分控制水、泥沙、化学物质、营养物质在河道和水体(湖泊、水库等)中的输移量;第二部分确定水、泥沙等物质从河网向流域出口断面的输移过程。

SWAT 模型模拟水文过程时,陆面部分考虑了气候、水文、土壤特性、植被覆盖以及农业管理等因素。流域内不同的土壤特性和植被覆盖导致不同的蒸发过程,并通过 HRU 的划分反映出来。因此,对每个 HRU 的径流量进行单独计算,然后通过汇流演算出流域出口的总径流量。在整个计算过程中，主要考虑气候条件、水文过程和植被条件这三个方面。

(1) 气候条件。流域水循环各要素的相对重要性不同，它是由气候条件决定的，特别是降水和能量的输入控制着流域的水量平衡。SWAT 模型需要输入的气候变量包括降水量、最高气温、最低气温、平均太阳辐射、平均风速和相对湿度。在模型运行中，可将这些变量逐日实测数据直接输入，也可以通过模型自带的天气发生器自动生成。

(2) 水文过程。在降水降落过程中可能会被植被截留，也可能会直接落到地面。降落到地面的降水一部分下渗至土壤中，另一部分在地表形成径流。地表径流汇入河道的速度较快，对短期河流响应贡献较大。而下渗到土壤中的水在后期被蒸发，或者形成地下径流最终汇入地表水系统。其中的物理过程主要涉及冠层截留、地表径流、下渗、土壤水分再分配、蒸散发、壤中流、地下径流等。

① 冠层截留。冠层截留对下渗、地表径流以及蒸散发都有显著影响，其截留能力取决于植被类型和生长时段。SWAT 有两种计算地表径流的方法：Green-Ampt 方法和 SCS(soil conservation service)曲线法。当选择 Green-Ampt 方法时，主要输入为冠层最大蓄水量和时段叶面积指数(leaf area index，LAI)，注意冠层截留需要单独计算，并且在蒸发计算中冠层水最先蒸发。当选择 SCS 曲线法时，植被冠层截留以及地表蓄水、产流前的下渗都将综合到初损中。

② 地表径流。SWAT 模型中每个水文响应单元的地表径流量都会进行单独计算。在 SCS 曲线法或 Green-Ampt 方法中，使用较多的是 SCS 曲线法。

③ 下渗。下渗是土壤水的垂向运动，计算过程中主要考虑初始下渗率和最终下渗率两个参数。初始下渗率受到土壤湿度和供水条件的影响；最终下渗率即土壤饱和水力传导度。当使用 SCS 曲线法计算地表径流时，由于以日为时间步长，下渗量不能由直接模拟得到，这需要基于水量平衡由降水量和地面径流之差计算得到。当使用 Green-Ampt 方法时，如果有次降水数据，则可直接模拟下渗。

④ 土壤水分再分配。土壤水分再分配是指由于土壤水的不均匀分布，当降水或灌溉停止时，水在土壤剖面中发生的持续运动过程。SWAT 模型中土壤水的重新分配过程采用的是蓄量演算方式，即对根系区每个土层中的水流进行预测。当上层土中蓄水量超过田间持水量，而下层土处于非饱和态时，便产生渗漏，渗漏速率受到土层饱和水力传导率的控制。此外，土壤水重新分配还受到土壤温度的影响，当温度在 0℃ 以下时，该土层中的水就会停止运动。

⑤ 蒸散发。水面蒸发、裸地蒸发和植被蒸腾都属于蒸散发。在流域水循环中，蒸散发影响其他水分要素及其分布特征(如土壤水、地表径流、地下渗透等)，是决定流域水文效应的关键因素。在 SWAT 模型中，土壤水蒸发和植物蒸腾被分开模拟。利用土壤厚度和土壤含水量的指数关系式可以计算实际土壤水蒸发。利用潜在蒸散发和叶面积指数的线性关系式可以计算植物蒸腾。潜在蒸散发的计算方法有：Penman-Monteith 法、Priestley-Taylor 法和 Hargreaves 法。其中，Penman-Monteith 法要求输入资料有太阳辐射、气温、风速和相对湿度，Priestley-Taylor 法需要输入太阳辐射、气温和相对湿度等资料，而 Hargreaves 法只需要气温资料。

⑥ 壤中流。SWAT 模型利用动态蓄量模型的同时进行壤中流的计算与重新分配。该模型考虑到水力传导度、坡度和土壤含水量的时空变化，假定只有当土壤水分达到田间持水量后才开始产流，超过田间持水量的部分就是最大产流量。

⑦ 地下径流。SWAT 模型将地下水分为浅层地下水和深层地下水。浅层地下径流汇入子流域内的河流；深层地下径流汇入子流域外的河流。SWAT 模型中浅层地下水、土壤水和深层地下水之间可以相互交换。在浅层地下水中，由毛管力或根系作用而散发的水量在 SWAT 模型中定义为 revap，且假定只有浅层地下水含水量大于预设的 revap 阈值后才计算，该阈值与潜在蒸散发呈线性关系。

(3) 植被条件。植被生长受水、温度和养分等因素影响，植被覆盖直接影响降水的再分配过程。SWAT 模型根据单一的植物生长模型来模拟所有的植被覆盖类型。植物生长模型能够区分一年生植物和多年生植物，可以用来评估根系区水分和营养物的运移、植物蒸腾以及植物生长。

河网阶段即河道汇流过程，包括主河道及水库的汇流计算两部分，主要考虑水、泥沙、营养物(氮、磷)和杀虫剂在河网中的输移过程。

主河道的演算包括水、泥沙、营养物质和化学物质。进行洪水演算的过程中，水向下游流动时，一部分会消耗于蒸发及通过河床流失，另一部分会被人类取用。河道中的水主要是由直接降水或点源输入进行补充。河道水流演算一般采用变动存储系数模型或 Muskingum 法。此外，SWAT 模型针对水文响应单元计算的汇流时间包括坡面汇流时间和河道汇流时间。

若流域内存在水库，则需要进行水库水流演算。水库水量平衡包括入流、出流、降水、蒸发以及渗流。在进行水库出流计算时，SWAT 模型提供了三种估算方法：①输入实测出流资料；②对于大水库，规定一个月调控目标；③对于小的、无观测值的水库，规定一个出流量。

SWAT 模型参数较多，对输入资料的要求比较高，其内嵌的气象、土壤及土地利用等基础数据库是根据美国数据建立的，与我国实际情况并不完全相符，从而使得在国内应用时计算结果可能偏差加大。因此，当把该模型应用于我国实际流域时，必须根据流域的实际情况对 SWAT 模型进行适当改进，从而更好地进行水文循环的模拟，为水资源开发利用与综合管理提供科学依据。SWAT 在水文模拟过程中较常用到的模型参数及其物理意义见表 5.5。

表 5.5　SWAT 模型常用参数

参数名	参数含义	改变方式
CN2.mgt	SCS 曲线系数	R1
SOL_AWC (#).sol	土壤表层有效含水量	R1
ALPHA_BF.gw	基流回归系数	V1
ESCO.hru	土壤蒸发补偿系数	V1
CH_N2.rte	主河道曼宁系数	V1
GW_DELAY.gw	地下水延迟时间	V1
GW_REVAP.gw	地下水再蒸发系数	V1
CH_K2.rte	主河道有效渗透系数	V1

注：mgt 表示 HRU 管理文件；hru 表示 HRU 常规输入文件；gw 表示地下水文件；sol 表示土壤输入文件；rte 表示河道输入文件；R1 表示以默认参数值乘以(1+率定值)；V1 表示用率定值代替默认参数值。

5.3.2　研究区土地利用变化

研究区(息县流域)土地利用类型及土壤类型分布情况如图 5.6 所示，1980 年和 1995 年息县流域植被覆盖面积及其变化见表 5.6。

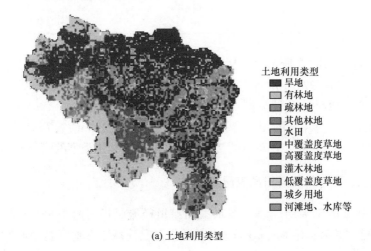

土地利用类型
■ 旱地
□ 有林地
□ 疏林地
□ 其他林地
□ 水田
■ 中覆盖度草地
■ 高覆盖度草地
■ 灌木林地
□ 低覆盖度草地
□ 城乡用地
■ 河滩地、水库等

(a) 土地利用类型

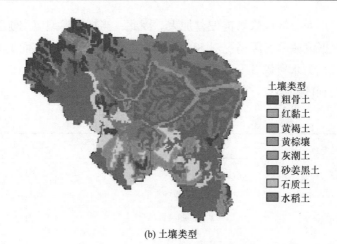

(b) 土壤类型

图 5.6　息县流域土地利用类型和土壤类型分布图(见彩图)

表 5.6　1980 年和 1995 年息县流域土地利用面积及其变化

土地利用类型	1980 年		1995 年		1980~1995 年	
	面积/km²	比例/%	面积/km²	比例/%	面积变化值/km²	变化率/%
旱地	4340.65	42.20	3117.33	30.31	−1223.32	−11.89
水田	1736.56	16.88	2798.63	27.21	1062.07	10.33
林地	3953.82	38.44	4199.09	40.82	245.27	2.38
草地	56.02	0.54	7.57	0.07	−48.45	−0.47
城市	144.59	1.41	121.88	1.18	−22.71	−0.22
水域	54.50	0.53	41.64	0.40	−12.86	−0.13

　　如表 5.6 和图 5.7 所示,息县流域土地利用类型主要为农田与林地,1980 年和 1995 年分别占 97.5%和 98.34%。农田分旱地和水田两种类型,可以看出土地利用的改变主要是这两种类型农田的互换。与 1980 年相比,1995 年水田增加了 1062.07km²,占总量的 10.33%;旱地减少了 1223.32km²,占总量的 11.89%;林地增加了 245.27km²,占总量的 2.38%,其他土地利用类型的变化并不明显。

5.3.3　气温、降水量和河川径流量变化

　　对息县流域年平均气温、降水量和河川径流量进行趋势分析(显著水平为 $\alpha=0.05$)。表 5.7 为利用 Mann-Kendall 检验对息县流域年平均气温、降水量和河川

径流量趋势的分析结果。结果表明，年平均气温序列原假设被拒绝。年平均降水量和河川径流量序列假设被接受。也就是说，年平均气温具有长期的单调增加趋势，而年平均降水量和河川径流量变化趋势不明显。

(a) 土地利用类型(1980年)

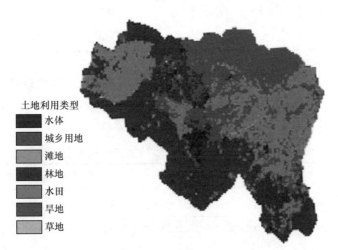

(b) 土地利用类型(1995年)

图 5.7　1980 年和 1995 年息县流域土地利用类型(见彩图)

表 5.7　息县流域降水量、气温和河川径流量的变化趋势和突变分析

变量	Mann-Kendall 检验		
	Z_c	p	H_0^a
降水量	0.421	0.2583	接受
气温	2.688	0.0072	拒绝
河川径流量	0.117	0.9065	接受

注: 表中 H_0^a 表示假设年序列没有明显趋势。接受表示接受原假设; 拒绝表示拒绝原假设; 显著性水平 $\alpha=0.05$。

采用 Mann-Kendall 检验对时间序列突变点进行分析，检验出 1994 年为其拐点，然后利用拐点将气温、降水、河川径流系列分成两阶段：阶段 1(1964～1994年)、阶段 2(1995～2005 年)，阶段 1 和阶段 2 年平均气温有明显变化。不同阶段年平均气温、降水量和河川径流量见表 5.8。从阶段 1 到阶段 2，年平均气温、降水量和河川径流量均值分别增长 0.6℃、0.2mm 和 24.9mm。

表 5.8　息县流域不同时期年降水量、年平均气温、河川径流量的统计值

变量	降水量/mm		年平均气温/℃		河川径流量/mm	
阶段	阶段 1	阶段 2	阶段 1	阶段 2	阶段 1	阶段 2
时间	1964～1994 年	1995～2005 年	1964～1994 年	1995～2005 年	1964～1994 年	1995～2005 年
记录长度	31 年	11 年	31 年	11 年	31 年	11 年
均值	1109.9	1110.1	15.6	16.2	354.3	379.2
最大值	1515.4	1443.1	16.5	16.8	703.0	614.0
最小值	665.1	575.1	15.0	15.4	65.7	80.6
标准差	221.69	260.68	0.42	0.50	179.08	195.41

表 5.9 和图 5.8 为两个时期月降水量、气温数据序列的对比结果。结果显示，2 月、4 月和 9 月气温呈现明显的上升趋势；8 月呈现下降趋势但不显著。降水量9 月有下降趋势，其他月份上升或下降趋势不显著。

表 5.9　息县流域月降水量和气温的趋势检验和突变分析

时间(月)	月平均降水量 Mann-Kendall 检验			月平均气温 Mann-Kendall 检验		
	Z_c	p	H_0^a	Z_c	p	H_0^a
1	0.000	1.0000	接受	0.390	0.6964	接受
2	−0.988	0.3231	接受	2.233	0.0256	拒绝
3	0.205	0.8372	接受	1.160	0.2462	接受
4	−1.321	0.1866	接受	3.316	0.0009	拒绝
5	−0.108	0.9143	接受	1.051	0.2931	接受
6	0.753	0.4513	接受	0.238	0.8116	接受
7	0.186	0.8526	接受	−0.238	0.8116	接受
8	0.773	0.4396	接受	−2.905	0.0037	拒绝
9	−2.025	0.0429	拒绝	2.027	0.0427	拒绝

时间(月)	月平均降水量 Mann-Kendall 检验			月平均气温 Mann-Kendall 检验		
	Z_c	p	H_0^a	Z_c	p	H_0^a
10	−1.105	0.2690	接受	0.748	0.4546	接受
11	−0.284	0.7766	接受	0.889	0.3742	接受
12	1.008	0.3137	接受	0.672	0.5016	接受

注: 表中 H_0^a 表示假设年序列没有明显趋势。接受表示接受原假设; 拒绝表示拒绝原假设; 显著性水平 α=0.05。

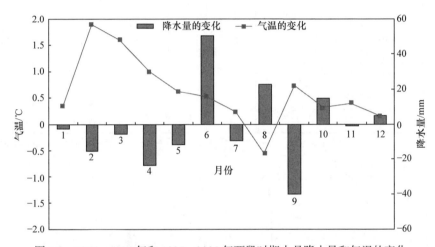

图 5.8　1964～1994 年和 1995～2005 年两段时期内月降水量和气温的变化

上述结果表明, 总体而言息县流域气候变暖, 特别是在春季和冬季; 年降水量略微增加, 且季节性变化更大, 夏季降水增大、其他季节减少。

5.3.4　气候和土地利用变化对水文过程影响分段情景分析

利用 SWAT 模拟在不同气候和土地利用变化影响下的年平均径流量, 结果如表 5.10 和图 5.9 所示。为了对比假设的 4 种情景影响, 采用 4 种情景下的模拟结果见表 5.10。比较情景 S1 和情景 S4, 气候和土地利用变化使得径流量增加了10.5mm。比较情景 S1 和情景 S2, 土地利用变化使得径流量减少了 8.9mm。比较情景 S1 和情景 S3, 气候变化使得径流量增加了 19.2mm。结果表明, 20 世纪 60年代和 21 世纪初, 气候和土地利用变化对年径流量的影响均起相反作用, 但气候变化的影响明显大于土地利用的影响。

表 5.10　阶段 1 和阶段 2 内息县流域土地利用和气候变化对河川径流量的影响

情景	项目	时间	模拟年均径流深/mm	模拟径流量变化					
				CL 和 LU 变化		CL 变化		LU 变化	
				S4～S1		S3～S1		S2～S1	
				变化值/mm	变化率/%	变化值/mm	变化率/%	变化值/mm	变化率/%
S1	CL	1964～1994 年	417.8						
	LU	1980 年							
S2	CL	1964～1994 年	408.9						
	LU	1995 年							
S3	CL	1995～2005 年	437.0	10.5	2.5	19.2	4.6	−8.9	−2.1
	LU	1980 年							
S4	CL	1995～2005 年	428.3						
	LU	1995 年							

注：LU 表示土地利用，CL 表示气候；1964～1994 年、1995～2005 年分别代表阶段 1、阶段 2 的气象资料系列。

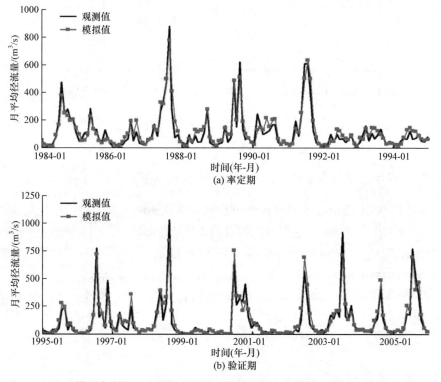

图 5.9　SWAT 模型率定期和验证期内息县流域控制断面的模拟和观测的月平均径流量

为了详细描述土地利用改变和气候变化对水文过程的影响，进一步比较一些主要水文过程模拟结果，见表 5.11。研究区土地利用改变主要是农业结构的变化及植被覆盖率的增加，这导致了息县流域年平均地表径流下降了 3.6mm(占年径流量的 1.6%)、基流下降 5.4mm(占年径流量的 2.8%)，而蒸散发量增加 11.9mm(占总蒸散发量的 1.9%)，河川径流下降 8.9mm(占年径流量的 2.1%)。

表 5.11　息县流域气候变化和土地利用变化对水文过程的影响

水文过程	总变化的影响		土地利用变化的影响		气候变化的影响	
	径流深/mm	变化率/%	径流深/mm	变化率/%	径流深/mm	变化率/%
地表径流	11.0	4.8	−3.6	−1.6	16.2	7.0
基流	−1.0	−0.5	−5.4	−2.8	2.6	1.4
蒸散发量	1.8	0.3	11.9	1.9	−10.1	−1.6
河川径流量	10.5	2.5	−8.9	−2.1	19.2	4.6

气候变化导致地表径流量增加 16.2mm(占年径流量的 7.0%)，基流增加 2.6mm(占年径流量的 1.4%)，河川径流量增加 19.2mm(占年径流量的 4.6%)，实际蒸散发量减少 10.1mm(占总蒸散发量的 1.6%)。河川径流的增加主要是由夏季降水量增加导致的。尽管年平均气温从阶段 1 到阶段 2 上升 0.6℃，但从图 5.8 可以得出，冬季和春季(1~5 月)为气温的主要上升期，但这几个月的降水量从阶段 1 到阶段 2 是下降的。

图 5.10 为阶段 1 和阶段 2 气候变化对水文过程的影响。6 月和 8 月降水量增加导致地表水量增加，9 月降水量减少同时气温上升导致 9 月的地表水量减少。在

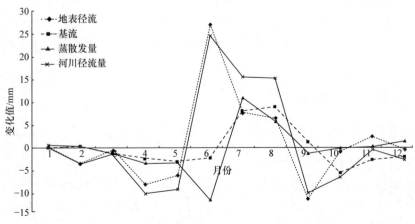

图 5.10　阶段 1(1964~1994 年)和阶段 2(1995~2005 年)内息县流域径流组成的变化

同一阶段，干旱季节降水量减少直接导致基流明显减少。6 月降水量显著增加使得 7～9 月的基流明显增多。1～4 月温度有明显的上升，但降水量减少导致这一期间的实际蒸散发量没有明显变化。因此，水文过程的变化主要由气候(降水量和气温)变化导致。河川径流量在 6～8 月增加，在其他月份均减少；地表水量变化和月降水量的变化与河川径流量变化类似。

综上分析可知，在气候变化和土地利用变化的影响下，息县流域水文过程发生变化，但不同时期气候变化和土地利用变化对息县流域水文过程的影响程度不同。气候变化对息县流域水文过程的变化起主导作用，土地利用变化对息县流域水文过程变化的影响较弱。内容详见相关论文(Shi et al., 2013)。

5.4　地下水灌溉对水文过程影响模拟

全球农业用水量占全世界淡水用水量的 70% 以上，发达国家农业用水量占其淡水用水量的比例高达 90%(Cai and Rosegrant, 2002)，我国农业灌溉用水量占总用水量的 80% 以上。淮北平原区地表水资源相对较缺乏，利用程度较大，且污染严重，地表水资源不能满足日益增加的农业灌溉用水规模，造成地下水资源开采量不断增加。近年来，淮北平原区地下水开采量的增加速度接近 0.84 亿 m^3/a，而浅层地下水(包括岩溶水)、中深层地下水开采量分别以 0.71 亿 m^3/a、0.13 亿 m^3/a 的速度增加；地下水供水量占总供水量的比例从 1980 年的 49.2% 增长至 2008 年的 52.7%(王振龙等，2011)。在淮北平原区浅层地下水开采量占地下水资源开采总量的 83.7%，大部分用于农业灌溉。

本节以 FAO 开发的 CROPWAT 模型计算灌溉需水量，分别结合地下水数值模型——MODFLOW 和水文模型(考虑地下水动态的新安江模型)，通过对地下水位动态过程和流域流量过程模拟，以及水平衡校正，率定模型参数，估算地下水灌溉开采量，分析研究区地下水开采对地下水位动态变化和河川径流量的影响(图 5.11)。

5.4.1　灌溉需水量计算模型

1. 蒸散发能力、作物需水量及灌溉需水量计算方法

1) 蒸散发能力(ET_p)计算方法

采用 Penman-Monteith 公式计算蒸散发能力(ET_p)。修正 Penman-Monteith 公式综合考虑了影响蒸散发的各种因素，具有较好的适用性和可比性，见式(4.22)(Allen et al., 1998)。

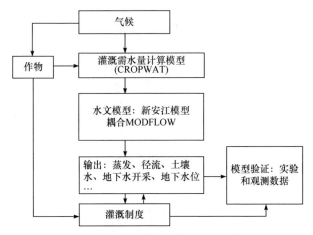

图 5.11　灌区灌溉耗水量与流域水文模型耦合概化图

2) 作物需水量(ET$_c$)计算方法

作物需水量是确定作物灌溉需水量的重要基础，是农业生产运筹、水资源规划、利用和管理等工作的重要依据。作物需水量是指在土壤水供给状态良好，大气水、光、热条件充足的良好生长环境中，无病害的作物能取得高产条件下棵间土面(或水面)蒸发量与植物蒸腾量之和。植物蒸腾是指作物通过根系从土壤中吸收的水分，经过叶片气孔汽化，在叶-气水势差的作用下扩散进入大气的过程，占作物全生育期蒸发蒸腾量的 60%~80%。棵间蒸发(株间蒸发)是指农田作物之间土体表面或水体表面的水分蒸发，占作物全生育期蒸发蒸腾量的 20%~40%。对旱作物而言，株间蒸发较大，而这种蒸发随着作物生长而逐渐由大变小。

作物需水量的影响因素主要有气象条件(气温、大气湿度、风速、辐射强度、日照时数等)、土壤条件(土壤含水量、土壤质地、地下水埋深等)、作物条件(作物品种、叶面积指数、生育阶段等)、农业技术措施(地面覆盖、秸秆覆盖、大棚等)、灌排措施(滴灌、水稻控灌等)。由于大范围田间测定作物需水量费时、费力，可根据理论计算方法(如作物系数法)估算作物需水量。作物系数法是指某种作物需水量与蒸散发能力的比值，是依据蒸散发能力计算实际作物需水量不可或缺的参数。

作物系数受作物种类、土壤水分与肥力状况、田间管理水平、环境等多种因素影响。因此，由于作物本身和生长环境的差异性，作物系数也是不同的。作物系数变化规律在全生育期相对稳定，而在各个不同生育期相对不稳定。此外，同种作物的作物系数也存在地域的差异性。FAO给出了冬小麦、夏玉米、水稻等84种作物的作物系数及其修订公式，并把全生育期作物系数变化过程划分为四个阶段，采用三个系数($K_{c,ini}$、$K_{c,mid}$、$K_{c,end}$)加以描述，图 5.12 给出了无越冬期作物各生育期平均作物系数的变化过程。

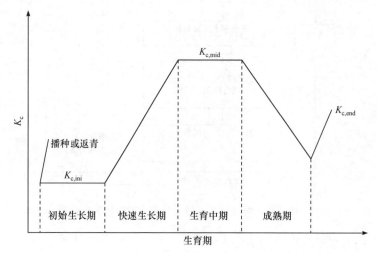

图 5.12　无越冬期作物各生育期平均作物系数 K_c 变化过程

一般可将无越冬期作物全生育期划分为以下四个阶段：

(1) 初始生长期(L_{ini})。即发芽和早期生长阶段，地面覆盖率小于 10%。初始生长期内作物系数为 $K_{c,ini}$，水分损失主要是土壤蒸发，该阶段作物系数较小，其变化范围为 0.25～0.4。

(2) 快速生长期(L_{dev})。从初始生长期的后期到地面覆盖率达到 70%～80%的时期。此时的作物系数从 $K_{c,ini}$ 逐渐增大至 $K_{c,mid}$。

(3) 生育中期(L_{mid})。从地面充分覆盖到作物叶片变黄，即成熟期开始。生育中期内的作物系数为 $K_{c,mid}$，$K_{c,mid}$ 一般大于 1。

(4) 成熟期(L_{end})。从叶片变黄到完全成熟或收获。成熟期内的作物系数从 $K_{c,mid}$ 下降到 $K_{c,end}$。

在季节性冻土区，冬季土壤表面容易冻结，并且有些作物冬季有休眠现象，故对于有越冬期的作物，需要在其生长期增加越冬期的作物系数 $K_{c,fro}$，该值一般很小。有越冬期作物的各生育期平均作物系数变化过程如图 5.13 所示。

根据作物不同阶段的作物系数可估算作物需水量(ET_c)，其计算公式为

$$ET_c = K_c ET_p \tag{5.1}$$

$$ET_c = \left(K_s K_{cb} + K_e \right) ET_p \tag{5.2}$$

式中，ET_p 为蒸散发能力；K_c 为作物系数；K_{cb} 为基础作物系数；K_s 为土壤水分胁迫系数；K_e 为表层土壤蒸发系数。裸土期作物系数 K_c 近似等于初期的系数(Allen, 2000; Allen et al., 1998)。

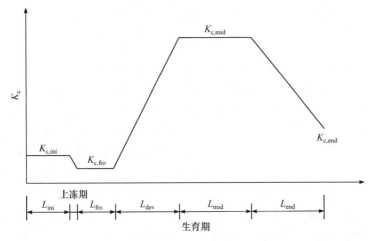

图 5.13　有越冬期作物的各生育期平均作物系数变化过程

3) 作物系数(K_{cb}、K_s、K_e)的推求

(1) 基础作物系数 K_{cb}。

FAO-56 给出了各种作物在标准状态下的基础作物系数 K_{cb}，标准条件是指在半湿润气候区(空气湿度约为 45%，风速约为 2m/s)、土壤水分与肥力适宜、管理良好、生长正常的作物条件。不同地区 K_{cb} 可依据当地的湿润情况与气候条件加以调整。

对于作物生育中期与成熟期日最小相对湿度的平均值 $\mathrm{RH_{min}} \neq 45\%$、2m 高处的日平均风速 $u_2 \neq 2\mathrm{m/s}$ 且 $\mathrm{RH_{min}} > 45\%$ 的情况，K_{cb} 按式(5.3)调整：

$$K_{cb} = K_{cb(推荐)} + \left[0.04(u_2 - 2) - 0.004(\mathrm{RH_{min}} - 45)\right]\left(\frac{h}{3}\right)^{0.3} \tag{5.3}$$

式中，u_2 为 2m 高处的日平均风速(m/s)，$1\mathrm{m/s} \leqslant u_2 \leqslant 6\mathrm{m/s}$；$\mathrm{RH_{min}}$ 为日最小相对湿度的平均值(%)，$20\% \leqslant \mathrm{RH_{min}} \leqslant 80\%$；$h$ 为植株高(m)，$0.1\mathrm{m} \leqslant h \leqslant 10\mathrm{m}$。

(2) 土壤水分胁迫系数 K_s。

确定土壤水分胁迫系数 K_s 是计算水分亏缺条件下作物蒸发蒸腾量的关键。土壤含水量、土壤结构和质地等土壤条件决定了土壤水分胁迫系数 K_s 的大小。而地下水位变动会引起土壤缺水量(蓄水容量)的变化，进一步影响了土壤水分胁迫系数。土壤水分胁迫系数 K_s 的计算公式如下：

$$K_s = \begin{cases} \dfrac{\mathrm{TAW} - D_r}{\mathrm{TAW} - \mathrm{RAW}} = \dfrac{\mathrm{TAW} - D_r}{(1-\rho)\mathrm{RAW}}, & D_r > \mathrm{RAW} \\ 1, & D_r \leqslant \mathrm{RAW} \end{cases} \tag{5.4}$$

式中

$$\text{TAW} = 1000\left(\theta_{\text{FC}} - \theta_{\text{WP}}\right)Z_{\text{r}} \tag{5.5}$$

$$D_{\text{r}} = 1000\left(\theta_{\text{FC}} - \theta\right)Z_{\text{r}} \tag{5.6}$$

其中，TAW 为根系区总可利用土壤水量(total available water)或蓄水容量，即根系区土壤最大缺水量(mm)；RAW 为根系区易利用土壤水量(readily available water)(mm)；D_{r} 为根系区土壤水分消耗量(相对于田间持水量)，即土壤缺水量。Z_{r} 为根系深度(m)；θ_{FC} 为田间持水量；θ_{WP} 为凋萎含水量；θ 为土壤含水量。

当土壤含水量为田间持水量时，根系区土壤缺水量为 0，即 D_{r}=0。随着蒸发逐渐加大，土壤含水量逐渐减小，当土壤缺水量 D_{r} 等于某一最大缺水量 RAW 时，水分蒸发将受到限制，即土壤含水量为临界值 θ_{m}(θ_{m}=RAW/1000Z_{r}+θ_{w})。当土壤含水量低于 θ_{m} 时，作物蒸发蒸腾量在土壤水分含量的限制下会逐渐减小。

灌溉时间取决于作物类型和土壤水分缺失程度，根据 FAO-56，当根系内土壤缺水量 D_{r} 达到某一最大缺水量 RAW(RAW=ρTAW)时开始灌溉。其中，ρ 为水分胁迫发生前根系层消耗的土壤水分占总有效土壤水的比例，其随着作物种类、作物需水量 ET_{c} 的大小而变化，计算公式(Diepen et al., 1988)如下：

$$\rho = \frac{1}{\alpha_{\rho} + \beta_{\rho}\text{ET}_{\text{c}}} - 0.1(5 - \text{NO}_{\text{cg}}) \tag{5.7}$$

式中，α_{ρ} 和 β_{ρ} 为回归系数，分别取值为 0.76 和 1.5；NO_{cg} 为作物种类参数，依据作物耐水分斜坡的程度来确定；ρ 一般取值为 0.5(Allen et al., 1998)。

冬小麦、夏玉米根系几乎全部集中在 1m 深的土层里，超过 1m 根系所占比例非常小(刘荣花等, 2008；戴俊英等, 1988)。因此，设定根系深度变化范围为 0～1m。

冬小麦根系深度采用如下经验公式(刘荣花等, 2008)计算：

$$Z_{\text{r}} = \left(-4.4013 + 0.7744J_{\text{d}} + 0.00036J_{\text{d}}^{2}\right) \times 0.01 \tag{5.8}$$

式中，Z_{r} 为根系深度(m)；J_{d} 为播种后的天数(d)。

夏玉米根系深度采用如下经验公式(Githui et al., 2009)计算：

$$Z_{\text{r}} = \left(-0.6389 + 0.9742J_{\text{d}}\right) \times 0.01 \tag{5.9}$$

式中，Z_{r} 为根系深度(m)；J_{d} 为播种后的天数(d)。

(3) 表层土壤蒸发系数 K_{e}。

土壤蒸发发生在农作物的间隙或冠层下，它反映了灌溉或降水后土壤表层湿润使得土壤蒸发短期内增加而对 ET_{c} 产生的影响。当表土湿润时，作物系数 K_{c} 取到上限即最大值 $K_{\text{c,max}}$；随着土壤变干，蒸发将逐渐减小。此时，K_{e} 用式(5.10)计算：

$$K_{\text{e}} = K_{\text{r}}\left(K_{\text{c,max}} - K_{\text{cb}}\right) \leqslant f_{\text{ew}}K_{\text{c,max}} \tag{5.10}$$

式中，$K_{c,max}$ 为 K_c 的上限，即作物系数最大值，一般为 $1.05 \sim 1.30$；K_r 为土壤蒸发衰减系数；f_{ew} 为湿润并裸露的土壤，即土壤蒸发有效部分。

作物系数最大值 $K_{c,max}$ 的计算公式如下：

$$K_{c,max} = \max\left(\left\{1.2 + [0.04(u_2 - 2) - 0.004(RH_{min} - 45)]\left(\frac{h}{3}\right)^{0.3}\right\}, (K_{cb} + 0.05)\right) \quad (5.11)$$

式中，h 为计算时段内作物最大高度平均值；K_{cb} 为基础作物系数。

土壤蒸发可划分为两个阶段：一是土壤含水量较大，蒸发主要受气象因素的影响，称为能量限制阶段；二是随着土壤含水量降低，蒸发逐渐减小，称为蒸发减小阶段。土壤蒸发衰减系数 K_r 的计算也分能量限制阶段和蒸发减少阶段。

能量限制阶段。降水量较大或充分灌溉后，土壤表层的含水量达到田间持水量，此时累积蒸发耗水量 D_e 为 0，蒸发速率最快，累积蒸发深度等于所能提供的蒸发水量(readily evaporable water, REW)。此阶段蒸发仅受能量限制，土壤蒸发衰减系数 $K_r = 1$。

蒸发减少阶段。在第一阶段末，$D_e >$ REW，表土水分含量减少，逐渐变得干燥，土壤蒸发也随之降低，此时 K_r 的计算公式为

$$K_r = \frac{TEW - D_{e,i-1}}{TEW - REW}, \quad D_{e,i-1} > REW \quad (5.12)$$

式中，$D_{e,i-1}$ 为第 $i-1$ 天末累积蒸发耗水量；TEW 为可用于蒸发的总水量。

蒸发总水量(TEW)的计算式为

$$TEW = \begin{cases} 1000Z_e\left(\theta_{FC} - 0.5\theta_{WP}\right), & ET_p \geqslant 5\,mm/d \\ 1000Z_e\left(\theta_{FC} - 0.5\theta_{WP}\right)\sqrt{\dfrac{ET_p}{5}}, & ET_p < 5\,mm/d \end{cases} \quad (5.13)$$

REW 的计算公式为

$$REW = \begin{cases} 20 - 0.15SC, & SC > 80\% \\ 11 - 0.06CC, & CC > 50\% \\ 8 + 0.08CC, & SC < 80\%且CC < 50\% \end{cases} \quad (5.14)$$

式中，Z_e 为土壤蒸发层的深度，一般为 $100 \sim 150mm$；SC 和 CC 分别为蒸发层土壤中的沙粒含量与黏粒含量。

发生棵间蒸发的土壤占全部土壤的比例 f_{ew} 确定如下：

$$f_{ew} = \min\left(1 - f_c, f_w\right) \quad (5.15)$$

式中，$1 - f_c$ 为未被植被覆盖的土壤表层占总土壤面积的比例；f_w 为灌溉或降水后

土壤表面湿润土壤占总土壤面积的比例(表 5.12)。

表 5.12　　不同灌溉方式的 f_w 值

灌溉方式	f_w
喷灌	1.0
漫灌	1.0
畦灌	1.0
滴灌	0.3~0.4
沟灌(窄垄)	0.6~1.0
沟灌(宽垄)	0.4~0.6
沟灌(交替法)	0.3~0.5

植被有效覆盖率 f_c 可由式(5.16)确定:

$$f_c = \left(\frac{K_{cb} - K_{c,min}}{K_{c,max} - K_{c,min}} \right)^{1+0.5h} \tag{5.16}$$

式中, $K_{c,min}$ 为裸土的作物系数最小值, 一般取值为 0.15~0.20; $K_{c,max}$ 为土壤湿润后作物系数最大值; h 为平均作物高度。对一年生作物在近乎裸土的情况下, 通常 $K_{c,min}$ 和 $K_{c,max}$ 的值相等。因此, 式中限定 $K_{cb}-K_{c,min}>0.01$。

日土壤蒸发系数 K_e 的确定需要进行表土的日水量平衡计算, 公式如下:

$$D_{e,i} = D_{e,i-1} - P_{e,i} - \frac{I_i}{f_w} + \frac{ES_i}{f_{ew}} + T_{ew,i} \tag{5.17}$$

式中, $D_{e,i-1}$ 为第 $i-1$ 天末累积蒸发耗水量; $D_{e,i}$ 为第 i 天末累积蒸发水量; I_i 为第 i 天灌溉水量; $P_{e,i}$ 为第 i 天有效降水量; ES_i 为第 i 天土壤蒸发量; $T_{ew,i}$ 为第 i 天表层土壤中用于蒸腾的水量。

当降水较大或充分灌溉后, 土壤表面含水量达到田间持水量, 此时 $D_{e,i}=0$; 当土壤表面长期处于干燥状态时, $D_{e,i}=\text{TEW}$。因此可以得到 $D_{e,i-1}$ 的取值范围:

$$0 \leqslant D_{e,i-1} \leqslant \text{TEW} \tag{5.18}$$

ES_i 由 K_e 乘以 ET_p 确定。当 $P_{e,i}<0.2ET_p$ 时, $P_{e,i}$ 可忽略不计。

对于根区深度大于 0.5m 的作物, 表层土壤中蒸腾量 $T_{ew,i}$ 相对于总蒸发蒸腾量很小, 可以忽略不计。

4) 有效降水量推求

计算不同时段的作物灌溉需水量, 首先需要确定有效降水量。对于旱作物,有效降水量即降水量扣除径流量和深层渗漏量后，保持在作物根系吸水层中供蒸发、蒸腾所利用的降水量。土壤保水性决定土体接纳雨水的能力，它主要取决于土体结构与有机质含量。降水补给土壤的过程如图5.14所示，水分在土壤上层达到饱和含水量后逐渐下移(②、③线)，最后使土壤包气带达到田间持水量后暂时平衡(④线)，这就是依靠土壤毛管力支持的悬着毛管水，可供作物根系和棵间蒸发的这部分雨水，称为有效降水。降水若再继续补充则形成自由重力水，开始补给浅层地下水。

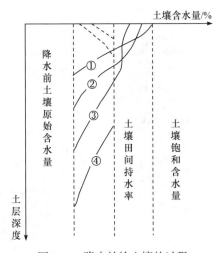

图 5.14　降水补给土壤的过程

有效降水量与一次降水的强度及持续时间、土质、前期土壤含水量、作物种类与生育阶段等因素有关。较准确的方法是基于农田水量平衡原理，通过灌溉试验实测资料得到降水量与土壤含水量的实测值后逐时段确定，但在实际应用中实现起来仍然存在困难。一般可根据生育期降水量采用简化方法估算，即

$$P_e = \delta P_{tot} \tag{5.19}$$

式中，P_e为生育期计算时段内有效降水量(mm)；P_{tot}为生育期计算时段内总降水量(mm)；δ为生育期计算时段内的有效降水系数，一般由于径流量与深层渗漏损失占总降水量的0.1~0.3，故$\delta=0.7~0.9$。本节结合研究区多年平均径流系数确定有效降水系数。

5) 灌溉需水量推求

当降水不充分，不能满足作物蒸发蒸腾的需求，即降水量小于作物需水量时，需要由灌溉补充，而通过灌溉补充的那部分水量即为作物的净灌溉需水量，其值为生育期内作物需水量与有效降水量之差(Liu et al., 1998)：

$$IRR = ET_c - P_e \tag{5.20}$$

2. 研究区与资料

1) 研究区概况

选取淮河流域颍河阜阳闸以上流域和涡河玄武闸以上流域作为研究区(图 5.15)。将阜阳闸以上颍河流域划分为 12 个子流域(区间),加上涡河玄武闸以上子流域共计 13 个子流域,流域面积共 43027km²。研究区水文和气象特征见 3.4.1 节。

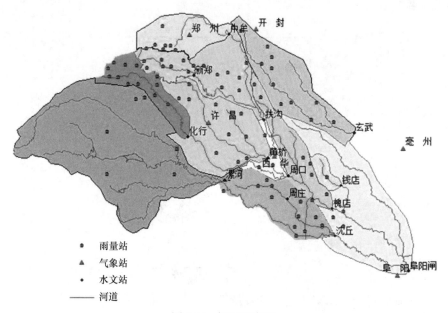

图 5.15　颍涡研究区

颍涡研究区属暖温带半湿润大陆性季风气候,多年平均气温为 14.5~15.3℃,冬季雨少干旱时间短,夏秋雨多闷热,雨量比较充沛,无霜期较长,热、光、水等条件比较适宜,较适合农业发展。作物以旱生作物为主,沿淮河流域种植水稻也很成功。种植面积比较广的作物有冬小麦、大豆、玉米、甘薯、棉花;其次有水稻、花生、山芋、麻栎林、油松林、烟草。冬小麦、玉米、花生、大豆、甘薯等两年三熟或一年两熟旱作物种植面积占研究区总面积的 81.75%,油松林等温带针叶林和麻栎林等温带阔叶林种植面积分别占研究区总面积的 6.63% 和 8.29%,其他占研究区总面积的 3.33%(图 5.16)。

研究区内土壤类型主要是黄潮土、褐土和砂姜黑土,分别占 45.0%、22.0%和16.2%(表 5.13)。漯河、新郑和化行三个子流域的土壤类型主要为褐土和黄褐土,所占比例均在 60% 以上;其他子流域的土壤类型主要是砂姜黑土与黄潮土,其中,周口、玄武和槐店三个子流域的土壤类型几乎全部是黄潮土。为此,本研究选取淮北平原区分布范围最广的砂姜黑土和黄潮土作为研究对象。

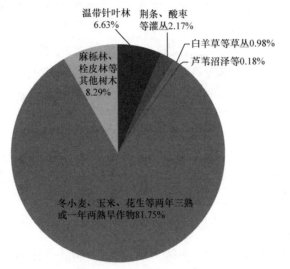

图 5.16　研究区植被种植情况

表 5.13　各子流域土壤类型所占比例　　　　　　(单位：%)

子流域	砂姜黑土	黄潮土	褐土	黄褐土	其他
漯河	6.0	10.6	39.2	21.0	23.2
周庄	53.4	39.2	—	7.4	—
周口	0.0	97.6	2.4	—	—
中牟	—	41.5	45.4	—	13.1
玄武	—	98.7	—	—	1.3
新郑	—	5.0	75.7	—	19.3
沈丘	56.7	38.4	—	4.9	—
钱店	23.1	76.3	—	—	0.6
黄桥	26.9	54.9	16.4	—	1.8
槐店	0.3	97.5	—	—	2.2
化行	—	3.0	81.1	—	15.9
阜阳	—	51.8	45.4	2.8	—
扶沟	—	82.2	9.1	—	8.7

　　青黑土(砂姜黑土)土质为亚黏土，以黑土、黄土、淤黑土和砂姜土为主，与东北黑土不同，其由古河流沉积而形成，土壤中含形状、色泽似生姜的砂姜土。砂

姜黑土作为淮北平原古老的耕作土壤，其质地比较黏重，结构不良，没有明显的沉积层理，有机质含量低，保水与排水能力均较差，呈中性至微碱性反应，加之适宜耕作的时间较短，土地平整难度大。

黄潮土(潮土)土质为亚砂土，以淤土、两合土和沙土为主。该土壤具有强石灰性(碱性，pH 在 8 左右)，部分有盐碱化的现象。潮土是指近代黄河泛滥沉积物经旱耕熟化发育，不断堆积而形成的土壤。由于潮土土层比较多，有些层与层之间存在较为紧密的胶质，使水分在土壤中的运移受到阻碍。

根据五道沟试验区和杨楼试验流域分析(王振龙等，2011)，砂姜黑土属于亚黏土，土壤饱和含水量为 30.5%，田间持水率为 26.3%，凋萎系数为 15.2%。黄潮土壤属于亚砂土，饱和含水量为 40%，田间持水率为 26.5%，凋萎系数为 12.6%。

2) 资料情况

研究区共有雨量站 142 个、水文站 12 个，另选择具有全要素观测资料的国家气象站点 6 个(包括郑州、西华、许昌、开封、亳州和阜阳)，如图 5.15 所示。

采用 1997~2010 年逐日气象、水文资料，以及 5 日地下水位观测资料，其中，部分站点缺失资料根据临近站点插补。研究区内各流域站点情况见表 5.14。研究区内共有 175 眼观测井用于观测地下水位动态，如图 5.17 所示。

表 5.14　颍涡地区各流域观测站点信息

子流域	面积 /km²	雨量站 个数	气象站	地下水位观 测站个数	降水量 P /mm	径流量 Q /(m³/s)	埋深 D/m		
							空间变化	时间变化	
							多年面 平均值	最小值	最大值
新郑	1079	8	郑州	—	694.7	1.54	—	—	—
中牟	2106	8	郑州	—	651.2	13.47	—	—	—
化行	1912	13	许昌	18	660.8	3.24	7.67	4.88	10.58
黄桥	4895	15	许昌	40	683.2	16.37	4.73	1.93	9.75
扶沟	2525	14	郑州	7	669.7	15.16	8.04	6.92	9.45
漯河	12530	10	许昌	—	798.4	63.95	—	—	—
周口	733	4	郑州	11	798.9	92.88	3.91	1.70	5.84
槐店	3049	16	西华	13	801.1	99.53	3.80	1.04	4.90
钱店	472	5	西华、亳 州、阜阳	—	791.6	0.76	—	—	—
玄武	4014	16	开封	23	729.0	4.34	3.07	0.76	5.81

续表

子流域	面积 /km²	雨量站 个数	气象站	地下水位观 测站个数	降水量 P /mm	径流量 Q /(m³/s)	埋深 D/m		
							空间变化	时间变化	
							多年面 平均值	最小值	最大值
周庄	1320	8	西华	10	787.3	3.73	3.72	1.56	5.69
沈丘	1774	13	西华、亳 州、阜阳	10	801.6	14.89	3.19	0.49	4.73
阜阳	6618	12	西华、亳 州、阜阳	43	876.8	134.61	3.17	0.91	5.48

选择种植面积最广的冬小麦和夏玉米为研究对象。冬小麦一般于 10 月 10 日播种，次年约 6 月 7 日收获；夏玉米于 6 月 19 日播种，当年 9 月 23 日收获。按照上述不同类型作物的全生育期划分为四个生育阶段的原则(Allen et al., 1998)，结合生产实践经验，确定冬小麦和夏玉米的生长发育阶段见表 5.15。

表 5.15　冬小麦和夏玉米的生长发育阶段

起止时间 (月-日)	生育期时间 /d	作物	发育阶段
6-19～7-26	38	夏玉米	播种—拔节
7-27～8-9	14	夏玉米	拔节—抽穗
8-10～8-20	11	夏玉米	抽穗—灌浆
8-21～9-23	34	夏玉米	灌浆—收获
9-24～10-9	0	—	—
10-10～2-26	140	冬小麦	播种—拔节
2-27～4-28	61	冬小麦	拔节—抽穗
4-29～5-23	25	冬小麦	抽穗—灌浆
5-24～6-7	15	冬小麦	灌浆—收获
6-8～6-18	0	—	—

3. 结果及分析

1) 有效降水系数的确定

有效降水量是指降水量减去径流量和深层渗漏量后，保持在作物根系吸水层中供蒸发、蒸腾所利用的降水量。径流系数在一定程度上说明了降水保持在作物根系吸水层中供蒸发、蒸腾所利用的量。从多年平均径流系数来看(表5.16)，新郑、钱店、玄武三个子流域的多年平均径流系数较小，分别为0.06、0.06和0.05。其他各个子流域多年平均径流系数基本为0.08~0.31，各个地区的多年平均径流系数为0.14。结合各子流域的多年平均径流系数，取有效降水系数δ=0.8。

表 5.16　研究区各子流域的多年平均径流系数

子流域 (水文站)	总控制面积/km²	降水量/mm	径流深/mm	多年平均径流系数
新郑	1079	694.7	45.0	0.06
中牟	2106	651.2	201.8	0.31
化行	1912	660.8	53.5	0.08
黄桥	6807	683.2	75.9	0.11
扶沟	5710	669.7	83.8	0.13
漯河	12530	798.4	161.1	0.20
周口	13250	798.9	221.2	0.28
槐店	28096	801.1	111.8	0.14
钱店	472	791.6	50.8	0.06
玄武	4014	729.0	34.1	0.05
周庄	1320	787.3	89.2	0.11
沈丘	3094	801.6	151.9	0.19
阜阳	39013	876.8	108.9	0.12
平均值	—	749.6	106.8	0.14

2) 作物需水量和灌溉需水量的计算结果

在冬小麦主要生长期(3~5月)，降水较少，强度也不大，因此降水量可视为有效降水量。由表5.17和表5.18可知，颍涡流域平原区冬小麦作物需水量为328.1~529.6mm，全生育期多年平均作物需水量为431.8mm；灌溉需水量为123.7~449.5mm，全生育期多年平均灌溉需水量为303.2mm。由于降水年际分布不均匀，需要补充的灌溉水量随年际而变化，例如，1998年和2003年的灌溉需水量相比于其他年份较低。

表 5.17 冬小麦年作物需水量 （单位：mm）

年份	亳州	阜阳	开封	西华	许昌	郑州
1997	450.7	427.5	420.5	384.1	436.1	433.3
1998	395.8	375.5	382.8	343.4	395.3	399.7
1999	439.7	389.9	437.9	362.2	420.4	447.6
2000	529.6	493.6	493.3	420.6	519.1	505.4
2001	470.3	446.0	502.1	391.0	474.1	496.0
2002	376.2	332.0	436.4	347.2	414.9	433.5
2003	361.7	328.1	397.7	331.9	389.4	409.1
2004	474.3	446.3	519.7	400.3	490.1	505.0
2005	447.2	412.9	461.5	376.2	407.5	477.6
2006	459.8	432.6	505.4	390.2	427.0	478.2
2007	478.0	437.6	523.6	393.6	446.1	508.3
2008	451.4	414.1	518.7	376.0	420.2	494.6
2009	437.2	387.4	467.2	348.4	365.5	459.6
平均值	444.0	409.5	466.7	374.2	431.2	465.2

表 5.18 冬小麦年灌溉需水量 （单位：mm）

年份	亳州	阜阳	开封	西华	许昌	郑州
1997	305.7	290.8	319.5	288.4	294.6	314.9
1998	162.8	172.1	221.2	123.7	203.2	225.5
1999	295.5	214.3	339.9	158.6	265.1	359.5
2000	449.5	378.6	417.7	343.2	429.2	437.9
2001	349.9	344.0	440.8	327.8	410.6	436.4
2002	225.9	136.6	298.1	191.7	255.9	288.7
2003	184.4	154.6	266.8	209.0	259.3	305.8
2004	376.6	300.2	448.7	265.3	401.3	386.7
2005	340.9	277.7	391.4	280.7	328.9	397.4
2006	328.7	283.6	412.9	282.4	274.2	362.7
2007	374.4	232.2	420.3	288.2	325.8	417.6
2008	302.1	201.8	387.4	238.3	295.4	350
2009	281.3	194.6	341.4	206.3	229.8	324.9
平均值	306.0	244.7	362.0	246.4	305.6	354.5

　　夏玉米生长期一般为6月中旬至9月中旬，生育期为90～100天，该阶段降水较多，降水基本能满足作物蒸发、蒸腾的需求，因此，作物需水量与灌溉需水量相对较小。由表5.19和表5.20可知，颍涡流域平原区夏玉米作物需水量为235.8～418.4mm，全生育期多年平均作物需水量为319.8mm；灌溉需水量为11.9～306.4mm，全生育期多年平均灌溉需水量为144.3mm。由于降水年际间变化不均匀，需要补充的灌溉水量随年份变化，例如，1998年和2003年的灌溉需水量均低于160mm，尤其是2003年，灌溉需水量为11.9～93.2mm。对于大部分年份需要灌溉一水，而中等干旱与特殊干旱年份需要补充灌溉两水。一般多年平均灌溉水量占需水量10%～40%。

表 5.19　夏玉米年作物需水量　　　　　　　　　　（单位：mm）

年份	亳州	阜阳	开封	西华	许昌	郑州
1997	411.6	370.0	392.3	352.8	400.6	396.3
1998	341.1	334.3	313.3	305.8	332.0	324.1
1999	380.7	355.8	347.2	317.5	353.5	346.6
2000	331.3	315.2	317.5	294.6	319.8	311.5
2001	383.5	367.9	339.0	331.3	348.9	350.5
2002	353.1	310.6	377.7	306.4	353.8	343.0
2003	263.1	245.5	258.6	235.8	260.6	255.0
2004	334.6	306.8	328.6	283.9	314.9	290.2
2005	411.5	303.9	289.6	290.3	303.8	320.3
2006	320.9	304.7	294.6	290.6	292.1	307.8
2007	298.9	269.5	318.1	264.9	273.8	313.3
2008	292.0	267.5	371.0	276.5	267.6	317.8
2009	307.3	263.6	418.4	269.1	289.6	332.1
平均值	340.7	308.9	335.8	293.8	316.2	323.7

表 5.20　夏玉米年灌溉需水量　　　　　　　　　　（单位：mm）

年份	亳州	阜阳	开封	西华	许昌	郑州
1997	224.8	186.0	305.9	215.2	244.1	306.4
1998	93.3	105.4	126.3	96.0	161.1	126.1
1999	265.7	267.5	225.3	158.0	184.9	169.0
2000	156.3	169.2	168.3	111.1	145.3	174.0
2001	272.5	231.6	218.3	247.7	164.1	199.6
2002	221.9	155.9	226.9	188.3	218.8	128.4

续表

年份	亳州	阜阳	开封	西华	许昌	郑州
2003	53.2	11.9	93.2	54.9	71.1	76.0
2004	111.7	143.7	120.6	48.9	108.9	97.9
2005	142.4	118.3	137.4	104.4	126.8	160.9
2006	102.0	165.8	126.1	117.4	109.8	113.3
2007	93.4	64.2	156.1	115.5	98.3	95.6
2008	118.5	71.3	171.5	65.4	98.9	172.1
2009	106.9	91.8	134.4	78.1	82.9	65.5
平均值	151.0	137.1	170.0	123.1	139.6	145.0

比较两种作物可知,冬小麦的作物需水量和灌溉需水量均大于夏玉米的作物需水量和灌溉需水量,因此夏玉米是对灌溉依赖程度低的粮食作物。两者的灌溉需水量均随降水的年际变化而变化。

3) 逐月作物需水量、灌溉需水量与降水量过程

采用上述方法计算的逐月降水量、作物需水量及灌溉需水量过程,如图 5.17 所示,灌溉需水量与作物需水量的变化较一致。作物生长季节需水量大,灌溉需水量还与降水量有关系,当降水量大于作物需水量时灌溉需水量为 0。

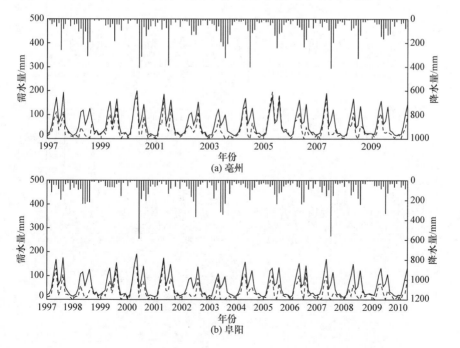

(a) 亳州

(b) 阜阳

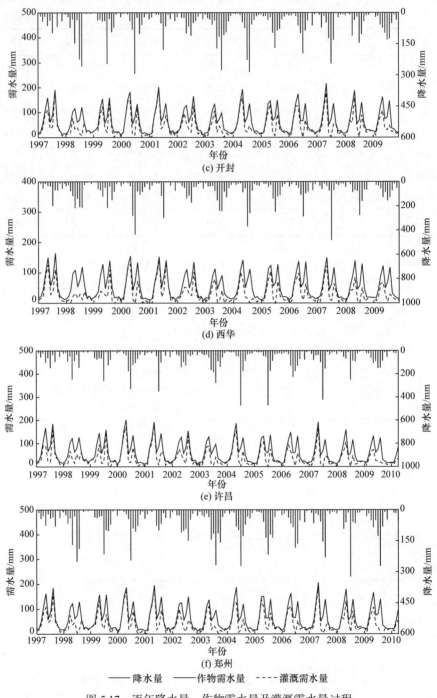

(c) 开封

(d) 西华

(e) 许昌

(f) 郑州

——— 降水量　　——— 作物需水量　　- - - - 灌溉需水量

图 5.17　逐年降水量、作物需水量及灌溉需水量过程

4) 各地区灌溉需求指数

灌溉需求指数(IRR/ET$_c$)是指灌溉需水量与作物需水量的比值,反映了不同地区作物生长对灌溉的依赖程度。对 6 个气象站点 14 年的冬小麦和夏玉米的作物需水量与灌溉需水量进行分析,得到了这两种作物的灌溉需求指数,见表 5.21。

表 5.21　不同地区多年平均灌溉需求指数(IRR/ET$_c$)

地区	作物	作物需水量 ET$_c$/mm	灌溉需水量 IRR/mm	灌溉需求指数 IRR/ET$_c$
亳州	冬小麦	444.0	306.0	0.69
	夏玉米	340.7	151.0	0.44
阜阳	冬小麦	409.5	244.7	0.60
	夏玉米	308.9	137.1	0.44
开封	冬小麦	466.7	362.0	0.78
	夏玉米	335.8	170.0	0.51
西华	冬小麦	374.2	246.4	0.66
	夏玉米	293.8	123.1	0.42
许昌	冬小麦	431.2	305.6	0.71
	夏玉米	316.2	139.6	0.44
郑州	冬小麦	465.2	354.5	0.76
	夏玉米	323.7	145.0	0.45

按主要作物类型分析,冬小麦平均灌溉需求指数为 0.60～0.78;夏玉米平均灌溉需求指数为 0.42～0.51。夏玉米相对于冬小麦,灌溉需求较小。两种作物灌溉需求指数在各地区分布均差异不大。总之,灌溉是该研究区作物生长的必要条件。

4. 小结

选择具有全要素观测资料的国家气象站点 6 个,采用 1997～2010 年逐日气象、水文资料,结合植被和土壤条件,计算淮北平原区冬小麦和夏玉米两种主要作物的作物需水量与灌溉需水量。结果表明:

冬小麦主要生长期为3～5月,生长期降水较少。颍涡流域平原区冬小麦作物需水量为 328.1～529.6mm,全生育期多年平均作物需水量为 431.8mm,灌溉需水量为 123.7～449.5mm,全生育期多年平均灌溉需水量为 303.2mm。夏玉米生长期一般为6月中旬至9月中旬,整个阶段降水较多,作物需水量与灌溉需水量相对较小。颍涡流域平原区夏玉米作物需水量为 235.8～418.4mm,全生育期多年平均作物需水量为 319.8mm,灌溉需水量为 11.9~306.4mm,全生育期多年平均灌溉需水量为 144.3mm。比较两种作物可知,冬小麦的作物需水量和灌溉需水量均大于夏玉米的作物需水量和灌溉需水量。相比于冬小麦,夏玉米是对灌溉依赖程度弱的粮食作物。两者的灌溉需水量均随降水的年际间变化而变化。

灌溉需水量与作物需水量的变化较一致。作物生长季节需水量大,灌溉需水量还与降水量有关系,当降水量大于作物需水量时灌溉需水量为 0。

冬小麦平均灌溉需求指数为 0.60~0.78;夏玉米平均灌溉需求指数为 0.42~0.51。相对于冬小麦,夏玉米灌溉需求较小。两种作物灌溉需求指数在各地区分布均差异不大。

5.4.2　基于地下水数值模型的地表水与地下水转化模拟

1. 模型基本原理

MODFLOW 模型采用有限差分法建立二维、三维地下水流运动模型。通过将研究区域在空间和时间上的双重离散,确定每个网格的入渗补给量、潜水蒸发量、地表水-地下水转化量等水平衡要素,建立水量平衡方程式,将所有网格方程联立成一个线性方程组后,迭代求解方程组可以得到每个网格的水头值,从而定量地分析研究区地下水流运动特征。

MODFLOW 模型与描述含水层平衡项计算的 MODBUDGET 相结合,可以进行研究区内任意单元水平衡项的计算。

2. 颍涡地区地下水数值模型构建

1) 水文地质条件及概念模型

选取颍涡地区的平原区浅层地下水系统,进行地下水流数值模拟(所涉及地下水均指潜水),模拟区由西北禹州市褚河镇吕庄村至中牟县仓砦乡韩庄村一线向东南方向延伸,延伸至安徽省阜阳市颍河阜阳闸,模拟区面积约 22870km²,模拟区范围如图 5.18 所示。

模拟区内地下水位总体由西北向东南方向递减,区域内最高水位达 92m,最低水位 3m 左右(图 5.19)。

(1) 含水层系统结构概化。

颍涡地区含水岩组主要包括富水程度弱的松散岩类孔隙含水岩组、富水程度强的松散岩类孔隙含水岩组、富水程度弱的碎屑岩类孔隙裂隙含水岩组、富水程度强的碎屑岩类孔隙裂隙含水岩组。而在平原区以各类富水性松散岩类孔隙含水岩组为主要含水岩组(图 5.20)。根据国家 1:20 万综合水文地质图地质剖面点勘探剖面资料,通过空间内插确定含水层厚度。

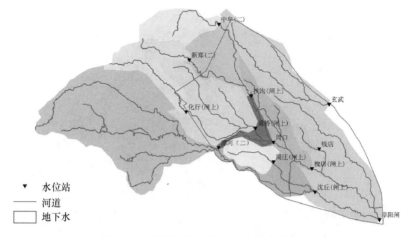

图 5.18　颍涡平原区及地下水数值模拟区

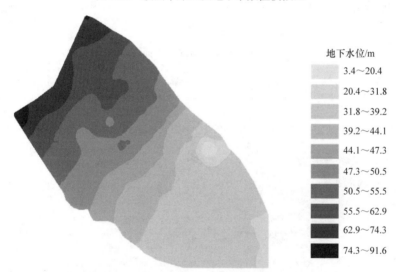

图 5.19　颍涡平原区地下水位分布

含水层概化为非均质各向同性的潜水含水层，不考虑地下水垂向流动，地下水流即为水平方向的二维流，河道与地下水水量的交换概化为垂直河床底板方向 (图 5.21)。

(2) 初始条件的概化。

模拟时段分为率定期和验证期两个时段，率定期为 1997 年 1 月 1 日~2004 年 12 月 31 日，验证期为 2005 年 1 月 1 日~2010 年 12 月 31 日。分别以 1997 年 1 月 1 日和 2005 年 1 月 1 日研究区地下水位为模型率定期和验证期的初始水位，根据观测井地下水位插值，得出区内各单元的初始水位。

含水岩组

富水程度强的松散岩类孔隙含水岩组

富水程度中等的松散岩类孔隙含水岩组

富水程度弱的松散岩类孔隙含水岩组

富水程度极弱的松散岩类孔隙含水岩组

图 5.20　颍涡平原区水文地质图

图 5.21　颍涡平原区(模拟区)边界设置

(3) 边界条件概化。

　　模拟区西北边界，即禹州市褚河镇吕庄村至中牟县仓砦乡韩庄村一线上有地下水位观测井实测资料，因此概化为通用水头边界(general head boundary, GHB)。由东南端阜阳闸向西北至阜阳关集，向西南至项城市李寨镇李寨村也设置为通用水头边界。根据多年平均地下水位空间分布，模拟区内等水位线主要呈东北-西南方向，模拟区其他边界基本与地下水等水位线垂直，因此将其概化为隔水边界，边界概化如图 5.21 所示，图中虚线部分为通用水头边界。

(4) 源汇项的确定与概化。

模拟区地下水主要靠大气降水的面状垂直入渗补给与河流的线状渗漏补给，其次为作为面状垂直补给源的农田灌溉回渗。

模拟区地下水的排泄方式以工农业用水的地下水开采、地下水向河流排泄及潜水蒸发为主。在模拟中，农业开采量是发生在整个模拟区范围内的，因此将农业开采量概化为面状单位开采率，潜水蒸发概化为面状排泄。

2) 研究区单元划分及补排项估算方法

(1) 网格划分。

在水平方向共划分 250 行、300 列，网格大小为 0.61km^2，剖分后模拟区共有 37426 个网格。

(2) 河流与含水层之间的水量交换。

当地下水位高出河底高程时，一部分地下水补给河道；地下水位低于河底高程则河水对含水层进行补给。采用 Harbaugh(2005)在 MODFLOW 模型程序包中提出的河流-含水层之间交换水量 Q_g 计算公式：

$$Q_{riv} = C_{riv}\left(h_r - h\right) \tag{5.21}$$

式中，Q_{riv} 为河流与含水层之间的交换流量；h_r 为河流水位；h 为河流附近网格的地下水位；C_{riv} 为河流与含水层相互作用的水力传导系数：

$$C_{riv} = \frac{K_{riv}L_{riv}W}{M} \tag{5.22}$$

其中，K_{riv} 为河底渗透系数；L_{riv} 为网格单元的河道程度；W 为网格单元内河道宽度；M 为河底沉积物的厚度。

(3) 入渗补给量。

降水是地下水的重要补给源，影响地下水位的动态变化。利用降水量乘以入渗补给系数计算降水入渗补给量是地下水模型及地下水资源评价中常用的方法。然而，地下水埋深的变化对降水入渗补给量影响较大。因此，考虑地下水埋深变化对降水入渗补给量的影响，对准确分析计算地下水动态变化具有重要意义。采用地下水动态法，求次降水入渗补给量(R_p)：

$$R_p = \mu(\Delta)\Delta h \tag{5.23}$$

式中，$\mu(\Delta)$ 为给水度；Δh 为地下水位变幅(m)。

利用统计分析方法，建立了不同地下水埋深条件下的入渗补给量与降水量的

关系式:

$$R_p = \begin{cases} a_1 \ln P + b_1, & 0 \leqslant d < 1 \\ a_2 \ln P + b_2, & 1 \leqslant d < 2 \\ a_3 \ln P + b_3, & 2 \leqslant d < 3 \\ \quad\vdots & \quad\vdots \end{cases} \tag{5.24}$$

式中, P 为次降水量(mm); d 为地下水埋深(m); a_1、a_2、a_3 和 b_1、b_2、b_3 为参数。

入渗补给量(R)的计算公式如下:

$$R = R_p \times \gamma \tag{5.25}$$

式中, R_p 为预估的入渗补给量(mm), 由降水量与式(5.24)计算得到; γ 为入渗补给量修正系数。

(4) 开采量。

根据式(5.20)计算的作物灌溉需水量乘以开采折算系数估算开采量:

$$W_g = \text{IRR} \times \eta \tag{5.26}$$

式中, IRR 为作物灌溉需水量(mm); η 为开采折算系数。

3. 模型计算资料条件及计算时段

模型计算需要同期降水量、开采量、地下水位、河道水位等资料。根据模拟区水文地质条件, 在周口—阜阳及玄武闸以上涡河地区共选取 17 眼水位资料系列较长的观测井用于参数率定与模型验证。计算步长为日, 模型计算时段分别为1997 年 1 月 1 日~2004 年 12 月 31 日(参数率定期), 2005 年 1 月 1 日~2010 年12 月 31 日(模型验证期)。

4. 模拟结果

1) 地下水位拟合

模型主要水文地质参数有含水层渗透系数(K)、给水度(S_y)、入渗补给修正系数(γ)、极限埋深、河底渗透系数(K_{riv})、通用水头边界传导系数 K_b、开采折算系数等。在这些参数中, K_{riv} 和 K_b 基于水量平衡进行估算; 根据含水岩组类型给定 K 和 S_y 的初始值, 再通过地下水位拟合率定; γ 与开采折算系数初始值设为 1, 通过长期观测点水位拟合率定; 极限埋深设为 3m。

模拟区内共设有观测井 27 眼, 其中颍河流域内 19 眼(主要分布在周口—阜阳闸区间内), 涡河流域内 8 眼, 如图 5.22 所示。以地下水位实测与模拟过程拟合最佳为目标, 确定部分参数, 拟合结果如表 5.22 与图 5.23 所示。

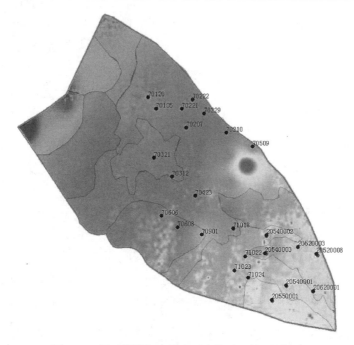

图 5.22　用于模拟与实测地下水位对比的观测站点

表 5.22　颍涡地区地下水位率定期模拟值与实测值的相关系数(r)

站名	20550001	20620001	20540001	20540003	20520008	20520003	20540002	70423	71022
r	0.819	0.597	0.258	0.133	0.581	0.575	0.502	0.693	0.436
站名	70321	70312	71023	71024	70901	70608	70606	71018	70822
r	0.632	0.331	0.647	0.324	0.899	0.335	0.108	0.345	0.680
站名	70817	70210	70229	70207	70221	70222	70105	70120	70509
r	0.609	0.648	0.681	0.690	0.733	0.586	0.829	0.739	0.489

2) 模型参数率定结果

模型拟合主要参数包括渗透系数(K)、给水度(S_y)、入渗补给修正系数(γ)与开采折算系数。参数率定结果如图 5.24 所示。

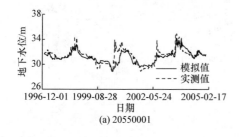

(a) 20550001

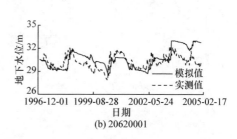

(b) 20620001

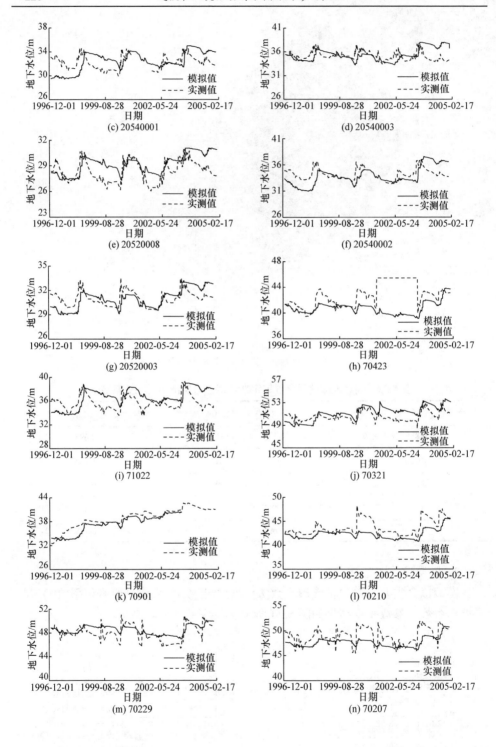

(c) 20540001

(d) 20540003

(e) 20520008

(f) 20540002

(g) 20520003

(h) 70423

(i) 71022

(j) 70321

(k) 70901

(l) 70210

(m) 70229

(n) 70207

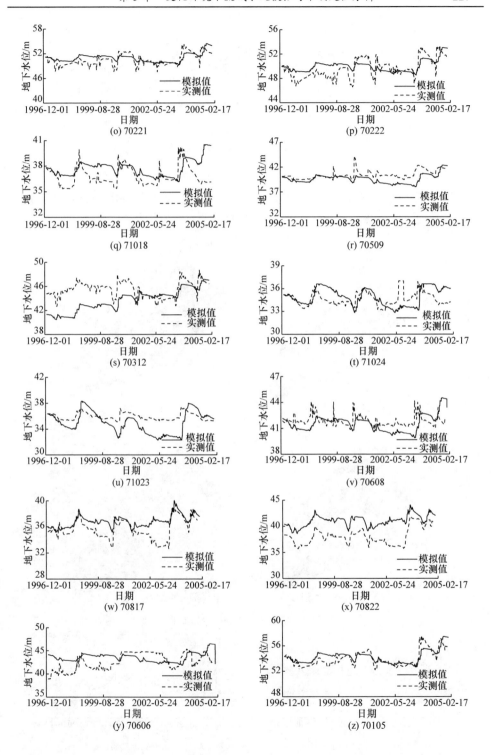

(o) 70221

(p) 70222

(q) 71018

(r) 70509

(s) 70312

(t) 71024

(u) 71023

(v) 70608

(w) 70817

(x) 70822

(y) 70606

(z) 70105

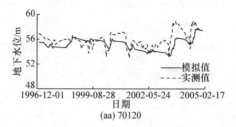

图 5.23　颍涡地区率定期地下水位模拟值和实测值对比

3) 模型验证

　　根据率定的参数对验证期内的地下水位进行模拟，结果如图 5.25 所示。验证结果显示地下水位模拟较好，表明率定参数合理。

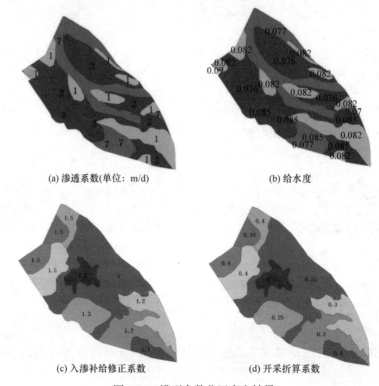

图 5.24　模型参数分区率定结果

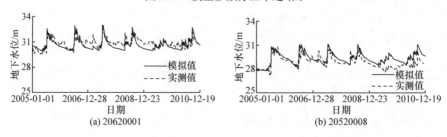

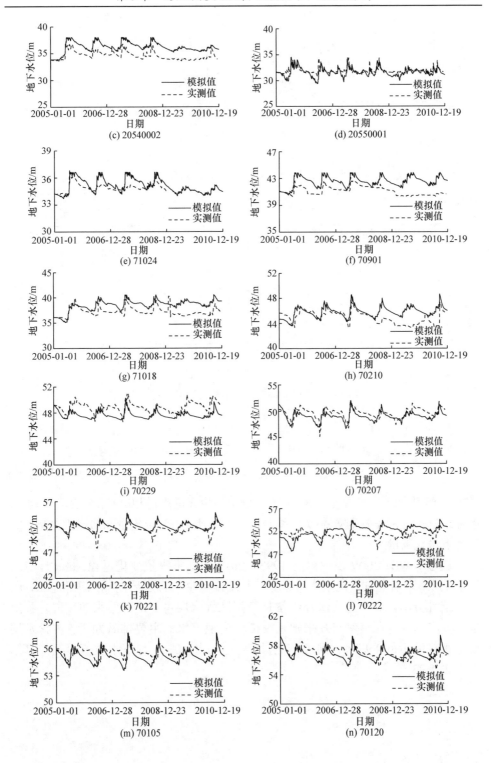

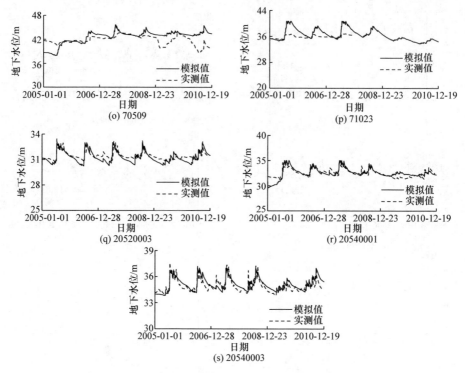

图 5.25　颍涡地区验证期地下水位模拟值与实测值对比

4) 水平衡分析

进出含水层系统水量及水平衡式为

$$\Delta S = B_{in} - B_{out} + R_p - E_g + R_{riv} - D_{riv} - D_w \tag{5.27}$$

式中，ΔS 为地下水变化量；B_{in} 和 B_{out} 分别为边界进水量和出水量；R_p 为降水入渗补给量；E_g 为潜水蒸发量；R_{riv} 和 D_{riv} 分别为河流入渗补给量和河流排泄量；D_w 为地下水开采量。

通过 MODFLOW 模拟得到 1997～2010 年地下水位变化过程，同时计算出潜水蒸发量、补给量、地下水开采量、河流排泄量等含水层的输入项和输出项，进行统计分析。其中，入渗补给量是模拟区含水层主要的补给来源，占总补给量的 93.7%，潜水蒸发与开采则是模拟区内地下水的主要排泄方式，占含水层地下水排泄量的 89.7%，河流排泄量(基流量)占 10%。地下水数值模型计算结果见表 5.23。

表 5.23　颍涡模拟区含水层水均衡计算

时间	含水层输入项/(×10⁶m³)				均衡差 /(×10⁶m³)
	降水入渗补给量 R_p	河流入渗补给量 R_{riv}	边界进水量 B_{in}	合计	
1997~2010 年	57139	3190	655	60984	1460
比例/%	93.7	5.2	1.1	100	

时间	含水层输出项/(×10⁶m³)					均衡差 /(×10⁶m³)
	地下水开采量 D_w	潜水蒸发量 E_g	河流排泄量 D_{riv}	边界出水量 B_{out}	合计	
1997~2010 年	35900	17500	5980	170	59550	1460
比例/%	60.3	29.4	10.0	0.3	100	

5) 地下水开采量推算结果

在平原区地下水数值模型估算的开采量变化范围为 100.7~151.4mm,见表 5.24,与《淮河片水资源公报》(1997~2010 年)提供的多年平均农田灌溉用水量 128.7mm 接近。

表 5.24　颍涡地区地下水开采量计算结果　　　　　(单位：mm)

子流域	周口	槐店	钱店	玄武	周庄	沈丘	阜阳
地下水开采量	100.7	110.4	121.3	120.4	134.1	114.1	151.4

5. 小结

研究采用地下水数值模型 MODFLOW,建立了颍涡地区地下水数值模型,选取涡河地区共 27 眼水位资料,实现了模型参数率定与模型验证。模拟结果表明：

通过研究区模拟地下水位动态变化与实测地下水位比较,模型模拟效果较好,可以用于定量分析不同降水年份入渗补给量、潜水蒸发量、地表水-地下水转化量等水平衡要素。

入渗补给量是研究区含水层主要的补给来源,占总补给量的 93.7%,开采和潜水蒸发则是模拟区内地下水的主要排泄方式,占含水层地下水排泄量的 89.7%,河流排泄量(基流量)占 10%。

在平原区估算的地下水开采量变化范围为 100.7~151.4mm,与《淮河片水资源公报》(1997~2010 年)提供的多年平均农田灌溉用水量 128.7mm 接近。

5.4.3　地表水-地下水耦合模型及水资源转化模拟

1. 基本原理

1) 农灌区地表水-地下水水文过程的概化模式

农灌区地下水开采对地表水和地下水水文过程的影响可以概化为图 5.26 所示的模式，沿垂向分为作物冠层、非饱和带、饱和带。当降水充足时，降水入渗补充非饱和带作物根系层土壤含水量，若土壤水分满足作物需水量，则无须灌溉；降水(P)形成地表径流(R_s)和壤中流(R_i)，部分渗漏补充饱和地下水(P_{rg})。在干旱无雨期，蒸散发强烈，土壤水分下降，当土壤水分不能满足作物需水量时，需要灌溉；灌溉水(W_g)以降水形式补充土壤非饱和带缺水量，但不产生地表径流，部分被作物吸收，部分滞留于非饱和层或渗漏到饱和层(灌溉回归水)。与此同时，在毛细作用下潜水向上补充非饱和带土壤水分(E_g)，即潜水蒸发。当潜水水位高于河水位时形成河道基流(R_g)。

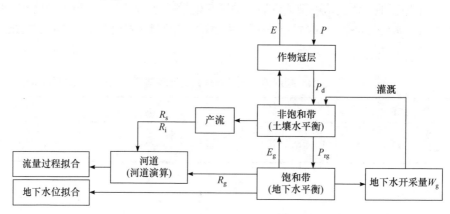

图 5.26　农灌区地表水-地下水水文过程概化图

非饱和带水量平衡计算公式为

$$P_{dp} = AET + P_{rg} + R_s + R_i - E_g + W_2 - W_1 \tag{5.28}$$

式中，P_{dp} 为降水量(P)或灌溉水量(P_d)；AET 为实际蒸散发量，采用式(5.2)计算；E_g 为潜水蒸发量；P_{rg} 为降水入渗补给量或灌溉回归水量；R_s 为地表径流量；R_i 为壤中流；W_1、W_2 分别为时段初和时段末的土壤蓄水量。

2) 产流计算和土壤含水量推求

根据蓄满产流机制计算产流量，即任一地点上，包气带土壤蓄水量未达到土壤蓄水容量时不产流；土壤蓄水量达到蓄水容量时，其后续降水减去截留、土壤蒸发和植被蒸腾后产流。土壤蓄水容量为包气带内达到田间持水量时的蓄水量与最干旱时蓄水量之间的差值。本研究包气带的土壤蓄水容量设定为包气带厚度 D

内凋萎含水量与田间持水量间的土壤蓄水量，即

$$WM = 1000(\theta_{FC} - \theta_{WP})D \tag{5.29}$$

式中，WM 为包气带内的平均土壤蓄水容量(mm)；θ_{FC} 为田间持水率；θ_{WP} 为凋萎含水量；D 为包气带厚度(m)。

研究采用新安江模型的土壤蓄水容量曲线(图 5.27(a))描述土壤蓄水能力在空间上分布不均匀性。土壤蓄水容量曲线为

$$\frac{f}{F} = 1 - \left(1 - \frac{W'_m}{W'_{mm}}\right)^B \tag{5.30}$$

式中，f 为产流面积(km^2)；F 为全流域面积(km^2)；W'_m 为流域各地点包气带张力水的蓄水容量(mm)；W'_{mm} 为所有蓄水容量中的最大值，即流域最大蓄水容量(mm)；B 为蓄水容量曲线指数。

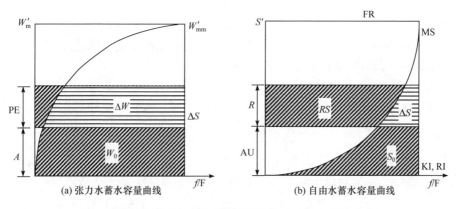

图 5.27   土壤张力水蓄水容量曲线和自由水蓄水容量曲线

全流域平均土壤蓄水容量为

$$WM = \int_0^{W'_{mm}} \left(1 - \frac{f}{F}\right) dW'_m = \frac{W_{mm}}{1+B} \tag{5.31}$$

初始包气带内的平均蓄水量为

$$W_1 = 1000(\theta_1 - \theta_{WP})D \tag{5.32}$$

式中，θ_1 为时段初土壤含水量(m^3/m^3)。W_1 对应的纵坐标 A 为

$$A = W'_{mm}\left[1 - \left(1 - \frac{W_1}{WM}\right)^{\frac{1}{1+B}}\right] \tag{5.33}$$

净雨量为

$$PE = P + P_d - E \tag{5.34}$$

当 PE≤0 时，不产流，即产流量 $R=0$。当 PE>0 时产流，若 $PE+A \leqslant W'_{mm}$，则

$$R = PE - WM + W_1 + W_M \left(1 - \frac{PE + A}{W'_{mm}}\right)^{B+1} \tag{5.35}$$

若 $PE+A \geqslant W'_{mm}$，则

$$R = PE - WM + W_1 \tag{5.36}$$

时段末土壤蓄量 W_2 为

$$W_2 = W_1 + PE - R + E_g \tag{5.37}$$

由包气带厚度 D 和时段末土壤蓄量 W_2 可推出流域平均土壤含水量 θ：

$$\theta = \frac{W_2}{1000D} + \theta_{WP} \tag{5.38}$$

3) 水源划分

产流量 R 除一部分入渗补给地下水 P_{rg} 外，剩余产流量采用新安江模型自由水蓄水库将水源划分为地表径流 R_s 和壤中流 R_i。

4) 地下水水平衡项推求

井灌区灌溉水量来源于含水层，含水层中地下水水量平衡计算公式为

$$P_{rg} = R_g + E_g + W_g + \Delta S_g \tag{5.39}$$

式中，R_g 为地下水蓄水库出流量(基流量)；W_g 为地下水开采量；ΔS_g 为流域平均地下水蓄变量，ΔS_g 可以由时段初、时段末的地下水埋深 d_1、d_2 来表示：

$$\Delta S_g = \mu(d_1 - d_2) \tag{5.40}$$

式中，μ 为给水度。

灌溉水量源于地下水开采，而一部分灌溉水量又回归地下水含水层，灌溉回归水与降水入渗补给形式类似，因此降水入渗补给和灌溉回归水量统一按式(5.4)计算：

$$P_{rg} = \left(P_{dp} - E\right)\left(\frac{\theta - \theta_{WP}}{\theta_s - \theta_{WP}}\right)^a \tag{5.41}$$

式中，θ_s 为饱和含水量；a 为常数。

潜水蒸发是指潜水在土壤吸力作用下，向包气带土壤中输送水分，并经过土壤蒸发与植被蒸腾到大气的过程。潜水蒸发是个很复杂的过程，其主要影响因素有地下水埋深、土壤质地和结构、植被覆盖、气象等。若土壤质地和结构相同，潜水蒸发多受蒸发能力与潜水埋深的制约。采用阿维里扬诺夫公式计算潜水蒸发量 E_g：

$$E_g = E_p \left(1 - \frac{d}{d_{\max}}\right)^n \tag{5.42}$$

式中，d 为地下水埋深(m)；$d_{\max}$ 为停止蒸发强度时的地下水埋深(m)；n 为经验常数，一般取 1～3。

采用 Harbaugh(2005)在 MODFLOW 模型程序包中提出的河流-含水层之间交换水量 Q_g 的计算公式：

$$Q_g = C_{riv}\left(d_{riv} - d\right) \tag{5.43}$$

式中，d_{riv} 为河道底部深度；C_{riv} 代表河流与含水层相互作用的水力传导系数。

对于流域面积为 AR 的流域，其地下水补给河流深 R_g 为

$$R_g = K\left(d_{riv} - d\right) \tag{5.44}$$

式中，K 为出流系数，$K=C_{riv}/AR$。

在平原区，尤其是地下水埋深较浅的地区，地下水埋深变化在一定范围内对陆地蒸散发、河川径流等产生的影响显著。Beldring 等(1999)、Yeh 和 Eltahir(2005)提出采用概率密度函数(Gamma 分布)描述地下水埋深的空间分布(图 5.28)。该方法针对流域或区域为计算单元，在研究区地下水平衡计算基础上，以统计分布函数描述地下水埋深空间分布的不均匀性，用于大尺度流域或区域地下水位模拟，并根据地下水埋深分布范围，按不同埋深划分单元对蒸散发、产流量等进行演算。该方法具有参数少的优点，近年来，Lo 等(2010)和 Koirala 等(2012)将 Gamma 分布函数应用于陆面水文模型与全球或区域气候模型耦合研究。

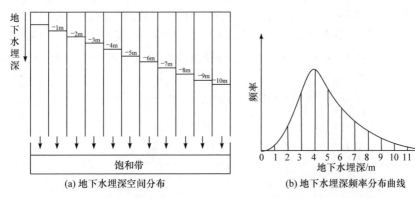

(a) 地下水埋深空间分布　　　　　　(b) 地下水埋深频率分布曲线

图 5.28　研究区离散化地下水埋深空间分布及其频率分布曲线

假定地下水埋深空间分布服从 Gamma 分布：

$$f(d_{gw}) = \frac{\lambda^\alpha}{\Gamma(\alpha)} d_{gw}^{\alpha-1} e^{-\lambda d_{gw}}, \quad \alpha > 0, \quad \lambda > 0 \tag{5.45}$$

式中，$\Gamma(\alpha)$ 为 Gamma 函数；α 为形状参数；λ 为尺度参数，则流域平均地下水埋深值为 Gamma 分布的数学期望：$\bar{d}=\alpha/\lambda$。

流域地下水出流量 R_g 和潜水蒸发量 E_g 可表示为

$$R_g = K\int_0^{d_{\text{riv}}} f\left(d_{\text{gw}}\right)\left(d_{\text{riv}}-d_{\text{gw}}\right)\mathrm{d}\left(d_{\text{gw}}\right)$$

$$\approx \frac{K\left(\dfrac{\alpha}{\bar{d}}\right)^{\alpha}}{\Gamma(\alpha)}\sum_{i=1}^{m}\mathrm{e}^{-\frac{\alpha}{\bar{d}}\left(\frac{id_{\text{riv}}}{m}\right)}\left(\frac{id_{\text{riv}}}{m}\right)^{\alpha-1}\left(d_{\text{riv}}-\frac{id_{\text{riv}}}{m}\right)\frac{d_{\text{riv}}}{m} \tag{5.46}$$

$$E_g \approx \frac{E_p\left(\dfrac{\alpha}{\bar{d}}\right)^{\alpha}}{\Gamma(\alpha)}\sum_{i=1}^{m}\mathrm{e}^{-\frac{\alpha}{\bar{d}}\left(\frac{id_{\max}}{m}\right)}\left(\frac{id_{\max}}{m}\right)^{\alpha-1}\left(1-\frac{i}{m}\right)^{n}\frac{d_{\max}}{m} \tag{5.47}$$

式中，i 为离散化流域地下水埋深的空间位置(单元)。

计算流域内地下水蓄水库的补给量和排出量，代入式(5.39)求出时段内流域平均地下水蓄变量 ΔS_g，再由式(5.40)推求出时段末地下水埋深 d_2。

5) 汇流计算

流域汇流过程分为坡面汇流和河道汇流。坡面汇流过程采用线性水库演算；河道汇流采用 Muskingum 法演算。经调蓄后的总水流汇入河道调蓄，最终汇集到流域出口，形成流域出口断面流量。

6) 灌溉水量初步估算

适宜土壤水分是指对作物生长发育最为有利的土壤水分含量，它是一个范围值，有上限和下限指标，是确定合理灌溉的重要依据。当土壤水分过低时，植被蒸腾作用受到限制，而土壤水分过高，则会引起虫病危害。实验表明，适宜土壤水分上限指标为 85%～90%田间可利用水量(王宝英和张学，1996)，一般取 85%。当 $D_r \geqslant \text{RAW}$ 时，开始灌溉，则灌溉需水量估算 $P_d=1000[\theta_{\text{WP}}+0.85(\theta_{\text{FC}}-\theta_{\text{WP}})-\theta]Z_r$。

根据地下水水量平衡式(5.39)修正 P_d，推求地下水开采量 W_g：

$$W_g = \beta P_d \tag{5.48}$$

式中，β 为修正系数。

2. 模型应用

选择土壤类型以黄潮土为主的周口和玄武子流域、以砂姜黑土为主的沈丘子流域作为研究区域。以 1997～2004 年为模型率定期，2005～2009 年为验证期，利用气象资料作为模型输入进行逐日演算；采用流域出口断面 1997～2009 年逐月流量以及 11 眼机井每 5 日平均地下水埋深变化过程，进行模型参数和地下水开采量率定。参数率定时，首先使率定期内的实测与模拟径流系列拟合最好，然后通过人工微调地下水蓄水库中参数，使实测和模拟地下水埋深系列同时拟合较好。

1) 流量过程拟合及验证

径流模拟以该集水区域逐月流量拟合效果最佳为目标，采用纳什效率系数 (Nash-Sutcliffe efficiency coefficient，NSE)评估拟合效果：

$$\text{NSE} = 1 - \frac{\sum_{i=1}^{n}\left(Q_{\text{sim},i} - Q_{\text{obs},i}\right)^2}{\sum_{i=1}^{n}\left(Q_{\text{sim},i} - \overline{Q_{\text{obs},i}}\right)^2} \tag{5.49}$$

式中，$Q_{\text{sim},i}$ 为模拟系列；$Q_{\text{obs},i}$ 为实测系列；$\overline{Q_{\text{obs},i}}$ 为实测系列均值；i 为序列号；n 为序列长度。

模型模拟的逐月流量过程如图 5.29 所示。模拟结果显示，模拟流量过程与实测总体一致。

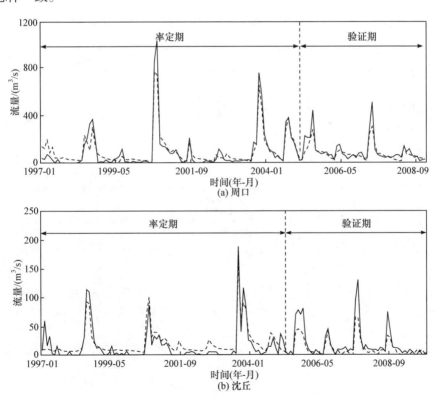

(a) 周口

(b) 沈丘

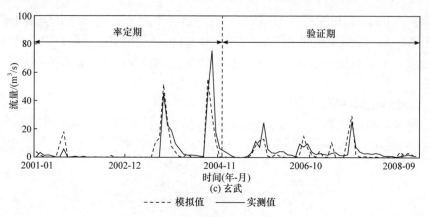

图 5.29　模拟和实测的逐月流量过程

2) 地下水埋深拟合及验证

以每 5 日流域平均地下水埋深拟合效果最佳为目标,采用确定性系数 R^2 评估拟合效果, 率定与地下水动态有关的参数。模拟和实测每 5 日区域平均地下水埋深变化过程如图 5.30 所示, 模型较好地模拟了流域平均地下水埋深变化。

3) 模拟结果统计

在颍涡研究区三个子流域分别统计了模拟的流量、地下水埋深及纳什效率系

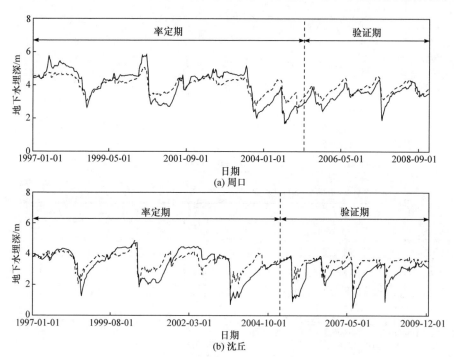

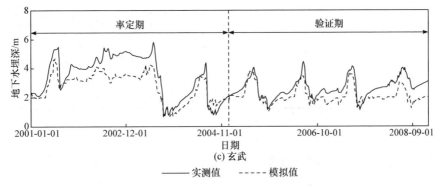

图 5.30 每 5 日区域平均地下水埋深模拟值和实测值对比

数和确定性系数(表 5.25)。模拟与实测流量系列的 NSE 在率定期为 0.75~0.90，在验证期为 0.65~0.82；模拟与实测地下水埋深系列的确定性系数 R^2 在率定期为 0.70~0.87，在验证期为 0.61~0.72，说明该模型在颍涡地区具有较好的适用性。

表 5.25 模型模拟效果统计值

子流域	面积 /km²	流量				地下水埋深			
		实测值 /(m³/s)	模拟值 /(m³/s)	NSE		实测值 /m	模拟值 /m	R^2	
				率定期	验证期			率定期	验证期
周口	733	94.60	91.80	0.90	0.82	3.85	3.95	0.83	0.72
玄武	4014	4.37	3.96	0.75	0.65	3.07	2.37	0.87	0.65
沈丘	1774	17.20	16.80	0.85	0.71	3.50	3.20	0.70	0.61

4) 与地下水数值模型模拟结果对比

本模型估算的灌溉开采量与地下水数值模型计算结果见表 5.26。流域水文模型与地下水模型在计算单元划分上存在差异，在阜阳闸至周口以及玄武闸流域为平原区，与地下水数值模型模拟区域重叠。因此，研究选取流域内平原区，将两模型模拟结果进行对比分析。结果表明，在平原区，前面采用的 MODFLOW 地下水数值模型估算的开采量变化范围为 100.7~151.4mm；地表水-地下水耦合模型估算的灌溉开采量变化范围为 105.4~140.1mm。两模型估算的开采量较为相近，相差小于16%，且与《淮河片水资源公报》(1997~2010 年)提供的多年平均农田灌溉用水量128.7mm 接近。

表 5.26　颍涡地区开采量计算结果　　　　(单位：mm)

模型	周口	槐店	钱店	玄武	周庄	沈丘	阜阳
地下水数值模型	100.7	110.4	121.3	120.4	134.1	114.1	151.4
地表水-地下水耦合模型	105.4	—	—	140.1	—	125.9	—

5) 不同生长季灌溉开采量估算结果

作物不同生长阶段灌溉开采量的估算见表 5.27。入春后，黄淮区降水较少，气温比较高，大风天气较多，大部分地区 10cm 土壤含水量大幅下降。其中 4～5 月，气温回升快，浅层土壤含水量较小，不利于冬小麦的拔节、抽穗，而地表水不能满足作物需水要求，需开采地下水灌溉补充，因此该时期地下水开采量较大。周口、玄武和沈丘三个子流域冬小麦灌溉开采量最多的生长阶段均为拔节-抽穗期和抽穗-灌浆期，这两个时期灌溉开采量分别占冬小麦整个生育期的 83.3%、89.1% 和 84.8%；夏玉米在生长期，抽穗-灌浆期和灌浆-收获期灌溉开采量较大，但总的来说，夏玉米在整个生长期内的灌溉开采量比冬小麦小很多。

表 5.27　冬小麦和夏玉米的灌溉开采量　　　　(单位：mm)

子流域	作物	播种—拔节	拔节—抽穗	抽穗—灌浆	灌浆—收获	全生育期
周口	冬小麦	8.07	40.96	35.75	7.26	92.04
	夏玉米	2.17	0	4.94	6.30	13.41
玄武	冬小麦	6.44	43.79	69.38	7.43	127.04
	夏玉米	3.75	1.58	2.56	5.23	13.12
沈丘	冬小麦	10.93	47.53	40.84	4.91	104.21
	夏玉米	5.07	2.90	6.48	7.21	21.66

冬小麦、夏玉米逐月灌溉开采量估算如图 5.31 所示。周口、玄武和沈丘三个子流域的冬小麦 4～5 月灌溉开采量最大，分别占冬小麦全生育期灌溉开采量的 82.8%、91.1% 和 78.6%(图 5.32(a))；夏玉米灌溉开采量 8 月达到最大值，周口、玄武、沈丘三个子流域分别占全生育期灌溉开采量的 47.2%、24.8% 和 53.0%(图 5.32(b))。逐月开采量变化反映了两种作物的灌溉需水规律，如全年灌溉开采量高峰的 4～8 月是冬春作物生长旺盛和春秋作物播种造墒用水较大的时期。

6) 灌溉开采量与地下水位变化的关系

根据地表水-地下水耦合模型估算的灌溉开采量和实测地下水位资料，进一步分析冬小麦、夏玉米生长期灌溉开采量与实测地下水位变化之间的相关关

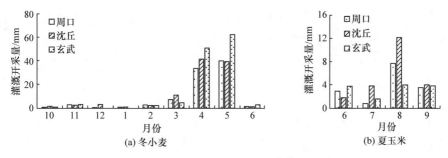

图 5.31　冬小麦和夏玉米逐月平均灌溉开采量

系(图5.32)。由于3~5月是冬小麦生长季节,且降水量较少而难以满足作物需水量,需开采地下水进行灌溉,所以周口、沈丘和玄武三个子流域内的地下水位变化与灌溉开采量均存在显著的负相关关系,R^2分别为0.74、0.62和0.62(图5.32(a))。6~9月为夏玉米的生长季节,是降水量相对丰沛的雨季,且夏玉米灌溉需水量相对较小,所以周口、沈丘和玄武三个子流域内的地下水位变化与灌溉开采量之间虽然也存在负相关关系(图5.32(b)),但两者相关性相对较弱,R^2分别为0.43、0.59和0.68,均小于0.7。

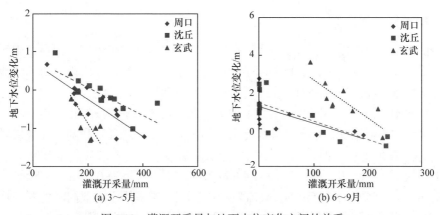

图 5.32　灌溉开采量与地下水位变化之间的关系

3. 小结

在作物灌溉需水估算原理基础上改进了新安江模型,实现对地表水-地下水水文过程模拟以及农灌区灌溉开采量的各作物生长季节以及逐月变化模拟。在颍涡地区井灌区应用表明:

模型通过在颍涡研究区三个子流域的径流量、地下水埋深过程率定和验证,取得了较好的模拟效果。

模型估算的灌溉开采量变化范围为105.4~140.1mm。且与《淮河片水资源公报》(1997~2010年)提供的多年平均农田灌溉用水量128.7mm接近。

　　周口、玄武和沈丘三个子流域冬小麦灌溉开采量最多的生长阶段为拔节—抽穗期和抽穗—灌浆期，这两个时期灌溉开采量分别占冬小麦整个生育期的83.3%、89.1%和84.8%；夏玉米在生长期、抽穗—灌浆期和灌浆—收获期灌溉开采量较大，夏玉米整个生长期内的灌溉开采量比冬小麦小很多。

　　作物生长季灌溉开采量与实测地下水位变化相关关系分析表明，灌溉开采是该流域地下水位变化的主导因素，且相比于夏玉米生长季节，冬小麦生长季节地下水位变化与灌溉开采量的负相关关系更为显著。

5.4.4　不同开采条件下多年平均水资源量变化

　　选取颍河流域中的阜阳闸子流域、涡河玄武闸子流域，以各流域现有开采估算量为基础，增大模型中开采系数，设置开采量分别增加5%、10%、15%、20%、25%、30%的开采情景，且开采量用于农业灌溉，利用建立的模型进行模拟，对比分析不同开采量变化对各水文要素的影响。模拟中阜阳闸子流域与玄武闸流域选取的模拟时段均为1997~2011年，由于玄武闸子流域部分资料缺失，模拟时段选为1997~2005年。

1. 阜阳闸子流域

　　由于颍河阜阳闸以上面积较大，研究主要针对阜阳闸子流域，即在阜阳闸实测流量中扣除上游来水得到阜阳闸子流域内产水形成的径流量，以分析不同地下水开采情景下相应区域内的含水层各水平衡项及河川径流量的变化。

　　阜阳闸子流域在不同开采情景下地下水埋深及各水平衡项变化见表5.28。随着开采量的不断增加，地下水埋深逐渐增加，流域年平均径流量随着开采量增加(地下水埋深增加)而减小。在多年平均开采量基础上，当开采量增加30%时，流域平均地下水埋深由3.49m增加为4.06m，即地下水位下降0.57m，，河流平均流量由26.6m³/s减小为25.0m³/s，减幅为6%。另外，随着用于农业灌溉的开采量增加30%，灌溉入渗补给量增加4.4mm，增幅达1.9%；总蒸散发量增加39.4mm，增幅6.7%；潜水蒸发量减小20.4mm，减幅36%。

表5.28　阜阳闸子流域不同开采情景下地下水埋深及各水平衡项变化

地下水开采量变化	地下水埋深/m	潜水蒸发量/mm	总蒸散发量/mm	灌溉入渗补给量/mm	流量/(m³/s)
现状	3.49	56.2	588.8	227.6	26.6
增加5%	3.59	52.4	596.5	227.4	26.2
增加10%	3.68	49.0	603.1	228.1	25.9
增加15%	3.77	45.5	610.0	229.0	25.6

地下水开采量 变化	地下水埋深 /m	潜水蒸发量 /mm	总蒸散发量 /mm	灌溉入渗补给量 /mm	流量 /(m³/s)
增加 20%	3.85	42.3	615.8	230.6	25.3
增加 25%	3.96	38.8	622.3	231.0	25.1
增加 30%	4.06	35.8	628.2	232.0	25.0

2. 玄武闸子流域

玄武闸子流域在不同开采情景下地下水埋深及各水平衡项变化见表 5.29。随着开采量不断增加,地下水埋深逐渐增加,流域年平均径流量随着开采量增加(地下水埋深增加)而减小。当开采量增加 30% 时,流域平均地下水埋深由 3.02m 增加为 3.36m,即水位下降 0.34m,河川流量由 4.32m³/s 减小为 3.62m³/s,减幅 16%。另外,随着开采量增加 30%,灌溉入渗补给量增加 8mm,增幅达 2.7%;总蒸散发增加 38.5mm,增幅 6.8%;潜水蒸发量减小 30.7mm,减幅 21%。

表 5.29　玄武闸子流域在不同开采情景下地下水埋深及各水平衡项变化

地下水开采量 变化	地下水埋深 /m	潜水蒸发量 /mm	总蒸散发量 /mm	灌溉入渗补给量 /mm	流量 /(m³/s)
现状	3.02	145.6	570.0	294.8	4.32
增加 5%	3.08	139.8	577.8	295.5	4.19
增加 10%	3.14	134.4	584.5	296.5	4.07
增加 15%	3.19	129.6	590.5	298.1	3.95
增加 20%	3.25	124.6	596.7	299.6	3.83
增加 25%	3.30	119.6	602.8	301.0	3.72
增加 30%	3.36	114.9	608.5	302.8	3.62

3. 其他流域

对其余各子流域分别设置开采量增加 30% 的情景,且开采量用于农业灌溉,利用建立的模型模拟,对比分析不同开采量变化对各水文要素的影响。统计结果显示,与前面三个典型子流域分析结果相似。随着开采量增加,流域地下水埋深增加,径流减小,总蒸散发量增加,潜水蒸发量减小,灌溉入渗补给量增加,具体统计结果见表 5.30。模型模拟结果表明,颍涡地区开采量增加 30%,各子流域径流量减少量为 0.07%~11.7%,平均减少 6.5%。

表 5.30 颍涡地区各子流域现状开采量增加 30%情形下水文要素变化统计

子流域	地下水开采量变化	地下水埋深/m	潜水蒸发量/mm	总蒸散发量/mm	灌溉入渗补给量/mm	流量/(m³/s)	径流变化/%
黄桥	现状	4.57	46.80	635.59	243.36	14.26	—
	增加 30%	5.16	39.40	645.94	266.50	14.25	−0.07
扶沟	现状	5.18	30.94	662.77	140.18	1.43	—
	增加 30%	5.91	11.66	680.75	138.31	1.31	−8.39
周口	现状	3.91	36.68	633.32	197.58	3.11	—
	增加 30%	4.07	30.78	636.08	208.88	3.04	−2.25
槐店	现状	3.73	35.51	680.79	245.84	11.06	—
	增加 30%	4.01	27.81	692.60	260.44	10.03	−9.31
化行	现状	7.28	30.57	603.30	254.32	2.99	—
	增加 30%	8.03	21.45	624.52	272.17	2.64	−11.71
周庄	现状	3.51	54.98	725.25	249.94	4.61	—
	增加 30%	4.13	46.57	743.15	264.32	4.23	−8.24
沈丘	现状	3.11	78.08	610.55	234.50	11.88	—
	增加 30%	3.41	57.10	617.11	239.23	11.59	−2.44
中牟	现状	—	14.98	464.11	217.04	12.97	—
	增加 30%	—	8.54	485.23	236.48	12.06	−7.02
新郑	现状	—	12.34	644.28	123.45	1.72	—
	增加 30%	—	7.63	660.47	142.17	1.56	−9.30
漯河	现状	—	9.14	656.81	269.54	60.97	—
	增加 30%	—	5.34	674.56	286.42	58.42	−4.18
钱店	现状	—	27.71	757.18	137.90	0.74	—
	增加 30%	—	20.56	773.24	152.42	0.67	−9.46

5.5 流域水文模型不确定性分析

本节在概述流域水文模型不确定性的基础上，分析模型参数率定值随模型输入的变化，揭示率定参数值的时变特征，探讨降水和蒸发输入变化与模型参数率定值变化之间的关系。

5.5.1 流域水文模型不确定性概述

受有限的观测站点和观测误差影响，作为模型输入的气象、水文观测资料往往不能完全真实地反映流域范围内气象水文要素的时空变化特征，造成模型输入的不确定性。

水文模型结构是对水文物理过程的抽象与简化，由于流域下垫面特征及其土壤、植被等组成十分复杂，需要对下垫面特征进行概化或归类，包括：对连续的流域实体进行离散化，如垂向分层、水平网格单元划分；对介质体内连续水流运动进行概化，如饱和、非饱和带水流运动划分。描述蒸散发、入渗水运动以及地表和地下径流过程的数学物理方程，应用于流域尺度求解需要简化或数值近似，因此目前所建立的水文模型结构大都存在一系列的概化或简化。例如，在对描述水文过程的数学方程求解时，数值方法的离散化会产生求解的误差；在描述流域气候和下垫面特征对水文过程的影响时，需要对产流机制进行概化(如蓄满、超渗产流)。模型结构不确定性一般表现为模型不能在气候和下垫面条件显著不同的地区移用，或不能准确地模拟同一流域在不同输入条件下的水文响应。例如，以蓄满产流机制建立的模型适用于湿润地区，以超渗产流机制建立的模型适用于干旱、半干旱地区。流域概念性模型的结构不确定性通常较为显著，水文物理模型对水文过程的描述更加严密，结构不确定性理论上较小。

模型参数不确定性是指参数赋值的不确定性。水文模型中水文过程的数学物理方程表述含有大量的参数。理论上，基于水文物理过程的模型参数都具有物理含义。但在模型结构或数学表述概化时，一些模型参数失去其原有的物理意义；另外一些基于输入-输出关系建立的概念性水文模型，模型参数不具有物理意义。理论上，具有物理意义的模型参数均可以由流域特征、水文观测和实验等直接、间接获得。但在实际应用中，由于观测条件的限制，一些参数不能直接利用水文实验确定，或测定的模型参数受到尺度扩展的限制，难以应用到实际流域中，模型参数大多只能通过参数优化得到。在参数优选时，率定资料的选取、优化方法的选择、目标函数的确定等因素都会引起模型参数优选结果的不确定性。对于目标函数的影响，Beven 和 Binley(1992)发现，当模型采用某固定的目标函数时，在设定的参数率定范围内可能存在多组参数，可以使模型的模拟结果达到相似的水平，表明参数之间的相互关联性(异参同效性)，且这种异参同效性导致的不确定性可能与气候变化和流域下垫面变化特征有关。模型优化方法是参数不确定性的另外一个来源，目前常见的参数率定方法都是结合目标函数的参数优化方法，在率定过程中寻找实测资料和模拟资料误差的最小值，即可得到参数的最优解(熊立华和郭生炼，2004)。这种方法导致参数率定值不确定性的原因有两点：一是模型参数在率定过程中采用的资料误差；二是不同目标函数对水文过程中不同量级的敏感性差异，还存在参数优化方法局部解的问题。尤其是在分布式水文模型中，由于参数个数庞大，而大多参数还要兼顾空间变化，因此参数的不确定性在该类模型中可能被放大(王中根等，2007)。

率定期的选择对参数不确定性也有很大影响。但在通常情况下，利用历史降水、径流和蒸发资料率定模型参数，假设根据某观测期水文资料率定的模型参数能够反映相对稳定的下垫面特征，不受降水等输入条件的影响。然而，由于模型结构简化，率定期资料代表性不足等问题，水文模型输入、结构和参数之间存在相互依存关系，模型结构不确定性分析通常与模型参数不确定性难以分离，导致模型参数随输入的变化以及预测误差十分显著。近年来研究发现，不同的气象条件与模型的参数率定结果存在紧密的联系。当气象条件变化时，模型参数也会随之变动，其中可能包括以下两个原因(Merz et al., 2011)：其一，参数率定值的变化是为了弥补模型结构和资料的缺陷，因此会随着不同的率定期变化；其二，参数率定值随时间变化是由于某些模型参数确实代表特定的下垫面特征，当诸如土地利用等导致下垫面发生变化时，相应的参数也会随之变化(Brown et al., 2005)。因此，通过分析不同气象条件下水文模型参数的时变特征，对评估气候变化和下垫面变化下水文长期演变模拟和预测结果的不确定性具有重要意义。

Wagener 等(2003)以动态识别方法分析了不同气象条件下水文模型的参数变化情况，发现一些参数(如流域蓄水容量参数)在有降水和无降水的情况下有显著差异，他们将这种变化归因于模型结构的缺陷。Merz 等(2009；2006)发现气候变动还会改变下垫面，如场次洪水模拟中的径流系数在率定时受到气象条件变动的影响，降水会导致包气带带水量变化，从而使产流比例也发生改变。Niel 等(2003)分析了 17 个非洲流域不平稳气候变化下模型参数率定值的时变特征，论证这些流域随着近些年来的降水量和径流量急剧上升，采用率定期不同气象条件率定的概念性降水-径流模型参数随时间变化，发现在 1/3 流域，参数随着率定期不同而变化。

模型参数率定所采用的水文序列长度会影响模型的稳定性(罗蒋梅，2011)。人们认为径流量资料越长越能详细展现水文过程的特征，即对模型参数率定值的稳定性越有利(Perrin et al., 2007)。因此，在具有长序列水文观测资料的情况下，多采用较长的水文序列资料进行模型参数率定。资料的长度和多少取决于资料是否具有代表性，即资料要能够反映流域的水文特征。对于日模型，要有反映丰水期、平水期和枯水期的资料系列；对于洪水模拟，要有大洪水、中洪水和小洪水过程的资料。对于湿润区域，崔兴齐等(2014)指出模型率定多使用 2 年以上的连续径流资料，李致家(2010)认为一般需要 8 年 35 次左右的洪水率定模型参数。模型模拟精度的时变特征通常与评估模拟结果所采用的目标函数有关，如模拟过程中常选择的 Nash-Sutcliffe 效率系数通常偏重于对大洪水敏感的参数(Dunn, 1999)，对湿润年份的降水-径流关系模拟较好。Vaze 等(2010)分析了 4 个集总式水文模型(IHACRES 模型、SMARG 模型、Sacramento 模型和 SIMHYD 模型)在湿润期和干旱期模拟与实测径流量的纳什效率系数，发现用湿润期率定的参数预测干旱期流量时纳什效率系数降低，用干旱期率定的参数预测湿润期流量时纳什效率系数降低得更为显著。显然，模型参数及模拟效果与目标函数和降水等输入的关系非常密切，但他们之间存在何种关系还缺乏研究。

5.5.2 水文模型预测、预报的不确定性

水文模型主要应用于中长期水文、水资源预测、短期洪水预报。为了能够对未来气象条件影响下的水文过程进行合理预测，模型模拟和预测精度评估非常重要。流域水文模拟一般根据历史气象、径流实测数据，采用优化算法率定模型参数，应用于另一时段气象、径流实测数据进行模型验证，或者利用实时气象预报数据或未来气候变化预测数据(如 IPCC 发布的不同气候模式结果)，预报和预测流域水文过程。Anctil 等(2004)指出，因为较长时段的历史资料包含了更多有关水文过程的信息，率定的水文模型参数具有稳健性。但长时段水文资料率定出的水文模型反映了流域水文响应的平均状态。对于特定流域，年与年之间的气象条件存在很大的差异，对于未来气象条件，也会出现明显的丰枯水年的变化。因此，利用流域水文响应的平均状态率定的模型参数预测未来丰枯状态，预测精度可能得不到理想的结果。特别是在气候变化日益加剧的情况下，水文系统的非稳定性增加，极端天气事件增多，降水和径流年际变化大，导致流域的干湿程度不同，流域内不同年代的降水-径流关系以及两者各自的变化趋势不同，年内降水量和径流量分布具有差异等，使降水-径流关系发生改变，利用流域水文响应平均状态的预测精度会进一步降低。因此，选用具有合适时段、长度、气象特征的率定期，率定流域水文模型参数，能够提高未来气候变化下水文过程响应模拟精度。

Anctil 等(2004)同时发现，在观测序列较短时，首先评价水文序列对应的气象条件干湿程度是必要的。如果序列对应的是湿润年份，模型率定后对湿润年份水文模拟精度高；如果是干旱年份，那么模型率定后对湿润年份的水文模拟精度较差。Vaze 等(2010)研究也表明选择历史气候干旱数据对干旱期径流预报的效果更好。用发生 ENSO 不同年份分别率定流域水文模型参数，能够提高与率定期 ENSO 年份同样预报年的准确率。

5.5.3 流域水文模型参数时变特征

1. 研究区概况及水文变化特征分析

1) 研究区概况

本研究区紫罗山流域位于颍河支流北汝河的上游，属于河南省洛阳市南部淮河流域上游山丘区(图 5.33)。其范围大致为 111°56′E～112°32′E，33°41′N～34°14′N，面积 1766km²。流域高程 293～2117m，平均高程 820m，地势呈西南高东北低的形态。北汝河在流域内自西南向东北延伸，经流域边界紫罗山水文

站流出。流域上游河道无大中型水利设施，受人类活动影响较小，保持了较好的自然状态。

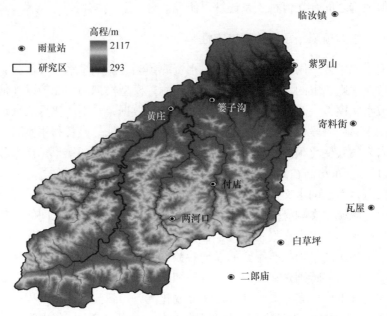

图 5.33　研究区高程、水系及雨量站分布

流域多年平均降水量为 900mm，受大陆性气候影响，降水量年内分配极不均匀。60%~70%的雨水集中在 6~9 月，其中 7~8 月降水量最集中，约占全年降水量的 42%。同时，降水量年际变化较大，多年平均降水量自南向北逐渐减少。年内气温差异较大，冬春季节，盛行干冷的西北风，气温低，降水少；夏季，盛行偏南或东南季风，并带来了太平洋副热带洋面上的大量水汽，加之太阳辐射的增强，气温增高，极易形成暴雨；秋季，副热带高压南退减弱，蒙古冷高压南进入侵，气温下降，降水减少。

研究采用紫罗山水文站 1974~1999 年逐日径流和蒸发资料及 5 个雨量站实测降水量资料，利用泰森多边形法计算流域日平均降水量。

2) 水文变化特征分析

(1) 逐年降水径流过程分析。

1974~1999 年共 26 年流域平均逐日降水径流过程如图 5.34 所示。径流过程丰枯交替，1975 年和 1982 年有两场超过 2500m³/s 的特大洪水，1984 年、1988 年和 1996 年分别发生超过 700m³/s 的洪水，其余年份未出现洪水。洪峰通常发生在 7~9 月，其中 1982 年的洪峰流量最大，达到 2760m³/s。枯季径流较为平稳，一般集中在每年的 1~4 月和 11~12 月。

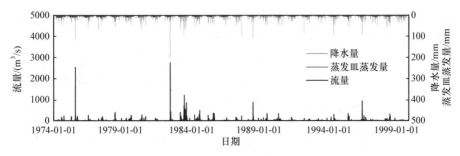

图 5.34　1974～1999 年流域平均逐日降水径流过程

1974～1999 年研究区逐年降水径流过程如图 5.35 所示。年径流过程变化较大，1975 年、1982 年、1983 年径流深较大，为丰水年，其中 1983 年(图中三角形标记)的年径流深最大(644.8mm)；1981 年、1986 年、1993 年和 1999 年径流深较小，为枯水年，其中以 1999 年(图中菱形标记)的年径流深为最小(73mm)。

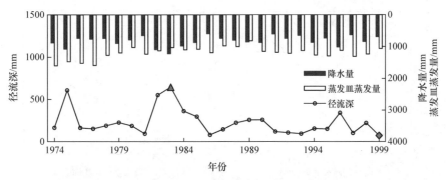

图 5.35　1974～1999 年研究区逐年降水量、蒸发量及径流深过程

1974～1999 年研究区逐年日降水量和日径流深均方差如图 5.36 所示。当日降水量均方差增大时，日径流深的均方差也随之增大，即年内降水量变动幅度增大，

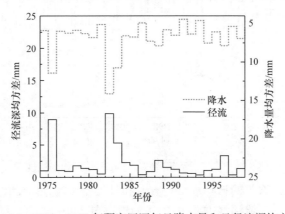

图 5.36　1974～1999 年研究区逐年日降水量和日径流深均方差

径流深变动幅度也相应较大。对比图 5.35 中逐年降水、径流的大小与其均方差的
关系，发现丰水年均方差大，枯水年均方差小。

由图 5.37 可以看出，年均降水量与年均径流深以及两者日均方差之间的相关
性都非常高，说明径流量及其年内变化分别受降水量以及年内变化的影响，也反
映出降水系列中干湿变化是径流变化的主要因素。

(2) 降水、径流三年滑动过程分析。

将 1974～1999 年的逐年观测资料进行滑动平均得到三年滑动序列以及连续
三年的 24 组降水系列，即 1974～1976 年、1975～1977 年、…、1997～1999 年，
统计每三年的年均降水量、年均径流深和年均蒸发皿蒸发量，如图 5.38 所示。三
年滑动水文过程较逐年水文过程更为平缓，但仍然呈现多年丰枯变化状态。其中，
丰水年组(1982～1984 年组，图中三角形标记)年均径流深为 519.1mm，枯水年组
(1991～1993 年组，图中菱形标记)年均径流深仅为 107.9mm。

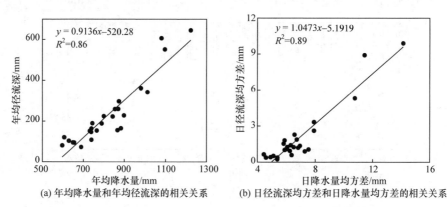

(a) 年均降水量和年均径流深的相关关系　　　(b) 日径流深均方差和日降水量均方差的相关关系

图 5.37　年均降水量和年均径流深的相关关系以及两者年内日均方差的相关关系

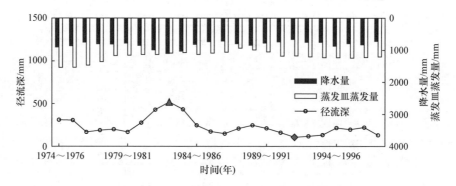

图 5.38　三年滑动年降水、潜在蒸散发和径流过程

三年滑动系列逐年的日降水量均方差和日径流深均方差变化更为一致，降水
量均方差增大时，径流深均方差也会相应增大(图 5.39)。1982～1984 年组的降水

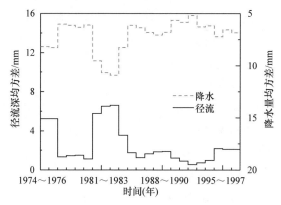

图 5.39　三年滑动系列日均降水和日均径流量的均方差过程

量和径流深均方差最大，分别为 10.9mm 和 6.6mm；1991～1993 年组的降水量均方差和径流深均方差最小，分别为 5.2mm 和 0.6mm。

三年滑动降水量与径流深的均值之间相关性，以及降水量与径流深的日均方差之间相关性更高(图 5.40)。这也说明随着统计时段延长，降水与径流之间相关程性增强。

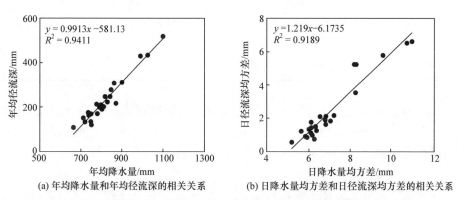

(a) 年均降水量和年均径流深的相关关系　　　(b) 日降水量均方差和日径流深均方差的相关关系

图 5.40　三年滑动年均降水量和年均径流深的相关关系以及其年内日均方差的相关关系

2. 流域水文模型及参数率定方法

选择新安江模型对模型进行率定，获取优化参数，评价模拟结果的精度。模型率定涉及率定参数的确定、优化算法的选择、目标函数的选取。

1) 新安江模型参数

根据在流域降水径流形成过程中所起的作用，新安江模型参数可分为四个部分，共涉及 16 个参数：蒸散发、产流、水源划分和汇流部分的参数。根据给定的模型参数变化范围，利用优化算法率定模型参数值。给出 12 个参数设定的取值范围，其余 4 个参数(IMP、C、KI、EX)不参与率定(表 5.31)。

表 5.31　三水源新安江模型参数及优化取值范围

参数	参数意义	最小值	最大值
K	蒸散发能力折算系数	0.60	0.85
IMP	不透水面积比例	0	0
B	蓄水容量曲线指数	0.25	0.35
C	深层蒸散发扩散系数	0.18	0.18
UM	上层张力水容量/mm	1	15
LM	下层张力水容量/mm	30	70
WM	流域平均蓄水容量/mm	100	140
KG	地下水出流系数	0.2	0.4
KI	壤中流出流系数	0.3	0.3
SM	自由水蓄水容量/mm	2	15
EX	自由水蓄水容量曲线指数	1.5	1.5
CG	地下水消退系数	0.95	0.99
CI	壤中流消退系数	0.7	0.95
CS	地面径流消退系数	0.2	0.7
KE	Muskingum 法演算参数/h	15	24
XE	Muskingum 法演算参数	0.3	0.5

理论上，模型大部分参数能够反映流域稳定的下垫面特征和降水径流形成的物理过程，具有明确的物理意义。然而，由于模型基于各种理论的假设、结构上的概化以及观测条件的限制，模型参数的率定结果存在不确定性。

2) 参数优化方法

常见的参数优化方法主要包括局部优化法和全局优化法两类。局部优化法是通过设定一个终止条件，以目标函数值衡量模型模拟的优劣，经不断对比多次计算的参数，选取最优值点，常见的方法有单纯形法、Rosenbrock 法等。但是模型大多具有非线性特征，导致其参数空间内的响应面有多个峰值，那么局部寻优的过程就会受到参数初始值的影响，给定参数不同初始值，会得到不同的局部最优解，所以局部优选的参数值很难保证全局最优。全局优化法则克服了这样的缺陷，综合考虑参数空间内的各个极值点，从而在模型响应面内确定唯一的极值点。常用的全局优化算法包括 SCE-UA 算法(Duan et al., 1993；1992)、模拟退火算法(simulated annealing, SA)(Kirkpatrick and Vecchi, 1983)、ARS 算法(Brazil and Krajewski, 1987)以及遗传法(Golberg, 1989)等。SCE-UA 算法由于其鲁棒性强，收敛效果佳，在国内外得到广泛应用。

不同目标函数侧重衡量不同的流量过程特征，如高水、低水、水量平衡等特征。在参数率定时，选择纳什效率系数作为目标函数(式(5.49))。

3) 模拟精度评估指标

模拟结果的精度、可靠性和误差等的评定有多种指标，每一种评定指标侧重点不同，如侧重洪水的纳什效率系数和侧重整体特征的均方根误差。主要采用以下四个评定指标。

(1) 水量平衡系数 WB。

水量平衡系数是衡量模拟值和实测值在同一时段内总水量的差异，WB 越接近 1，表明计算总水量与实测总水量越接近，其计算式如下：

$$\mathrm{WB} = \frac{\sum\limits_{i=1}^{n} Q_{\mathrm{sim},i}}{\sum\limits_{i=1}^{n} Q_{\mathrm{obs},i}} \tag{5.50}$$

(2) 相关系数 r。

相关系数 r 反映的是模拟值与观测值之间的相关关系，根据 r 值的大小可判定两者关系的密切程度和相关趋势。一般 r 的范围为 $-1 \sim 1$，负值表示负相关，正值表示正相关；r 的绝对值越接近 1，则相关程度越密切；r 的绝对值越接近 0，则表示两变量之间不存在线性关系。其计算式如下：

$$r = \frac{\sum\limits_{i=1}^{n} \left(Q_{\mathrm{obs},i} - \overline{Q_{\mathrm{obs}}} \right) \left(Q_{\mathrm{sim},i} - \overline{Q_{\mathrm{sim}}} \right)}{\sqrt{\sum\limits_{i=1}^{n} \left(Q_{\mathrm{obs},i} - \overline{Q_{\mathrm{obs}}} \right)^2 \sum\limits_{i=1}^{n} \left(Q_{\mathrm{sim},i} - \overline{Q_{\mathrm{sim}}} \right)^2}} \tag{5.51}$$

(3) 均方根误差 RMSE。

均方根误差(root mean square error, RMSE)常用于判定模拟值和实测值之间的偏差。RMSE 越小，说明模拟精度就越高。在实际应用中，由于不知道观测值的真值，通常使用样本无偏估计量，故均方根误差的公式如下：

$$\mathrm{RMSE} = \sqrt{\frac{\sum\limits_{i=1}^{n} \left(Q_{\mathrm{obs},i} - Q_{\mathrm{sim},i} \right)^2}{n-1}} \tag{5.52}$$

(4) 确定性系数 R^2。

确定性系数 R^2 反映的是模拟值与观测值之间的拟合程度，但并不能证明两变量之间存在因果关系。确定性系数 R^2 的范围是从负无穷到 1，R^2 越接近 1，表明拟合度越好。

4) 模型参数敏感性分析方法

参数敏感性分析可以衡量目标函数对参数变化的灵敏程度，在模型参数率定中通过遴选敏感性参数，剔除不敏感参数，尽可能减少模型率定过程中参数的个数，从而减轻参数率定中异参同效性问题。除此之外，参数的敏感性分析有助于深入理解模型参数变化对流域水文过程的影响程度。

参数敏感性表征参数变动对模拟结果的扰动程度，一般以某一目标函数来衡量模型输出结果的扰动情况。参数敏感性分析方法可以分为局部分析法和全局分析法。局部分析法关注的是某一参数在某一特定范围内单独变化时对模型结果的影响，如扰动分析法；全局分析法是同时分析所有参数在所有可能变化范围内对模型输出结果的影响(李占玲等，2013)，例如，Choi 等(1999)提出多参数敏感性方法，Hornberger 和 Spear(1981)提出 RSA 方法。

参数敏感性是相对的，对于不同流域、气象条件、模型和目标函数等，参数的敏感性也可能有所变化。例如，参数在不同的干湿季节敏感度不同，有的参数在水量丰富的湿润期较敏感，在水量贫乏的干旱期不敏感；有的参数在径流量大时敏感，在径流量小时则不敏感。

3. 模型参数敏感性分析结果

采用局部扰动分析法，选取具有代表性的丰水年组(1982～1984 年)和枯水年组(1991～1993 年)率定的模型参数，将某一参数上下变动 10%，保持其余参数不变，统计均方根误差 RMSE、确定性系数 R^2、水量平衡系数 WB 和相关系数 r 随之变化的百分比。

丰水年组的参数敏感性如图 5.41 所示。由 4 个精度指标的整体变化情况来看，在多参数设定的扰动变化范围内，各个精度指标的变化幅度差异较大，RMSE 和 WB 变化的百分比较大，而 R^2 和 r 变化的百分比较小。以参数对 4 个精度指标的扰动来看，RMSE 和 R^2 对 12 个参数的扰动响应非常相似，相关系数 r 对 12 个

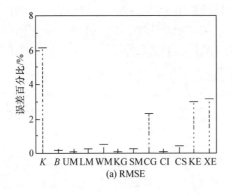

(a) RMSE

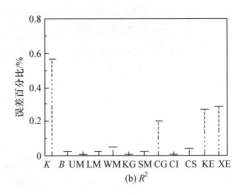

(b) R^2

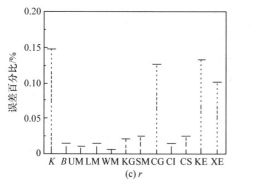
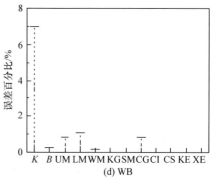

图 5.41　1982～1984 年(丰水年)率定参数敏感性变动图

参数的扰动响应也类似，而水量平衡系数 WB 对 12 个参数的扰动响应与前面三个指标的差异较大。

从丰水年组参数变化对 RMSE 和 R^2 的扰动程度来看，蒸散发能力折算系数 K 对模型参数的扰动程度最大，其敏感性最高；地下水消退系数 CG、Muskingum 法演算参数 KE、XE 的敏感性也相对较高；其余参数敏感性较低，经多数扰动后引起的 RMSE 误差百分比不超过 1%，R^2 的误差百分比不超过 0.1%。从各个参数对相关系数 r 的扰动程度来看，K、CG、KE、XE 依旧表现出较高的敏感性，而自由水蓄水容量 SM 和地面径流消退系数 CS 等剩余参数的敏感性依次降低。从各个参数对水量平衡系数 WB 的扰动程度来看，K 的变化对模型水量平衡影响最为显著；在与蒸散发相关的所有参数中，UM 和 LM 相对于其他参数对水量平衡的影响更为敏感。

枯水年组的参数敏感性分析如图 5.42 所示。相比由丰水年组率定的参数，枯水年组率定的参数对模拟结果的扰动程度显著升高。原因在于枯水年组的整体水量偏少，确定性系数 R^2 偏重于评价洪水过程，以 R^2 作为目标函数率定枯水年组参数时，目标函数偏向于枯水年组中少部分较大的流量，无法反映大部分小流量系列。

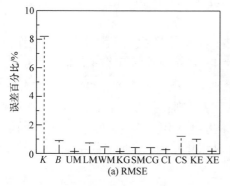
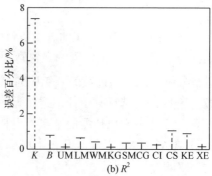

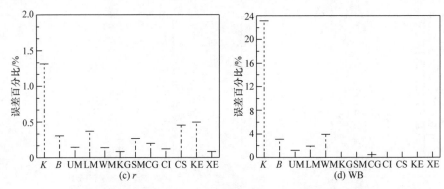

图 5.42　1991～1993 年(枯水年)率定参数敏感性变动图

对比丰水年组和枯水年组的 4 个精度指标下的参数敏感程度(图 5.41 和图 5.42)，除了蒸散发能力折算系数 K 以外，其余参数在丰水年组、枯水年组作为率定期时敏感性存在差异。最明显的是由枯水年组率定的 CG、KE 和 XE 对 RMSE、R^2 和 r 的敏感性较丰水年的敏感性显著降低，而 CS 的敏感性上升较为明显。

由枯水年组率定的参数中，K 在 4 个统计指标下都是最为敏感的参数。从各个参数对 RMSE 和 R^2 的扰动程度来看，除 K 以外的其余参数敏感性相差不大，LM、CS 和 KE 相对其他参数稍为敏感，而 UM、KG 和 XE 最不敏感。从各个参数对相关系数 r 的扰动程度来看，敏感参数主要包括 K、KE、CS、LM，不敏感参数有 WM、CI、XE、KG。对于水量平衡系数 WB，对其产生影响的敏感参数主要是影响蒸散发和产流计算的参数，而影响水源划分和汇流的参数对 WB 的扰动非常微弱。

由此可以看出，在不同的率定期、精度指标等情况下，参数的敏感程度存在很大差异。

4. 丰水年和枯水年率定期模型参数变化

不同率定期代表的是不同降水和蒸发过程，如果率定的模型参数值在不同率定期变化范围较大，说明模型参数随着率定期的变化而变化，且具有很大的不确定性。

1974～1999 年共 26 年的观测资料中，可采用 24 组三年滑动系列分别作为率定期，为了消除初始值的影响，忽略 1974～1976 年的率定结果，取 1975～1999 年进行分析，即 23 组连续的三年序列，分别为 1975～1977 年、1976～1978 年、…、1997～1999 年，选择其中任一组作为率定期，则总共可率定出 23 组参数组。

表 5.32 为分别以典型的丰水年组和枯水年组作为率定期所率定的参数值。结果表明，UM、LM、KG、CS 在丰水年、枯水年作为率定期时的率定值差异较大，其余参数的差异较小。

表 5.32　丰水年组和枯水年组作为率定期时的最优参数组

参数	参数优化范围	丰水年组率定	枯水年组率定
K	0.6~0.85	0.845	0.832
IMP	0	0.000	0.000
B	0.25~0.35	0.345	0.350
C	0.18	0.180	0.180
UM	1~15	4.902	1.241
LM	30~70	30.027	54.220
WM	100~140	139.775	139.763
KG	0.2~0.4	0.399	0.202
KI	0.3	0.300	0.300
SM	2~15	9.120	8.702
EX	1.5	1.500	1.500
CG	0.95~0.99	0.950	0.951
CI	0.7~0.95	0.704	0.704
CS	0.2~0.7	0.200	0.541
KE	15~24	20.406	23.982
XE	0.3~0.5	0.485	0.444

　　为了便于比较每一个参数在不同率定期下的变化特征，将所有参数率定值都进行均一化处理: (率定值–最小值)/(最大值–最小值)。其中，各参数最大值、最小值见表 5.31。图 5.43 为每一个参数率定值在不同率定期下的相对变化率。纵坐标为 0，说明率定的参数值为该参数变化范围的最小值；纵坐标为 1，说明率定的参数值为该参数变化范围的最大值。不同率定期参数相对变化值在 0~1 频繁变化，说明该参数率定值随率定期气象条件等影响显著。

　　由图 5.43 可以看出，所有参数率定值都随率定期变化。相对而言，蒸散发能

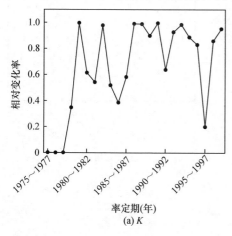

(a) K

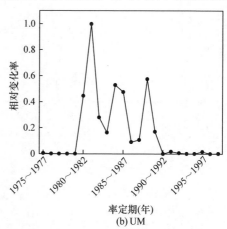

(b) UM

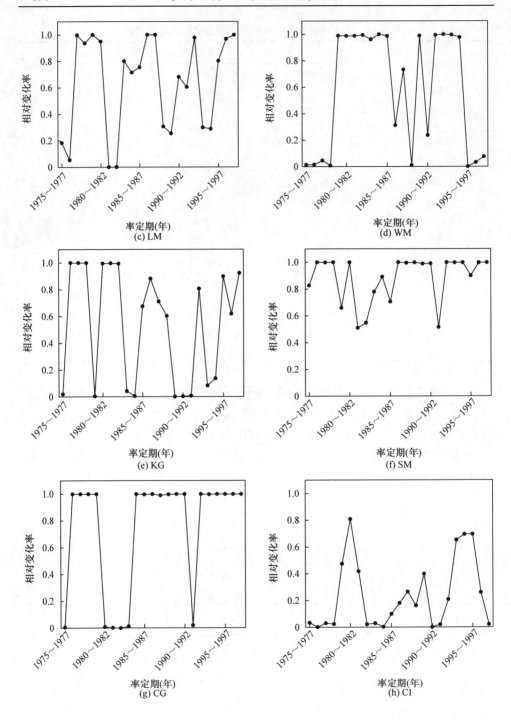

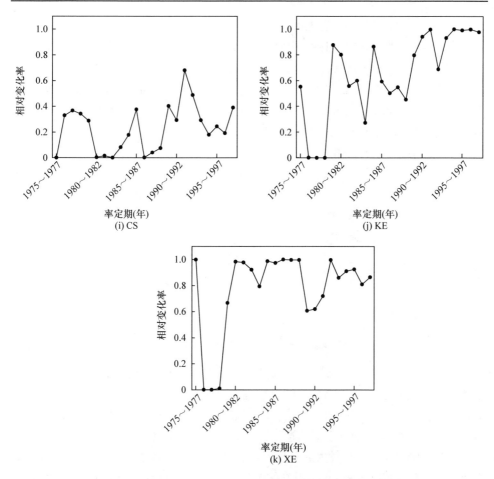

图 5.43　1975～1999 年 23 组三年滑动率定期参数值的相对变化率

力折算系数 K、自由水蓄水容量 SM、地面径流消退系数 CS 的相对变化幅度较小，表明不同率定期对这些参数率定结果的影响小。同时也可以看出，一些参数在不同率定期的率定值呈现相似的正向或逆向变化，反映这些参数之间存在异参同效现象，即某一个参数引起的变化会引起其他参数相应的变化。

5. 模型参数随气象要素的变化

理论上，对于稳定的下垫面条件，参数代表的是特定流域水文特征或降水-径流响应关系，不会随降水等输入的变化而变化。但实际上模型却存在结构、输入误差，从而导致模型参数不稳定，如每一组三年滑动率定期降水、蒸发等气象条件不同，率定的模型参数组都存在差异，表明模型参数与模型输入之间存在一定的联系。为此，采用 Spearman 相关系数，分析模型参数与气象要素之间的关系。

1) 模型参数随降水的变化特征

图 5.44 统计了 1974~1999 中 24 组连续的三年序列所率定的参数值与相应三年序列日均降水量之间的相关系数。在 12 个率定参数中，与日均降水量相关性最大的参数是地面径流消退系数 CS，其与降水量呈负相关关系，Spearman 相关系数为–0.7。这表明该参数与降水量关系非常密切，当日均降水量增大时，地面径流增大，退水速率更快，CS 会相应减小；反之，当日均降水量减小时，地面径流减少，退水速率降低，CS 也会相应增大。

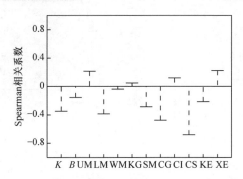

图 5.44　参数和日均降水量的 Spearman 相关系数图

地下水消退系数 CG 与日均降水量相关性类似，两者的相关系数在–0.5 左右，表明地下水退水的快慢受降水量的影响也较为明显。当日均降水量增大时，地下蓄水量增大，地下水消退速率加快，CG 相应减小；反之，当日均降水量减小时，地下水蓄水量减少，地下水消退速率降低，CG 相应增大。

与日均降水量相关性较大的参数还有下层张力水容量 LM 和蒸散发能力折算系数 K，两者与降水的 Spearman 相关系数都接近–0.4。LM 作为下层土壤蓄水容量，当降水量增大时，土壤蓄水量增大，上层土壤蓄水量足够用于蒸散发，因此来自下层蓄水容量的蒸散发量的比例减小，LM 减小；反之，当降水量减小时，上层土壤不足以提供足够的水量用于蒸散发，因此蒸散发来自下层蓄水容量的比例增大，LM 增大。蒸散发能力折算系数 K 控制水量平衡，当 K 增大时，表明流域的整体蒸散发量变大。K 与降水量呈负相关关系，表明年降水量增大时，蒸散发量变小，扣损减少，产生的径流量变大；反之，降水量减小时，蒸散发量变大，扣损增加，产生的径流量减小。

自由水蓄水容量 SM 与降水量之间也呈负相关关系，表明降水量增大时，自由水蓄水库的蓄水容量变小，使得更多的产流量转化为地表径流，增大地表径流；反之，当降水量减小时，自由水蓄水库的蓄水容量需增大，以使得产流量更多转换为壤中流和地下径流，减少地表径流。

其余的参数与降水量也存在一定的相关性。同时，可以看出，对于蓄水容量，上层张力水容量 UM 与降水量呈正相关关系，而下层张力水容量 LM 与降水量呈负相关性。

单个参数与降水量的关系反映了气候变化的影响，但由于模型参数值在率定过程中相互依赖，即具有异参同效性，需要进一步考虑参数之间的关联性，即不同参数组合下率定的参数值随降水量变化。不同率定期下(三年序列)参数组合值与相应时期日均降水量之间的相关性如图 5.45 所示。

在新安江模型蒸散发计算中，K/UM 和 K/LM 综合反映上层、下层土壤在某一湿度 UW(或 LW)下蒸发能力 E_{pan} 转化为实际蒸散发 AET 的能力，如在三层蒸

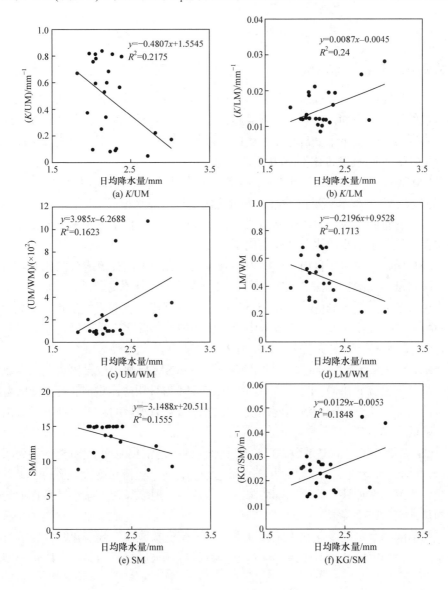

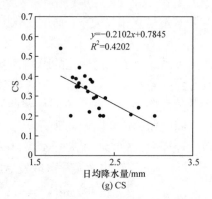

图 5.45　模型参数与日均降水量的相关关系

发模式中，下层土壤蒸发量 $E_L = K \times E_{pan} \times \dfrac{WL}{LM}$，因此，$K$ 与 UM 和 LM 高度相关。图 5.45(a)中 K/UM 随着日均降水量的增加而减小，图 5.45(b)中 K/LM 随日均降水量的增加而增加。说明随着气候趋于湿润，上层土壤蓄水能力增大(K/UM 减小)，实际蒸发量比例(E_U/E_{pan})(E_U 为上层土壤蒸发量)增加；下层土壤蓄水能力减弱(K/LM)，实际蒸发量比例(E_L/E_{pan})减小。

UM/WM、LM/WM 分别为上、下层土壤蓄水容量的分配比例，图 5.45(c)、(d)分别表示上层蓄水容量占总蓄水容量比例与日均降水量成正比，下层蓄水容量占总蓄水容量的比例与日均降水量成反比，反映湿润年份土壤中水分变化带主要集中在上层，干旱年份水分变化带向下层转移。

SM 反映土壤滞蓄自由水的能力，其值大小影响不同径流成分的比例。对于某一降水量形成的径流深 R，SM 越大，自由水蓄水库越不易蓄满，因此可产生的地表径流越少。图 5.45(e)中 SM 与日均降水量成反比，表明当气候趋于湿润时，SM 减小，地表径流在总径流成分中所占比例加大；反之，当气候趋于干旱时，SM 增大，地表径流在总径流成分中所占比例减小。

KG 是自由水蓄量对地下水的出流系数，KG/SM 反映单位自由水蓄水容量中地下水部分出流的快慢。图 5.45(f)表明，KG/SM 与日均降水量成正比，即随着降水量的增加，地下径流出流速度加快；反之，随着降水量的减少，地下径流出流速度降低。

CS 是地表径流消退系数，反映地表水流的平均汇集时间。图 5.45(g)表明，CS 与日均降水量成反比，即随着降水量的增加，地表径流量变大，平均汇集时间变短，消退速率加快；反之，随着降水量的减小，地表径流量减小，平均汇集时间加长，消退速率降低。

参数随降水量的变化在一定程度上反映了模型参数随气候变化时，影响对流域水文过程的模拟和预测结果。通过分析参数与降水量之间的关系，修正模型参数可提高未来气候变化下水文响应预测的可靠性。

2) 模型参数随蒸散发能力的变化特征

图 5.46 为 1974～1999 年中 24 组三年滑动率定期所率定的参数值与相应三年序列的日均蒸发皿蒸发量 E_{pan} 之间的相关关系(以 Spearman 相关系数表示)。可以看出，控制蒸散发的参数 K 和 UM 与 E_{pan} 之间具有显著的相关关系。K 与 E_{pan} 的 Spearman 相关系数达到–0.6，表明 K 随着 E_{pan} 增大而减小。说明随着气候变化(E_{pan} 增大)，蒸发皿蒸散发转化为蒸散发能力的折扣系数减小。

上层张力水容量 UM 与 E_{pan} 的 Spearman 相关系数约为–0.7。说明随着气候日趋干化(E_{pan} 增大)，上层持蓄水能力减弱(UM 减小)。在三层蒸发模式中，UM 越小，表明上层土壤蓄水量 WU 的上限越小，则 WU + $P \geqslant E_{pan}$ 的条件越难以达到，那么实际蒸发带会向下层转移。其余参数与 E_{pan} 之间的 Spearman 相关系数较小。

图 5.47 进一步展示了由三年滑动率定期率定的 K 参数组与相应时期日均蒸发皿蒸发量之间的相关关系。K 与日均蒸发皿蒸发量的相关趋势较为明显，即 K 随着蒸发皿蒸发量的增大而减小。

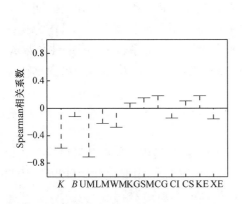

图 5.46　参数和蒸发皿蒸发量的 Spearman
相关系数图

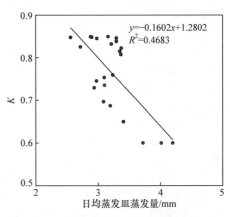

图 5.47　K 与日均蒸发皿蒸发量的相关关系

6. 小结

利用紫罗山流域 1974～1999 年 24 组连续的三年序列作为率定期，率定新安江水文模型的参数。通过对参数的敏感性、参数值时变特征以及参数率定值与气象输入的关系分析，揭示了水文模型参数率定的不确定性及其随气候干湿变化的特征。研究表明：

参数变化对模型四个目标函数(均方根误差 RMSE、确定性系数 R^2、相关

系数 r 和水量平衡系数 WB)扰动的敏感程度不同。K 在所有目标函数中都为敏感参数。利用丰水年组率定的参数中，以 R^2、RMSE、r 为目标，蒸散发能力折算系数 K、地下水消退系数 CG、Muskingum 法演算参数 KE 和 XE 为敏感性参数。利用枯水年组率定的参数中，蒸散发能力折算系数 K、下层张力水容量 LM、地表径流消退系数 CS 和 Muskingum 法演算参数 KE 对 R^2、RMSE、r 敏感。

不同输入条件(率定期)下率定的模型参数值不稳定。率定的模型参数与输入变量之间存在密切的联系。随着日均降水量的增加，反映上层和下层土壤湿度对潜在蒸散发影响的系数 K/UM 值降低、K/LM 值升高；反映地表、地下径流成分大小的 SM 值减小；反映单位自由水蓄量中地下水部分出流快慢的 KG/SM 值增大；反映地表水流的平均汇集时间的 CS 值减小。此外，影响蒸散发量的参数 K 随着日均蒸发皿蒸发量的增加显著减小。

5.5.4 模拟精度的时变特征分析

采用紫罗山流域 1974~1999 年的水文资料，以三年作为一个率定期，以滑动的形式划分出连续的 24 组三年水文序列，以 1974 年为预热期，忽略 1974~1976 年组。因此分析过程中共涉及 23 组连续的三年序列。在统计验证期模拟精度时，以某一组三年序列作为率定期率定的模型参数，剩余 22 组作为验证期分析模型模拟的精度。采用水量平衡系数 WB、相关系数 r、确定性系数 R^2 和均方根误差 RMSE，分析它们在不同率定期的时变特征及其与降水变化特征之间的关系。

1. 径流模拟交叉验证结果分析

某一率定期率定的参数应用在其他验证期的水文过程，模拟结果可能存在较大差异，为此，分别选取典型的丰水年组(1982~1984 年)和枯水年组(1991~1993 年)作为率定期时，交叉验证丰水年和枯水年流量过程模拟精度。

图 5.48(a)、(b)分别为丰水年组和枯水年组作为率定期时，率定的参数组应用于验证期处于丰水状态下的模拟流量过程线。对比图 5.48(a)、(b)可以看出，丰水年组(1982~1984 年)率定期模拟值与实测值之间差异较小，尤其是对于高水部分。而当把枯水年组(1991~1993 年)率定的参数组应用于该丰水年组径流模拟时，模拟效果较差。

图 5.49(a)、(b)分别为丰水年组和枯水年组作为率定期时，率定的参数组应用于处于枯水状态验证期的模拟流量过程线。可以看出，无论是以丰水期还是以枯水期率定的参数组，在枯水验证期的流量模拟结果都较差，大部分高水的模拟值小于实测值，低水的模拟值则大于实测值。

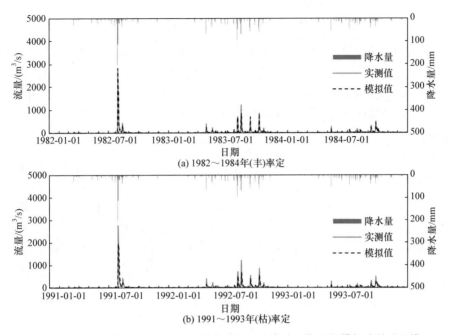

图 5.48　丰、枯率定期率定的模型参数应用于丰水验证期下的模拟流量过程线

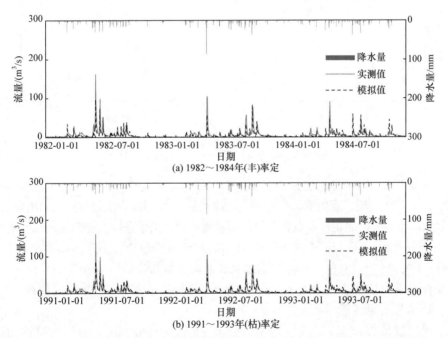

图 5.49　丰、枯率定期率定的模型参数应用于枯水验证期下的模拟流量过程线

2. 率定期精度指标的统计分布

图 5.50 为各个率定期以确定性系数作为目标函数率定的最优模型参数,再统计模拟的径流过程四个精度指标的正态概率图,图中横坐标表示精度指标统计值,纵坐标表示百分位数,共统计了 23 个率定期的精度指标。通过正态概率图可以分析精度指标经排序后在不同区间的累积频次分布情况。

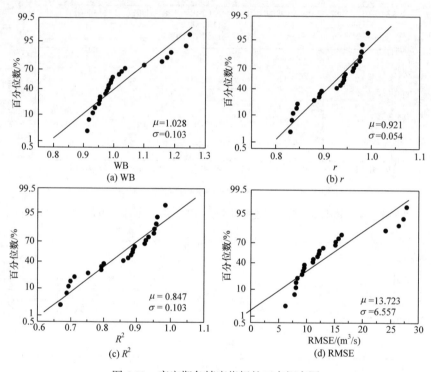

图 5.50　率定期各精度指标的正态概率图

水量平衡系数 WB 的值分布于 0.9~1.3,平均值为 1.028,与 1 极为接近;0.95~1.05 的点尤为密集,点集的斜率也很大,说明各个率定期 WB 值在该区间出现的频率较大,也表明以确定性系数作为目标函数时,模拟结果总体上能够保证水量平衡。

相关系数 r 累积概率图与正态分布的拟合直线较为一致。r 值主要分布在 0.83~1.0,0.92~1.0 的点分布较为密集,平均值为 0.921。大部分 r 值靠近 1.0 的点集中在百分位数 40%~95%,说明 23 个率定期的 r 值中有一半以上都在 0.9 以上,模拟与实测流量的相关性较好。

确定性系数 R^2 分布与相关系数 r 分布图形极为近似,但点据所处的精度值区间域较大。R^2 值分布于 0.65~1.0,点据密集区的 R^2 对应区间值为 0.85~1.0,对应的百分位数区间为 40%~95%,表明 R^2 值出现在 0.85 以上的概率较大,率定期确定性系数值较高。

均方根误差 RMSE 分布与水量平衡系数 WB 值分布图形极为近似。均方根误差 RMSE 点据分布于 $6\sim28m^3/s$，但大部分点据小于 $17m^3/s$。位于 $8\sim17m^3/s$ 的 RMSE 值主要分布于百分位数 15%～80%，$10m^3/s$ 以下的 RMSE 值斜率较陡，表明当该范围内的 RMSE 值轻微增大，其对应的百分位数就会大幅增大。

3. 不同率定期模拟精度变化特征分析

1) 不同率定期参数应用于验证期模拟的精度统计

各个率定期所率定的最优参数组在剩余 22 组验证期中的模拟结果统计精度(如水量平衡系数 WB 和相关系数 r)如图 5.51 所示。图中线条颜色由浅入深表明所统计验证期精度指标值从 1975～1977 年组到 1997～1999 年组的变化。

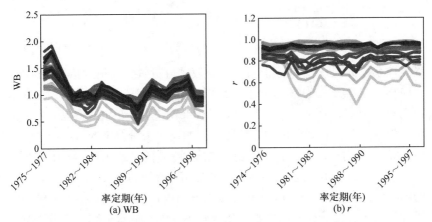

图 5.51　不同参数率定值在验证期统计的水量平衡系数 WB 和相关系数 r 变化

水量平衡系数 WB 变化如图 5.51 所示。1975～1977 年作为率定期率定的参数值应用于验证期模拟的径流量水平衡较差，WB 偏差大的原因可能是该时段接近模型预热期，模型设定的初始值(偏离真值)对模拟结果造成影响。根据线条的颜色可以发现，浅灰色线条(年份靠前的验证期，如 1975～1980 年的滑动三年序列)整体偏离水量平衡点较远，而中灰色和深灰色线条(年份 1980～1999 年的三年滑动序列)则在水量平衡系数 1 附近。

不同率定期的最优参数组应用于验证期中模拟结果的相关系数 r 变化如图 5.51 所示。r 大部分都在 0.8 以上，r 值较低的浅灰色线条代表验证期(1976～1978 年)。可以看出，某一率定期的最优参数组应用于不同验证期中模拟结果的相关系数 r 变化不大，但不同率定期得出的参数组对模拟结果的相关系数 r 影响较大。

图 5.52 为不同率定期所率定的最优参数组应用于剩余 22 组验证期统计的确定性系数 R^2 和均方根误差 RMSE 累积值。其中线条由浅灰色到深灰色表示验证

期是从 1975～1977 年组到 1997～1999 年组逐一累积所得，表明模拟精度(误差)在验证期的累积状态。

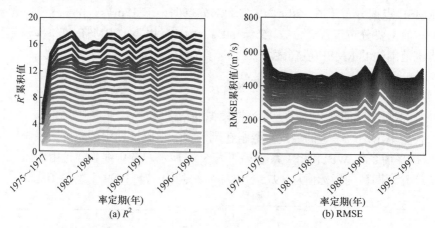

图 5.52　不同率定期参数率定值应用于验证期确定性系数 R^2 和均方根误差 RMSE 累积值

确定性系数 R^2 是一个典型的对丰水期较大流量敏感的精度指标，如图 5.52(a)所示，1975～1977 年作为率定期时，受到初始条件的影响，它的最优参数组在剩余验证期模拟结果的 R^2 偏小，表明其模拟效果较差。R^2 变化过程也可辨识出不同年份组作为率定期在验证期模拟的精度。例如，当水量较丰的 1981～1983 年、1983～1985 年作为率定期时，率定的参数应用于剩余 22 组验证期 R^2 降低。

在图 5.52(a)中，由每条累积线之间的疏密程度可以看出，在 1974～1979 年连续的四组验证期和 1989～1995 年连续的五组验证期 R^2 累积值的增幅小，累积线之间较为密集，该验证期的降水量相对较小；而其他验证期累积线增幅大且较为一致，累积线之间较为稀疏。

均方根误差 RMSE 是衡量模拟值和实测值之间偏差的重要指标。图 5.52(b)为率定期参数值应用于验证期模拟流量偏差统计的 RMSE 累积值。除 1975～1977 年受到初始值影响 RMSE 累积值异常大以外，自 1976 年后率定的参数值应用于验证期的 RMSE 值变化不大，但在 1989～1991 年和 1991～1993 年对应的 RMSE 明显出现两个峰值，说明这两个年组率定的模型参数验证效果差。此外，验证期 RMSE 的累积值从下到上表现为由稀疏到密集，说明 RMSE 值在前期变化大，后期变化减小。

2) 不同率定期模拟结果精度统计结果

图 5.53 为各组率定期参数率定值应用于模拟剩余 22 组验证期的 R^2 和 RMSE 统计值箱线图，其中黑点表示率定期的 R^2 或 RMSE 值。可以看出，不同率定期率定的参数不同，因此率定结果的 R^2 和 RMSE 值存在差异；采用某一组参数模拟不同验证期的 R^2 和 RMSE 值也具有较大的不确定性。

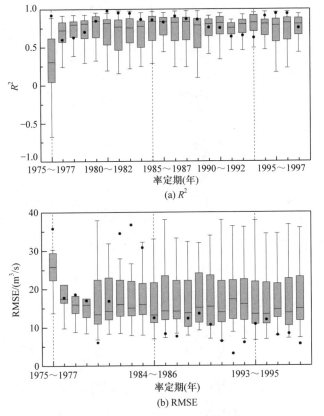

图 5.53　不同率定期及验证期模拟精度箱线图

图 5.53(a)表明，利用丰水年组(1982～1984 年和 1983～1985 年)率定的参数用于模拟验证期流量过程时，各组验证期的确定性系数 R^2 普遍小于率定期 R^2，且 R^2 值较为分散，R^2 箱线图的上四分位数以上部分和中位数以下区域较大，表明验证期内特丰年组 R^2 值大，但枯水年组 R^2 值小；利用枯水年组(1991～1993 年和 1992～1994 年)率定的参数用于模拟验证期流量过程时，各组验证期的确定性系数 R^2 普遍大于率定期 R^2，且 R^2 值较为集中，R^2 箱线图的上四分位数以上部分和中位数以下区域小，表明验证期内枯水年组 R^2 值提高，但也降低了特丰年组预测的 R^2 值。

图 5.53(b)表明，利用丰水年组(1982～1984 年和 1983～1985 年)率定的参数用于模拟验证期流量过程时，各组验证期的均方根误差 RMSE 普遍小于率定期 RMSE，且 RMSE 值较为集中，RMSE 箱线图的上四分位数以上部分和中位数以下区域大，表明验证期内特枯年组的 RMSE 值小，但也增加了丰水年组预测的 RMSE 值；枯水年组(1991～1993 年和 1992～1994 年)率定的参数用于模拟验证期

流量过程时，各组验证期的 RMSE 普遍大于率定期 RMSE，且 RMSE 值较为分散，RMSE 箱线图的上四分位数以上部分和中位数以下区域大，表明验证期内特丰年组 RMSE 大，但也减小了枯水年组预测的 RMSE 值。

整体而言，某一率定期的参数率定值应用在不同验证期的模拟精度会有较大差异。丰水期或者枯水期率定的参数带有丰、枯特性，导致其运用于不同丰枯程度验证期模拟结果的偏差程度不同。

4. 模拟精度随丰枯特征的变化

1) 模拟精度受丰枯特征影响分析

为了进一步说明不同率定期的丰、枯特性与验证期丰、枯特性之间关系对验证期模拟精度的影响，统计分别以丰水年组(1982～1984 年)和枯水年组(1991～1993 年)作为验证期，各个率定期在丰、枯验证期的确定性系数 R^2 如图 5.54 所

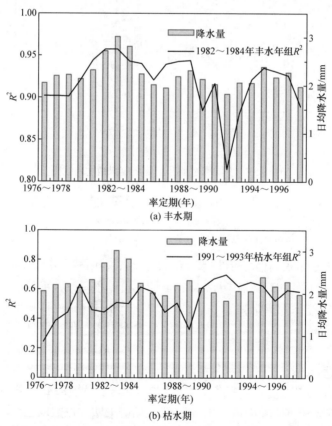

图 5.54　不同率定期的参数值应用于丰水期和枯水期验证期模拟的径流确定性系数 R^2

示。图中滑动三年日均降水量为每个率定期的降水均值。从图中可以看出，无论以何种丰、枯特性的序列作为率定期，丰水验证期的确定性系数 R^2 均在 0.8 以上，高于枯水验证期的模拟精度，这表明以确定性系数 R^2 作为目标函数时，偏向于提高丰水年组的模拟精度。

图 5.54(a)表明，当丰水年组(1982～1984 年)作为验证期时，各率定期率定的参数组应用在该验证期的确定性系数 R^2 大小与率定期日均降水量的变化一致。如在降水量最丰富的率定期(1982～1984 年)，验证期(即率定期本身)的模拟精度达到最高值；反之，以降水量少的枯水期作为率定期率定模型参数，将降低丰水验证期的模拟效果。

图 5.54(b)表明，当枯水年组(1991～1993 年)作为验证期时，各率定期率定的参数组应用在该验证期的确定性系数 R^2 与率定期日均降水量的变化相反。在水量最枯的 1991～1993 年作为率定期时，其本身作为验证期的精度达到最大值。以降水量丰富的丰水期作为率定期率定模型参数时，率定参数组应用于该枯水验证期的模拟效果差(R^2 降低)。

综上所述，以确定性系数 R^2 为目标函数时，若率定期与验证期有相同的丰、枯特性，那么率定期参数应用于验证期水文过程模拟，可保证验证期的模拟精度；反之，若率定期与验证期丰、枯特征相反，那么验证期的模拟精度差。

2) 模拟精度与降水分布不均匀性关系分析

验证期的模拟精度除了与降水丰枯变化有关，还可能与降水分布不均有关。为此，分别选取典型的丰水年组(1982～1984 年)和枯水年组(1991～1993 年)作为率定期，将率定的参数用于验证期水文过程模拟，并统计验证期 R^2 值和 RMSE 值，以及其与相应验证期的日降水量均方差相关关系。

图 5.55 为确定性系数 R^2 与日降水量均方差的指数相关图。以丰水年组(1982～1984 年)和枯水年组(1991～1993 年)作为率定期时，率定的模型参数应用于验证

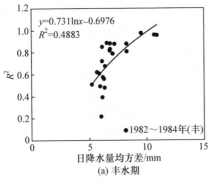
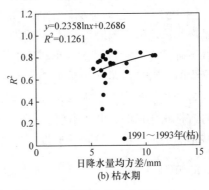

图 5.55　丰水期和枯水期确定性系数 R^2 与日降水量均方差相关关系

期，验证期的 R^2 值都随着日降水量均方差的增大而增大。但是，相对于枯水年组的率定期，丰水年组率定的模型参数预测结果的 R^2 值随日降水量均方差增大趋势显著，说明以 R^2 作为目标函数偏向于提高降水年内分布不均程度高的丰水年组的径流预测效果。

图 5.56 为模型模拟的均方根误差 RMSE 与日降水量均方差之间相关关系及指数型拟合曲线。分别以丰水年组(1982~1984 年)和枯水年组(1991~1993 年)作为率定期，验证期的均方根误差 RMSE 都随着该时期日降水量均方差的增大而增大。然而，相对于丰水年组，枯水年组作为率定期时，验证期 RMSE 随日降水量均方差增大的趋势更为显著，表明模型模拟误差随降水变化程度增大而增大。

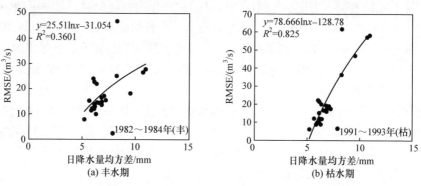

图 5.56 丰水期和枯水期均方根误差 RMSE 与日降水量均方差相关关系

3) 模拟精度随预测期长度变化特征

验证期模拟精度不仅与率定期的降水特征存在相关关系，同时也与验证期本身的降水特征存在相关关系。随着模型模拟和预测时段长度的增加，模拟的误差可能具有累积效应，因此率定期优化的参数组应用于验证期模拟的精度还与预测期长度有关。预测期长度是指验证期距离率定期间隔的年数。

图 5.57 统计了验证期确定性系数 R^2 和均方根误差 RMSE 随预测期长度的变化情况。R^2 随预测期增长整体呈下降趋势，RMSE 随预测期增长整体呈上升趋势，但在下降或上升过程中也有小幅的上升或回降，表明随着验证期距离率定期的距离增大时，验证期的模拟精度会降低。R^2、RMSE 的局部上升或回降与研究区丰枯交替变化情景有关。在一个丰、枯周期内，当验证期与率定期处于相同的丰水年份或枯水年份时，可能出现 R^2 随着预测期增长而增大，RMSE 随着预测期增长而减小的情形。但是这种周期性相似会随着预测期持续增长而减弱。

5. 小结

通过分析不同率定期率定模型参数应用于验证期的模拟精度与降水等输入条

件的关系，揭示了模型参数和模拟精度的时变特征。研究表明：

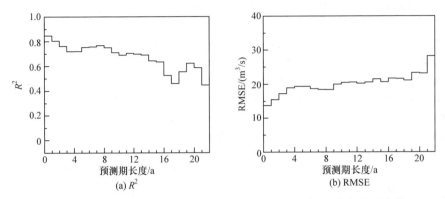

图 5.57　验证期确定性系数 R^2 和均方根误差 RMSE 随预测期长度的变化

不同率定期的模拟结果受率定期和验证期丰枯特征影响。采用相对湿润的年份作为率定期会提高丰水年的模拟精度，但降低枯水年模拟精度；反之，采用枯水年份作为率定期会提高枯水年模拟精度，但降低特丰年份的模拟精度。

验证期模拟精度与降水变化特征有关。在采用某一特定率定期对模型参数率定后，率定的模型参数应用于验证期，随着验证期内降水量分布不均匀性的增大，验证期的确定性系数 R^2 和均方根误差 RMSE 都增大。

模型预测精度随预测期延长逐渐降低。随着验证期距离率定期的间隔越来越大，验证期的模拟精度整体呈波动式下降趋势，局部上升或回降波动与丰枯交替变化情景有关。

参 考 文 献

崔兴齐, 滕建标, 姚晓磊. 2014. 流量数据量对分布式水文模型参数率定结果的影响分析——以黑河流域上游为例[J]. 北京师范大学学报(自然科学版), 50(5): 570-575.

戴俊英, 鄂玉江, 顾慰连. 1988. 玉米根系的生长规律及其与产量关系的研究——Ⅱ. 玉米根系与叶的相互作用及其与产量的关系[J]. 作物学报, 14(4): 310-314.

董文军. 2002. 一维圣维南方程的反问题研究与计算方法[J]. 水利学报, 2002(9): 61-65.

李占玲, 李占杰, 徐宗学. 2013. WASMOD 模型参数敏感性与相关性分析[J]. 资源科学, 35(6): 1254-1260.

李致家. 2010. 现代水文模拟与预报技术[M]. 南京: 河海大学出版社.

刘荣花, 朱自玺, 方文松. 2008. 冬小麦根系分布规律[J]. 生态学杂志, 27(11): 2024-2027.

罗蒋梅. 2011. 基于不同率定资料的月、季径流预报方法研究[D]. 南京: 南京信息工程大学.

芮孝芳. 2004. 水文学原理[M]. 北京: 中国水利水电出版社.

王宝英, 张学. 1996. 农作物高产的适宜土壤水分指标研究[J]. 灌溉排水, 15(3): 35-39.

王振龙, 章启兵, 李瑞. 2011. 淮北平原区水文实验研究[M]. 合肥: 中国科学技术大学出版社.

王中根, 夏军, 刘昌明. 2007. 分布式水文模型的参数率定及敏感性分析探讨[J]. 自然资源学报,

22(4): 649-655.

熊立华, 郭生炼. 2004. 分布式流域水文模型[M]. 北京: 中国水利水电出版社.

Abbott M B, Bathurst J C, Cunge J A, et al. 1986. An introduction to the European Hydrological System—Systeme Hydrologique Europeen,"SHE", 2: Structure of a physically-based, distributed modelling system[J]. Journal of Hydrology, 87(1): 61-77.

Allen R G. 2000. Using the FAO-56 dual crop coefficient method over an irrigated region as part of an evapotranspiration intercomparison study[J]. Journal of Hydrology, 229(1): 27-41.

Allen R G, Pereira L S, Raes D, et al. 1998. Crop evapotranspiration-guidelines for computing crop water requirements—FAO irrigation and drainage paper 56[R]. Rome: FAO.

Anctil F, Perrin C, Andréassian V. 2004. Impact of the length of observed records on the performance of ANN and of conceptual parsimonious rainfall-runoff forecasting models[J]. Environmental Modelling & Software, 19(4): 357-368.

Arnold J G, Srinivasan R, Muttiah R S, et al. 1998. Large area hydrologic modeling and assessment part I: Model development[J]. Journal of the American Water Resources Association, 34(1): 1-17.

Beldring S, Gottschalk L, Seibert J, et al. 1999. Distribution of soil moisture and groundwater levels at patch and catchment scales[J]. Agricultural and Forest Meteorology, 98: 305-324.

Bergström S, Singh V P. 1995. The HBV model[C]//Computer Models of Watershed Hydrology. Highlands Ranch: Water Resources Publications.

Beven K J, Kirkby M J. 1979. A physically based, variable contributing area model of basin hydrology[J]. Hydrological Sciences Journal, 24(1): 43-69.

Beven K, Binley A. 1992. The future of distributed models: Model calibration and uncertainty prediction[J]. Hydrological Processes, 6(3): 279-298.

Beven K, Lamb R, Quinn P, et al. 1995. Topmodel[C]//Computer Models of Watershed Hydrology. Highlands Ranch: Water Resources Publications.

Brazil L E, Krajewski W F. 1987. Optimization of complex hydrologic models using random search methods[C]//Conference on Engineering Hydrology, Williamsburg.

Brown A E, Zhang L, Mcmahon T A, et al. 2005. A review of paired catchment studies for determining changes in water yield resulting from alterations in vegetation[J]. Journal of Hydrology, 310(1): 28-61.

Cai X, Rosegrant M W. 2002. Global water demand and supply projections: Part 1. A modeling approach[J]. Water International, 27(2): 159-169.

Choi J, Harvey J W, Conklin M H. 1999. Use of multi-parameter sensitivity analysis to determine relative importance of factors influencing natural attenuation of mining contaminants[C]// Proceedings of the Toxic Substances Hydrology Program Meeting, Charleston.

Crawford N H, Linsley R K. 1966. Digital Simulation in Hydrology: Stanford Watershed Model IV [R]. Stanford: Department of Civil Engineering, Stanford University.

Diepen C V, Rappoldt C, Wolf J, et al. 1988. CWFS crop growth simulation model WOFOST. Documentation version 4.1[R]. Wageningen: Center for World Food Studies.

Duan Q Y, Gupta V K, Sorooshian S. 1993. Shuffled complex evolution approach for effective and efficient global minimization[J]. Journal of Optimization Theory and Applications, 76(3): 501-521.

Duan Q, Sorooshian S, Gupta V. 1992. Effective and efficient global optimization for conceptual rainfall-runoff models[J]. Water Resources Research, 28(4): 1015-1031.

Dunn S M. 1999. Imposing constraints on parameter values of a conceptual hydrological model using baseflow response[J]. Hydrology and Earth System Sciences Discussions, 3(2): 271-284.

Githui F, Mutua F, Bauwens W. 2009. Estimating the impacts of land-cover change on runoff using the soil and water assessment tool (SWAT): Case study of Nzoia catchment[J]. Hydrological Sciences Journal, 54(5): 899-908.

Golberg D E. 1989. Genetic Algorithms in Search, Optimization, and Machine Learning[M]. Boston: Addison-Wesley.

Harbaugh A W. 2005. MODFLOW-2005, The US Geological Survey Modular Ground-Water Model: The Ground-Water Flow Process[M]. Reston: US Department of the Interior, US Geological Survey.

Hornberger G M, Spear R C. 1981. Approach to the preliminary analysis of environmental systems[J]. Journal of Environmental Management, 12(1): 7-18.

Kirkpatrick S, Vecchi M P. 1983. Optimization by simulated annealing[J]. Science, 220(4598): 671-680.

Koirala S, Yamada H, Yeh P, et al. 2012. Global simulation of groundwater recharge, water table depth, and low flow using a land surface model with groundwater representation[J]. Journal of Japan Society of Civil Engineers, Ser. B1 (Hydraulic Engineering), 68(4): 211-216.

Linden S V D, Woo M K. 2003. Application of hydrological models with increasing complexity to subarctic catchments[J]. Journal of Hydrology, 270(1-2): 145-157.

Liu Y, Teixeira J L, Zhang H J, et al. 1998. Model validation and crop coefficients for irrigation scheduling in the North China Plain[J]. Agricultural Water Management, 36(3): 233-246.

Lo M H, Famiglietti J S, Yeh P F, et al. 2010. Improving parameter estimation and water table depth simulation in a land surface model using GRACE water storage and estimated base flow data[J]. Water Resources Research, 46(5): WO5517.

Merz R, Blöschl G, Parajka J. 2006. Spatio-temporal variability of event runoff coefficients[J]. Journal of Hydrology, 331(3): 591-604.

Merz R, Parajka J, Blöschl G. 2009. Scale effects in conceptual hydrological modeling[J]. Water Resources Research, 45(9): WO9405.

Merz R, Parajka J, Blöschl G. 2011. Time stability of catchment model parameters: Implications for climate impact analyses[J]. Water Resources Research, 47(2): WO2531.

Model S R T D. 1994. Version 94.0: Model development and user reference report[R]. Sacramento: DKS Associates.

Neitsch S L, Arnold J G, Kiniry J R, et al. 2005. Soil and Water Assessment Tool Theoretical Documentation: Version 2005 [M]. Berlin: Springer.

Niel H, Paturel J, Servat E. 2003. Study of parameter stability of a lumped hydrologic model in a context of climatic variability[J]. Journal of Hydrology, 278(1): 213-230.

Perrin C, Michel C, Andréassian V. 2001. Does a large number of parameters enhance model performance? Comparative assessment of common catchment model structures on 429 catchments[J]. Journal of Hydrology, 242(3): 275-301.

Perrin C, Oudin L, Andreassian V, et al. 2007. Impact of limited streamflow data on the efficiency and the parameters of rainfall-runoff models[J]. Hydrological Sciences Journal, 52(1): 131-151.

Shi P, Zhou M, Xie Y Y, et al. 2013. Effects of land-use and climate change on hydrological processes in the upstream of Huai River, China[J]. Water Resources Management, 27: 1263-1278.

Sugawara M. 1995. "Tank model." Computer Models of Watershed Hydrology[M]. Littleton: Water Resources Publications.

Todini E. 1996. The ARNO rainfal-runoff model[J]. Journal of Hydrology, 175(1): 339-382.

Trefry M G, Muffels C. 2007. FEFLOW: A finite-element ground water flow and transport modeling tool[J]. Groundwater, 45(5): 525-528.

Vaze J, Post D A, Chiew F, et al. 2010. Climate non-stationarity-validity of calibrated rainfall-runoff models for use in climate change studies[J]. Journal of Hydrology, 394(3): 447-457.

Wagener T, Mcintyre N, Lees M J, et al. 2003. Towards reduced uncertainty in conceptual rainfall-runoff modelling: Dynamic identifiability analysis[J]. Hydrological Processes, 17(2): 455-476.

Yeh P J, Eltahir E A. 2005. Representation of water table dynamics in a land surface scheme. Part II: Subgrid variability[J]. Journal of Climate, 18(12): 1881-1901.

Zhao R J. 1992. The Xinanjiang model applied in China[J]. Journal of Hydrology, 135(1-4): 371-381.

Zhao R J, Liu X R, Singh V P. 1995. The Xinanjiang model[C]//Computer Models of Watershed Hydrology. Highlands Ranch: Water Resources Publications.

第6章 气候-景观-水文演变互馈机制及定量识别

地表植被和地形等景观(下垫面)特征是特定地质条件下气候长期演变的产物。受流域气候和地质条件空间分布差异影响，流域地表长期演变形成的景观特征呈现高度异质性。同时，流域气候和地表景观特征与径流/基流等水文特征之间存在复杂的相互作用与耦合机制(Nippgen et al., 2011)，识别流域水文特征与气候-下垫面控制要素之间的关系，是研究流域水文过程区域化规律及其演变驱动机制的关键。为此，需要解析流域/区域水文-气候-下垫面景观之间的依存关系以及协同演化效应(Harman and Troch, 2014)。研究方法之一是流域水文分区方法，即根据流域内不同观测点(子流域)观测的气象、水文资料和下垫面特征信息，辨识水文要素相似的(子)区域，建立不同分区的水文-气候-下垫面特征之间的关系。

在所有地表景观特征中，植被动态变化相对快速，对气候和水文变化响应显著。近年来，温室气体增加导致的气温升高及伴随的降水等气候变化对植被、水文过程影响已成为研究热点。目前，采用生态水文模型等研究气候变化下生态水文效应，大都只考虑历史气候记录中和未来气候预测中降水、气温等因子变化，以及其对水文过程的影响。实际上，大气 CO_2 升高导致的大气温室效应，可以通过改变地表温度以及降水的分布，进而使全球植被分布发生变化(Smith et al., 1992；Emanuel et al., 1985)；升高的 CO_2 也会直接增加植被光合作用速率、碳摄取量和同化量，促进植物生长(Prior et al., 2011)。植物光合速率的增加伴随不同的蒸散率，导致土壤及其表面水分收支发生变化(Gerten et al., 2004)。在不同气候、下垫面条件下，大气 CO_2 升高对植被-水文相互作用的影响也有所不同。研究气候-植被-水文之间的相互作用，对于更准确地预测未来 CO_2 升高下水资源演变和植被动态极为重要(Shafer et al., 2015；Sitch et al., 2008；Arora, 2002)。

本章选择位于半干旱半湿润地区的典型流域(泾河流域)，根据气候、水文条件差异进行水文分区，对比分析不同水文分区径流/基流特征及影响要素的差异以及它们之间的关联性，识别不同区域径流/基流特征因子的控制要素，构建径流/基流特征因子与气候、下垫面控制要素之间的回归方程。通过对比历史 CO_2 上升情景，利用全球动态植被模型(Lund-Potsdam-Jena, LPJ)，量化 CO_2 升高对黄土高原典型流域植被动态与水量平衡的影响，对比分析不同气候条件下(如异常湿润与异常干旱年份、半干旱半湿润地区)植被变化和水量平衡变化的差异。

6.1　流域径流特征影响因素及区域差异

6.1.1　流域径流/基流影响因素

　　流域是地质、地形、土壤和植被在一定气候条件下的综合体。在一个具体流域，径流和基流特征，如径流深、基流深、流量过程线的变化特征和消退系数主要由地形、地质、植被和土壤等流域下垫面条件决定(Price, 2011)，如图 6.1 所示。但

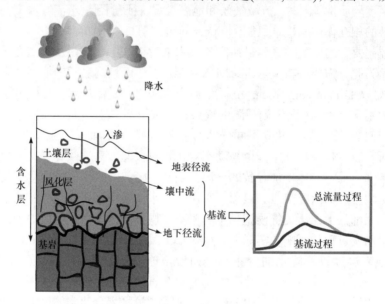

(a) 流域垂向异质性结构

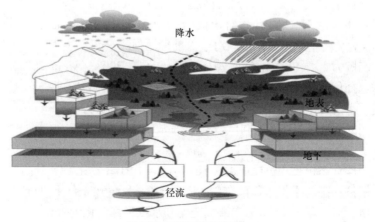

(b) 气候、下垫面空间异质性

图 6.1　流域垂向异质性结构和气候、下垫面空间异质性示意图

是当考虑气候条件在区域上的差异性时，径流、基流特征同样受气候条件的控制。李秀云和汤奇成(1993)将径流影响因素概括为三类：地带性因素，包括气候、土壤、植被；非地带性因素，包括地质、地貌、河流切割深度、集水面积大小、流域形态特征等；人类活动的影响，包括筑坝、建闸、引水等因素。对于影响基流的自然因子，Brutsaert(2005)将其归类为流域地形、河道和地下水含水层蓄水能力的分布，流域和河流的蒸散发、下垫面和河网的地貌特征，河岸带和土壤层的结构。Laaha 等(2013)指出有两种主要过程维持着径流过程：一种是降水和其他气候相关变量；另一种是与流域土壤和含水层有关的地下水文过程。

1. 气候条件

气候是流域径流形成的驱动力(刘金涛等，2014)，决定了流域径流的基本特征。流域年径流量是流域水量(降水)和能量(潜在蒸散发)平衡的结果，流域的湿润程度决定了产流的难易程度。根据描述流域长期水分和能量平衡的 Budyko 和 L'vovich 理论框架，流域径流系数和基流系数随着干旱程度的增加而降低。流域的湿润程度同时影响流域主要径流成分及水流路径。根据 Dunne 产流机制(Dunne 图，Dunne diagram)(Dunne, 1983)，在湿润区域，产流模式以蓄满产流为主，壤中流和地下径流为场次流量过程的主要径流成分；而在干旱地区，超渗产流是主要的产流模式，地表径流是主要径流成分。

在全球等大尺度上，气候一般是径流/基流空间变化的控制要素。Beck 等(2013)分析全球 3394 个流域的基流指数和退水系数分布特征，发现基流指数和流域潜在蒸散发量及其季节变化、平均气温以及等效积雪深有很好的相关关系，而退水系数与干旱指数、潜在蒸散发和积雪量有很好的相关关系。在干旱流域，基流占总径流的比例小、消退速率快。

在区域尺度上，气候通常也是径流/基流的首要控制要素。Trancoso 等(2016)分析澳大利亚东部 355 个子流域径流系数和基流指数等径流因子的区域特征，指出干旱指数是流域径流差异最主要的影响因素，径流系数和基流指数随着干旱程度的增加而降低。Santhi 等(2008)发现美国有效降水量与基流量有较高的正相关性。Rumsey 等(2015)发现科罗拉多河上游流域基流量与区域降水量呈正相关关系，与潜在蒸散发量呈负相关关系。Mohamoud(2008)对美国阿巴拉契亚高原的研究证明，依据干旱指数和谷地降水量可以对低流量进行很好的预测。Sánchez-Murillo 等(2015)、van Dijk(2010)和 Peña-Arancibia 等(2010)均指出气候是影响基流消退的最显著要素，湿润流域的退水速率相对较慢，而较干的流域退水速率较快。

此外，气候是径流季节特征的首要控制要素(Bower et al., 2004)，降水对流量过程线的变化幅度起主导作用(单俊萍等，2015)。降水的年内分配同时影响流域水量平衡(Potter et al., 2005)和流量过程线的波动程度(Holko et al., 2011)。

2. 地形条件

陆面地形是控制径流/基流的另一个关键要素。一方面，地形可以通过影响气候条件来影响径流/基流特征；另一方面，地形直接对降水入渗和水分运动产生作用(Tetzlaff et al., 2009)。Winter(2001)指出，在特定气候区，具有相似坡度、表层地质条件的流域具有相似的水文特征。地形对径流/基流的作用可以通过流域海拔、坡度、地形指数、流域河网密度等指标来反映。高海拔的流域往往能够形成更多的径流量和基流量(Miller et al., 2016；Lyon et al., 2012)。地形坡度控制土壤水分向山坡下的运移速度，Li 和 Ishidaira(2012)通过模型分析得到地形坡度的不断增大会增强径流系数的空间变异；Zecharias 和 Brutsasert(1988)、Mazvimavi 等(2005)、Longobardi 和 Villani(2008)等发现基流比例和退水速率与流域坡度显著相关。Beven 和 Kirkby(1979)发现地形指数对径流的产生起主导作用。Marani 等(2001)、Price 等(2011)、Tague 和 Grant(2004)均指出河网密度与基流量具有负相关关系。高密度的河网意味着坡面含水层长度较小，水流路径较短，有利于水流向河道排泄。而相对高度反映流域切割程度，也常影响流域基流消退速率(葛永学等,2014)。

流域含水层底部相对不透水岩层的形态对蓄水能力和水流径流路径也起到重要作用，影响径流/基流特征。随着无雨期流域土壤水分条件的降低，不透水岩层的形态作用越来越显著。

3. 土壤特性

土壤层影响降水入渗、水分储存、分配和排泄等过程，决定了流域对径流调蓄作用的强度(Sawicz et al., 2011)。土壤质地影响降水入渗量，土壤厚度决定了蓄水能力，土壤的饱和水力传导度控制径流消退速率等(Trancoso et al., 2016)。

许多研究表明，土壤较高的沙粒含量会增大流域基流量和基流比例，例如，Santhi 等(2008)发现美国土壤沙粒比例与基流系数高度相关；Rumsey 等(2015)发现科罗拉多河上游流域基流量与土壤沙粒含量呈正比例关系。Schneider 等(2007)分析整个欧洲流域基流指数时，指出土壤类型是基流指数的主要控制要素。由描述含水层地下水运动 Boussinesq 方程的解析解(Brutsaert, 2005)，可以得出基流退水速率与土壤的渗透性呈负相关关系，与给水度呈正相关关系，即渗透性越强、给水度越小的土壤对应越慢的基流消退速率。同时，地形是影响成土作用的基本因子之一，土壤特性与地形之间存在相互作用(Pelletier et al., 2013)。土壤协同地形共同作用于径流/基流，如在较陡峭的山坡上土壤渗透性比平缓的山坡上土壤渗透性更强(Soulsby and Tetzlaff, 2008)，强渗透性的土壤通过促进降水对地下水的补给量，进而增加基流量。

4. 地质条件

流域地质条件是径流水流路径、蓄水能力的重要控制因子,对径流/基流形态有显著作用。不同水文地质分区和基岩类型对径流/基流过程作用不同。Tague 和 Grant(2004)发现,在俄勒冈州 Willamette 河流域,High Cascades 地质区的夏季径流量是 West Cascades 地质区的 4～5 倍。Holko 等(2011)研究表明,不同地质单元区流域水文过程线的变动程度不同。Smakhtin(2001)指出流经未固结沉积岩的河流在低水时期常具有较低的流量,而流经变质岩和火成岩区域的河流在低水时期具有明显较高的流量。White(1977)等发现,在喀斯特区域,灰岩和白云岩具有降低枯水流量的作用。Sánchez-Murillo 等(2015)发现在美国西部太平洋地区,玄武岩区域的基流退水速率较花岗岩地区快。同时,风化层相对于下覆基岩,是维持基流流量更为重要的蓄水库,风化层厚度能够有效增加低水期径流量(Whitehouse et al., 1983)。

地质结构对径流/基流的作用也非常显著,地质单元之间的边界区域是地表水-地下水相互作用的重要区域。Smith(1981)发现在美国 Virginia 的页岩和砂岩区域,基流取决于基岩的褶皱程度,具有大量褶皱的区域相较于没有褶皱的区域会产生更高的低水流量。流域地质条件还间接影响流域河网结构,容易侵蚀的基岩更容易形成高密度的河道并具有更快的成土作用,这均会对流域蓄水和水分传导能力产生影响,从而作用于径流/基流。

5. 植被特征

植被控制土壤水分的蒸散发过程,是影响流域水量平衡的关键要素(Brutsaert, 1988)。Donohue 等(2010)研究表明,在区域尺度上,植被覆盖度可以解释径流系数随干旱指数的非一致变化现象。陶敏和陈喜(2015)对比黄土高原区地形和气候相似的 2 个毗邻小流域发现,林地小流域径流深比草地小流域的小 37%,同时流量过程相对平缓。Price 等(2011)通过分析美国阿巴拉契亚山脉 35 个小流域基流特征时发现,基流量和林地覆盖率呈正相关关系。陈喜等(2016)指出植被变化对径流的影响是复杂的、非线性的,具有尺度效应和阈值效应,其影响程度与植被类型以及气候等条件有关。Peel 等(2010)研究表明,地表覆被对水文要素影响具有尺度效应,在温带地区流域小于 $1000km^2$ 时,林地和非林地流域蒸散发和径流量差异显著,而大于 $1000km^2$ 时,流域差异性随流域面积增加而下降。Sahin 和 Hall(1996)指出,当覆盖率低于 10% 时,针叶林径流增加 20～25mm,桉树林径流增加 6mm,落叶硬木林径流增加 17～19mm,热带雨林径流增加 10mm。

6.1.2　不同气候区径流/基流影响的控制因素

气候和下垫面要素在空间上存在高度的异质性,导致径流/基流过程存在显著的空间差异。同时，在不同气候和下垫面条件下，流域产流机制也是变化的，这使得径流/基流和气候-下垫面之间的相互作用和耦合机制也不相同。

在不同气候区，径流和基流等水文响应的主要控制要素不同。Singh 等(2014)发现，干旱半干旱区域，气候是控制水文响应最主要的因素，地形次之；而在湿润区域，流域下垫面物理特征和土地利用形式是最主要的控制因素。Li 等(2014)、Li 和 Sivapalan(2014)等指出，不同气候区主要径流成分及其他径流成分汇入河道的水流路径不同。同时，随着气候特征的变化，流域产流机制、调蓄能力也发生变化，这导致流域气候和下垫面要素对水文过程影响的重要性在区域上具有差异性，在时间上具有时变性。

而在某一特定区域，多种气候和下垫面要素对某一径流/基流特征均具有显著控制作用，其对径流/基流的作用很难归结为单一的地貌控制要素。Nippgen 等(2011)研究蒙大拿州西南部 7 个毗邻小流域水文响应的主要控制因素，发现流域坡度、曲率、距河道平均距离等相关性不高的要素均与流域降水-径流平均响应时间呈现高度的线性相关性。但控制要素的重要程度具有层次性，Devito 等(2005)在加拿大 Alberta 北方平原区采用分层的方式检验流域水文过程的主要控制要素，发现各要素的重要性排序是气象条件、基岩地质、表层地质、土壤厚度和土壤类型、地形和河网特征。Trancoso 等(2016)指出，在澳大利亚东部 355 个子流域，导致径流差异的控制要素排序是干旱指数、光合有效辐射比例、土壤饱和水力传导度、土壤厚度、最大坡度、林地覆盖度。

径流/基流不同特征因子的主要控制要素也存在差异。Santhi 等(2008)发现，在美国，基流系数与地形起伏程度和土壤沙粒比例相关，而基流深与坡度和有效降水量相关性更高。Rumsey 等(2015)发现，在科罗拉多河上游流域，基流量与降水量、土壤沙粒含量、地表坡度和草地比例呈正比例关系，而基流深与潜在蒸散发、土壤粉粒和黏粒含量、农业用地比例呈负相关关系。Beck 等(2015)通过分析全球 3000 个流域径流/基流因子的气候-下垫面控制要素发现，径流/基流特征因子与干旱指数(AI)显著相关性的排序为径流深(R)>低水流量(Q_{90})>径流系数(R_c)>基流退水系数(K_s)>基流指数(BFI)；K_s、BFI 与降水量(P)的相关性不显著，而 R、R_c 与 Q_{90} 的相关性显著，同时，R_c 与 P 相关系数远小于 R 与 Q_{90} 的相关系数。这说明径流深和低水流量受 AI 和 P 的作用远大于 K_s、BFI。

流域气候和下垫面条件呈现高度非均质性特征，解析流域异质性特征及其历史演变可以揭示径流/基流-气候-下垫面之间的相互作用以及协同演化机制(Troch et al., 2015; 2013)。为此，需要分析气候、下垫面、径流/基流时空变化的相似性及其之间的关联性。

6.2　泾河流域气候-景观-水文关联性分析

6.2.1　研究区概况及资料

1. 研究区概况

泾河流域位于黄河中游, 流域概况详见 4.4.1 节。地貌特征可以划分为两类: 北部和中部的黄土高原区(LP), 西南部、东南部以及南部的土石山区(MR), 如图 6.2(b)所示。土石山区表层主要为浅薄的土壤层和风化的岩石层或厚度不大的黄土层, 而在黄土高原区覆盖了厚度达 80～100m 的深厚黄土层。根据黄河中上游地貌图(周月鲁, 2012), 黄土高原区主要地貌可以进一步划分为黄土塬和黄土丘陵, 土石山区可划分为基岩山地和黄土覆盖的低山(平缓地带黄土厚度可达 20m)。土石山区虽然只占研究区域的一小部分, 却是重要的区域性水源地(Yu et al., 2009), 称为该地区的"水塔"。

泾河流域平均高程为 1424m, 在空间上从南部河谷最低处的 441m 变化到西南山区最高处的 2922m(图 6.2(a)), 流域平均坡度为 12.3°, 西南部和东南部土石山区域较陡, 黄土塬和河谷川地较为平坦。黄土高原地区土壤质地均匀, 其中土壤黏粒含量(质量分数)较低(14%), 沙粒含量较高(54%)。土石山区, 特别是基岩山地区, 土壤组成空间差异较大, 具有相对较高的黏粒含量和较低的沙粒含量。该流域的植被类型和覆盖度具有显著的空间差异。林地主要分布在半湿润地区, 而草地是半干旱地区的主要植被类型, 仅在黄土沟壑区相对湿润的地区有少部分林地。

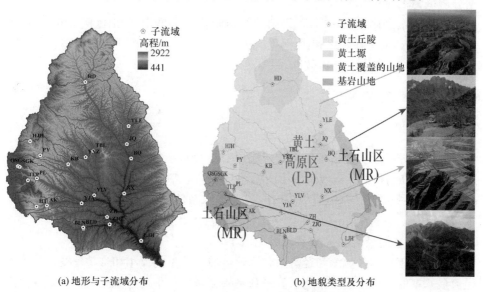

(a) 地形与子流域分布　　　　　　　　(b) 地貌类型及分布

图 6.2　泾河流域地形与地貌(见彩图)

2. 研究区资料

根据现有的水文观测站，选择了泾河流域 23 个子流域为研究对象。子流域覆盖大部分泾河流域，子流域面积为 57.9~4640km²，其流域面积小于 500km² 的有 5 个，500~1000km² 的有 6 个，1000km² 以上的有 12 个。

本研究收集了 1959~1987 年泾河流域 23 个子流域的逐日流量资料，资料来自中国水文年鉴《黄河流域水文资料》。选取 69 个雨量站点逐日降水资料和流域内及周边 13 个气象站点的逐日气象资料(温度、相对湿度、风速和日照时间)。其中日降水资料来自中国水文年鉴《黄河流域水文资料》；气象资料来自中国气象局发布的国家基本气象站点观测资料。流域潜在蒸散发采用 Penman-Monteith 公式计算。

基于数字高程模型(digital elevation model, DEM)数据，计算泾河流域地形要素，包括流域平均高程(EL)、相对高程(RE)、平均坡度(SL)等，见表 6.1。由于流域位于黄土高原地区，黄土塬面和河谷川地的水文作用存在差异，为了区分高塬面和河谷川地，同时引入高平原比例(HP)和低平原比例(LW)，分别代表塬面和川地比例。DEM 数据来源于 SRTM 90m 数字高程模型数据，分辨率为 90m×90m。

土地利用要素采用流域林地比例(FR)和草地比例(GR)表示。数据来源于中国科学院资源环境科学与数据中心发布的 20 世纪 80 年代末期(1990 年)中国土地利用现状遥感监测数据，数据分辨率为 1km×1km。

土壤质地要素采用流域平均土壤沙粒含量(SC)和黏粒含量(CC)表示。数据来源于中国科学院资源环境科学与数据中心发布的中国土壤质地空间分布数据，数据分辨率为 1km×1km。

地貌要素采用土石山区(基岩山地和黄土覆盖的低山之和)比例(MR_r)和黄土高原(黄土塬和黄土丘陵之和)比例(LP_r)来表示，通过《黄河流域地貌图》(周月鲁，2012)数字化得到 MR_r、LP_r 数据。

6.2.2　径流-气候-景观因子

1. 径流因子

选择的径流因子包括多年平均径流深(R)、径流系数(R_c)、快速径流深(R_f)、快速径流系数(R_{fc})和山洪指数(R-B 因子)，见表 6.1。基流特征因子主要包括基流深(R_b)、基流系数(R_{bc})、基流指数(BFI)、基流退水系数(K_s)、低水流量(Q_{90})和基流低水蓄量(S_{90})，见表 6.1。各因子含义及计算方法阐述如下。

1) 多年平均径流深(R)和径流系数(R_c)

流域多年平均径流深和径流系数反映流域产流量的大小和难易程度，是流域径流最基本的特征。多年平均径流系数是指流域多年平均径流深与相应时间段内的降水量之比，即 $R_c=R/P$。

2) 快速径流深(R_f)和快速径流系数(R_{fc})

快速径流深反映流域对降水快速响应部分的径流量，可认为代表了流域地表径流的大小，快速径流过程可以根据划分的流量过程线得到，具体计算方法参见 3.4.3 节基流深的计算。R_{fc} 为快速径流深占降水量的比例，即 $R_{fc}=R_f/P$。

3) 山洪指数(R-B 因子)

R-B 因子是一个描述流域径流过程变化幅度的流域水文情势指标，与水文变化指标(indicators of hydrologic alteration, IHA)体系相比，具有较高的稳定性。R-B 因子可由以下公式计算(Baker et al., 2004)：

$$\text{R-B} = \frac{\sum_{t=1}^{l} 0.5\left(\left|Q(t+1)-Q(t)\right| + \left|Q(t)-Q(t-1)\right|\right)}{\sum_{t=1}^{l} Q(t)} \tag{6.1}$$

式中，l 为径流资料长度。R-B 因子反映了径流变化的幅度，较大的 R-B 因子值表示流域流量过程线具有较大的变幅，洪水和枯水径流差异大；较小的 R-B 因子值表明流量过程线变化平缓。

4) 基流深(R_b)、基流系数(R_{bc})和基流指数(BFI)

通过流量过程线获取基流过程首先要对流量过程线进行分割。基流分割的方法有很多种(Eckhardt, 2008；2005；Wittenberg and Sivapalan, 1999；Arnold et al., 1995)，但都很难获得准确的基流过程。各种基流分割的结果在单个流域的具体场次流量过程中，分割结果很难是精确的，但是流域之间分割结果的相对值是可靠的。

采用数字滤波方法对径流过程线进行分割得到基流过程。数字滤波方法是一种广泛使用的自动分割方法，易于采用计算机自动实现。根据逐日流量过程，滤波方法见式(3.15)和式(3.16)。Nathan 和 McMahon(1990)指出，通过正反三次滤波计算最终得到的基流过程最为可靠。

通过分割径流得到的基流过程可以计算快速和慢速径流的多年平均值，从而得到年均基流深(R_b)、快速径流深(R_f)以及基流系数(R_{bc}，$R_{bc}=R_b/P$)和基流指数(BFI，BFI=R_b/R)。R_b 代表流域基流量的大小，R_{bc} 表示基流占降水的比例，而 BFI 反映了基流占总径流的比例。

5) 低水流量(Q_{90})

流量历时曲线(flow duration curve, FDC)是径流大于特定阈值的时间所占比例或者发生这一事件概率的图形表达。以流量历时曲线形式表现出来的总径流过程时间序列能够切实地反映径流变异性。基于日径流的 FDC 制作方法如下：对观测到的径流数据进行升序排列；把排列好的观测值与相应的历时或者占时比例(无量纲)绘制在图上。通过对径流归一化处理可以实现不同大小或者处于不同气候条件下的流域 FDC 之间的比较。

基于 FDC，提取的流量分位数是常用来指示低水流量的重要指标，采用 Q_{90} 来表示低流量特征，即 FDC 上超过 90% 时间的点对应的流量值。流量分位数较为稳健，受测量误差和人类活动的影响较小，因此应用广泛(Smakhtin, 2001)。

6) 基流退水系数(K_s)

Brutsaert-Nieber 退水分析方法(Brutsaert and Nieber, 1977)广泛应用于推求流域退水系数。该方法在对数坐标系下分析径流变化速率($-\mathrm{d}Q/\mathrm{d}t$)和流量(Q)之间的关系($-\mathrm{d}Q/\mathrm{d}t=Q/K_s$)可以综合展现流域的退水特征。由于不同来源和不同消退速率基流的混合，退水过程$-\mathrm{d}Q/\mathrm{d}t$-Q数据点呈现一定的分散性和非线性特征，取数据点下包线的方法推求慢速地下水的退水参数，分析含水层特征对基流的影响。

7) 基流低水蓄量(S_{90})

流域蓄水能力是流域重要的特性，它有不同的表达方式。Brutsaert-Nieber 退水分析方法能够将退水参数和基于 Dupuit-Boussinesq 理论的含水层特征关联起来，Troch 等(1993)通过将这一概念拓展至流域尺度，以获取流域尺度代表地下水位的有效深度，即得到初始蓄量参数；Vannier 等(2014)采用该方法来推求流域蓄水能力；Brutsaert(2008)采用 Brutsaert-Nieber 退水分析方法推求退水，以 7 日年均最小径流表示基流量，基于流域蓄-泄关系推求流域蓄水量 $S=K_sQ$；Gao 等(2015)将该方法用于黄土高原区，评价基流蓄量的变化趋势。

流域基流的蓄-泄关系可以是时变的或者复杂的多值关系。为了获得更为简单而稳定的反映流域蓄量的指标，同时假设在基流退水后期流域基流成分为单一深层基流，本节采用类似 Brutsaert(2008)的方法，以线性基流蓄-泄关系估算退水后期的基流蓄量，此时以 Q_{90} 作为基流的指标流量推求相应的流域基流低水蓄量，$S_{90}=K_sQ_{90}$。

表 6.1　径流/基流因子和气候-下垫面要素

分类		名称	符号
气候要素		年均降水量	P
		年均潜在蒸散发量	ET_p
		干旱指数	AI
		降水季节分配指数	SI
景观(下垫面)要素	地形	平均高程	EL
		平均坡度	SL
		相对高程	RE
		低平原比例	LW
		高平原比例	HP

续表

分类		名称	符号
景观(下垫面)要素	土地利用	林地比例	FR
		草地比例	GR
	土壤质地	土壤沙粒含量	SC
		土壤黏粒含量	CC
	地貌地质	土石山区比例	MR_r
		黄土高原比例	LP_r
	流域形态	流域面积	AR
径流因子		径流深	R
		径流系数	R_c
		快速径流深	R_f
		快速径流系数	R_{fc}
		山洪指数	R-B
		Budyko 理论框架参数	ω
基流因子		基流深	R_b
		基流系数	R_{bc}
		基流指数	BFI
		基流退水系数	K_s
		低水流量	Q_{90}
		基流低水蓄量	S_{90}
		L'vovich 理论框架参数	λ_b

2. 气候-景观要素及推求方法

1) 气候要素及推求方法

采用的气象因子包括流域多年平均降水量(P)、多年平均潜在蒸散发量(ET_p)、干旱指数(AI)和降水季节分配指数(seasonality index, SI)。

流域多年平均降水量(P)由逐日实测降水量数据计算。ET_p 根据气象站观测的基本日气象资料采用 FAO 推荐的修正 Penman-Monteith 公式计算(Allen et al., 1998),见式(4.22)。

AI 由 ET_p 和 P 的比值计算,即 $AI=ET_p/P$。SI 采用如下公式计算(Walsh and Lawler, 1981):

$$SI = \frac{1}{P} \sum_{m=1}^{12} \left| X_m - \frac{P}{12} \right| \tag{6.2}$$

式中，X_m 为月平均降水量。SI 反映降水年内分配的不均匀性，SI 值越大表明降水年内分配的季节性越强，年内分配越不均匀。总体来说，采用 P、ET_p 和 AI 来代表气候的年平均特征，SI 代表气候的年内变化特征。

2) 景观要素及推求方法

流域下垫面景观要素可以分为流域形状特性要素、地形要素、土地利用要素、土壤质地要素、地貌地质要素和流域形态。

流域形状特征采用流域集水面积(AR)表达。

流域地形要素包括流域平均高程(EL)、相对高程(RE)、平均坡度(SL)、低平原比例(LW)和高平原比例(HP)。本节采用的相对高程也称为相对最近河道的高程(Rennó et al., 2008)，通过各个网格点和最近河道高程的差值将 DEM 值标准化。流域的相对高度反映了流域地形的起伏程度和流域的切割程度。作为本节研究区域的泾河流域广泛分布海拔高而平坦的黄土塬面和低平的河谷平川，两者的水文响应不同。因此基于地形因子 SL、RE 来划分流域高平原比例和低平原比例，其中高平原的划分标准为：RE>20m、SL<10°；低平原的划分标准为：RE<20m、SL>10°。LW 主要位于河流附近的平原谷地，HP 主要位于黄土高原地区的黄土塬和黄丘陵地带。

土地利用要素采用流域林地比例(FR)和草地比例(GR)表示。

土壤质地要素采用流域平均土壤沙粒含量(SC)和土壤黏粒含量(CC)表示。

泾河流域的地貌地质要素采用土石山区(基岩山地和黄土覆盖的低山之和)比例(MR_r)和黄土高原(黄土塬和黄土丘陵之和)比例(LP_r)来表示。

6.2.3　分析方法

1. 基于聚类方法的水文分区

采用层次聚类分析方法将较小的聚类组合成较大聚类进行迭代。层次聚类的分区(类)过程如下：初始将 n 个流域分为 n 类，计算流域之间的距离和类与类之间的距离，然后将距离最近的两类合并成新类，并计算新类和其他类之间的类间距离，再按照最小距离准则合并类；这样每次缩小一类，直到所有的流域都合并成一类(Johnson and Wichern, 2002)。

各个径流/基流特征因子之间的聚类度量标准采用 Euclidean 平方距离，类与类之间的距离度量采用组平均联接法(average linkage clustering)。

在应用中，为了使各个径流/基流特征因子的数值变化处于同一量级，同时考虑到径流和基流深等特征因子的数据结构具有指数变化特征，因而在聚类分析前对径流/基流特征因子数据进行对数变换(高惠璇，2005)。

2. 区域化方法构建

1) 基于多元回归分析的区域化方法

在水文分区基础上，针对分区流域采用多元回归分析，确定径流和基流空间格局的主要控制要素，构建径流/基流特征因子与气候、下垫面要素的多元回归模型。本节采用的多元回归模型如下：

$$y = b_0 x_1^{b_1} x_2^{b_2} \cdots x_n^{b_n} \tag{6.3}$$

式中，y 为径流/基流特征因子；$x_1, x_2, \cdots, x_n$ 为自变量因子，可以是下垫面、气候要素；$b_1, b_2, \cdots, b_n$ 为模型参数。

对式(6.3)左右两边取对数可以实现方程的线性化，因此构建以下形式的多元回归方程：

$$\log y = \log b_0 + b_1 \log x_1 + b_2 \log x_2 + \cdots + b_n \log x_n \tag{6.4}$$

由于径流/基流特征因子影响要素众多，且影响要素之间存在相关性。为此，在构建多元回归方程时，自变量筛选主要采用逐步回归的方法。在引入变量时，采用的准则是引入变量回归系数通过 0.05 的显著性水平检验；在剔除变量时使用的显著性水平是 0.1。同时需要满足回归方程的残差平方和尽可能小，方程中自变量的个数尽可能少，较小的残差可以增加方程的可靠性与预测的精度，而过多的自变量因子会降低回归方程的可靠性，影响预测精度。一般建议自变量数目应该是样本空间的 1/10～1/5(丛树铮，2010)。

得到回归方程后，对回归方程和方程系数分别进行假设检验，回归方程和方程系数假设检验时所采用的显著性水平为 0.05。以确定性系数(R^2)和修正的确定性系数($\overline{R^2}$)作为回归方程判别的标准(Hocking, 1996)：

$$\overline{R^2} = 1 - (1 - R^2) \frac{m-1}{m-p-1} \tag{6.5}$$

式中，m 为样本大小；p 为自变量因子数目。

此外，由于自变量之间存在相关性，在多元回归方程构建时，当方差膨胀因子 VIF$=1/(1-R^2)$大于 10 时，认为因子存在多重共线性(Kroll and Song, 2013)，不考虑这种情形变量组合的回归模型。

进一步进行自变量对因变量的敏感性分析，以评价不同自变量因子变动对径流和基流特征因子的影响程度。当自变量因子 x_1 和 x_2 分别变化 c 时，对应的径流和基流特征因子变化分别为 Δy_{x1} 和 Δy_{x2}，两者的比值表示为

$$r_o = \frac{\Delta y_{x1}}{\Delta y_{x2}} = \frac{(1+c)^{c_1} - 1}{(1+c)^{c_2} - 1} \tag{6.6}$$

式中，c_1 和 c_2 分别为式(6.3)、式(6.4)中 x_1 和 x_2 的预测变量的回归系数。

当 $r_o > 1$ 时，说明径流和基流特征因子对 x_1 更敏感；当 $r_o < 1$ 时，说明径流和基流特征因子对 x_2 更敏感。

2) 基于 Budyko 和 L'vovich 理论框架的区域化方法

Budyko 假设在多年尺度上建立区域水量平衡要素(实际蒸散发(AET)、径流深(R)或径流系数(R_c))与干旱指数(AI)的关系(图 6.3(a))。本节采用 Budyko 框架下的傅抱璞公式(Zhang et al., 2014；傅抱璞, 1981)，分析分区年径流系数与气候及下垫面特征之间的定量关系：

$$\frac{\text{AET}}{P} = 1 + \frac{\text{ET}_\text{p}}{P} - \left[1 + \left(\frac{\text{ET}_\text{p}}{P} \right)^\omega \right]^{1/\omega} \tag{6.7}$$

或用径流系数表示为

$$R_\text{c} = \left[1 + \left(\frac{\text{ET}_\text{p}}{P} \right)^\omega \right]^{1/\omega} - \frac{\text{ET}_\text{p}}{P} \tag{6.8}$$

式中，ω 为常数，$\omega \in (1, +\infty)$，ω 综合反映下垫面特征和其他气候要素对流域径流系数的作用(Yang et al., 2007)。

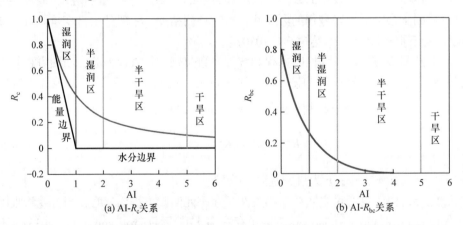

图 6.3　Budyko 理论框架 AI-R_c 关系和 L'vovich 理论框架 AI-R_bc 关系示意图

L'vovich(1979)提出了一种两阶段水量平衡划分经验理论(图 6.4)，将年降水量划分为三部分(快速径流深(R_f)、基流深(R_b)和实际蒸散发(AET))；根据该理论，第一阶段，降水划分成快速径流深(R_f)和润湿(W)两部分：$P = R_\text{f} + W$；第二阶段，润湿进一步划分成实际蒸散发(AET)和基流深(R_b)两部分：$W = R_\text{b} + \text{AET}$(图 6.4)。Ponce 和 Shetty(1995)基于比例分配理论和观测资料建立一般的数学表达式。依据

L'vovich 理论，对于基流，有

$$R_b = \frac{(W - \lambda_b V_P)^2}{W + (1 - 2\lambda_b)V_P} \tag{6.9}$$

式中，λ_b 为关于基流的抽象系数；V_P 为实际蒸散发量的最大值，理论上可以由蒸散发能力 ET_p 表示，式(6.9)中 $W > \lambda_b V_P$；同时方程(6.9)两边同时除以 P，式(6.9) 可表示为

$$R_{bc} = \frac{R_b}{P} = \frac{\left(\dfrac{W}{P} - \lambda_b \dfrac{ET_p}{P}\right)^2}{\dfrac{W}{P} + (1 - 2\lambda_b)\dfrac{ET_p}{P}} \tag{6.10}$$

由于 $W = R + V = P - R_f$，当 R_f 相比于 P 非常小或 $W/P(=1-R_f/P)$ 相对稳定时，方程(6.10)通过系数 λ_b 反映了 R_{bc} 与 AI 之间的基本关系(图 6.3(b))。

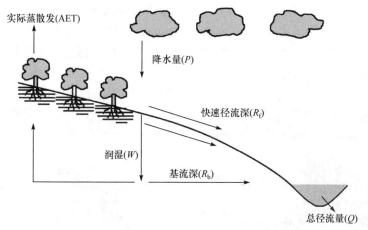

图 6.4　L'vovich 理论框架水分分配过程概化图(修改自 Sivapalan 等(2011))

在 Budyko 和 L'vovich 理论框架中，建立了气候-水文(AI-R_c、AI-R_{bc})的关系，傅抱璞公式参数 ω 反映了排除年降水量和潜在蒸散发量等气候要素作用后，下垫面要素对流域径流的影响程度。在 L'vovich 理论框架中，参数 λ_b 反映了流域下垫面对 R_{bc} 的综合作用。因此需要进一步建立参数 ω 和 λ_b 与下垫面要素之间的关系，从而构建反映径流、基流特征因子与气候和下垫面要素关系(即 AI-R_c-ω 与 AI-R_{bc}-λ_b 的关系)的区域化分析方法。

本节根据不同气候区(子)流域气候、水文资料，采用 Budyko 和 L'vovich 框架以及水量平衡估算的各(子)流域理论参数 ω 和 λ_b，再根据式(6.3)和式(6.4)，建立 ω 和 λ_b 与下垫面要素的多元回归方程，筛选 ω 和 λ_b 的下垫面影响要素，通过 AI-R_c-ω 与 AI-R_{bc}-λ_b 的关系实现区域化分析。

采用多元回归分析方法与 Budyko 和 L'vovich 理论框架结合的方法可以实现对径流/基流特征因子的区域化分析，并对不同地区的水文-气候-下垫面要素之间的空间关系和相互关联性进行定量分析。但两种方法各有优劣。相对而言，多元回归分析方法可用于对任意水文因子的区域化分析，但缺乏对水文-气候-下垫面关联性认识的物理基础。Budyko 和 L'vovich 框架基于水热平衡，反映了流域水文-气候-下垫面共同演化下流域的长期水量平衡关系，具有理论基础，但它们只适用于一些特定水文因子的区域化，如年平均径流量/径流系数、快速径流和基流组分。

6.2.4　气候、景观要素及径流/基流特征因子空间分布

1. 气候要素

分别计算流域内各子流域气候要素，包括年均降水量(P)、年均潜在蒸散发量(ET_p)、干旱指数(AI)和降水季节分配指数(SI)。各子流域气候要素值见表 6.2。

泾河流域年均降水量(P)为 309～636mm，变幅超过 1 倍，位于西南部、南部和东南部山区的子流域降水量较大，而中部和北部的子流域降水量较小(图 6.5(a))。子流域 ET_p 为 943～1143mm。AI 为 1.53～3.70，除洪德流域外，其他流域均小于2.5；各子流域AI的空间变化梯度和P相反，且空间差异更大(图6.5(b))。SI 为 0.66～0.86，北部子流域较大，南部子流域较小，即南部子流域降水季节分配相对均匀，北部子流域降水分布相对集中。

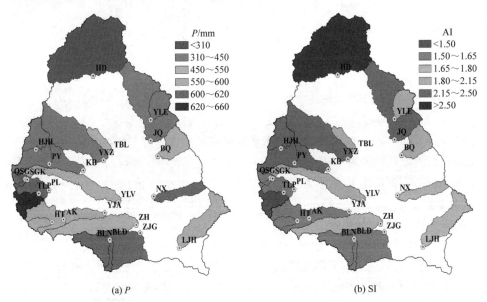

(a) P　　　　　　　　　　　　　　　　(b) SI

图 6.5　泾河流域年均降水量(P)空间分布和降水季节分配指数(SI)空间分布(见彩图)

表 6.2　泾河流域各子流域气候-景观要素的特征

子流域	缩写	P/mm	ET_p/mm	AI	SI	AR/km²	EL/m	RE/m	SL/(°)	LW	HP	FR	GR	SC	CC	MR_r	LP_r
清水沟	QSG	613	962	1.57	0.78	58	2167	196.1	16.9	0.18	0.090	0.424	0.407	0.506	0.192	1.00	0.00
三关口	SGK	601	965	1.61	0.77	218	2121	207.6	15.3	0.27	0.082	0.204	0.500	0.486	0.214	1.00	0.00
兔里坪	TLP	636	956	1.50	0.76	570	2110	188.3	15.2	0.26	0.100	0.276	0.396	0.494	0.200	1.00	0.00
平凉	PL	603	968	1.61	0.76	1305	2006	194.6	14.8	0.26	0.105	0.256	0.414	0.497	0.196	0.93	0.07
华亭	HT	659	948	1.44	0.76	276	1863	157.6	11.9	0.38	0.122	0.079	0.308	0.525	0.156	1.00	0.00
安口	AK	626	959	1.53	0.76	1133	1749	146.8	11.5	0.31	0.172	0.148	0.382	0.527	0.161	1.00	0.00
袁家庵	YJA	592	966	1.63	0.72	1661	1617	147.2	11.7	0.22	0.234	0.143	0.346	0.523	0.159	0.83	0.17
百里南	BLN	632	943	1.49	0.66	171	1343	114.7	11.7	0.14	0.271	0.190	0.595	0.490	0.175	1.00	0.00
张家沟	ZJG	605	952	1.58	0.67	2485	1265	126.0	12.5	0.12	0.250	0.112	0.497	0.499	0.167	0.73	0.27
百里达	BLD	582	951	1.63	0.70	817	1281	113.7	11.9	0.08	0.250	0.175	0.534	0.514	0.156	0.96	0.04
张河	ZH	541	969	1.79	0.71	1506	1297	135.5	11.6	0.11	0.320	0.082	0.327	0.499	0.163	0.45	0.55
刘家河	LJH	593	1007	1.70	0.70	1310	1381	160.2	13.4	0.10	0.240	0.364	0.408	0.491	0.188	0.69	0.31
宁县	NX	601	1007	1.68	0.71	632	1289	141.5	13.1	0.13	0.313	0.302	0.185	0.524	0.154	0.10	0.90
板桥	BQ	514	1014	1.97	0.76	807	1347	122.3	15.1	0.10	0.322	0.374	0.423	0.543	0.144	0.56	0.44
杨闾	YLV	496	1011	2.04	0.76	1307	1426	119.1	11.3	0.09	0.198	0.022	0.438	0.510	0.157	0.08	0.92
姚新庄	YXZ	458	1056	2.31	0.80	2264	1563	121.2	12.1	0.10	0.189	0.042	0.572	0.539	0.141	0.00	1.00
悦乐	YLE	475	1017	2.14	0.81	528	1434	100.8	14.5	0.11	0.430	0.060	0.541	0.540	0.140	0.00	1.00
贾桥	JQ	460	1030	2.24	0.80	2988	1417	113.3	14.8	0.13	0.378	0.051	0.533	0.539	0.140	0.06	0.94

续表

子流域	缩写	P/mm	ET_p/mm	AI	SI	AR/km²	EL/m	RE/m	SL/(°)	LW	HP	FR	GR	SC	CC	MR_r	LP_r
黄家河	HJH	429	1047	2.44	0.78	693	1750	115.5	10.2	0.13	0.377	0.038	0.618	0.540	0.140	0.09	0.91
彭阳	PY	457	1029	2.25	0.77	1544	1764	111.9	10.6	0.10	0.240	0.044	0.553	0.532	0.150	0.27	0.73
开边	KB	460	1030	2.24	0.78	2232	1699	135.1	10.8	0.10	0.420	0.041	0.528	0.529	0.150	0.19	0.81
太白良	TBL	490	1043	2.13	0.79	334	1426	138.1	13.2	0.11	0.258	0.014	0.391	0.540	0.140	0.00	1.00
洪德	HD	309	1143	3.70	0.86	4640	1595	127.4	10.9	0.10	0.177	0.020	0.588	0.528	0.147	0.00	1.00

2. 景观要素

景观要素包括流域形态、地形、土地利用、土壤质地和地貌地质等五类指标。泾河流域地貌地质要素包括土石山区(基岩山地和流水作用的中山之和)比例(MR_r)和黄土高原(黄土塬和黄土丘陵之和)比例(LP_r)。各子流域景观要素值见表 6.2。

由于泾河流域位于黄土高原区,各子流域平均高程均大于 1200m。各子流域起伏均较大,子流域相对高程为 100~210m;平均坡度为 11°~17°,位于六盘山和子午岭区域的子流域相对高程和坡度较大,而南部、中部和北部区域流域起伏相对较小。位于西南部山区的子流域低平原比例较大,其他区域子流域比例较低,差异较小。

子流域之间林地和草地比例差异很大,位于六盘山和子午岭地区的子流域,林地比例在 0.2 以上,而在中部和北部黄土高原区的子流域林地比例较低,在 0.1 以下。

子流域间土壤沙粒含量差异不大,变化为 0.49~0.55,位于黄土高原区的子流域土壤沙粒含量较大。

3. 径流/基流因子

采用 5 个径流因子,分别是径流深(R)、径流系数(R_c)、快速径流深(R_f)、快速径流系数(R_{fc})和山洪指数(R-B 因子)。采用 6 个基流因子,分别是基流深(R_b)、基流比例(R_{bc})、基流系数(BFI)、基流退水系数(K_s)、低水流量(Q_{90})和基流低水蓄量(S_{90})。子流域径流因子和基流因子值见表 6.3。

由表 6.3 可知,泾河 23 个子流域的年径流因子变幅大。径流深 R 为 12~193mm,径流系数 R_c 为 0.038~0.293。径流深和径流系数与降水量空间分布相似,西南部山区大,黄土高原北部较小(图 6.6(a))。

年均快速径流深 R_f 的变化范围为 9.6~100.2mm,均值为 49.8mm;R_{fc} 变化范围为 0.019~0.152,均值为 0.059。R_f 和 R_{fc} 空间上具有类似的分布特征,同时具有显著的空间分异性,中部和北部子流域数值均显著小于西南部和南部子流域数值。

R-B 因子变化范围是 0.187~1.166,均值为 0.53。R-B 因子分布具有空间规律性(图 6.6(b)),在西南部和南部区域,R-B 因子小于 0.45,而在中部和北部区域均大于 0.45。可见位于南部的子流域流量过程线变幅小,波动平缓;而在中部和北部区域流量过程线变幅大,波动剧烈。

年均基流深 R_b 的变化范围是 1.8~117.6mm,均值为 39.1mm;R_{bc} 的变化范围是 0.006~0.192,均值为 0.066。R_b、R_{bc} 的空间变化趋势和 R、R_c 类似,均为西南部土石山区最大,而北部黄土区较小(图 6.7(a)),但 R_b、R_{bc} 空间变幅远大于 R 和 R_c 的空间变幅。

表 6.3　泾河流域各子流域径流基流特征

子流域	缩写	AR/km²	R/mm	R_c	R_b/mm	R_{bc}	R_f/mm	R_{fc}	BFI	R-B	K_s/d	Q_{90}/(mm/d)	S_{90}/mm	数据系列(年份)
清水沟	QSG	58	170	0.276	117.6	0.192	51.9	0.085	0.694	0.187	—	0.159	—	1975~1987
三关口	SGK	218	141	0.234	101.4	0.169	39.3	0.065	0.721	0.218	—	0.119	—	1967~1987
兔里坪	TLP	570	179	0.281	115.4	0.181	63.5	0.100	0.645	0.195	21.2	0.158	3.34	1983~1986
平凉	PL	1305	132	0.219	75.7	0.126	56.5	0.094	0.573	0.216	19.5	0.051	0.95	1974~1981
华亭	HT	276	193	0.293	92.8	0.141	100.2	0.152	0.481	0.323	38.0	0.113	4.28	1976~1983
安口	AK	1133	139	0.222	80.0	0.128	58.7	0.094	0.577	0.258	35.6	0.087	3.09	1975~1987
袁家庵	YJA	1661	100	0.169	50.5	0.085	49.4	0.083	0.506	0.302	26.2	0.037	0.97	1972~1987
百里南	BLN	171	97	0.153	40.9	0.065	55.8	0.088	0.423	0.316	19.4	0.016	0.31	1977~1983
张家沟	ZJG	2485	71	0.117	34.7	0.057	36.4	0.060	0.488	0.315	43.8	0.029	1.25	1967~1987
百里达	BLD	817	57	0.098	30.1	0.052	27.1	0.046	0.527	0.273	47.5	0.018	0.85	1977~1987
张河	ZH	1506	54	0.100	24.3	0.045	29.9	0.055	0.448	0.473	21.2	0.028	0.60	1972~1987
刘家河	LJH	1310	63	0.105	33.1	0.056	29.4	0.050	0.530	0.235	21.6	0.028	0.61	1959~1987
宁县	NX	632	30	0.051	15.8	0.026	14.7	0.024	0.519	0.489	15.5	0.018	0.28	1983~1987
板桥	BQ	807	16	0.032	6.8	0.013	9.6	0.019	0.414	0.634	9.3	0.010	0.09	1959~1987
杨闾	YLV	1307	40	0.081	13.8	0.028	26.5	0.053	0.343	0.748	20.1	0.024	0.49	1959~1987
姚新庄	YXZ	2264	34	0.075	15.6	0.034	18.8	0.041	0.454	0.668	9.1	0.032	0.29	1964~1987
悦乐	YLE	528	28	0.059	8.2	0.017	20.0	0.042	0.291	0.909	12.9	0.008	0.10	1959~1987
贾桥	JQ	2988	23	0.050	10.0	0.022	12.9	0.028	0.436	0.600	13.6	0.017	0.23	1980~1987

续表

干流域	缩写	AR/km^2	R/mm	R_c	R_b/mm	R_{bc}	R_f/mm	R_{fc}	BFI	R-B	K_s/d	$Q_{90}/(mm/d)$	S_{90}/mm	数据系列(年份)
黄家河	HJH	693	17	0.039	2.5	0.006	14.4	0.034	0.148	1.166	14.5	0.002	0.03	1981~1987
彭阳	PY	1544	28	0.062	13.1	0.029	15.2	0.033	0.464	0.616	12.8	0.025	0.32	1976~1987
开边	KB	2232	23	0.050	7.9	0.017	15.3	0.033	0.340	0.718	9.9	0.011	0.11	1977~1987
太白良	TBL	334	30	0.061	7.4	0.015	22.4	0.046	0.248	1.100	8.0	0.014	0.11	1976~1987
洪德	HD	4640	12	0.038	1.8	0.006	9.9	0.032	0.153	1.140	12.4	0.0009	0.012	1959~1987

注：由于 QSG 和 SKG 流域受水库影响显著，无法获取连续而稳定的退水段，未推求退水系数(K_s)和基流蓄量(S_{90})。

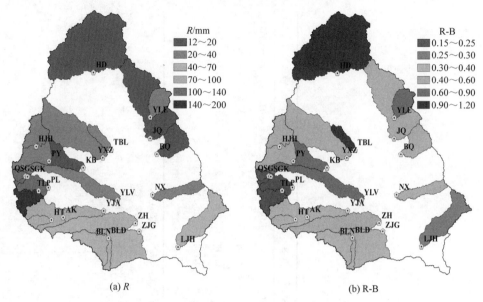

图 6.6 泾河流域径流深(R)和 R-B 因子空间分布(见彩图)

　　BFI 变化范围为 $0.148\sim0.721$，均值为 0.45，其空间变化展现出类似 R_b、R_{bc} 的特征(图 6.7(b))，但空间变幅相对小得多。可见，就径流因子空间变幅而言，R_b 大于 R_{bc}，大于 BFI。基流退水系数(K_s)变化范围是 $8.0\sim47.5d$，均值为 $21.7d$；在南部区域较大，而北部区域较小，但空间分布规律性较差，空间差异也较小(图 6.7(c))。

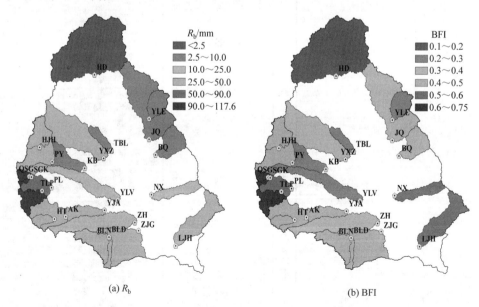

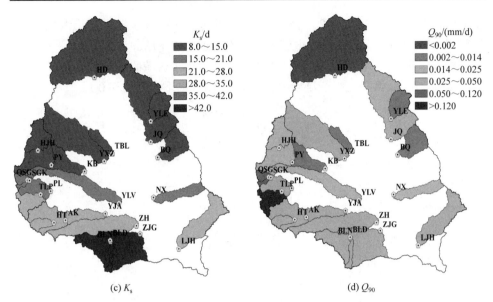

图 6.7 泾河流域基流深(R_b)、基流指数(BFI)、基流退水系数(K_s)和低水
流量(Q_{90})的空间分布(见彩图)

低水流量 Q_{90} 变化范围是 $9.3×10^{-4}$～$1.59×10^{-1}$mm/d，均值为 0.044mm/d；基流低水蓄量(S_{90})变化范围是 0.012～4.28mm，平均值为 0.087mm。Q_{90} 和 S_{90} 的空间变化趋势和以上基流因子类似(图 6.7(d))，但其空间变化梯度更大。

泾河流域径流/基流因子均具有显著的空间差异，不同因子的空间差异性不同。总体而言，低水流量和基流低水蓄量因子(Q_{90}、S_{90})空间差异最大(最大值分别是最小值的 171 倍和 371 倍)，其次是基流深和基流系数(R_b、R_{bc})(最大值分别是最小值的 65 和 32 倍)，之后是总径流和快速径流的径流深和径流系数(R、R_c、R_f、R_{fc})(最大值是最小值的 8.0～16.1 倍)；而 R-B 因子、BFI 和 K_s 的空间差异较小(最大值分别是最小值的 6.2 倍、4.9 倍和 5.9 倍)。同时，各个径流/基流因子均具有明显的空间分异，南部、西南部子流域的径流/基流特征和中部、北部明显不同。

6.2.5 水文分区特征

1. 基于层次聚类分析的水文分区

泾河流域 23 个子流域径流/基流特征因子(R、R_c、R_b、R_{bc}、R_f、R_{fc} 和 BFI)的层次聚类分析表明，泾河流域可划分为两组子流域：12 个高径流组子流域和 11 个低径流组子流域(图 6.8)。根据 8 个径流/基流特征因子，两组子流域显示出明显不同的水文模式。与低径流组子流域相比，高径流组子流域具有较高的径流量及其组分(R、R_c、R_b、R_{bc}、R_f、R_{fc} 值较大)、较大的低水流量和基流低水蓄量(Q_{90}、S_{90} 值较大)、较大的基流指数(BFI 值较大)、较慢的退水速率(K_s 值较大)以及平缓的流量过程线(R-B 值较小)，见表 6.3。例如，高径流组子流域的 R 和 R_c 分别均大于 50mm 和 0.1，而低径流组子流域中 R 和 R_c 分别均小于 40mm 和 0.1。

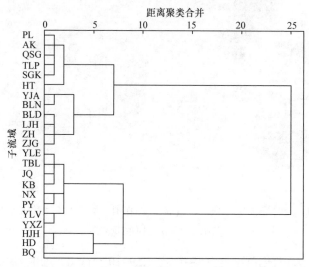

图 6.8　泾河流域 23 个子流域系统聚类分析树状图

两组子流域也表现出不同的气候和下垫面特征。12 个高径流组子流域的年均降水量 P 较大(平均值为 607mm)，显著大于 11 个低径流组子流域(平均值为 468mm)；而高径流组的潜在蒸散发量 ET_p(平均值为 962mm)小于低径流组(平均值为 1039mm)。

高径流组子流域分布在泾河流域的南部和西南部土石山区(即 MR 区)，除张河流域(ZH)外，土石山区占流域面积比例均大于 50%；而低径流组子流域均位于中部和北部黄土高原区(即 LP 区)，除板桥流域(BQ)外，黄土高原区占流域面积比例均远大于 50%(图 6.2(b)和表 6.3)。张河流域土石山区所占比例略小于 50%，而板桥流域黄土高原区所占比例略大于 50%。因此，流域分类得到高径流组子流域和低径流组子流域，分别代表了 MR 和 LP 区的水文气候和下垫面特征的相似性。这说明地貌特征是泾河流域水文分区的主要控制条件，因此分别称为 MR 区域和 LP 区域子流域。同时，MR 和 LP 区域子流域均为空间上毗邻的，具有很好的空间连续性。

2. 泾河流域分区径流/基流和气候-景观要素对比分析

通过对比图 6.9～图 6.12，可以区分出 MR 和 LP 之间的气候、下垫面和水文特征的差异。MR 具有较高的流量和较湿润的气候，LP 具有较低的流量和较干燥的气候(从图 6.9 中可以看到，MR 区 AI 的平均值为 1.59，远小于 LP 区 AI 的平均值 2.29)。在 MR 区，EL、RE、LW、FR、SC 和 CC 的空间差异远大于 LP 区(图 6.10)。

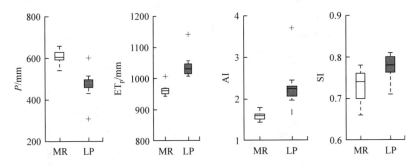

图 6.9　泾河流域土石山区(MR)和黄土高原区(LP)气候要素的特征

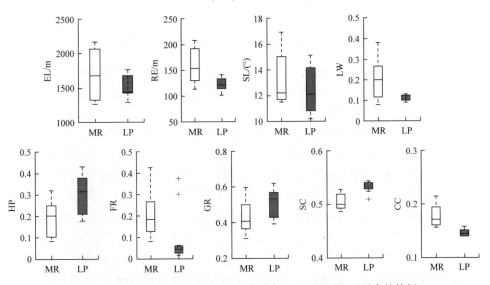

图 6.10　泾河流域土石山区(MR)和黄土高原区(LP)下垫面要素的特征

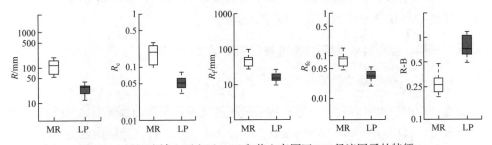

图 6.11　泾河流域土石山区(MR)和黄土高原区(LP)径流因子的特征

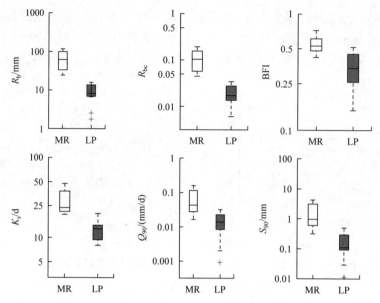

图 6.12　泾河流域土石山区(MR)和黄土高原区(LP)基流因子的特征

　　泾河流域土石山区(MR)和黄土高原区(LP)年径流量以及快速径流、基流量的差异与两个子流域组(高径流组和低径流组)的气候差异相一致。例如，年降水量大的泾河流域土石山区(MR)，年径流量以及快速径流、基流量也大。然而，在这两个区域中，子流域的径流因子的空间变化与 AI 相反(图 6.9 与图 6.11、图 6.12 的箱型图)。从年径流和其组成的角度来说，在土石山区，径流因子较大的空间变化对应 AI 较小的空间变化；而在黄土高原区，径流因子较小的空间变化对应 AI 较大的空间变化(图 6.9 和图 6.11、图 6.12 中的箱型图)。从水文特征的年内变化来说，在土石山区 SI 空间变化较大，R-B 因子的空间变化较小；而在黄土高原区 SI 的空间变化较小，R-B 因子的空间变化较大(图 6.9 和图 6.11)。总之，在土石山区和黄土高原区，反映年均径流量的因子与反映年均气候的因子区域差异相一致；而两组区域之间，子流域流量过程线空间变幅与年降水量年内分配空间差异不一致。这表明两区域径流/基流特征受到下垫面要素调控程度不同，土石山区的下垫面对径流/基流的影响比黄土高原地区更显著。

6.2.6　气候、景观要素及径流/基流特征因子相关性分析

1. 气候、景观要素相关性分析

　　通过对土石山区和黄土高原区各子流域的气候及下垫面各要素之间进行相关性分析，可辨识这些要素之间的关联性。表 6.4 表明，泾河流域内的两个不同水文区，气候、下垫面要素具有不同关联性，径流特征因子和它们依存度也不同。

对于气候要素(表 6.4)，土石山区(表 6.4 中的上三角部分)SI 与 P、AI 表现为负相关(气候越湿润，年内变化越大)，而黄土高原区(表 6.4 中的下三角部分)SI 与 P、AI 表现为显著的正相关(气候越干燥，年内变化越大)。其中，土石山区 SI 与 P、AI 相关性不显著，而黄土高原区 SI 与 P、AI 相关性显著。

对于下垫面要素，土石山区(表 6.4 中的上三角部分)的地形要素 EL、SL、LW 和 RE 之间具有很高的正相关关系，即高程 EL 较高、地形 SL 较陡的土石山区子流域伴随着较大面积的低平原(河谷)比例 LW 和较高的相对高程 RE。土石山区的森林 FR 趋向于生长在高程 EL 较高、土壤黏性 CC 较大的陡峭的山坡(表 6.4 上三角中 FR、CC、SL 与 RE 呈显著正相关关系)。相对而言，在黄土高原区，在高程 EL 较高地区地形较为平坦(如黄土高原塬面)、高程 EL 较低地区较陡峭(黄土沟壑区)。在 LP 区，草地 GR 和森林 FR 分别是黄土塬和黄土沟壑区的主要植被(表 6.4 的下三角中，EL 与 FR 具有较高的负相关性，而 EL 和 GR 为显著正相关)。

从表 6.4 中的气候-下垫面要素关联性来看，在土石山区(MR)，具有较大比例低平原的高程较高子流域区，年降水量较大，且年内变化较大(在表 6.4 上三角中，P、EL、SI 与 LW 呈显著正相关关系)；气候空间变化对森林和土壤的分布影响不显著。在黄土高原区(LP)，较大的降水主要发生在高程较低、坡度陡峭的黄土丘陵沟壑区子流域，而在高程较高、坡度平缓的黄土塬区子流域降水较少(表 6.4 下三角中，P 与 EL 具有显著的负相关关系)；在黄土高原区(LP)，气候的空间变化对森林和草地的分布影响显著，例如，森林倾向于生长在具有较高降水和年内变化较小的子流域中，而草地则相反(表 6.4 的下三角中，P 与 GR 具有较高的负相关关系，与 FR 具有较高的正相关关系；SI 与 GR 具有正相关关系，而与 FR 具有负相关关系)。

2. 径流特征因子与气候、下垫面要素相关性分析

从泾河流域径流特征因子与气候要素相关性来看(表 6.5)，子流域越湿润，MR 和 LP 区域的径流及其快速径流、基流组分均越大(表 6.5 中，P 与径流因子 R、R_c、R_b、R_{bc} 和 R_f 为正相关关系，AI 与这些径流因子为负相关关系)。

然而，降水季节分配指数(SI)对两个区域的 R-B 因子具有不同影响，在黄土高原区(LP)，降水量的年内变化越大，R-B 因子变化越大；而在土石山区(MR)，降水量的年内变化越大，R-B 因子变化越小。这两个区域的 SI 和 R-B 因子的年内变化差异来源于下垫面对径流的作用差异(表 6.5)。在土石山区，由于较大的降水集中在高程较高、坡度更陡的子流域中，森林和黏土的比例较高，而河谷比例较大，这些不均匀的下垫面条件显著调控径流过程，从而形成了较为平缓的流量过程线(表 6.5 中 R-B 因子与大部分下垫面要素具有很高的负相关性)。相对而言，黄土高原区的子流域，覆盖着很厚的黄土层，径流的产生受子流域下垫面调控的影响很小(表 6.5 中 R-B 因子与下垫面要素的相关关系不显著)。

表 6.4　泾河流域土石山区(MR)和黄土高原区(LP)子流域气候-下垫面要素之间的相关性

因子	P	ETp	AI	SI	AR	EL	SL	LW	HP	RE	FR	GR	SC	CC
P	—	-0.43	-0.97*	0.27	-0.45	0.46	0.14	0.68*	-0.57	0.20	0.08	0.04	0.20	0.09
ETp	-0.88*	—	0.63*	0.06	0.31	-0.05	0.21	-0.26	0.07	0.31	0.48	-0.31	-0.29	0.32
AI	-0.95*	0.97*	—	-0.21	0.47	-0.41	-0.08	-0.63*	0.52	-0.10	0.04	-0.15	-0.24	-0.01
SI	-0.91*	0.82*	0.87*	—	-0.37	0.92*	0.62*	0.72*	-0.86*	0.84*	0.31	-0.51	0.20	0.45
AR	-0.63	0.55	0.62	0.48	—	-0.51	-0.34	-0.49	-0.25	0.55	-0.37	-0.20	0.14	-0.37
EL	-0.60*	0.37	0.45	0.35	0.37	—	0.77*	0.72*	-0.96*	0.91*	0.43	-0.28	-0.02	0.64*
SL	0.44	-0.39	-0.42	-0.13	-0.05	-0.80*	—	0.14	-0.76*	0.86*	0.78*	0.04	-0.47	0.86*
LW	0.29	-0.20	-0.24	-0.22	-0.32	-0.23	0.30	—	-0.72*	0.51	-0.18	-0.47	0.39	0.12
HP	0.26	-0.46	-0.36	-0.17	-0.30	-0.01	0.34	0.56	—	-0.87*	-0.43	0.17	0.02	-0.63*
RE	0.26	0.11	-0.06	-0.33	-0.36	-0.21	-0.14	0.05	-0.21	—	0.56*	-0.29	-0.29	0.82*
FR	0.61*	-0.40	-0.46	-0.60*	-0.22	-0.58	0.52	0.17	0.16	0.26	—	0.12	-0.39	0.66*
GR	-0.81*	0.49	0.60*	0.74*	0.45	0.74*	-0.37	-0.21	-0.03	-0.62*	-0.64*	—	-0.49	0.21
SC	-0.11	0.05	0.00	0.25	-0.23	0.07	0.45	0.30	0.39	-0.27	0.12	0.32	—	-0.75*
CC	0.29	-0.21	-0.16	-0.48	0.18	-0.08	-0.37	-0.31	-0.30	0.36	0.18	-0.46	-0.90*	—

注：上三角区代表 MR 区子流域；下三角区代表 LP 区子流域。
带*的粗体数值表示相关性可以通过 α=0.05 的显著性检验。

在这两个区域，较高的森林比例均使流量过程线变得平缓。黄土高原区随森林比例增加，地表径流成分 R_{fc} 显著减少，从而使流量过程线变得平缓(表 6.5 中 R_{bc} 与 R-B 因子具有较高的负相关关系)；而土石山区域更高的森林比例并没有伴随径流量减少(表 6.5 中径流因子(R、R_c、R_b 和 R_{bc})与 FR 为正相关关系)。

表 6.5 泾河流域土石山区和黄土高原区子流域径流/基流因子与气候-下垫面要素相关性

区域		因子	R	R_c	R_f	R_{fc}	R-B	R_b	R_{bc}	BFI	K_s	Q_{90}	S_{90}
土石山区	气候要素	P	**0.77***	**0.72***	**0.83***	**0.79***	−0.42	**0.67***	**0.62***	0.16	0.13	0.49	0.57
		ET_p	−0.31	−0.27	−0.45	−0.43	−0.19	−0.20	−0.18	0.17	−0.40	−0.06	−0.25
		AI	**−0.74***	**−0.68***	**−0.83***	**−0.79***	0.29	**−0.62***	**−0.57***	−0.08	−0.22	−0.42	−0.56
		SI	**0.77***	**0.81***	0.48	0.50	−0.57	**0.85***	**0.87***	**0.77***	−0.05	**0.90***	**0.76***
	下垫面要素	AR	**−0.57***	**−0.56***	−0.38	−0.36	0.39	**−0.57***	**−0.56***	−0.39	0.16	−0.47	−0.04
		EL	**0.90***	**0.93***	**0.61***	**0.62***	**−0.71***	**0.96***	**0.98***	**0.80***	−0.25	**0.91***	**0.69***
		SL	0.49	0.53	0.08	0.08	**−0.82***	**0.64***	**0.67***	**0.83***	−0.45	**0.82***	0.48
		LW	**0.90***	**0.90***	**0.85***	**0.86***	−0.31	**0.84***	**0.83***	0.39	−0.44	0.63	0.18
		HP	**−0.86***	**−0.88***	−0.53	−0.52	**0.76***	**−0.94***	**−0.95***	**−0.83***	−0.07	**−0.77***	**−0.74***
		RE	**0.68***	**0.72***	0.32	0.34	**−0.70***	**0.79***	**0.81***	**0.82***	0.11	**−0.88***	**−0.71***
		FR	0.21	0.23	−0.11	−0.14	**−0.85***	0.35	0.36	**0.62***	−0.46	0.24	−0.22
		GR	−0.26	−0.29	−0.36	−0.42	−0.23	−0.20	−0.21	0.04	0.10	−0.41	−0.52
		SC	0.19	0.18	0.37	0.38	0.21	0.10	0.09	−0.16	0.62	0.13	0.56
		CC	0.38	0.40	0.00	−0.01	**−0.72***	0.51	0.53	**0.71***	**−0.69***	0.46	−0.08
黄土高原区	气候要素	P	**0.64***	0.21	0.37	−0.16	**−0.64***	**0.76***	**0.63***	**0.70***	0.07	**0.73***	**0.73***
		ET_p	**−0.61***	−0.23	−0.39	0.09	0.59	**−0.72***	**−0.59***	**−0.65***	−0.20	**−0.70***	**−0.73***
		AI	**−0.64***	−0.22	−0.38	0.15	**0.64***	**−0.76***	**−0.63***	**−0.70***	−0.09	**−0.73***	**−0.74***
		SI	−0.45	−0.05	−0.17	0.31	**0.65***	**−0.60***	−0.47	−0.59	−0.27	−0.54	**−0.60***
	下垫面要素	AR	−0.31	−0.05	−0.40	−0.10	0.02	−0.15	0.00	−0.14	0.10	−0.15	−0.12
		EL	−0.24	0.02	−0.07		0.24	0.37	−0.37	−0.40	−0.08	−0.30	−0.32
		SL	0.09	−0.16	−0.09	−0.34	−0.33	0.31	0.23	0.42	−0.29	0.02	−0.05
		LW	−0.15	−0.29	−0.21	−0.35	−0.05	−0.12	−0.20	−0.07	−0.24	0.23	0.23
		HP	−0.12	−0.33	−0.12	−0.33	−0.10	−0.02	−0.14	0.05	0.18	−0.16	−0.11
		RE	−0.03	−0.14	−0.09	−0.19	−0.01	0.01	−0.04	0.04	−0.03	−0.05	−0.06
		FR	−0.11	−0.50	−0.47	**−0.81***	**−0.67***	0.29	0.17	0.54	0.02	0.18	0.18
		GR	−0.32	0.00	−0.07	0.32	0.50	−0.43	−0.32	−0.44	−0.17	−0.32	−0.36
		SC	−0.35	−0.44	−0.34	−0.31	0.19	−0.24	−0.27	−0.10	**−0.68***	−0.15	−0.31
		CC	0.27	0.24	0.12	0.00	−0.43	0.33	0.33	0.31	0.54	0.23	0.36

注：带*的粗体数值表示相关性在 α=0.05 的显著性水平上显著。

3. 基流特征因子与气候、下垫面要素相关性分析

在土石山区(MR)(表 6.5)，基流因子 R_b、R_{bc} 与 P 具有显著正相关性，即降水量大的流域，基流入渗补给量和降水向基流的分配比例显著增大；而 BFI、K_s、Q_{90} 和 S_{90} 均与 P、AI 不具有显著的相关性，即降水量对基流指数、基流退水系数、低水流量和基流低水蓄量作用不明显。

在黄土高原区(LP)，除 K_s 外，其他基流特征因子均与 P、AI 具有显著的相关性，降水量大的较湿润流域，R_b、R_{bc}、BFI、Q_{90} 和 S_{90} 均较大，表明降水量的增大不仅增大了基流量，还增大了降水向基流分配的比例以及基流占总径流的比例。考虑到 R_c、R_f、R_{fc} 与 P 相关性不显著，说明 LP 区域降水增大引起的径流增加量主要来自基流的增加，也隐含随着降水的增加，超渗产流的比例在降低。

此外，LP 区 R_b、R_{bc} 与 P、AI 的相关性强于 MR 区。这说明在 LP 区，年均降水量对基流特征因子空间变化的影响大于 MR 区。在 MR 区，除 K_s 外，基流特征因子均与 SI 呈显著正相关关系，即降水越集中，基流因子值越大；而在 LP 区，基流因子均与 SI 均呈显著负相关关系，即降水越均匀，基流因子越大。在两个区域中的相反特征表明流域内两个区域下垫面的作用机制不同。

在 MR 区，R_b、R_{bc} 与地形要素均具有显著的相关性，高程较高、地形起伏大、坡度陡峭、低平河谷比例大的子流域具有较大的基流深和基流系数。Q_{90} 和 S_{90} 与地形要素中的 EL 显著正相关，与 HP 具有显著的负相关性，即高程高、低平原比例大的子流域具有较大的低水流量和基流低水蓄量。考虑到 SI 与 EL、SL 与 LW 呈显著正相关关系，可见高程较高、起伏较大、河谷低地比例较大的子流域，更有利于降水对地下水的补给和储存，这可能是由于高程高的土石山区黄土覆盖比例低、厚度小，更多的降水可以入渗补给到地下含水层。BFI 与地形、植被和土壤因子均具备显著的相关性，K_s 与气候要素及地形要素相关性均不显著，而与土壤黏粒含量(CC)呈显著的负相关性，即土壤黏粒含量越大，退水速率越慢，这和 Beck 等(2015)对全球 3000 多个子流域的分析结果一致。可见在 MR 区，下垫面要素对降水的调蓄能力较强，对基流有显著的控制作用。

而在 LP 区，基流特征因子除 K_s 与 SC 具有显著相关性外，与其他下垫面要素的相关性均不显著，这与 MR 区有很大的差异。表明 LP 区下垫面要素对基流的调节能力较弱，基流特征因子主要取决于降水要素。此外，考虑到 K_s 与 Q_{90}、S_{90} 相关性不显著，表明 Q_{90} 和 S_{90} 随年均降水量 P 增大主要是由于基流量的增大。

综上所述，MR 区基流因子与气候、下垫面要素关系均显著相关，其中下垫面要素，特别是地形要素的相关性更高；而 LP 区域基流因子主要与气候要素显著相关，受下垫面要素影响较小。

6.2.7 径流/基流特征因子控制要素识别及区域化方程

由于气候、下垫面要素之间以及与径流/基流特征因子之间具有复杂的相互作用,为了进一步识别径流/基流特征因子空间变化的主要控制要素,定量表述气候-下垫面要素对径流/基流因子的影响程度,采用逐步多元回归的方法并基于 Budyko 和 L'vovich 框架方法,构建径流/基流特征因子的区域化方程,分析不同水文分区径流/基流特征因子回归方程的异同。

1. 基于多元回归的区域化分析

1) 径流特征因子控制要素及多元回归方程

土石山区和黄土高原区的 5 个径流特征因子的多元回归方程及统计量见表 6.6。在土石山区,5 个径流特征因子均包含两个气候-下垫面要素:R、R_c、R_f、R_{fc} 的回归因子中均含有干旱指数(AI),以及一个地形要素(EL 或 LW);而 R-B 的回归因子均为下垫面要素(FR 和 HP)。在黄土高原区,AI 和 FR 作为 R、R_c、R_f 和 R_{fc} 的回归因子,R-B 回归方程中仅含有回归因子 FR。可以看出,两个区域中气候和下垫面要素共同控制 R、R_c、R_f 和 R_{fc},而 R-B 因子均只受下垫面要素控制。

对于径流因子回归方程的确定性系数(R^2),土石山区的确定性系数高于黄土高原区。在土石山区,R、R_c 和 R-B 因子的确定性系数大于 0.9,R_f、R_{fc} 的确定性系数均大于 0.8。在黄土高原区,R、R_c、R_f 和 R_{fc} 的确定性系数均大于 0.6,R-B 因子的确定性系数小于 0.5。

多元回归分析中的径流因子与气候-下垫面要素之间的关系与表 6.4 中的相关分析结果一致。例如,表 6.6 的偏相关性表明,R、R_c 径流因子与 AI 呈负相关。在土石山区,R 和 R_c 与下垫面要素中的 EL 呈正相关,而 R_f 和 R_{fc} 与 LW 呈正相关。这表明年径流量在高程较高的山地子流域中往往较高;在低平谷地所占比例较大的子流域,快速径流比例较高。在黄土高原区,R、R_c、R_f 和 R_{fc} 与林地比例 FR 呈负相关。这表明森林使年径流和快速径流显著减少。多元回归结果也表明,土石山区和黄土高原区,森林减缓了流量过程(表 6.6 中的 R-B 因子回归方程)。

表 6.6 泾河流域径流特征因子多元回归方程及精度评估

区域	多元回归方程	R^2	$\overline{R}^2$	偏相关系数	$\lvert r_0 \rvert$
土石山区	$R = 10^{-2.22} \times \text{AI}^{-3.41} \times \text{EL}^{1.53}$	0.978	0.973	−0.939/0.976	1.75
	$R_c = 10^{-5.05} \times \text{AI}^{-2.51} \times \text{EL}^{1.49}$	0.976	0.971	−0.905/0.977	1.39
	$R_f = 10^{2.62} \times \text{AI}^{-3.22} \times \text{LW}^{0.42}$	0.884	0.858	−0.761/0.787	6.67
	$R_{fc} = 10^{-3.20} \times \text{AI}^{-2.45} \times \text{LW}^{0.41}$	0.852	0.819	−0.661/0.779	5.26
	$\text{R-B} = 10^{-0.61} \times \text{FR}^{-0.32} \times \text{HP}^{-0.26}$	0.910	0.900	−0.894/0.829	1.23

续表

区域	多元回归方程	R^2	$\overline{R^2}$	偏相关系数	$\lvert r_0 \rvert$
	$R = 10^{1.75} \times AI^{-1.96} \times FR^{-0.25}$	0.753	0.692	$-0.866/-0.764$	7.23
	$R_c = 10^{-1.23} \times AI^{-1.09} \times FR^{-0.25}$	0.623	0.529	$-0.707/-0.778$	4.19
黄土高原区	$R_f = 10^{1.34} \times AI^{-1.57} \times FR^{-0.31}$	0.833	0.792	$-0.887/-0.898$	4.77
	$R_{fc} = 10^{-1.62} \times AI^{-0.73} \times FR^{-0.31}$	0.814	0.768	$-0.672/-0.900$	2.31
	$R\text{-}B = 10^{-0.36} \times FR^{-0.19}$	0.445	0.383	-0.670	—

注: $\lvert r_0 \rvert$是多元回归方程中第一、二个自变量变化 10%引起的径流因子变化的比例。

2) 基流特征因子控制要素及多元回归方程

在土石山区(表 6.7), R_b 和 R_{bc} 的回归因子为 AI 和 EL, 包含气候和下垫面要素, 由偏相关系数可以看出, 下垫面要素 EL 起到主导作用。同时对比 R 和 R_c 回归方程中因子的偏相关性可以发现, R_b 和 R_{bc} 和 EL 的偏相关系数更高; Q_{90} 和 S_{90}、BFI 和 K_s 的回归方程中均仅包含下垫面要素, 不包含气候要素。BFI 的回归因子为地形要素 EL 和 LW; 对于 Q_{90} 和 S_{90}, 高平原比例 HP 均为主要控制要素, 其他控制要素分别为草地比例 GR 和土壤黏粒含量 CC。而 K_s 的回归方程仅包含一个自变量因子——土壤黏粒含量 CC, 这说明在土石山区, 下垫面要素, 尤其是地形要素为基流回归方程最重要的因子。

在黄土高原区(表 6.7), R_b 和 R_{bc} 的回归因子同时包含气候和下垫面要素, 偏相关系数表明, 气候要素(ET_p)起到主导作用。BFI、Q_{90} 和 S_{90} 回归方程的自变量因子为气候要素 AI, 而 K_s 回归方程的自变量因子为土壤沙粒含量(SC)和相对高程(RE)。可见, 在黄土高原区, 气候是更为主要的控制要素。

在土石山区, R_b 和 R_{bc} 回归方程的精度很高, 确定性系数在 0.98 以上; BFI、Q_{90} 和 S_{90} 回归方程的确定性系数也较高, 分别为 0.804、0.880 和 0.740; 而 K_s 的确定性系数较低, 仅为 0.480。在黄土高原区, R_b 和 R_{bc} 回归方程的确定性系数低于土石山区, 分别为 0.716 和 0.615; Q_{90} 和 S_{90} 回归方程的确定性系数较低, 远低于土石山区的确定性系数, 而 K_s 的确定性系数则相对较高, 高于土石山区 K_s 回归方程的确定性系数。

在泾河流域土石山区, R_b 和 R_{bc} 回归因子同时包含气候和下垫面要素, 且下垫面要素更为重要(偏相关系数值更大); 其他四个基流特征因子的回归因子仅包含下垫面要素, 因此下垫面要素对土石山区基流特征因子的区域化更为重要。在黄土高原区, 除 K_s 外, 基流特征因子的回归因子要么仅包含气候要素(对于 Q_{90}、S_{90}、BFI), 要么气候要素为更重要的控制要素(对于 R_b、R_{bc})。因此, 整体而言, 气候要素是黄土高原区基流因子回归方程最为重要的因子。

表 6.7　泾河流域基流特征因子多元回归方程及精度评估

区域	多元回归方程	R^2	$\overline{R^2}$	偏相关系数	$|r_0|$
土石山区	$R_b = 10^{-4.91} \times AI^{-2.58} \times EL^{2.24}$	0.988	0.985	−0.911/0.990	0.92
	$R_{bc} = 10^{-7.77} \times AI^{-1.80} \times EL^{2.21}$	0.986	0.983	−0.841/0.990	0.67
	$BFI = 10^{-3.78} \times EL^{1.04} \times LW^{-0.23}$	0.804	0.804	0.877/−0.684	4.79
	$K_s = 10^{-0.53} \times CC^{-2.58}$	0.480	0.420	−0.690	—
	$Q_{90} = 10^{-2.91} \times HP^{-1.44} \times GR^{-1.33}$	0.880	0.860	−0.930/−0.680	1.08
	$S_{90} = 10^{-5.19} \times HP^{-1.97} \times CC^{-5.02}$	0.740	0.670	−0.860/0.700	0.45
黄土高原区	$R_b = 10^{60.8} \times ET_p^{-20.12} \times HP^{-1.15}$	0.716	0.645	−0.846/−0.647	8.22
	$R_{bc} = 10^{43.4} \times ET_p^{-15.24} \times HP^{-1.08}$	0.615	0.519	−0.780/−0.637	7.83
	$K_s = 10^{0.69} \times SC^{-11.7} \times RE^{-1.35}$	0.700	0.620	−0.820/−0.660	5.57
	$BFI = 10^{0.057} \times AI^{-1.57}$	0.489	0.432	−0.699	—
	$Q_{90} = 10^{0.54} \times AI^{-4.13}$	0.530	0.480	−0.728	—
	$S_{90} = 10^{0.59} \times AI^{-4.26}$	0.540	0.490	−0.735	—

注：$|r_0|$ 是多元回归方程中第一、二个自变量变化 10% 引起的径流/基流因子变化的比例。

2. 基于 Budyko 和 L'vovich 框架的区域化分析

在径流/基流因子中，R_c 和 R_{bc} 可以由 Budyko 或 L'vovich 框架进行区域化。如图 6.13 所示，以一个固定的参数 ω 不能很好地拟合 R_c-AI 的关系，这表明除 AI 外，流域下垫面特征对 R_c 有显著影响。首先由式(6.8)和式(6.10)计算泾河流域 23 个子流域的参数 ω 和 λ_b；然后用回归分析建立每个区域的子流域参数 ω 和 λ_b 与下垫面要素之间的关系。

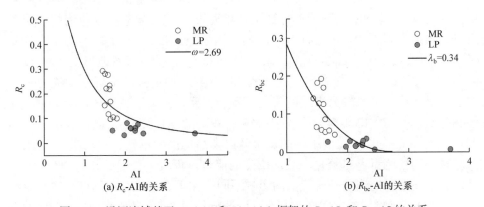

图 6.13　泾河流域基于 Budyko 和 L'vovich 框架的 R_c-AI 和 R_{bc}-AI 的关系

结果表明，土石山区的 12 个子流域参数 ω 与下垫面要素中的平均高程(EL)和土壤黏粒含量(CC)关系显著，回归方程为

$$\omega = \exp 7.77 \times \mathrm{EL}^{-0.85} \times \mathrm{CC}^{-0.33} \tag{6.11}$$

在黄土高原区，11 个子流域的参数 ω 与林地比例(FR)相关程度最高，回归方程为

$$\omega = \exp 1.49 \times \mathrm{FR}^{0.11} \tag{6.12}$$

MR 区和 LP 区回归方程的确定性系数分别为 0.97 和 0.79。

采用上述回归分析方法，识别出 MR 区 12 个子流域参数 λ_b 的控制因子为平均高程(EL)，回归方程为

$$\lambda_b = \exp 7.81 \times \mathrm{EL}^{-1.21} \tag{6.13}$$

在 LP 区的 11 个子流域中，识别出参数 λ_b 的控制要素为草地比例(GR)和高平原比例(HP)，其回归方程为

$$\lambda_b = \exp(-0.95) \times \mathrm{GR}^{-0.38} \times \mathrm{HP}^{0.30} \tag{6.14}$$

式(6.13)和式(6.14)的确定性系数分别为 0.94 和 0.75。

Budyko 和 L'vovich 框架的径流/基流特征因子与气候、下垫面要素的回归关系总体上与多元回归分析结果一致。在 MR 区，R_c 和 R_{bc} 由下垫面要素中的 EL 控制；在 LP 区，除 AI 外，FR 是 R_c 的主要控制要素。这两种区域化方法之间的差异表现在黄土高原区 R_{bc} 控制要素的差异：基于 L'vovich 方程，得出 R_{bc} 由下垫面要素中的 GR 和 HP 及气候要素 AI 控制；而基于多元回归分析，R_{bc} 由下垫面要素中的 HP 和气候要素 ET_p 控制。

6.2.8　不同区域径流/基流演变的特征及其驱动机制对比分析

泾河流域中径流/基流演变的区域特征及其驱动机制相对复杂，但两个区域(MR 区和 LP 区)的径流/基流特征及其与气候-下垫面要素相互作用的空间模式可以归纳为图 6.14。在土石山区，较湿润的气候和降水较不均匀的年内分配(在空间相关关系中，较小的 AI，较大的 P 和 SI)以及较大的地形变化(即较高的高程、较陡的坡度、较大比例的林地和空间异质性更强的土壤)，对应着更大的径流量、基流量与较为平缓的流量过程。相反，在黄土高原区，较干旱的气候和降水较不均匀的年内分配(较小的 P，较高的 AI 和 SI)，以及较小的地形变化(即较高的高程、坡度平缓的黄土塬以及高比例的草地、较均质的土壤)，对应较小的径流量、基流量和波动剧烈的流量过程线。此外，在这两个地区，气候和下垫面对径流与基流特征的影响不同。在土石山区，地形变化对径流特性，特别是基流特征的空间变化有更强的调节作用；而在黄土高原区，气候的空

间变化对径流特征,特别是基流特征的影响较大。由敏感性分析(表 6.6 和表 6.7)表明,年径流和基流在土石山区对气候要素(AI 或 ET_p)的敏感性远低于在黄土高原区。特别是基流的 r_0 值,在土石山区小于 1,而在黄土高原区大于 7。这说明即使只有小幅度的降水减少或干旱度增加都将导致黄土高原区子流域径流明显减少。

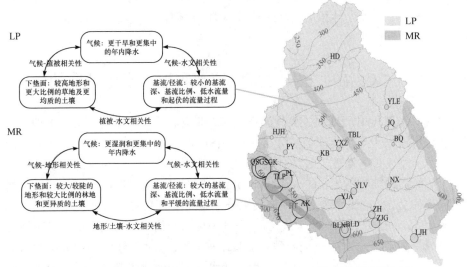

(a) 泾河流域两区域水文-气候-下垫面之间的关系　　　　(b) 年平均径流深的相对值

图 6.14　泾河流域土石山区和黄土高原区水文-气候-下垫面之间关系示意图

(a)中箭头方向对应两区域水文-气候-下垫面要素之间的关联特征;(b)中圆圈代表年平均径流深的相对值

泾河流域两区域对气候的不同水文响应表明,这两个区域的径流产生机制是不同的。饱和地表径流或地下径流是湿润区主要的径流成分,如在土壤更薄,森林覆盖率更高的土石山区中,高程高、坡度陡的山坡上产生的地下径流的比例较高。而超渗径流(霍顿机制)在较干旱的子流域(Tian and Sivapalan, 2012)中为主要径流成分,如在较厚的土壤和较高的草地覆盖率的黄土高原区,产生的总径流中地表径流的比例较高,Liu 等(2012)通过模型模拟表明,在 4～9 月,黄土高原区域的地表径流贡献可超过 72%。

在湿润的土石山区,植被对气候条件的依赖性较弱(FR、GR 与 P、AI 之间相关性弱);但是在较干旱的黄土高原区,尽管草地是区域的主要植被,森林分布高度依赖气候条件。在两个区域中,森林覆盖率的增加,均会使径流/基流比例增大,并使流量过程变得平缓。然而,较高的森林覆盖率并不能减少土石山区的年径流量和基流量,但显著地减少了黄土高原区的地表径流。

虽然黄土高原区径流/基流的空间分布相对来说没有土石山区对下垫面的空间差异敏感,但黄土高原区的径流/基流特征依赖于森林覆盖率这类易变化的下垫面条件，而土石山区的径流/基流特征主要依赖地形。特别是黄土高原区的地表径流作为径流的主要来源，对森林的变化非常敏感。这表明在黄土高原区人工干预对森林覆盖率的微小改变可能会导致径流的显著变化，从而加剧流域土壤侵蚀。近些年，由于黄土高原地区一些大规模的植被恢复计划，例如，1999 年推出的"绿色工程"计划(Wang et al., 2017)，黄土高原地区的植被覆盖度显著增加，这会显著改变地区水资源的分布。本节研究表明，在黄土高原生态修复方案中，应该选择与区域气候、下垫面条件相适应性的植被种类，以便在黄土高原上保持径流/基流和植被恢复之间的平衡。

6.3　大气 CO_2 浓度上升对流域植被和地表水量平衡的影响

大气 CO_2 浓度升高增强了大气温室效应，带来地表温度和降水分布的改变。这些变化可进一步导致全球植被分布的变化(Smith and Shugart, 1992；Emanuel et al., 1985)。大气 CO_2 浓度上升增强植物的光合速率，增进植被对碳的吸收与同化作用，从而促进植物的生长(Prior et al., 2011)。同时，光合速率的增加伴随着植物蒸腾速率的变化，进而导致土壤和地表水分平衡发生改变(Gerten et al., 2004)。Idso 和 Brazel(1984)研究表明，当大气 CO_2 浓度为现状两倍时，美国西部植被蒸散发速率将减小为现状的 2/3，进而导致径流量增加 40%～60%。土壤与地表可用水的变化将进一步反馈并影响植被生理过程，如水分利用效率(Winner et al., 2004；Yu et al., 2004)。因此，理解大气 CO_2 浓度上升背景下植被-水文相互作用的变化对准确预测未来水资源量和植被演变趋势至关重要(Shafer et al., 2015；Sitch et al., 2008；Arora, 2002)。

由于不同植物种类动态生理结构和光合作用途径的不同，植被生长对 CO_2 浓度上升响应也存在差异。Miles 等(2004)指出，在亚马孙河流域 69 种植物中，成熟的高大树木(高度>25m)对 CO_2 浓度变化的响应最小，生命期短的物种对 CO_2 浓度变化的响应最大。Prior 等(2011)指出，与 C4 植物相比，C3 植物生长对 CO_2 变化的反应更强。大气 CO_2 浓度升高使植被减小气孔孔径来削弱蒸腾作用；然而，高浓度 CO_2 促进植物生长，增加的植被叶面积可减弱甚至抵消这种影响，进而在不同气候区 CO_2 浓度升高对地表和土壤中水分平衡影响不同。例如，Li 和 Ishidaira(2012)研究表明，大气中仅 CO_2 浓度的增加就能够导致湿润地区(水分不受限环境)径流增加 11.9%～21.8%、干旱地区(水分受限环境)径流大幅减少，为48.6%。半湿润或半干旱气候区介于湿润和干旱气候之间，生态系统更加脆弱，植被动态和水文过程对 CO_2 浓度上升的响应可能在湿润或干旱气候下的生态系统有很大区别。

黄土高原地区是一个典型的半干旱气候区。历史记录表明，黄土高原在不同的时间尺度上经历了较大的暖-湿和冷-干交替(Tan et al., 2014)。在过去的 2000 年里，由于气候半干旱特征越发显著，该地区的森林覆盖率持续下降。这增大了该地区土壤侵蚀和极端气候事件(如干旱和沙尘暴)发生的概率(Wang et al., 2006)。因此，理解大气 CO_2 浓度的升高及其对植被和地表水文的影响，是否会改变这种恶化状况值得关注，对于制定恢复或改善当地环境政策的相关工作至关重要(Xiao, 2015)。

1991～2011 年，黄土高原大气 CO_2 浓度的年增加速率为$(2.2\pm0.8)\times10^{-6}$(体积分数)(Fang et al., 2014；Zhou et al., 2003)，高于全球年平均水平 1.69×10^{-6}(MacFarling and Meure, 2006)，这将强烈影响黄土高原区植被及其与水文的相互作用关系。本节以黄土高原的泾河流域为研究区，利用全球动态植被模型，量化 CO_2 浓度升高对黄土高原植被动态和地表水文过程的影响并比较黄土高原半干旱半湿润气候条件下 CO_2 浓度升高时植被功能变化对地表水分平衡影响的差异。

6.3.1　研究区和数据

以泾河流域为研究对象，流域特征详见 6.2.1 节。采用 1916～2012 年逐月气象数据，该数据来自 $0.5°\times0.5°$分辨率的 CRUTS 3.23 数据集(Harris et al., 2014)，包括降水、平均气温、湿天数和云量等要素。由于该数据在研究区存在降水低估和温度高估的现象，根据中国气象局 $0.5°\times0.5°$ 分辨率网格数据集(CN05)对 CRU 数据进行了校正。CN05 数据集基于中国 2472 个站点 1961～2012 年观测数据，具有较高的数据处理精度。利用这 52 年的 CN05 数据与 CRUTS 3.23 数据逐网格内各月降水和温度的线性关系，校正 1916～2012 年 CRU 的月数据。

从降水数据可以得出，泾河流域 1916～2012 年平均年降水量为524.7mm。在空间上，降水量沿东南向西北逐渐减小，流域西北部年降水量最小，为 343.6mm；东南部年降水量最高，为 673.2mm。从时间尺度上看，1916～2012 年降水量最小的年份发生在 1942 年，年降水量为 346.0mm；降水量最大的一年发生在 1964 年，为 760.2mm(图 6.15(a))。1916～2012 年平均气温变化范围为 6.8～9.7℃(图 6.15(b))。1950 年前和 1986 年后气温偏高，而 1950～1985 年气温偏低。

1916～2012 年大气 CO_2 浓度数据来自 Scripps CO_2 Program(MacFarling and Meure, 2006)。可以看出，1916～2012 年平均 CO_2 浓度为 330.1×10^{-6}，CO_2 浓度从 1916 年 301.6×10^{-6} 上升到 2012 年 391.2×10^{-6}，如图 6.15(c)所示。在 1965 年以后 CO_2 浓度快速上升，特别是在 1991～2010 年，CO_2 浓度从 353.2×10^{-6} 上升到 387.0×10^{-6}，这与泾河流域附近瓦里关站在此期间实测的 CO_2 浓度$(355.2\sim389.5)\times10^{-6}$ 一致(Fang et al., 2014; Zhou et al., 2003)。

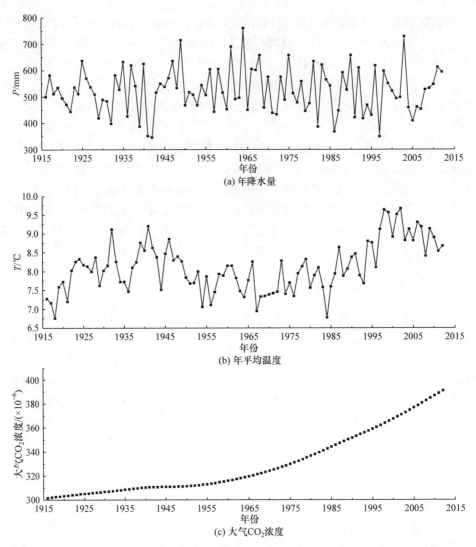

图 6.15　1916～2012 年泾河流域年降水量(P)、年平均温度(T)和大气 CO$_2$ 浓度变化曲线

本节利用流域控制水文站(张家山水文站)1932～2012 年月径流数据，进行模型水平衡验证。土壤数据来自 FAO 土壤数据集(Zobler, 1986)。

6.3.2　LPJ 模型

LPJ 模型描述陆地植被动态以及土壤与大气之间的碳、水交换过程(Gerten et al., 2004)，广泛应用于陆地生态系统和水-碳循环研究。LPJ 模型依次计算模型各网格内的水-碳循环。每个网格内水循环包括降水、融雪、截留、下渗、蒸散发和径流过程，详细计算过程参见 Gerten 等(2004)的文献。每个网格内碳循环考虑光合作用、呼吸作用、建立、死亡和凋落物分解等过程，详细描述参见 Sitch 等(2003)的文献。

1. LPJ 模型架构

LPJ 模型架构如图 6.16 所示。模型输入包括气候条件、土壤条件、大气 CO₂ 浓度和纬度信息。其中，气候条件包括：月降水量、月平均气温、月湿天数和月云量。湿天数输入是用来将月降水量通过随机天气发生器方法插值成日降水量。

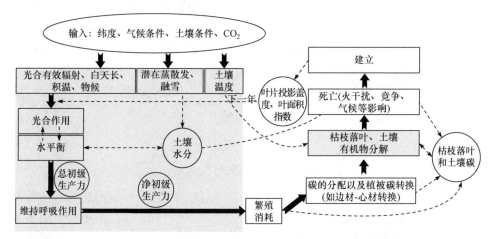

图 6.16　LPJ 模型架构概化图

长方形表示模型内部计算模块；圆形表示模型的主要中间变量；虚线箭头表示模块或变量之间的相关关系；
黑色箭头表示模型计算顺序，从输入开始

模型计算基本内容包括：以天为步长计算植被物候以及土壤、植被和大气之间水量的交换；以月为步长计算植被生理过程(如光合作用、呼吸作用、净初级生产力和凋落物分解)；以年为步长更新植被状态(如叶片投影盖度、叶面积指数、种群密度等)、碳资源分配、植被的建立和干扰(火)。

模型输出包括土壤、植被和大气之间水通量和碳通量以及植被的分布和状态。水通量包括径流量(R)、潜在蒸散发(ET_p)、实际蒸散发(AET)及其组成(土壤蒸发(ES)、截留蒸发(EI)和植被蒸腾(EP))、土壤含水量；碳通量包括植被总初级生产力(gross primary production, GPP)、净初级生产力(net primary productivity, NPP)、地上和土壤生物量等；植被的分布和状态包括植被的叶片投影盖度(foliage projective cover, FPC)和物候等。

2. LPJ 模型演算的基本过程

表征植被动态指标主要有植物功能型(plant functional type, PFT)、总初级生产力、净初级生产力、叶片投影盖度。

模型采用 10 种 PFT 划分植被的种类、结构和生理差别，包括 8 种乔木、2 种草本。每种植物功能型都有其生物和气候限制因子(详情参见 Sitch 等(2003)中的表 1 和表 2)。这些参数决定了植物的性状、形态、物候、生理和生活史特征。

1) 植被动态计算过程

光合作用模块计算每种 PFT 冠层尺度的净 CO_2 同化量。植被光合作用总同化量 A_{gd} 的计算公式为

$$A_{gd} = \frac{j_e + j_c - \sqrt{(j_e + j_c)^2 - 4 \times \theta \times j_e \times j_c}}{2 \times \theta \times \text{dayl}} \tag{6.15}$$

式中，θ 为形状限制因子，取值为 0.7；dayl 为白天时长(h)；j_e 为日照光合有效辐射限制的光合作用速率(molC/(m²·h))；j_c 为 Rubisco 活化酶(二磷酸核酮糖羧化酶)限制的光合作用速率(molC/(m²·h))。j_e 和 j_c 采用以下公式计算：

$$j_e = c_1 \times \text{APAR} \tag{6.16}$$

$$j_c = c_2 \times v_m \tag{6.17}$$

$$\text{APAR} = \text{PAR} \times \text{FPAR} \times \text{alpha} \tag{6.18}$$

式中，c_1 和 c_2 为大气 CO_2 浓度和气温等环境条件的限值函数；APAR 为植物吸收的光合有效辐射(J/(m²·d))；PAR 为日照光合有效辐射(J/(m²·d))，取值为太阳净短波辐射的 1/2；FPAR 为光有效吸收效率，模型中将考虑植被物候的叶片投影盖度(FPC)直接作为对应 PFT 的 FPAR；alpha 为叶尺度与生态尺度的转换因子，取值为 0.5；v_m 为 Rubisco 活化酶的能力(gC/(m²·d))。

各种 PFT 每天的总初级生产力(GPP)代表植物单位时间单位面积通过光合作用固定的有机碳总量，数值上等于 A_{gd}。各种 PFT 的维持呼吸消耗量 R_m 代表植物各组织维持呼吸消耗的固碳量总和，计算公式为

$$R_m = r \times \left[g(T) \times \frac{C_{\text{leaf}}}{\text{CN}_{\text{leaf}}} + g(T) \times \frac{C_{\text{sapwood}}}{\text{CN}_{\text{sapwood}}} + g(T) \times \frac{C_{\text{root}}}{\text{CN}_{\text{root}}} \right] \times p \tag{6.19}$$

$$g(T) = e^{\left[308.5 \left(\frac{1}{56.02} + \frac{1}{T + 46.02} \right) \right]} \tag{6.20}$$

式中，r 为维持呼吸常数，一般取值为 1.2；$g(T)$ 为 Arrhenius 方程，对于叶和边材组织 T 为大气温度，而对于根组织 T 为土壤温度；C_{leaf}、C_{sapwood} 和 C_{root} 分别为叶、边材和根组织的碳库碳量(gC)；CN_{leaf}、$\text{CN}_{\text{sapwood}}$ 和 CN_{root} 分别为叶、边材和根组织的碳氮比；p 为群体密度(m⁻²)。

各种 PFT 的净初级生产力(NPP)的计算公式为

$$\text{NPP} = \max[0.75(\text{GPP} - R_m), 0] \tag{6.21}$$

式中，0.75 代表 25%的 $(\text{GPP} - R_m)$ 被植被生长呼吸所消耗的固碳量。

叶片投影盖度(FPC)是表征植被动态的另一个重要指标(Specht, 1981)，FPC 定义为每一种 PFT 的叶片在地面的垂直投影面积覆盖统计区域表面的比例。各 PFT 的 FPC 计算公式为

$$\text{FPC} = \text{CA} \times P \times \text{FPC}_{\text{ind}} \tag{6.22}$$

$$\text{FPC}_{\text{ind}} = 1 - e^{-0.5 - \text{LAI}_{\text{ind}}} \tag{6.23}$$

$$\text{LAI}_{\text{ind}} = C_{\text{leaf}} \times \frac{\text{SLA}}{\text{CA}} \tag{6.24}$$

式中，CA 为冠层面积(m^2)；FPC_{ind} 为平均个体叶片投影盖度；LAI_{ind} 为各 PFT 的平均个体叶面积指数；SLA 为比叶面积(m^2/gC)，由 PFT 的叶寿命计算得到。可以看出，各 PFT 的 LAI_{ind} 和 FPC 主要依赖 C_{leaf}，而 C_{leaf} 与 NPP 成正比。

各 PFT 考虑物候的叶片投影盖度(f_{v})的计算公式为

$$f_{\text{v}} = d_{\text{phen}} \times \text{FPC} \tag{6.25}$$

式中，d_{phen} 为当天树上叶子数占当年树上最大叶子数的比例，由当天累积温度占树上最大叶子数所需积温的比例计算得到。常绿林和草类 PFT 的 d_{phen} 固定为 1。

2) 水平衡计算过程

LPJ 模型中每个网格内水平衡模型计算框架如图 6.17 所示。每个网格的水循环包括降水、融雪、截留、渗透、渗流、蒸散发和径流等过程。产流计算采用简单的水箱模型，土壤层分为两层(上层厚度 d_1 为 50cm，下层厚度 d_2 为 100cm)，其上下层水量平衡公式如下：

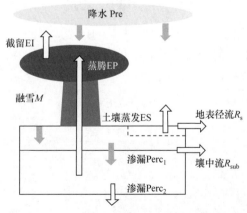

图 6.17 LPJ 模型每个网格内的水平衡计算框图

$$W_1 = \text{Pre} + M - \text{ES} - \text{EI} - \beta_1 \times \text{EP} - R_{\text{s}} - \text{Perc}_1 \tag{6.26}$$

$$W_2 = \mathrm{Perc}_1 - \beta_2 \times \mathrm{EP} - R_{\mathrm{sub}} - \mathrm{Perc}_2 \tag{6.27}$$

式中，W_i 为 i 层土壤水分含量的变化(mm)，$i=1$ 和 $i=2$ 分别为上层土壤和下层土壤；Pre 为当日降水量(mm)；M 为融雪量(mm)；ES 为土壤蒸发量(mm)；EI 为截留蒸发量(mm)；EP 为植被蒸腾量(mm)；β_i 为根系从 i 层土壤吸收的用于植被蒸腾的水分比例；Perc_i 为 i 层的下渗量(mm)；R_s 和 R_{sub} 分别为地表径流和壤中流(mm)。模型总产流量(R)为 R_s、R_{sub} 和 Perc_2 三者的总和。目前，模型未考虑网格之间土壤水的交换，也未考虑河流汇流演算。

模型中的雪模块采用度日因子法计算融雪量 M，其计算方法如下：

$$M = (1.5 + 0.007\mathrm{Pre})(T - T_{\mathrm{snow}}) \tag{6.28}$$

式中，T 为当日气温(℃)；T_{snow} 为融雪的阈值气温，设置为 0℃。

上下层土壤体积含水量 w_i 的计算公式如下：

$$w_i = W_i / [f_{\mathrm{whc}}(i) \times d_i] \tag{6.29}$$

式中，$f_{\mathrm{whc}}(i)$ 为 i 层土壤的有效体积含水量，等于 i 层土壤的田间含水量减去凋萎含水量(cm/cm)，可根据土壤性质赋值；d_i 为 i 层土壤厚度(mm)；下标 $i=1$ 和 $i=2$ 分别为上层土壤和下层土壤。

土壤层下渗量 Perc_1 和 Perc_2 主要与土壤含水量有关，计算公式如下：

$$\mathrm{Perc}_i = kw_i^2 \tag{6.30}$$

式中，k 为导水系数(mm/d)，根据土壤属性赋值。

当计算的上层或下层体积含水量 w_i 大于 1 时，上层或下层土壤开始产流，地表径流 R_s 和壤中流 R_{sub} 的计算公式分别如下：

$$R_s = (w_1 - 1.0)f_{\mathrm{whc}}(1)d_1 \tag{6.31}$$

$$R_{\mathrm{sub}} = (w_2 - 1.0)f_{\mathrm{whc}}(2)d_2 \tag{6.32}$$

潜在蒸散发量 $\mathrm{ET_p}$ 的计算采用 Priestley-Taylor 公式，在区域尺度上主要受净辐射量(R_n)和气温(T)影响，计算公式如下：

$$\mathrm{ET_p} = \alpha \mathrm{ET_q} \tag{6.33}$$

$$\mathrm{ET_q} = \frac{\Delta}{\Delta + \gamma} \times \frac{R_n}{L} \tag{6.34}$$

$$\Delta = \frac{2.503 \times 10^6 \times e^{\frac{17.27T}{237.3+T}}}{(237.3 + T)^2} \tag{6.35}$$

式中，α 为修正系数，模型中取值为 1.32，最大值为 1.391；$\mathrm{ET_q}$ 为平衡态蒸散发量(mm/d)；Δ 为饱和水汽压-气温关系斜率；R_n 为净辐射量，是网格纬度、气温、日照时数和当年总天数的函数；γ 为湿度计常数，取值为 65Pa/K；L 为水分的汽化潜热，取值为 2.5×10^6J/kg。

实际蒸散发量(AET)为植被蒸腾量(EP)、土壤蒸发量(ES)和截留蒸发量(EI)三者的总和。其中，EI 的计算公式为

$$EI = ET_p \times f_{wet} \tag{6.36}$$

$$f_{wet} = \min\left[Pre \times LAI_{ind} \times i \times f_v / EP, 1\right] \tag{6.37}$$

式中，ET_p 为潜在蒸散发量(mm)；f_{wet} 为冠层在白天的湿润时间占比；i 为各 PFT 截留系数，草本的截留系数值为 0.01，木本的截留系数值取为 0.02 或 0.06。

植被蒸腾量(EP)计算考虑植物需水量 D 和土壤供水量 S 限制(Ca, 1982)，其公式为

$$EP = \min\left[S, D\right] \times f_v \tag{6.38}$$

式中，$\min\left[S, D\right]$ 为植物需水量 D 和土壤供水量 S 之间的最小值。S 和 D 的计算方法如下：

$$S = EP_{max}(w_1 f_1 + w_2 f_2) \tag{6.39}$$

$$D = ET_q \times \alpha_{max} \times \frac{1 - f_{wet}}{1 + \dfrac{g_m}{d_{phen} g_{pot}}} \tag{6.40}$$

$$g_{pot} = g_{min} + 1.6 A_{dt} / c_a (1 - \lambda) \tag{6.41}$$

其中，EP_{max} 为各 PFT 在无水分限制条件的最大蒸腾量，赋值范围为 5～7 mm/d；f_i 为植被根系在 i 层土壤的分布比例，$i=1$ 代表上层土壤，$i=2$ 代表下层土壤；α_{max} 为最大的 Priestley-Taylor 修正系数，取值为 1.391(Huntingford and Monteith, 1998)；g_m 为标度导度，取值为 3.26；g_{pot} 为潜在冠层导度；g_{min} 为各 PFT 考虑植被水分损失的最小冠层导度；A_{dt} 为白天总的净光合作用量(gC/(m²·d))；c_a 为大气中 CO_2 浓度(摩尔分数)；λ 为非水分限制条件下细胞间 CO_2 分压与环境分压的准恒定比，C3 植被取值为 0.8，C4 植被取值为 0.4。在无水分限制条件($S \geq D$)下，植被实际冠层导度等于潜在冠层导度 g_{pot}。

土壤蒸发量(ES)只发生在裸土区域，是表层 20cm 内土壤含水量 wr_{20} 的函数，计算公式为

$$ES = ET_p \times wr_{20} \times (1 - f_v) \tag{6.42}$$

3) 气候要素对植被-水文动态互馈作用的影响

LPJ 模型中不同气候要素对植被动态和水文过程的影响方式存在差异。降水的变化会改变土壤含水量，进而影响土壤供水量 S，然后，通过土壤水分胁迫作用最终影响植被 FPC。对于水文过程，降水会直接影响截留量(式(6.36)和式(6.37))，也会通过影响 S 和 wr_{20} 分别影响植被蒸腾量(式(6.38)和式(6.39))和土壤蒸发量(式(6.42))。

气温对植被动态和水文过程的影响较复杂。气温的变化可能会引起 PFT 分布的改变。另外，在同种 PFT 中，气温的变化会通过改变光合作用计算过程中 c_1 和 c_2 来影响光合同化量(式(6.15))，也会通过影响 R_m(式(6.19))共同影响植被 NPP 和植被生长。除了通过改变植被的方式影响水文过程，气温的变化也通过影响潜在蒸散发(式(6.33)~式(6.35))和融雪过程(式(6.28))直接改变当地水文过程。

大气 CO_2 浓度变化同样会改变 c_1 和 c_2，进而影响植被光合同化量。另外，CO_2 浓度变化会影响植被气孔导度(式(6.41))，进而影响植被蒸腾作用。

植被对水文过程的影响体现在对实际蒸散发过程的影响。其中，截留蒸发量 EI 受植被 f_v 和 LAI 影响(式(6.36)和式(6.37))，而 f_v 和 LAI 与 FPC 呈正相关关系(式(6.23)和式(6.25))；土壤蒸发量 ES 受植被 f_v 的影响(式(6.42))；植被蒸腾量 EP 受植被 g_{pot}、f_v 和根系分布(f_1 和 f_2)的影响(式(6.38)~式(6.41))。

水文过程对植被的影响体现在水分对植被的胁迫作用，进而影响植被叶的碳含量及分配。各 PFT 每天的水分胁迫系数 d_{wscal} 的计算公式为

$$d_{wscal} = \min\left[\frac{S}{d_{phen}D_{pot}}, 1\right] \tag{6.43}$$

式中，D_{pot} 为植被潜在需水量，当 $d_{phen}=1$ 时，$D_{pot} = D$；当 $d_{phen} < 1$ 时，其计算公式为

$$D_{pot} = \frac{ET_q \times \alpha_{max}}{1 + g_m / g_{pot}} \tag{6.44}$$

各 PFT 年水分胁迫系数 a_{wscal} 的计算公式为

$$a_{wscal} = \frac{\sum d_{wscal}}{d_{leafon}} \tag{6.45}$$

式中，$\sum d_{wscal}$ 为 $d_{phen}>0$ 的所有 d_{wscal} 的日累加值；d_{leafon} 为 $d_{phen}>0$ 的天数总和(d)。植被叶碳量与根碳量比与 a_{wscal} 呈线性正相关关系，因此植被受水分胁迫将影响叶碳量，进而影响 LAI 和 FPC(式(6.23)和式(6.24))。

3. 流域水平衡参数率定

在 LPJ 模型以及其他陆面模型中，水平衡是区域和全球水分循环及其与能量、物质循环耦合的基础和纽带。在水平衡方程中，土壤蓄水容量(WM)是计算流域产流量 R 的重要参数，定义为地表以下某一深度内植被能够吸收的最大水分：

$$WM = h_e\left(\theta_f - \theta_r\right) \tag{6.46}$$

式中，h_e 为土壤有效深度或厚度(cm)；θ_f、θ_t 分别为田间持水量和凋萎含水量(cm/cm)。WM 取决于土壤特性和植被等因素，其中，θ_f、θ_t 取决于土壤质地、有机质含量等特性；h_e 在植被覆盖区取决于植被根系发育深度，在裸土地区取决于土壤特性。

土壤有效厚度(h_e)及土壤蓄水容量(WM)变化对水通量和碳通量影响显著。例如，Milly 和 Dunne 研究表明(Milly and Dunne, 1994)，当全球平均 WM 从 4cm 增加到 60cm 时，全球平均蒸散发量增加 36%，径流量减少 35%；Feddema(1998)认为土壤中水分亏缺与 WM 减少成正比，且湿润期 WM 对径流影响以及干旱期 WM 对蒸散发影响尤为显著。然而，LPJ 模型以及其他大尺度陆面模型中，大都采用某一特定土壤有效厚度(h_e)进行全球或区域陆面水、热平衡以及通量计算，例如，在 LPJ 模型中 h_e 设置为 150cm(Sitch et al., 2003)、简单生物圈模型(simplified simple biosphere model, SSiB)模型中设置为 160cm(Goward et al., 2002)。LPJ 模型应用于全球不同地区水碳动态变化模拟结果表明(Gerten et al., 2004)，不同地区采用同一 h_e 值会出现模型计算的水量平衡误差问题。因此，需要根据不同区域特性对 h_e 进行修正。

目前，通过实测资料确定 h_e 的方法主要有两种：一种是根据土壤剖面实测含水量变化数据进行估算，例如，Ladson 等(2006)收集澳大利亚 180 个土壤剖面实测含水量，采用土壤剖面中含水量变化的最大深度确定 h_e，并结合最湿、最干时土壤含水量确定 WM。另一种是综合考虑植被根系深度分布、土壤厚度以及空间比例估算 h_e，该方法研究表明，仅考虑单一下垫面因素会导致估算的 h_e 存在较大误差，例如，Ladson 等(2006)根据植被根系发育深度得出，森林植被区 h_e 值可深至 1200cm，草地和作物区 h_e 值可深至 200cm；但 Dunne(1996)认为在网格尺度内如果考虑裸土和根系之间的比例，h_e 值将显著降低。以上两种方法需要详细的植被(覆盖度、根系分布)、土壤(含水量)等观测资料，在缺乏可靠的观测资料地区 h_e 估值误差还很大。由式(6.26)和式(6.27)可知，水量平衡可综合考虑不同气候及下垫面特征下土壤有效厚度 h_e 或土壤蓄水容量 WM 对蒸散发、径流等的影响。因此，根据流域实测降水量、径流量以及潜在蒸散发量资料，并结合流域植被、土壤特性以及实际蒸散发(如植被蒸腾、土壤蒸发)计算方法，可以推求不同 h_e 和 WM 下径流深，再根据实测径流深与模型计算径流深之间误差最小，反求 h_e 和 WM，以修正原 LPJ 模型中假设的固定常数。

本节中采用基于水量平衡的方法来反演土壤有效厚度(黄日超等，2016)。由式(6.26)、式(6.27)、式(6.31)及式(6.32)可知，LPJ 模型中水量平衡计算主要取决于上下层土壤蓄水容量(即式(6.31)和式(6.32)中 $f_{whc1}d_1$、$f_{whc2}d_2$)，其中，f_{whc1}、f_{whc2} 可根据土壤特性给定，因此模型待率定参数为 d_1、d_2。以实测年径流量和模拟年径流量相对误差(E_R)最小作为目标函数，率定上下层土壤有效深度(d_1、d_2)，E_R 计算公式如下：

$$E_R = \frac{\left| \overline{R_{\text{sim}}} - R_{\text{avg}} \right|}{R_{\text{avg}}} \times 100\% \tag{6.47}$$

式中，$\overline{R_{\text{sim}}}$、$R_{\text{avg}}$ 分别为研究时段内模拟和实测径流深平均值。E_R 用来反映模拟与实测结果在总量上的偏离程度，其值越接近 0，说明模型的模拟总量越接近实测总量，精度越高。

率定的具体方法为：设定上层土壤厚度 d_1 的变化范围为 20～100cm，变化间隔为 10cm；下层土壤厚度 d_2 的变化范围为 10～200cm，变化间隔为 10cm；选择 d_1、d_2 不同组合情形，模拟 1979～2014 年不同 d_1、d_2 组合下径流深。

6.3.3 参数率定及模拟结果验证

利用 LPJ 模型进行模拟时需先进行模型预热(spin-up)，即先将 LPJ 模型运行 1000 年以使土壤水分、碳库达到平衡状态。之后从平衡状态起运行模型，设定气候变化情景或根据历史气候变化资料作为模型输入，模拟植被和水文动态对大气 CO_2 浓度等气候要素变化的响应。模型输出包括植物变量(如叶面积指数(LAI)、叶片投影盖度(FPC)和净初级生产力(NPP))以及水文变量(如实际蒸散发量(AET)和径流深(R))。模型计算基于网格单元进行植被、水文动态演算，采用网格面积加权平均计算每个变量在流域内的平均值。

本研究在泾河流域，根据 1932～2012 年的实测径流深，以模型模拟的径流深过程与实测径流深相一致为目标，对模型中两层土层的厚度进行率定(黄日超等，2016)，率定得到的土壤厚度 d_1 和 d_2 均为 1.4m。植被和水量平衡计算中使用的其他参数参见相关文献(Sitch et al.，2003)。

利用率定的参变量，将模拟径流与流域出口(张家山水文站)的实测径流进行比较(图 6.18)。研究时段(1932～2012 年)内两者之间径流量的绝对误差为 0.1mm，是年平均值的 0.1%。表明该模型能够很好地模拟流域年径流量，但逐月径流模拟值与观测值还存在较大的差异。如图 6.19 所示，1 月和 11～12 月径流量较小月以及 7～8 月径流量较大月份径流量被低估；而 3～5 月以及 9 月模拟径流量高估了实际径流量。模型低估枯期径流问题主要由于模型中没有考虑土地利用类型改变等人为干预的影响(Gerten et al.，2004)。1950 年以来，研究区新建许多水坝和水库，同时 20 世纪 90 年代末以来盛行的梯田耕作以及广泛的植树造林活动，均会导致耗水量大量增加，并使 3～6 月的生长季早期的径流被高估(图 6.19)。

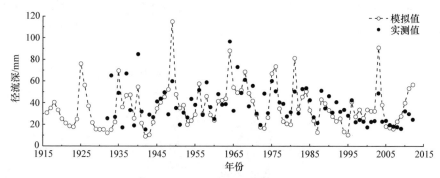

图 6.18 1916～2012 年模拟和观测的径流深对比

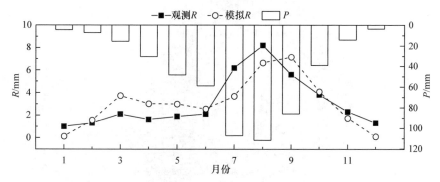

图 6.19 1932～2012 年平均月降水量、模拟的月径流深和观测的月径流深

率定后 LPJ 模型模拟的功能植被类型及分布如图 6.20 所示,与泾河流域的实际植被分类方案(Prentice et al., 2011)结果一致。流域东南部为温带夏绿阔叶林(TBS);北部优势植被为草地(C3)与灌木和矮木本植物/树木(主要是常绿针叶林,BNE)斑块状混合;自流域东南向北,灌木和矮木本植物的比例逐渐减少直至流域的北端为单一的草地。模型得到的这种模式与实际的土地覆盖(图 6.20 中的植被区域分界线,编号为 1～4)基本相似:流域主要覆被为草地,同时混有灌木,流域东南部为温带夏绿阔叶林(TBS),北部是单一草地。模型模拟与实际地表覆被的主要差异在于流域东部边缘,此处实际覆盖的优势植被为常绿针叶林(BNE)和夏绿阔叶林(BBS),而模型中被模拟为以草地为优势的植物类型。总体而言,泾河流域模拟的植被分布与实际植被分布较为一致。

通过对比模拟的 LAI(1982～2012 年)与同期基于卫星遥感的 NDVI 和 LAI(2005～2012 年)的年变化可知(图 6.21),1982～1994 年与 2005～2012 年两者较为吻合,1995～2004 年两者存在较大差异。1995～2004 年模拟值与实测值的差异主要是由区域经济政策变化引起的农业用地变化。20 世纪 90 年代中期，大量农村人口向城市迁移引起土地覆盖的变化，即产生大量弃荒地，造成覆被减少。1999年开始实行了退耕还林政策，使得大量弃荒地改变为林地，木本植被得以增加(Geng et al., 2008)。

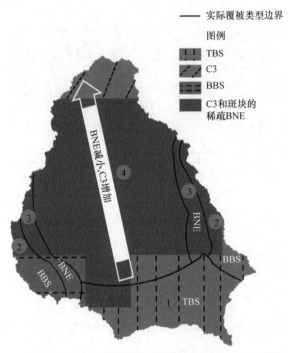

图 6.20　LPJ 模型模拟的功能植被类型分布与实际覆被类型分布

①为温带夏绿阔叶林(TBS)；②为北方夏绿阔叶林(BBS)；③为北方常绿针叶林(BNE)；
④为草地与农作物混合区；C3 表示草地

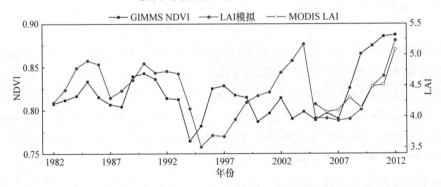

图 6.21　模拟的叶面积指数 LAI 与卫星产品 GIMMS NDVI 和 MODIS LAI 年变化过程对比

四种 PFT 模拟的 1916～2012 年 FPC 和 NPP 的变化如图 6.22 所示。四种 PFT 的 LAI 范围如下：温带夏绿阔叶林(TBS)为 2.07～4.79；北方常绿针叶林

(BNE)为 3.96～6.12；北方夏绿阔叶林(BBS)为 1.60～5.10；草地(C3)为 0.15～0.72(图 6.22(a))。TBS 和 BBS 模拟 FPC 在 0.35 上下波动，C3 的波动幅度最大(图 6.22(b))。20 世纪 60 年代以来，气候暖干化越来越显著，森林 PFTs 的 LAI 和 FPC 出现了小幅下降(如 TBS 和 BBS)。

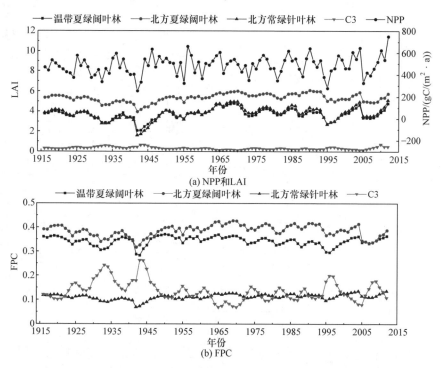

图 6.22 1916～2012 年不同功能植被类型 LAI、NPP 以及 FPC 变化曲线

模拟的 1916～2012 年多年平均 NPP 为 484.6 gC/(m²·a)，变化范围为 253.6～751.5 gC/(m²·a)。如图 6.23 所示，模拟的 NPP 对气候变化敏感，NPP 与年平均温度(T)呈负相关关系，与年降水量(P)和 CO_2 浓度呈正相关关系。

6.3.4 大气 CO_2 升高对植被和水文要素的影响

1965 年以后大气 CO_2 浓度急剧上升(图 6.15(c))，为量化 CO_2 升高效应，设定两种模拟情景：①将 1965～2012 年 CO_2 浓度固定为 1964 年的 $318.9×10^{-6}$水平，②采用 1965～2012 年实际的 CO_2 浓度(图 6.15(c))。前者 CO_2 浓度作为参照值，研究 CO_2 浓度变化对植被和水量平衡的影响。两种情景的模拟时段均为 1965～2012年，同时保持其他气象条件相同。两种情形模拟的 NPP、AET 和 R，以及它们在这两种模拟之间的差异如图 6.24 所示。模拟的蒸散发量(分别为植被蒸腾量(EP)、土壤蒸发量(ES)和植被截留蒸发量(EI))及其在两种情形中模拟值的差异如图 6.25 所示。表 6.8 概述了两种情形下模拟的植被动态指标(LAI、FPC 和 NPP)和水量平衡参数(R、AET、EP、ES 和 EI)，以及两种情景模拟变量的相对差异。

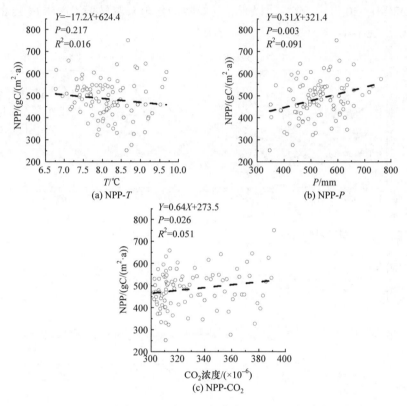

图 6.23　NPP 与年平均温度(T)、年降水量(P)和 CO_2 浓度的关系

　　结果表明，随着 CO_2 浓度的急剧上升，泾河流域 TBS、BNE 和 BBS 三种 PFT 的 LAI 和 FPC 增加，但 C3 的 LAI 和 FPC 减少。流域 1965~2012 年 LAI 平均值和总 FPC 分别增加了 8.4% 和 0.7%(表 6.8)。泾河流域 CO_2 上升情景的 NPP 为 277.3~751.5gC/($m^2 \cdot a$)，而固定 CO_2 情景的 NPP 为 251.4~699.8gC/($m^2 \cdot a$)。1965~2012 年 CO_2 上升情景下 NPP 平均值为 497.3gC/($m^2 \cdot a$)，比固定 CO_2 情景下的年平均 NPP 大 28.1 gC/($m^2 \cdot a$)，见表 6.8，即相对增加了 6.0%。随着 CO_2 浓度的升高，CO_2 对 NPP 的影响程度增强。从图 6.24(b)可以看出，在 1965~2012 年，当 CO_2 从 319.7×10^{-6} 上升到 391.2×10^{-6} 时，两种情景之间 NPP 相对误差范围为 0.2%~16.2%。特别是在 2000 年 CO_2 浓度达到较高水平之后(2000~2012 年) (图 6.24(b))，泾河流域的 NPP 相对固定 CO_2 情景增加了 49.6gC/($m^2 \cdot a$)，即相对增加了 10.6%。

　　结合图 6.24(a)和图 6.24(b)可知，NPP 还受到气候波动的影响，特别是降水变化的影响。CO_2 浓度升高时，在干旱年 NPP 将减少、在湿润年 NPP 将增加。此外，两种模拟情景之间 NPP 的相对误差(图 6.24(b)的柱状体)在湿润和干燥气候下也有很大不同。两种情景下模拟的 NPP 相对误差表明，当气候变干时，NPP 的相对误差变大。但当气候变湿时，NPP 的相对误差变小，如图 6.24(a)和(b)两个带有阴影的时期(1977～1984 年和 1985～1990 年)，NPP 在相反的气候条件下有不同的反应。

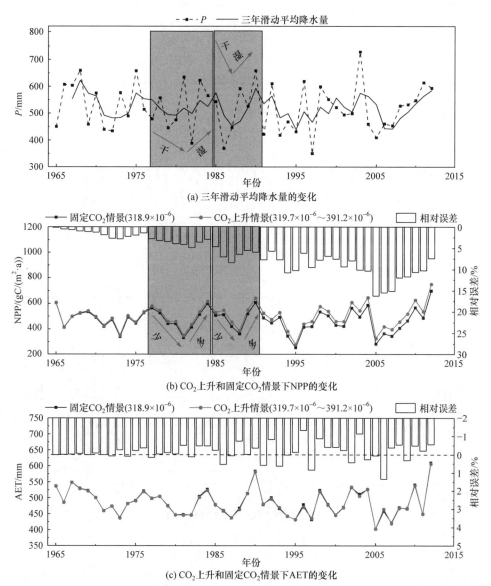

(a) 三年滑动平均降水量的变化

(b) CO_2 上升和固定 CO_2 情景下 NPP 的变化

(c) CO_2 上升和固定 CO_2 情景下 AET 的变化

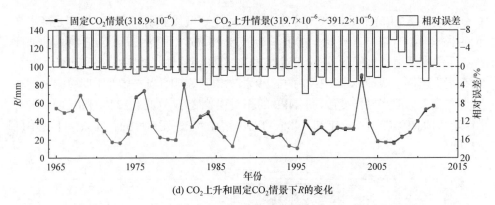

(d) CO_2 上升和固定 CO_2 情景下 R 的变化

图 6.24　1965～2012 年泾河流域三年滑动平均降水量、CO_2 上升和固定 CO_2 情景下 NPP、
AET 和 R 以及其相对误差

相对于 NPP 随 CO_2 浓度升高不断增大的趋势(图 6.24(b)中的柱状体), 受植被调节的地表水量平衡过程对 CO_2 上升则表现出不规则的变化。模拟结果表明, 在

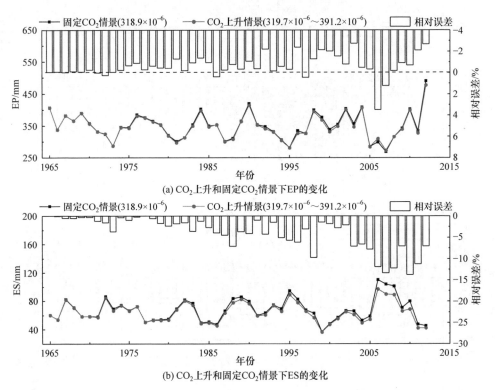

(a) CO_2 上升和固定 CO_2 情景下 EP 的变化

(b) CO_2 上升和固定 CO_2 情景下 ES 的变化

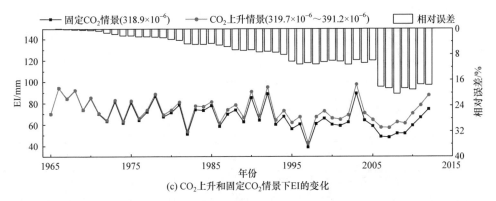

图 6.25　1965～2012 年泾河流域 CO_2 上升和固定 CO_2 情景下 EP、ES 和 EI 变化过程以及两种情景下模拟结果的相对误差

干旱气候中实际蒸散发量(AET)增加(图 6.24(c)中正值的柱状体，如 1997 年)，而在湿润气候中表现为减小(图 6.24(c)中负值的柱状体，如 1996 年)。

从表 6.8 可得，CO_2 浓度上升使 1965～2012 年的多年平均 AET 轻微减少(相对差异为-0.1%)。这主要是因为随着 CO_2 的升高，土壤蒸发(ES)和植被蒸腾(EP)分别减少 2.9mm 和 2.3mm，两者之和大于截留蒸发(EI)的增加(4.63mm)。在高 CO_2 浓度环境下，EP 减少与植物提高水分利用效率有关。

表 6.8　1965～2012 年泾河流域 CO_2 上升和固定 CO_2 情景下植被和水量平衡参数

变量		CO_2 上升情景 (319.7×10^{-6}～ 391.2×10^{-6})		固定 CO_2 情景 (318.9×10^{-6})		CO_2 上升情景与固定 CO_2 情景的差			
						平均值		范围	
		平均值	范围	平均值	范围	差值[①]	相对误差[②] /%	差值[①]	相对误差[②] /%
LAI	TBS	3.91	2.77～4.79	3.57	2.34～4.74	0.34	9.6	0～0.72	0～19.0
	BNE	5.58	4.91～6.12	5.22	4.22～5.98	0.36	6.9	0～0.78	0～16.9
	BBS	4.11	2.70～5.10	3.68	2.23～4.93	0.43	11.7	0.01～0.97	0.1～26.9
	C3	0.29	0.15～0.72	0.34	0.15～0.83	-0.05	-14.7	-0.28～0	-36.1～0
	平均值	3.47	2.73～4.04	3.20	2.40～3.94	0.27	8.4	0～0.55	0～18.5
FPC /%	TBS	34.2	29.7～37.0	33.7	28.6～37.0	0.5	1.5	0～1.2	0～4.3
	BNE	39.3	33.7～42.7	37.8	28.3～42.7	1.5	4.0	0～5.7	0～19.1
	BBS	11.9	9.7～13.6	11.3	9.0～13.0	0.6	5.3	0～1.1	0～11.5
	C3	12.1	7.0～20.0	14.0	7.0～22.9	-1.9	-13.6	-7.0～0	-36.4～0
	总和	97.5	87.9～99.9	96.8	82.8～99.8	0.7	0.7	0～5.1	0～6.1

续表

变量	CO$_2$上升情景 (319.7×10^{-6}~ 391.2×10^{-6})		固定 CO$_2$ 情景 (318.9×10^{-6})		CO$_2$ 上升情景与固定 CO$_2$ 情景的差			
					平均值		范围	
	平均值	范围	平均值	范围	差值[①]	相对误差[②]/%	差值[①]	相对误差[②]/%
NPP /(g C/(m^2·a))	497.3	277.3~751.5	469.2	251.4~699.8	28.1	6.0	1.1~60.5	0.2~16.2
AET /mm　EP	347.7	272.7~477.3	350.0	269.4~490.5	-2.3	-0.7	-13.2~10.4	-2.7~3.5
AET /mm　ES	64.6	36.6~97.2	67.5	37.2~110.4	-2.9	-4.3	-13.9~0	-13.8~0
AET /mm　EI	72.9	43.1~97.8	68.3	38.9~94.3	4.6	6.7	0~13.1	0~20.3
总和	485.2	402.7~607.4	485.8	402.5~610.6	-0.6	-0.1	-6.3~6.2	-1.3~1.3
R/mm	36.5	10.4~90.9	35.9	10.5~88.2	0.6	1.7	-1.0~2.7	-5.8~6.0

① 差值=CO$_2$ 上升情景–固定 CO$_2$ 情景。

② 相对误差=[(CO$_2$ 上升情景–固定 CO$_2$ 情景)/固定 CO$_2$ 情景]×100%，单位为%。

　　1965~2012 年 CO$_2$ 浓度上升减少了流域实际蒸散发量(AET)，年径流量(R)相应增加了 1.7%。但在干燥气候条件下，植被生长造成土壤水分的过量消耗，从而使 R 减小(从图 6.24(d)的负值柱状体可以看出)。例如，在相对干旱和高 CO$_2$ 浓度的 2007 年，R 减少 5.8%。上述植被变化对不同气候和 CO$_2$ 浓度响应差异说明，高 CO$_2$ 浓度下植被增长引起耗水量增加，加剧干燥环境下的缺水现象。

6.3.5　不同气候区大气 CO$_2$ 浓度升高对植被和水文要素的影响

　　多年平均 NPP 对大气 CO$_2$ 浓度升高响应在不同的气候环境(湿润或干旱)存在差异，进一步比较分析泾河流域北部半干旱区(表 6.9)和南部半湿润区(表 6.10)，利用不同 CO$_2$ 情景下模拟的 NPP、AET 和 R 变化，评价两个不同气候区这些植被、水文动态变量的差异。图 6.26 显示了多年平均 NPP、R、AET 及 AET 组成要素变化的空间分布。

　　图 6.26 显示，CO$_2$ 浓度上升情景下，泾河流域模拟的年平均 NPP 空间变化为 309.1~605.9gC/(m^2·a)，AET 为 325.7~588.7mm，R 为 11.5~112.1mm。这些植被、水文动态变量的空间分布与降水分布类似，北部半干旱区低，南部半湿润区高。在蒸散发组成要素中，EP 的空间变化为 211.5~428.5mm，其空间分布与 AET 一致(图 6.26(a)和(b))。然而，在流域中部半湿润到半干旱过渡区，ES 变化较小(图 6.26(e))，ES 的空间变化与 EI 相反(图 6.26(f))。

表 6.9　1965～2012 年泾河流域半干旱区 CO_2 上升和固定 CO_2 情景下植被和水量平衡参数

变量		CO_2 上升情景 ($319.7×10^{-6}$～$391.2×10^{-6}$)		固定 CO_2 情景 ($318.9×10^{-6}$)		两种情景的差异			
						平均值		平均值	
		平均值	范围	平均值	范围	差值[①]	相对误差[②]/%	差值[①]	相对误差[②]/%
LAI	TBS	1.89	0.71～3.19	1.60	0.50～3.13	0.29	18.1	0～0.90	0～43.5
	BNE	5.48	4.08～6.35	5.10	3.34～6.32	0.38	7.5	0～0.92	0～22.9
	BBS	2.30	0.87～3.83	1.87	0.53～3.78	0.43	23.0	0.01～1.14	0.3～71.7
	C3	0.45	0.22～1.56	0.54	0.22～1.76	−0.09	−16.7	−0.68～0	−38.8～0
	平均值	2.53	1.74～3.39	2.28	1.37～3.36	0.25	11.0	0～0.64	0～27.8
FPC /%	TBS	2.7	1.1～4.2	2.3	0.8～3.9	0.4	17.4	0～1.0	0～43.5
	BNE	70.1	57.6～78.3	66.6	45.1～78.2	3.5	5.3	0～13.5	0～28.0
	BBS	5.6	3.2～7.9	4.9	2.3～7.2	0.7	14.3	0～1.78	0～48.7
	C3	17.4	9.3～30.2	20.3	9.6～40.2	−2.9	−14.3	−15.0～0	−43.0～0
	总和	95.8	76.1～100.0	94.1	64.9～99.9	1.7	1.8	−0.3～11.3	−0.3～17.3
NPP /(gC/(m²·a))		415.3	134.8～771.5	385.9	107.4～722.7	29.4	7.6	1.1～85.5	0.2～29.6
AET /mm	EP	291.5	189.4～443.0	290.1	173.5～451.2	1.4	0.5	−8.2～29.5	−1.9～15.4
	ES	52.9	25.9～118.2	59.7	33.2～143.9	−6.8	−11.4	−28.2～0	−35.5～0
	EI	76.2	48.7～104.7	70.3	36.7～100.3	5.9	8.4	0～19.6	0～36.7
	总和	420.6	326.1～565.2	420.1	325.9～562.4	0.5	0.1	−4.5～16.1	−1.0～4.3
R/mm		17.9	6.9～58.4	18.5	7.1～58.3	−0.6	−3.2	−5.8～0.3	−32.3～1.5

① 差值=CO_2 上升情景−固定 CO_2 情景。

② 相对误差=[(CO_2 上升情景−固定 CO_2 情景)/固定 CO_2 情景]×100%，单位为%。

表 6.10　1965～2012 年泾河流域半湿润区 CO_2 上升和固定 CO_2 情景下植被和水量平衡参数

变量		CO_2 上升情景 ($319.7×10^{-6}$～$391.2×10^{-6}$)		固定 CO_2 情景 ($318.9×10^{-6}$)		两种情景的差异			
						平均值		范围	
		平均值	范围	平均值	范围	差值[①]	相对误差[②]/%	差值[①]	相对误差[②]/%
LAI	TBS	5.28	4.15～6.06	4.89	3.58～5.86	0.39	8.0	0～0.77	0～16.5
	BNE	5.64	5.14～6.07	5.31	4.65～5.76	0.33	6.2	0～0.70	0～14.4
	BBS	5.32	3.93～6.21	4.89	3.38～5.75	0.43	8.8	0～0.90	0～21.4

续表

变量		CO₂ 上升情景 (319.7×10⁻⁶～ 391.2×10⁻⁶)		固定 CO₂ 情景 (318.9×10⁻⁶)		两种情景的差异			
						平均值		范围	
		平均值	范围	平均值	范围	差值①	相对误差② /%	差值①	相对误差② /%
LAI	C3	0.18	0.10～0.38	0.21	0.10～0.45	−0.03	−14.3	−0.07～0	−26.3～0
	平均值	4.10	3.39～4.60	3.83	3.01～4.35	0.27	7.0	0～0.58	0～16.2
FPC /%	TBS	55.4	48.6～59.4	54.7	47.3～59.4	0.7	1.3	0～1.8	0～3.9
	BNE	18.7	17.4～19.8	18.4	16.9～19.5	0.3	1.6	0～0.6	0～3.5
	BBS	16.0	14.0～17.4	15.7	13.5～17.3	0.3	1.9	0～0.9	0～6.1
	C3	8.5	5.0～17.4	9.8	5.1～19.8	−1.3	−13.3	−3.0～0	−25.0～0
	总和	98.6	95.6～100.0	98.6	94.8～100.0	0.0	0.0	−0.4～1.0	−0.4～1.0
NPP /(gC/(m²·a))		552.5	343.2～738.0	525.1	315.5～684.4	27.4	5.2	1.2～58.7	0.2～14.5
AET /mm	EP	385.5	309.9～500.3	390.3	314.4～516.8	−4.8	−1.2	−16.6～1.0	−4.4～0.3
	ES	72.4	36.0～101.7	72.8	35.5～101.5	−0.4	−0.5	−4.7～2.2	−5.3～3.1
	EI	70.7	39.3～97.5	67.0	35.8～91.0	3.7	5.5	0.0～8.8	0～12.6
	总和	528.6	454.2～635.7	530.1	453.9～643.0	−1.5	−0.3	−9.2～4.2	−1.8～0.9
R/mm		48.9	12.7～135.4	47.7	12.8～131.0	1.2	2.5	0～6.2	0～8.9

① 差值=CO₂ 上升情景−固定 CO₂ 情景。

② 相对误差=[(CO₂ 上升情景−固定 CO₂ 情景)/固定 CO₂ 情景]×100%，单位为%。

图 6.26 中的柱状和十字形状分别代表 CO₂ 上升情景与固定 CO₂ 情景下各变量模拟结果之间的差值。十字形状表示变量在 CO₂ 上升情形下模拟值大于固定 CO₂ 情景的模拟值，而柱状体则相反。图 6.26(a)显示，CO₂ 浓度的上升使整个泾河流域 NPP 增加，增加范围为 20.7～81.0gC/(m²·a)，但南部半湿润区的增加幅度较北部干旱区小。

图 6.26(b)和(c)表明，AET 对 CO₂ 浓度升高有不同的响应。在泾河流域南部的半湿润气候区，CO₂ 浓度升高情景比 CO₂ 浓度固定情景的 AET 小 1.5mm。在流域北部半干旱气候区，CO₂ 浓度升高情景比 CO₂ 浓度固定情景的 AET 大 0.5mm。相应地，R 也出现了相反的变化。南部 CO₂ 浓度升高情景的 R 值比 CO₂ 浓度固定的 R 大，而北部 CO₂ 浓度升高情景的 R 值比 CO₂ 浓度固定的 R 小。这些结果也说明不同干湿气候条件下地表水量平衡过程对 CO₂ 浓度升高的响应不同。

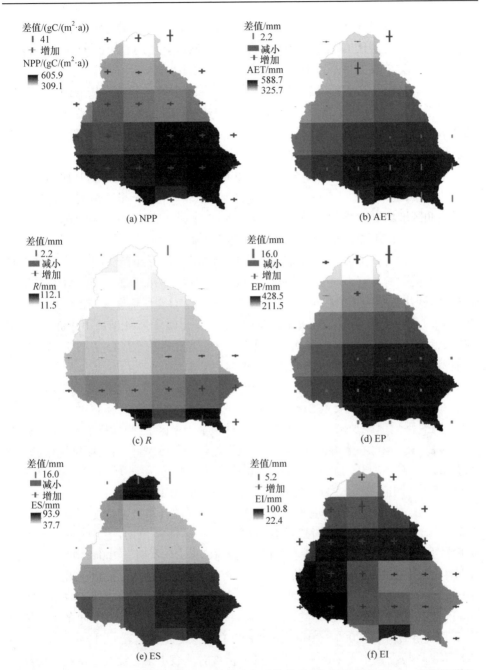

图 6.26　1965~2012 年泾河流域 CO_2 浓度快速上升情景下净初级生产力(NPP)、实际蒸散发量(AET)、径流量(R)、植被蒸腾量(EP)、土壤蒸发量(ES)和截留蒸发量(EI)变化的空间分布

柱状和十字形状分别代表不同变量在 CO_2 上升情景与固定 CO_2 情景下各变量模拟结果之间的差值。十字形状表示变量在上升 CO_2 模拟中大于固定 CO_2 模拟中的值,而柱状体则相反。柱状体和十字纵轴的长度越长代表差值越大

　　进一步分析图 6.26 中 AET 的组成要素发现，在泾河流域北部半干旱气候区，CO_2 浓度升高情景比 CO_2 浓度固定情景中植物蒸腾量(EP)增加了 31.4mm。这表明，在高 CO_2 浓度条件下，植物显著生长增加的耗水量大于植物因更高水分利用效率节省的水量；在南部半湿润气候区，CO_2 浓度升高情景比在较低的 CO_2 浓度固定情景下 EP 减少了 6.6mm。这说明高 CO_2 浓度条件下，植物不显著生长增加的耗水量小于植物因更高水分利用效率节省的水量。在高 CO_2 浓度下，流域北部显著的植物生长使 ES 减小而 EI 增加。

　　由表 6.9 和表 6.10 可知，泾河流域北部半干旱区的 LAI 和 NPP 比南部的半湿润地区小得多；但在 CO_2 浓度升高刺激植被生长时，半干旱区植被 LAI 和 NPP 比半湿润区增加更大。在半干旱区，LAI 和 NPP 分别增加了 11.0% 和 7.6%(表 6.9)；在半湿润区，LAI 和 NPP 分别增加 7.0% 和 5.2%(表 6.10)。

　　植被对大气 CO_2 浓度升高反应的不同，也导致其对泾河流域半干旱区和半湿润区的水量平衡具有不同的影响程度。在半干旱区，1965～2012 年 AET 平均增加 0.1%(变化幅度为 1.0%～4.3%)；R 平均减少 3.2%(变化幅度为 –32.3%～1.5%)，见表 6.9。而在半湿润区，AET 平均减少 0.3%(变化幅度为 –1.8%～0.9%)；R 平均增加 2.5%(变化幅度为 0%～8.9%)，见表 6.10。这说明大气 CO_2 浓度升高导致的半湿润区与半干旱区水量平衡变化几乎相反。

　　蒸散发组成要素对 CO_2 浓度升高的响应在半干旱区和半湿润区也不同(表 6.9 和表 6.10)。在半干旱区，ES 平均值减少了 11.4%(变化幅度为 –35.5%～0%)。半湿润区 ES 平均减少幅度仅为 0.5%。另外，半干旱区 EI 平均增加 8.4%(变化幅度为 0%～36.7%)。在半湿润区 EI 变化小(平均值增加 5.5%)，变化幅度更小(0%～12.6%)。在半干旱区，EP 平均值增加 0.5%，变化幅度为 –1.9%～15.4%；在半湿润区，EP 平均值减少 1.2%，变化幅度仅为 –4.4%～0.3%。

　　在 CO_2 浓度较高的环境中，地表水量平衡参数和植被变化更明显。例如，2000～2012 年，当大气 CO_2 浓度达到研究期间最高值时，CO_2 上升情景与 CO_2 固定情景下，全流域模拟的 LAI 和 NPP 差异达到最大。另外，2000～2012 年泾河流域半干旱区比半湿润区模拟的 LAI 和 NPP 增加幅度更大。2000～2012 年半干旱区 LAI 的平均增幅为 22.4%(表 6.11)，而 1965～2012 年的平均增幅为 11.0%。2000～2012 年半湿润区 LAI 的平均增幅为 13.9%，而 1965～2012 年的平均增幅为 7.0%。半干旱区 2000～2012 年 NPP 也有类似的变化。表 6.11 还说明，在高 CO_2 浓度环境下，半干旱区和半湿润区的植被对地表水量平衡改变不同。例如，在 2000～2012 年，泾河流域半干旱区 AET 增加了 0.6%，R 减少了 11%；而在半湿润区，AET 减少了 0.5%，R 增加了 4.9%。

表 6.11 2000～2012 年泾河流域、半干旱区和半湿润区 CO$_2$ 上升和固定 CO$_2$ 情景下植被和水量平衡参数

变量		全流域			半干旱区(P<500mm)			半湿润区(P>500mm)		
		CO$_2$上升情景	固定CO$_2$情景	相对误差	CO$_2$上升情景	固定CO$_2$情景	相对误差	CO$_2$上升情景	固定CO$_2$情景	相对误差
LAI	TBS	3.91	3.32	17.8	1.90	1.41	34.8	5.26	4.60	14.3
	BNE	5.32	4.67	13.9	4.80	4.09	17.4	5.67	5.06	12.1
	BBS	4.12	3.33	23.7	2.26	1.47	53.7	5.37	4.59	17.0
	C3	0.35	0.47	−25.5	0.64	0.88	−27.3	0.16	0.19	−15.8
	平均值	3.43	2.95	16.3	2.40	1.96	22.4	4.11	3.61	13.9
FPC/%	TBS	34.9	34.2	2.0	2.9	2.3	26.1	56.4	55.7	1.3
	BNE	37.1	33.3	11.4	64.7	55.8	15.9	18.6	18.1	2.8
	BBS	12.3	11.4	7.9	6.1	4.6	32.6	16.5	16.0	3.1
	C3	12.5	16.2	−22.8	20.0	26.9	−25.7	7.4	9.0	−17.8
	总和	96.8	95.1	1.5	93.7	89.6	4.7	98.9	98.8	0.1
NPP /(gC/(m^2·a))		519.3	469.7	10.6	428.6	378.9	13.1	580.2	530.7	9.3
AET /mm	EP	350.9	354.0	−0.9	290.4	285.9	1.6	391.5	399.8	−2.1
	ES	63.9	70.1	−8.8	59.8	74.1	−19.3	66.6	67.4	−1.2
	EI	70.0	61.2	14.4	67.6	55.4	22.0	71.6	65.1	10.0
	总和	484.8	485.3	−0.1	417.8	415.4	0.6	529.7	532.3	−0.5
R/mm		36.9	36.4	1.4	17.8	20.0	−11.0	49.7	47.4	4.9

注：相对误差=[(CO$_2$上升情景−固定CO$_2$情景)/固定CO$_2$情景]×100%，单位为%。

6.3.6 大气 CO$_2$ 浓度升高对植被水分利用效率的影响

大气 CO$_2$ 浓度升高引起的 NPP 和 EP 变化，决定了水分利用效率 WUE(=NPP/EP)的变化。进一步分析发现，相同的 CO$_2$ 水平下，植被水分利用效率在半干旱区和半湿润区内几乎不变。因此，CO$_2$ 浓度可作为 NPP 和 EP 变化的限制条件。在大气 CO$_2$ 浓度上升的情况下，1965～2012 年两个气候区的平均水分利用效率为 1.43gC/kgH$_2$O。两种不同气候区在给定的低浓度 CO$_2$ 情景下也可具有相同的水分利用效率(1.34gC/kgH$_2$O)，见表 6.12。对于 2000～2012 年 CO$_2$ 浓度较

高时期，泾河流域不同气候区水分利用效率数值仍表现为较高的常数，WUE= 1.48gC/kgH$_2$O。即使气候输入发生了较大的改变，给定较低 CO$_2$ 浓度水平的年份，WUE 仍然接近 1.34gC/kgH$_2$O 的恒定值。表 6.12 结果说明，植物水分利用效率 (WUE)随大气中 CO$_2$ 浓度上升而增加，尽管植物生长和 EP 随着气候呈现年际波动，但这些变化并未改变植物水分利用效率(WUE)。这是由于在特定的大气 CO$_2$ 浓度下，干旱年份 NPP 较小，EP 按相应比例减少；湿润年份 NPP 和 EP 相应增大。但大气中 CO$_2$ 浓度上升导致的更高水分利用效率(WUE)产生的原因不同，在半湿润区是由于 EP 减小，而在半干旱区是由于 EP 增大，NPP 成比例地增大。这与全球三个 FLUXNET 通量观测站网观测结果一致，即 CO$_2$ 浓度上升导致植被水分利用效率(WUE)增加(Keenan et al., 2013)。

表 6.12　1965～2012 年和 2000～2012 年多年平均 NPP、EP 和 WUE

变量	时间(年)	全流域		半干旱区($P<500mm$)		半湿润区($P>500mm$)	
		CO$_2$ 上升情景	固定 CO$_2$ 情景	CO$_2$ 上升情景	固定 CO$_2$ 情景	CO$_2$ 上升情景	固定 CO$_2$ 情景
NPP/(gC/(m²·a))	1965～2012	497.3	469.2	415.3	385.9	552.5	525.1
	2000～2012	519.3	469.7	428.6	378.9	580.2	530.7
EP/mm	1965～2012	347.7	350.0	291.5	290.1	385.5	390.3
	2000～2012	350.9	354.0	290.4	285.9	391.5	399.8
WUE /(gC/kgH$_2$O)	1965～2012	1.43	1.34	1.42	1.33	1.43	1.35
	2000～2012	1.48	1.33	1.48	1.33	1.48	1.33

6.3.7　讨论与结论

大气 CO$_2$ 浓度上升的"施肥效应"，减少植物气孔的孔径和导度(Farquhar, 1977)，增强植被对 CO$_2$ 吸收和同化量，促进植物生长，提高植物水分利用效率，从而改变地表水量平衡。通过设置两个 CO$_2$ 模拟情景(固定 1964 年的 CO$_2$ 水平，即低浓度情景；1965～2012 年 CO$_2$ 实测浓度，即不断上升情景)，采用 LPJ 模型模拟了 1965～2012 年泾河流域植被动态和地表水量平衡变化。

模拟结果表明，随着 CO$_2$ 浓度升高，植被动态指标(LAI 和 NPP)增大。在 1965～2012 年，当 CO$_2$ 浓度从 319.7×10^{-6} 上升到 391.2×10^{-6} 时，LAI 和 NPP 分别增加了 8.4%和 6.0%。LAI 和 NPP 变化最大值发生在 CO$_2$ 浓度最高的 2000～2012 年(多年平均 CO$_2$ 浓度为 380×10^{-6})，NPP 平均增加了 10.6%，LAI 平均增加了 16.3%。这说明 CO$_2$ 浓度上升对植被具有施肥效应(Swann et al., 2016; Prior et al., 2011)。大气中 CO$_2$ 浓度的上升还会改变当地的植被类型，如泾河流域木本植

被增加、草地减小。TBS、BNE 和 BBS 种类的 LAI 分别增加了 9.6%、6.7%和 11.7%，其相应的 FPC 分别增加了 1.5%、4.0%和 5.3%。同时，草地的 LAI 和 FPC 分别下降了 14.7%和 13.6%。

植被生长变化和组成的改变影响土壤和地表水量平衡。研究发现，在 1965～2012 年，随着 CO_2 浓度的增加，植物水分利用效率提高，整个泾河流域蒸散量 (AET)降低。如在高 CO_2 浓度环境下，植物水分利用效率提高导致的植物耗水量减少，使得 1965～2012 年 R 平均增加了 1.7%。

CO_2 浓度升高对半干旱和半湿润气候区内植被和地表水量平衡的影响存在差异。最近十年持续升高的 CO_2 浓度，导致泾河流域北部半干旱区径流量减少 11.0%，但在泾河流域南部半湿润区径流量增加 4.9%。CO_2 浓度升高导致泾河流域北部植被持续增长，进而植被蒸腾量(EP)增加，半干旱区 AET 增加将加剧本就有限的水资源消耗，进一步减少地表径流量，并可能加剧干旱环境。但半湿润区 CO_2 上升促进植被耗水量减少，导致地表径流量增加，可增大洪水发生的频次和强度。

参 考 文 献

陈喜, 宋琪峰, 高满. 2016. 植被-土壤-水文相互作用及生态水文模型参数的动态表述[J]. 北京师范大学学报(自然科学版), 52(3): 362-368.

丛树铮. 2010. 水科学技术中的概率统计方法[M]. 北京: 科学出版社.

傅抱璞. 1981. 论陆面蒸发的计算[J]. 大气科学, 5(1): 25-33.

葛永学, 江涛, 梁楚坚. 2014. 西江枯季径流退水系数与流域特征关系研究[J]. 水文, 34(1): 72-77.

高惠璇. 2005. 应用多元统计分析[M]. 北京: 北京大学出版社.

黄日超, 陈喜, 孙一萌, 等. 2016. 流域土壤有效厚度水平衡验证及其对陆面水碳通量模拟的影响[J]. 地理学报, 71(5): 807-816.

李秀云, 汤奇成. 1993. 中国河流的枯水研究[M]. 北京: 海洋出版社.

刘金涛, 宋慧卿, 王爱花. 2014. 水文相似概念与理论发展探析[J]. 水科学进展, 25(2): 288-296.

马丽芳. 2002. 中国地质图集[M]. 北京: 地质出版社.

单俊萍, 陈喜, 赵梦启. 2015. 次洪 R-B 指数与降雨特征的相关性及其区域化分析[J]. 水力发电, 41(2): 4-7.

陶敏, 陈喜. 2015. 黄土高塬沟壑区覆被变化生态水文效益分析[J]. 人民黄河, 37(3): 96-99.

周月鲁. 2012. 黄河流域水土保持图集[M]. 北京: 地震出版社.

Allen R G, Pereira L S, Rase D, et al. 1998. Crop evapotranspiration-guidelines for computing crop water requirements—FAO irrigation and drainage paper 56[R]. Rome: FAO.

Arnold J G, Allen P M, Muttiah R, et al. 1995. Automated base flow separation and recession analysis techniques[J]. Groundwater, 33(6): 1010-1018.

Arora V. 2002. Modeling vegetation as a dynamic component in soil-vegetation-atmosphere transfer schemes and hydrological models[J]. Reviews of Geophysics, 40(2): 3-1-3-26.

Baker D B, Richards R P, Loftus T T, et al. 2004. A new flashiness index: Characteristics and applications to midwestern rivers and streams[J]. Journal of the American Water Resources Association, 40(2): 503-522.

Beck H, van Dijk A I J M, Miralles D G, et al. 2013. Global patterns in base flow index and recession based on streamflow observations from 3394 catchments[J]. Water Resources Research, 49(12): 7843-7863.

Beck H, van Dijk A I J M, de Roo A. 2015. Global maps of streamflow characteristics based on observations from several thousand catchments[J]. Journal of Hydrometeorology, 16(4): 1478-1501.

Beven K J, Kirkby M J. 1979. A physically based, variable contributing area model of basin hydrology [J]. Hydrological Sciences Journal, 24(1): 43-69.

Bower D, Hannah D M, Mcgregor G R. 2004. Techniques for assessing the climatic sensitivity of river flow regimes[J]. Hydrological Processes, 18(13): 2515-2543.

Brutsaert W. 1988. The parameterization of regional evaporation—Some directions and strategies[J]. Journal of Hydrology, 102(1): 409-426.

Brutsaert W. 2005. Hydrology: An Introduction[M]. Cambridge: Cambridge University Press.

Brutsaert W. 2008. Long-term groundwater storage trends estimated from streamflow records: Climatic perspective[J]. Water Resources Research, 44(2): 1-7.

Brutsaert W, Nieber J L. 1977. Regionalized drought flow hydrographs from a mature glaciated plateau[J]. Water Resources Research, 13(3): 637-643.

Devito K, Creed I, Gan T, et al. 2005. A framework for broad-scale classification of hydrologic response units on the Boreal Plain: Is topography the last thing to consider?[J]. Hydrological Processes, 19(8): 1705-1714.

Donohue R J, Roderick M L, Mcvicar T R. 2010. Can dynamic vegetation information improve the accuracy of Budyko's hydrological model?[J]. Journal of Hydrology, 390(1-2): 23-34.

Dunne K A, Willmott C J. 1996. Global distribution of plant-extractable water capacity of soil[J]. International Journal of Climatology: A Journal of the Royal Meteorological Society, 16(8): 841-859.

Dunne T. 1983. Relation of field studies and modeling in the prediction of storm runoff[J]. Journal of Hydrology, 65(1): 25-48.

Eckhardt D K. 2005. How to construct recursive digital filters for baseflow separation[J]. Hydrological Processes, 19(2): 507-515.

Eckhardt K. 2008. A comparison of baseflow indices, which were calculated with seven different baseflow separation methods[J]. Journal of Hydrology, 352(1): 168-173.

Emanuel W R, Shugart H H, Stevenson M P. 1985. Climate change and the broad-scale distribution of terrestrial ecosystem complexes[J]. Climatic Change, 7(1): 29-43.

Fang S X, Zhou L X, Trans P D. 2014. In situ measurement of atmospheric CO_2 at the four WMO/GAW stations in China[J]. Atmospheric Chemistry and Physics, 14(5): 2541-2554.

Farquhar G D. 1977. Stomatal function in relation to leaf metabolism and environment[J]. Symposia of the Society for Experimental Biology, 121: 471-505.

Feddema J J. 1998. Estimated impacts of soil degradation on the African water balance and climate[J].

Climate Research, 10(2): 127-141.

Gao Z, Zhang L, Cheng L, et al. 2015. Groundwater storage trends in the Loess Plateau of China estimated from streamflow records[J]. Journal of Hydrology, 530: 281-290.

Geng Y, Min Q, Cheng S, et al. 2008. Temporal and spatial distribution of cropland-population-grain system and pressure index on cropland in Jinghe watershed[J]. Transactions of the Chinese Society of Agricultural Engineering, 24(10): 68-73.

Gerten D, Schaphoff S, Haberlandt U, et al. 2004. Terrestrial vegetation and water balance-hydrological evaluation of a dynamic global vegetation model[J]. Journal of Hydrology, 286(1-4): 249-270.

Goward S N, Xue Y, Czajkowski K P. 2002. Evaluating land surface moisture conditions from the remotely sensed temperature/vegetation index measurements: An exploration with the simplified simple biosphere model[J]. Remote Sensing of Environment, 79(2-3): 225-242.

Harman C, Troch P A. 2014. What makes Darwinian hydrology "Darwinian"? Asking a different kind of question about landscapes[J]. Hydrology and Earth System Sciences, 18(2): 417-433.

Harris I P, Jones P D, Osborn T J, et al. 2014. Updated high-resolution grids of monthly climatic observations-the CRU TS3.10 Dataset[J]. International Journal of Climatology, 34(3): 623-642.

Hocking R R. 1996. Methods and Applications of Linear Models: Regression and the Analysis of Variance[M]. New York: John Wiley & Sons.

Holko L, Parajka J, Kostka Z, et al. 2011. Flashiness of mountain streams in Slovakia and Austria[J]. Journal of Hydrology, 405(34): 392-401.

Huntingford C, Monteith J L. 1998. The behaviour of a mixed-layer model of the convective boundary layer coupled to a big leaf model of surface energy partitioning[J]. Boundary-layer Meteorology, 88: 87-101.

Idso S B, Brazel A J. 1984. Rising atmospheric carbon dioxide concentrations may increase streamflow[J]. Nature, 312(5989): 51-53.

Institute of Hydrology. 1980. Low flow studies report No.1 research report[R]. Oxford: University of Oxford.

Johnson R A, Wichern D W. 2002. Applied Multivariate Statistical Analysis[M]. New York: Prentice-Hall.

Keenan T F, Hollinger D Y, Bohrer G, et al. 2013. Increase in forest water-use efficiency as atmospheric carbon dioxide concentrations rise[J]. Nature, 499(7458): 324.

Kroll C N, Song P. 2013. Impact of multicollinearity on small sample hydrologic regression models[J]. Water Resources Research, 49(6): 3756-3769.

L'vovich M I. 1979. World Water Resources and Their Future[M]. Chelsea: LithoCrafters.

Laaha G, Hisdal H, Kroll C N, et al. 2013. Prediction of Low Flows in Ungauged Basins[M]. Cambridge: Cambridge University Press.

Ladson A R, Lander J R, Western A W, et al. 2006. Estimating extractable soil moisture content for Australian soils from field measurements[J]. Soil Research, 44(5): 531-541.

Li H, Sivapalan M, Tian F. 2012. Comparative diagnostic analysis of runoff generation processes in Oklahoma DMIP2 basins: The Blue River and the Illinois River[J]. Journal of Hydrology, 418(4): 90-109.

Federer C A. 1982. Transpirational supply and demand: Plant, soil, and atmospheric effects evaluated by simulation[J]. Water Resources Research, 18(2): 355-362.

Li H, Sivapalan M, Tian F, et al. 2014. Functional approach to exploring climatic and landscape controls of runoff generation: 1. Behavioral constraints on runoff volume[J]. Water Resources Research, 50(12): 9300-9322.

Li H Y, Sivapalan M. 2014. Functional approach to exploring climatic and landscape controls on runoff generation: 2 Timing of runoff storm response[J]. Water Resources Research, 50(12): 9323-9342.

Li Q, Ishidaira H. 2012. Development of a biosphere hydrological model considering vegetation dynamics and its evaluation at basin scale under climate change[J]. Journal of Hydrology, 412: 3-13.

Liu D, Tian F, Hu H. 2012. The role of run-on for overland flow and the characteristics of runoff generation in the Loess Plateau, China[J]. Hydrological Sciences Journal, 57(6): 1107-1117.

Longobardi A, Villani P. 2008. Baseflow index regionalization analysis in a Mediterranean area and data scarcity context[J]. Journal of Hydrology, 355(1): 63-75.

Lyon S W, Nathanson M, Spans A E, et al. 2012. Specific discharge variability in a boreal landscape[J]. Water Resources Research, 48(8): 1-13.

MacFarling Meure C. 2006. Law Dome CO_2, CH_4 and N_2O ice core records extended to 2000 years BP[J]. Geophysical Research Letters, 33(14): 70-84.

Marani M, Eltahir E, Rinaldo A. 2001. Geomorphic controls on regional base flow[J]. Water Resources Research, 37(10): 2619-2630.

Mazvimavi D, Meijerink A M J, Savenije H H G, et al. 2005. Prediction of flow characteristics using multiple regression and neural networks: A case study in Zimbabwe[J]. Physics and Chemistry of the Earth, 30(11-16): 639-647.

Miles L, Grainger A, Phillips O. 2004. The impact of global climate change on tropical forest biodiversity in Amazonia[J]. Global Ecology and Biogeography, 13(6): 553-565.

Miller M P, Buto S G, Susong D D, et al. 2016. The importance of base flow in sustaining surface water flow in the Upper Colorado River Basin[J]. Water Resources Research, 52(5): 3547-3562.

Milly P C, Dunne K A. 1994. Sensitivity of the global water cycle to the water-holding capacity of land[J]. Journal of Climate, 7(4): 506-526.

Mohamoud Y M. 2008. Prediction of daily flow duration curves and streamflow for ungauged catchments using regional flow duration curves[J]. Hydrological Sciences Journal, 53(4): 706-724.

Nathan R J, McMahon T A. 1990. Evaluation of automated techniques for base flow and recession analyses[J]. Water Resources Research, 26(7): 1465-1473.

Nippgen F, McGlynn B L, Marshall L A, et al. 2011. Landscape structure and climate influences on hydrologic response[J]. Water Resources Research, 47(12): 1-17.

Peel M C, McMahon T A, Finlayson B L. 2010. Vegetation impact on mean annual evapotranspiration at a global catchment scale[J]. Water Resources Research, 46(9): 2095-2170.

Pelletier J D, Barron-Gafford G A, Breshears D D, et al. 2013. Coevolution of nonlinear trends in vegetation, soils, and topography with elevation and slope aspect: A case study in the sky islands of southern Arizona[J]. Journal of Geophysical Research Earth Surface, 118(2): 741-758.

Peña-Arancibia J L, Dijk A I J M, Mulligan M, et al. 2010. The role of climatic and terrain attributes in estimating baseflow recession in tropical catchments[J]. Hydrology and Earth System Sciences, 14(11): 4059-4087.

Ponce V M, Shetty A V. 1995. A conceptual model of catchment water balance: 1. Formulation and calibration[J]. Journal of Hydrology, 173(1): 27-40.

Potter N J, Zhang L, Milly P C D, et al. 2005. Effects of rainfall seasonality and soil moisture capacity on mean annual water balance for Australian catchments[J]. Water Resources Research, 41(6): W06007.

Prentice I C, Kelley D C, Foster P N, et al. 2011. Modeling fire and the terrestrial carbon balance[J]. Global Biogeochemical Cycles, 25(3): GB3005.

Price K. 2011. Effects of watershed topography, soils, land use, and climate on baseflow hydrology in humid regions: A review[J]. Progress in Physical Geography, 35(4): 465-492.

Price K, Jackson C R, Parker A J, et al. 2011. Effects of watershed land use and geomorphology on stream low flows during severe drought conditions in the southern Blue Ridge Mountains, Georgia and North Carolina, United States[J]. Water Resources Research, 47(2): W02516.

Prior S A, Runion G B, Marble S C, et al. 2011. A review of elevated atmospheric CO_2 effects on plant growth and water relations: Implications for horticulture[J]. HortScience: A Publication of the American Society for Horticultural Science, 46(2): 54-62.

Rennó C D, Nobre A D, Cuartas L A, et al. 2008. HAND, a new terrain descriptor using SRTM-DEM: Mapping terra-firme rainforest environments in Amazonia[J]. Remote Sensing of Environment, 112(9): 3469-3481.

Rumsey C A, Miller M P, Susong D D, et al. 2015. Regional scale estimates of baseflow and factors influencing baseflow in the Upper Colorado River Basin[J]. Journal of Hydrology: Regional Studies, 4: 91-107.

Sahin V, Hall M J. 1996. The effects of afforestation and deforestation on water yields[J]. Journal of Hydrology, 178(1-4): 293-309.

Sánchez-Murillo R, Brooks E S, Elliot W J, et al. 2015. Baseflow recession analysis in the inland Pacific Northwest of the United States[J]. Hydrogeology Journal, 23(2): 287-303.

Santhi C, Allen P M, Muttiah R S, et al. 2008. Regional estimation of base flow for the conterminous United States by hydrologic landscape regions[J]. Journal of Hydrology, 351(1): 139-153.

Sawicz K, Wagener T, Sivapalan M, et al. 2011. Catchment classification: Empirical analysis of hydrologic similarity based on catchment function in the eastern USA[J]. Hydrology and Earth System Sciences, 15(9): 2895-2911.

Schneider M K, Brunner F, Hollis J M, et al. 2007. Towards a hydrological classification of European soils: Preliminary test of its predictive power for the base flow index using river discharge data[J]. Hydrology and Earth System Sciences, 11(4): 1501-1513.

Shafer S L, Bartlein P J, Gray E M, et al. 2015. Projected future vegetation changes for the Northwest United States and Southwest Canada at a fine spatial resolution using a dynamic global vegetation model[J]. PLoS One, 10(10): e0138759.

Singh R, Archfield S A, Wagener T. 2014. Identifying dominant controls on hydrologic parameter transfer from gauged to ungauged catchments—A comparative hydrology approach[J]. Journal of Hydrology, 517: 985-996.

Sitch S, Smith B, Prentice I C, et al. 2003. Evaluation of ecosystem dynamics, plant geography and terrestrial carbon cycling in the LPJ dynamic global vegetation model[J]. Global Change Biology, 9(2): 161-185.

Sitch S, Huntingford C, Gedney N, et al. 2008. Evaluation of the terrestrial carbon cycle, future plant geography and climate-carbon cycle feedbacks using five Dynamic Global Vegetation Models (DGVMs)[J]. Global Change Biology, 14: 2015-2039.

Sivapalan M, Yaeger M A, Harman C J, et al. 2011. Functional model of water balance variability at the catchment scale: 1. Evidence of hydrologic similarity and space-time symmetry[J]. Water Resources Research, 47(2):W02522.

Smakhtin V U. 2001. Low flow hydrology: A review[J]. Journal of hydrology, 240(3): 147-186.

Smith R W. 1981. Rock type and minimum 7-day/10-year flow in Virginia streams[R]. Blacksburg: Virginia Polytechnic Institute and State University.

Smith T M, Shugart H H, et al. 1992. Modeling the potential response of vegetation to global climate change[J]. Advances in Ecological Research, 22: 93-98.

Soulsby C, Tetzlaff D. 2008. Towards simple approaches for mean residence time estimation in ungauged basins using tracers and soil distributions[J]. Journal of Hydrology, 363(1-4): 60-74.

Specht R L. 1981. Growth indices: Their role in understanding the growth, structure and distribution of Australian vegetation[J]. Oecologia, 50(3): 347-356.

Swann A L S, Hoffman F M, Koven C D, et al. 2016. Plant responses to increasing CO_2 reduce estimates of climate impacts on drought severity[J]. Proceedings of the National Academy of Sciences of the United States of America, 113(36): 10019-10024.

Tague C, Grant G E. 2004. A geological framework for interpreting the low‐flow regimes of Cascade streams, Willamette River Basin, Oregon[J]. Water Resources Research, 40(4): W04303.

Tan L C, An Z S, Huh C A, et al. 2014. Cyclic precipitation variation on the western Loess Plateau of China during the past four centuries[J]. Scientific Reports, 4(29): 6381.

Tetzlaff D, Seibert J, Mcguire K J, et al. 2009. How does landscape structure influence catchment transit time across different geomorphic provinces?[J]. Hydrological Processes, 23(6): 945-953.

Tian F, Li H, Sivapalan M. 2012. Model diagnostic analysis of seasonal switching of runoff generation mechanisms in the Blue River basin, Oklahoma[J]. Journal of Hydrology, 418-419: 136-149.

Trancoso R, Larsen J R, Mcalpine C, et al. 2016. Linking the Budyko framework and the Dunne diagram[J]. Journal of Hydrology, 535: 581-597.

Troch P A, Berne A, Bogaart P, et al. 2013. The importance of hydraulic groundwater theory in catchment hydrology: The legacy of Wilfried Brutsaert and Jean-Yves Parlange[J]. Water Resources Research, 49(9): 5099-5116.

Troch P A, de Troch F P, Brutsaert W. 1993. Effective water table depth to describe initial conditions prior to storm rainfall in humid regions[J]. Water Resources Research, 29(2): 427-434.

Troch P A, Lahmers T, Meira A, et al. 2015. Catchment coevolution: A useful framework for improving predictions of hydrological change?[J]. Water Resources Research, 51(7): 4903-4922.

van Dijk A I J M. 2010. Climate and terrain factors explaining streamflow response and recession in Australian catchments[J]. Hydrology and Earth System Sciences, 14(1): 159-169.

Vannier O, Braud I, Anquetin S. 2014. Regional estimation of catchment-scale soil properties by means of streamflow recession analysis for use in distributed hydrological models[J]. Hydrological Processes, 28(26): 6276-6291.

Walsh R, Lawler D M. 1981. Rainfall seasonality: Description, spatial patterns and change through time[J]. Weather, 36(7): 201-208.

Wang L, Shao M A, Wang Q, et al. 2006. Historical changes in the environment of the Chinese Loess Plateau[J]. Environmental Science & Policy, 9(7-8): 675-684.

Wang S, Fu B, Piao S, et al. 2017. Reduced sediment transport in the Yellow River due to anthropogenic changes[J]. Nature Geoscience, 9(1): 38-41.

White E L. 1977. Sustained flow in small Appalachian watersheds underlain by carbonate rocks[J]. Journal of Hydrology, 32(1-2): 71-86.

Whitehouse I E, Mcsaveney M J, Horrell G A. 1983. Spatial variability of low flows across a portion of the central Southern Alps, New Zealand[J]. Journal of Hydrology (New Zealand), 22(2): 123-137.

Winner W E, Thomas S C, Berry J A, et al. 2004. Canopy carbon gain and water use: Analysis of old-growth conifers in the Pacific northwest[J]. Ecosystems, 7(5): 482-497.

Winter T C. 2001. The concept of hydrologic landscapes[J]. Journal of the American Water Resources Association, 37(2): 335-349.

Wittenberg H, Sivapalan M. 1999. Watershed groundwater balance estimation using streamflow recession analysis and baseflow separation[J]. Journal of Hydrology, 219(1): 20-33.

Xiao J. 2015. Satellite evidence for significant biophysical consequences of the "grain for green" program on the loess plateau in China[J]. Journal of Geophysical Research-Biogeosciences, 119(12): 2261-2275.

Yang D W, Sun F B, Liu Z Y, et al. 2007. Analyzing spatial and temporal variability of annual water-energy balance in nonhumid regions of China using the Budyko hypothesis[J]. Water Resources Research, 43(4): W04426.

Yu G R, Wang Q F, Zhuang J. 2004. Modeling the water use efficiency of soybean and maize plants under environmental stresses: Application of a synthetic model of photosynthesis-transpiration based on stomatal behavior[J]. Journal of Plant Physiology, 161(3): 303-318.

Yu P, Krysanova V, Wang Y, et al. 2009. Quantitative estimate of water yield reduction caused by forestation in a water-limited area in northwest China[J]. Geophysical Research Letters, 36(2): L02406.

Zecharias Y B, Brutsasert W. 1988. The influence of basin morphology on groundwater outflow[J]. Water Resources Research, 24(10): 1645-1650.

Zhang Y, Vaze J, Chiew F H S, et al. 2014. Predicting hydrological signatures in ungauged catchments using spatial interpolation, index model, and rainfall-runoff modelling[J]. Journal of Hydrology, 517(1): 936-948.

Zhou L X, Li J L, Wen Y P, et al. 2003. Background variations of atmospheric carbon dioxide and its stable carbon isotopes at Mt.Waliguan[J]. Acta Scientiae Circumstantiae, 23(3): 295-300.

Zobler L. 1986. A World Soil File for Global Climate Modeling (NASA TM-87802)[M]. Washington DC: National Aeronautics and Space Administration.

彩　　图

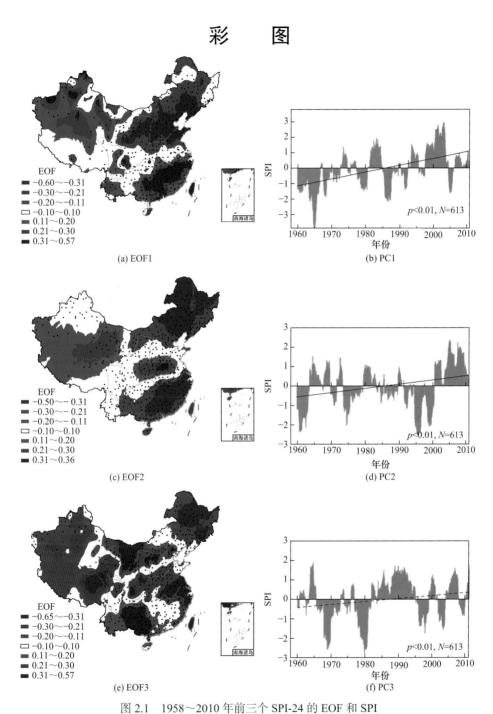

(a) EOF1

(b) PC1

(c) EOF2

(d) PC2

(e) EOF3

(f) PC3

图 2.1　1958～2010 年前三个 SPI-24 的 EOF 和 SPI

(a)、(c)、(e)中的黑色圆点为观测站点，(b)和(d)中的实线表示大于 95%水平的显著线性趋势，(f)中的虚线
表示线性趋势不显著

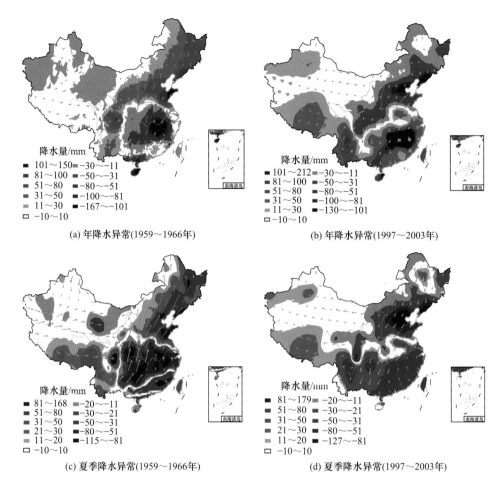

(a) 年降水异常(1959～1966年)

降水量/mm

- 101～150 - -30～-11
- 81～100 - -50～-31
- 51～80 - -80～-51
- 31～50 - -100～-81
- 11～30 - -167～-101
- -10～10

(b) 年降水异常(1997～2003年)

降水量/mm

- 101～212 - -30～-11
- 81～100 - -50～-31
- 51～80 - -80～-51
- 31～50 - -100～-81
- 11～30 - -130～-101
- -10～10

(c) 夏季降水异常(1959～1966年)

降水量/mm

- 81～168 - -20～-11
- 51～80 - -30～-21
- 31～50 - -50～-31
- 21～30 - -80～-51
- 11～20 - -115～-81
- -10～10

(d) 夏季降水异常(1997～2003年)

降水量/mm

- 81～179 - -20～-11
- 51～80 - -30～-21
- 31～50 - -50～-31
- 21～30 - -80～-51
- 11～20 - -127～-81
- -10～10

图 2.3 1959～1966 年和 1997～2003 年中国年均降水异常和夏季平均降水异常的比较

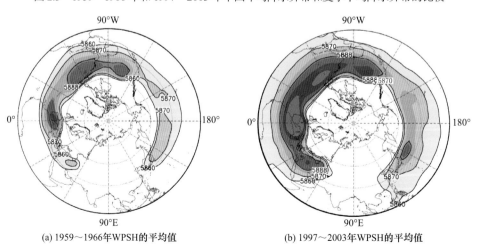

(a) 1959～1966年WPSH的平均值

(b) 1997～2003年WPSH的平均值

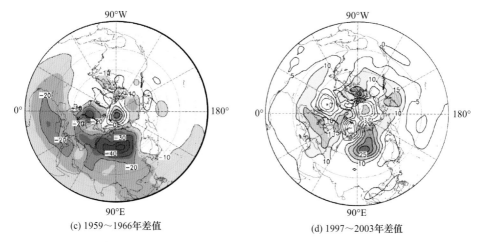

(c) 1959～1966年差值

(d) 1997～2003年差值

图 2.4　夏季 500hPa 处 WPSH 的平均值和差分位势高度(单位：gpm)分布(JJA)

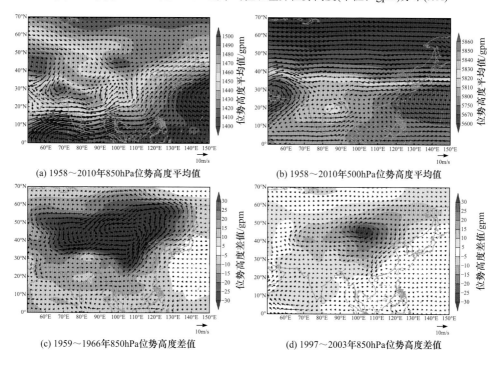

(a) 1958～2010年850hPa位势高度平均值

(b) 1958～2010年500hPa位势高度平均值

(c) 1959～1966年850hPa位势高度差值

(d) 1997～2003年850hPa位势高度差值

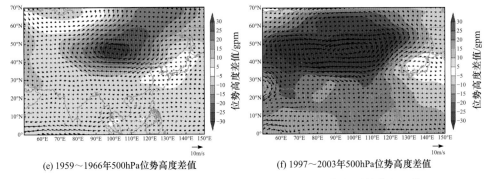

(e) 1959～1966年500hPa位势高度差值 　　　(f) 1997～2003年500hPa位势高度差值

图 2.8　东亚夏季 850hPa 和 500hPa 处位势高度和风场的平均值和差值

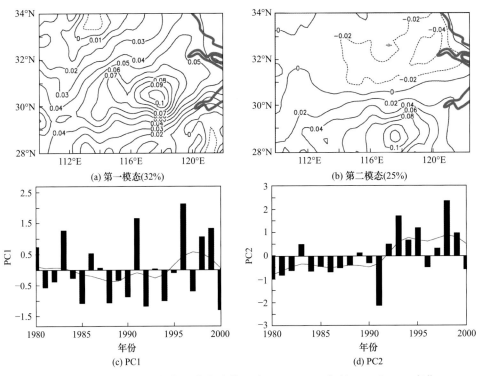

(a) 第一模态(32%) 　　　(b) 第二模态(25%)

(c) PC1 　　　(d) PC2

图 2.9　EOF1 和 EOF2 的归一化主成分以及 1980～2000 年的 PC1 和 PC2 变化

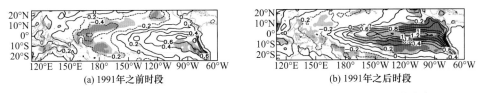

(a) 1991年之前时段 　　　(b) 1991年之后时段

图 2.10　1991 年之前时段和 1991 年之后时段 PC2 和前冬海温回归系数分布

阴影表示在 95% 置信度上显著

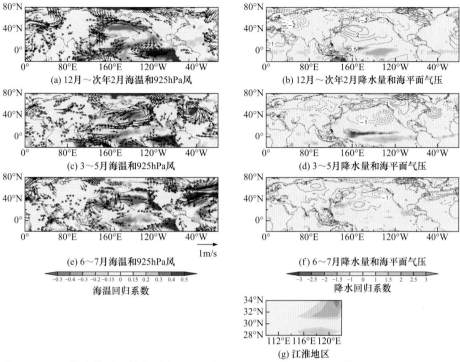

图 2.15　1991 年之前时段前冬到今夏 PC2 与海温(阴影)和 925hPa 风(箭矢)((a)、(c)、(e))以及
降水量(阴影)和海平面气压(轮廓线)((b)、(d)、(f))异常的回归系数，图(g)表示江淮地区降水异
常与 PC2 的回归值；图中风和海平面气压在 95%的置信水平上显著(t 检验)

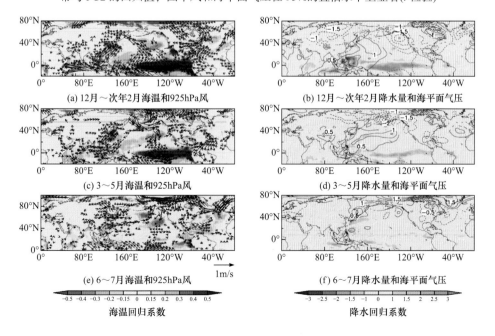

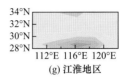
(g) 江淮地区

图 2.16　1991 年之后时段前冬到今夏不同季节 PC2 与海温(阴影)和 925hPa 风(箭矢)((a)、(c)、(e))以及降水量(阴影)和海平面气压(轮廓线)((b)、(d)、(f))异常的回归系数，图(g)表示江淮地区降水异常与 PC2 的回归值；图中风和海平面气压在 95%的置信水平上显著(t 检验)

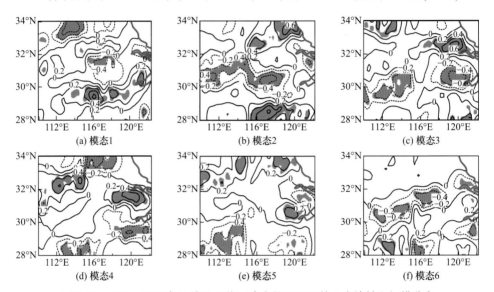
(a) 模态1　　　　　　(b) 模态2　　　　　　(c) 模态3

(d) 模态4　　　　　　(e) 模态5　　　　　　(f) 模态6

图 2.17　1960～2007 年江淮地区梅雨降水的 REOF 前 6 个旋转空间模分布

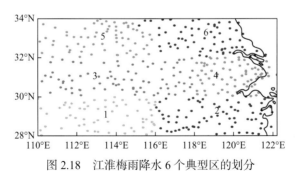
图 2.18　江淮梅雨降水 6 个典型区的划分

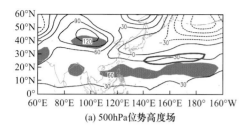
(a) 500hPa位势高度场

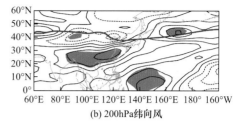
(b) 200hPa纬向风

图 2.21　与江淮梅雨空间集中度回归的 500hPa 位势高度场(单位：gpm)和 200hPa 纬向风
(单位：m/s)(阴影区通过 95%置信度检验)

(a)、(b)中的粗线条分别代表 1960～2007 年平均的副热带高压位置(5880 位势高度线)
和 200hPa 副热带西风急流轴位置

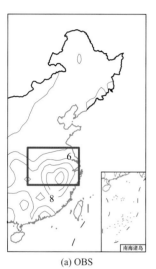
(a) OBS

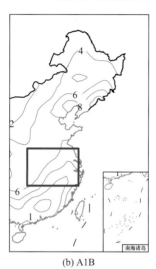
(b) A1B

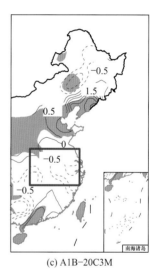
(c) A1B-20C3M

图 2.22　梅雨期降水量(单位：mm/d)分布

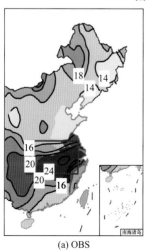
(a) OBS

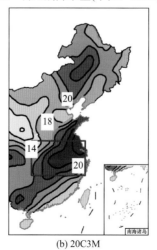
(b) 20C3M

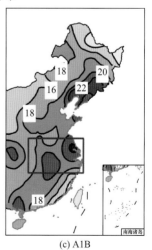
(c) A1B

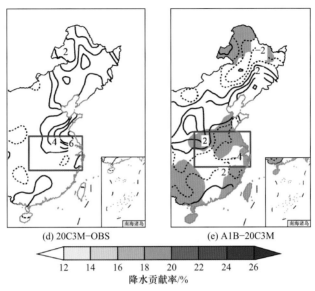

(d) 20C3M−OBS   (e) A1B−20C3M

降水贡献率/%
12 14 16 18 20 22 24 26

图 2.23　梅雨期降水对夏季总降水贡献率的分布
(d)和(e)中灰色部分表示数值的置信度在 90%以上

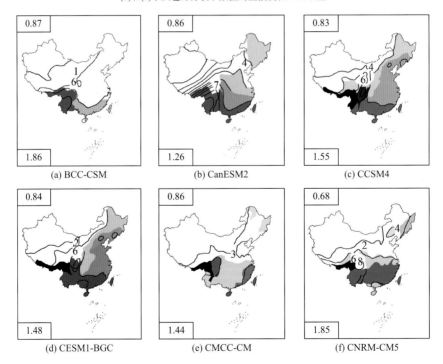

(a) BCC-CSM   (b) CanESM2   (c) CCSM4

(d) CESM1-BGC   (e) CMCC-CM   (f) CNRM-CM5

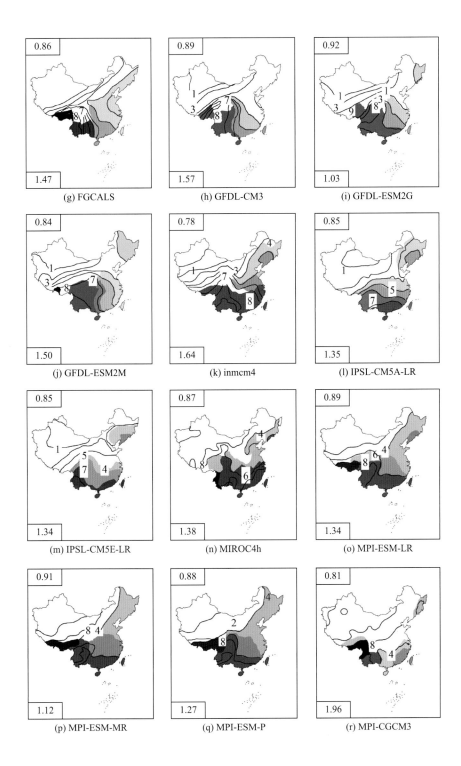

(g) FGCALS (h) GFDL-CM3 (i) GFDL-ESM2G

(j) GFDL-ESM2M (k) inmcm4 (l) IPSL-CM5A-LR

(m) IPSL-CM5E-LR (n) MIROC4h (o) MPI-ESM-LR

(p) MPI-ESM-MR (q) MPI-ESM-P (r) MPI-CGCM3

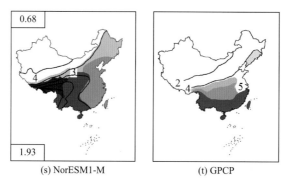

图 2.27　CMIP5 对中国夏季降水量(单位：mm/d)模拟再现能力

(t)为 GPCP 降水资料，代表观测降水。图中，左上角数字为空间相关系数，左下角数字为均方根误差

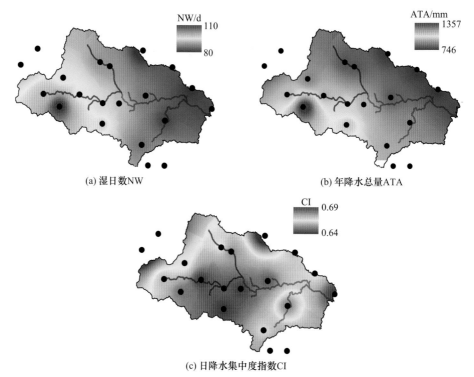

图 4.12　1962～2011 年各异质性指标多年平均值空间分布

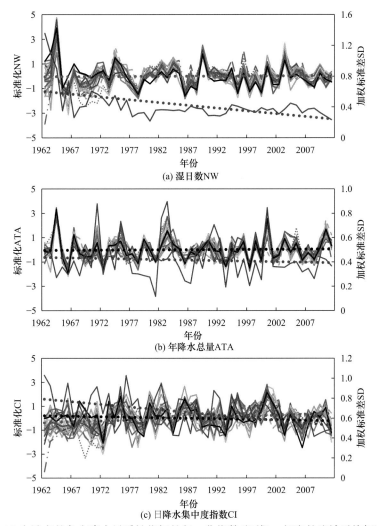

图 4.15　20 个站点的各个降水异质性指标的归一化指数(细线)、相应的流域平均标准化指数 (RA，品红色粗线)及其标准差(SD，红色粗线)和由流域日平均降水量(DAAP)衍生的标准化指数(NRI，黑色粗线)的时变过程

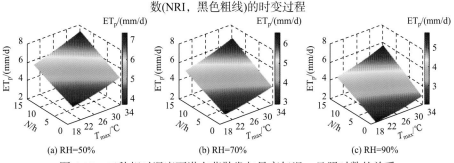

图 4.23　三种相对湿度下潜在蒸散发与最高气温、日照时数的关系

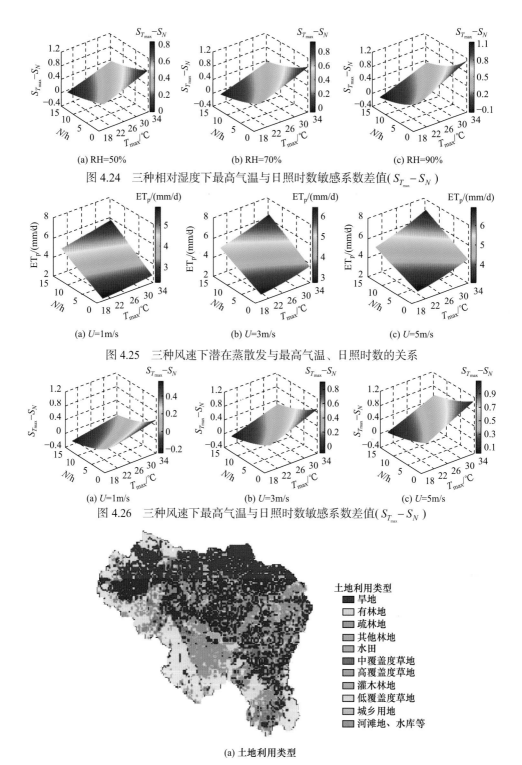

(a) RH=50%　　　　　(b) RH=70%　　　　　(c) RH=90%

图 4.24　三种相对湿度下最高气温与日照时数敏感系数差值($S_{T_{max}} - S_N$)

(a) U=1m/s　　　　　(b) U=3m/s　　　　　(c) U=5m/s

图 4.25　三种风速下潜在蒸散发与最高气温、日照时数的关系

(a) U=1m/s　　　　　(b) U=3m/s　　　　　(c) U=5m/s

图 4.26　三种风速下最高气温与日照时数敏感系数差值($S_{T_{max}} - S_N$)

土地利用类型
- 旱地
- 有林地
- 疏林地
- 其他林地
- 水田
- 中覆盖度草地
- 高覆盖度草地
- 灌木林地
- 低覆盖度草地
- 城乡用地
- 河滩地、水库等

(a) 土地利用类型

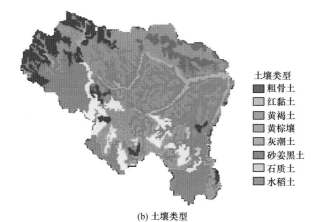

土壤类型
- 粗骨土
- 红黏土
- 黄褐土
- 黄棕壤
- 灰潮土
- 砂姜黑土
- 石质土
- 水稻土

(b) 土壤类型

图 5.6　息县流域土地利用类型和土壤类型分布图

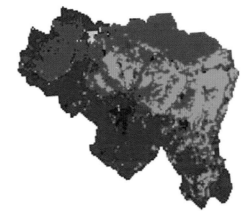

(a) 土地利用类型(1980年)

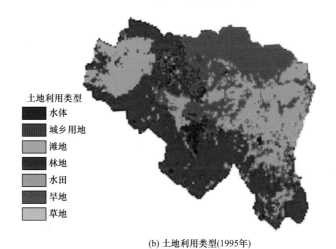

土地利用类型
- 水体
- 城乡用地
- 滩地
- 林地
- 水田
- 旱地
- 草地

(b) 土地利用类型(1995年)

图 5.7　1980 年和 1995 年息县流域土地利用类型

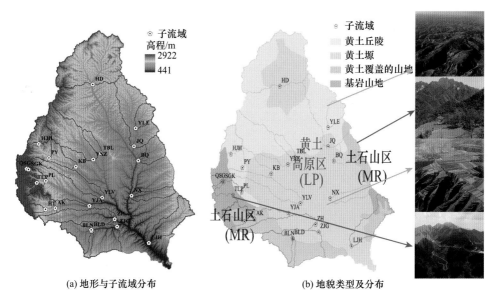

⊙ 子流域
高程/m
2922
441

(a) 地形与子流域分布

⊙ 子流域
黄土丘陵
黄土塬
黄土覆盖的山地
基岩山地

黄土
高原区
(LP)

土石山区
(MR)

土石山区
(MR)

(b) 地貌类型及分布

图 6.2 泾河流域地形与地貌

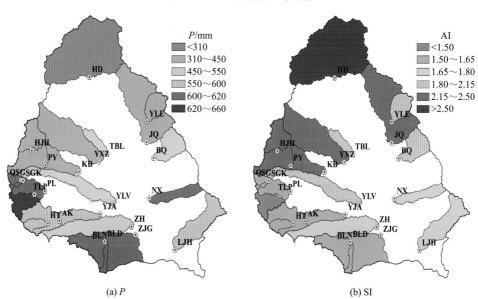

P/mm
<310
310~450
450~550
550~600
600~620
620~660

AI
<1.50
1.50~1.65
1.65~1.80
1.80~2.15
2.15~2.50
>2.50

(a) P

(b) SI

图 6.5 泾河流域年均降水量(P)空间分布和降水季节分配指数(SI)空间分布

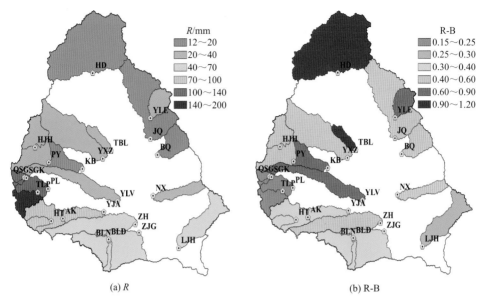

(a) R (b) R-B

图 6.6 泾河流域径流深(R)和 R-B 因子空间分布

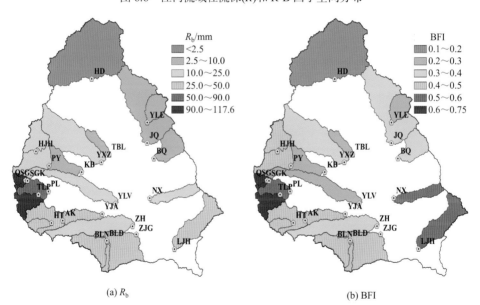

(a) R_b (b) BFI

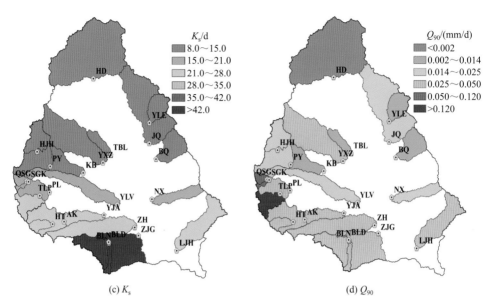

图 6.7　泾河流域基流深(R_b)、基流指数(BFI)、基流退水系数(K_s)和低水流量(Q_{90})的空间分布